# 寒地种植业技术推广

史占忠　主　编

中国农业科学技术出版社

**图书在版编目（CIP）数据**

寒地种植业技术推广 / 史占忠主编 . — 北京：中国农业科学技术出版社，2014.6
ISBN 978-7-5116-1580-0

Ⅰ . ①寒… Ⅱ . ①史… Ⅲ . ①寒带 – 种植业 – 农业科
技推广 Ⅳ . ① S3–33

中国版本图书馆 CIP 数据核字 (2014) 第 059888 号

责任编辑　徐　毅　张志花
责任校对　贾晓红

出 版 者　中国农业科学技术出版社
　　　　　北京市中关村南大街 12 号　　　　邮编：100081
电　　话　（010）82106636（编辑室）
　　　　　（010）82109709（读者服务部）　（010）82109702（发行部）
传　　真　（010）82106631
网　　址　http：//www.castp.cn
经 销 者　各地新华书店
印 刷 者　北京富泰印刷有限责任公司
开　　本　889mm×1 194mm　1/16
印　　张　15
字　　数　450 千字
版　　次　2014 年 6 月第 1 版　2014 年 6 月第 1 次印刷
定　　价　48.00 元

# 编写委员会

总　　编　肖　诚

副 总 编　范国程　史占忠　程宝军　晋宝忠

主　　编　史占忠

执行主编　贲显明　薛文全　王晓明　赵广山

副 主 编　孙胜伟　戴春红　张敬涛　史丰炜　张跃发

　　　　　申庆龙　赵　志　罗有志　华淑英

编写人员　（以姓氏笔画为序）

丁桂珍　王晓明　史占忠　史丰炜　申庆龙　石振宁

田锦善　刘　宇　刘乃生　刘东林　国忠宝　孙胜伟

孙　炀　孙德宝　李广会　朴　英　苏玉珍　张跃发

张培育　张霁民　张敬涛　罗有志　赵广山　赵　志

赵金满　赵桂范　贲显明　胡秀芳　崔　冶　梁桂荣

晋宝忠　程宝军　华淑英　姜　欣　韩建华　韩崇文

薛文全　戴春红

# 序　言

　　佳木斯地区位于我国东北部，属寒地农作区，是国家重要商品粮基地。在国家惠农政策的感召下，广大农民朋友种田积极性空前高涨，农业生产在这片神奇、广袤的土地上正焕发出勃勃生机。佳木斯行政区内粮食总产量已经突破百亿千克，粮食商品率多年保持在80%以上，这里已经成为保证地方经济健康发展，维护国家粮食稳定安全的重要支撑。

　　为了适应佳木斯市农业结构调整及新农村建设的需要，促进农业健康持续发展，农村繁荣，农民增收，佳木斯市农业技术推广总站组织农业专家编写了《寒地种植业技术推广》一书。通览全书，给我总的感觉是，该书专家聚集、内容丰富、技术先进实用、语言通俗易懂，既是近年来佳木斯地区最新农业实用技术成果及理论研究和农村先进经验的集中体现，又是对佳木斯市农业技术推广队伍工作深度、能力强度及素质高度的全方位展示；字里行间凝聚着农业技术推广人员的智慧、汗水和对事业、工作的拳拳之心。

　　国家对"三农"工作的高度重视及新农村建设的不断推进，尤其是现代大农业思想意识的日益深入人心给农业提质、农民增效及传统农业改造带来新的机遇和挑战，科技在农业产业中的贡献率得到进一步提高。由于受各种因素的影响，佳木斯市农业生产大多还处于单产不高，总产不稳，比较效益较低的层面；还有一些科技成果由于没有经过当地试验、示范而盲目引进，不适宜当地环境条件，给农业生产及农民收益造成不必要的损失。这在客观上要求，作为农业生产关键要素的农业科学技术必须通过甄别、遴选规范推广；通过引进、示范适宜推广；通过宣传、普及加快推广。该书正是突出这一要旨，能够满足广大农民获得新技术、新技能，在科技引领下实现农业效益最大化的迫切需求，对从整体上提升农业科技含量无疑会起到重要的作用，可谓恰逢其时，堪当其任。

　　本书的出版，填补了佳木斯市种植业技术专业著作的空白，是一本对农民科学种田有引导作用；对各级领导指导农业生产有参谋作用；对农业科技工作者传授农业技术有学术作用的理想教材；对于农业技术的理论研究和实践探索都具有非常特殊的意义。要加大发行力度，促进寒地种植业技术规范、普及和推广；加快农业技术体系的更新、改造步伐；为到2020年全面建成小康社会，全力推进新农村建设，促进现代大农业发展提供有力的技术支撑。

佳木斯市市长　孙喆

于佳木斯市　　2013年12月

# 前　言

　　佳木斯地区是国家重要粮食生产区，粮食商品率常年保持在 80% 左右的水平，在保障经济发展、维护国家粮食安全等方面处于重要地位。作为寒地农作区，佳木斯地区在农业技术引进和使用上有其自身特点，只有遵循这些特点才能有效发挥先进技术的特殊作用。佳木斯市农业技术推广总站通过对应用于佳木斯地区的众多农业最新科技成果及本系统科技攻关所形成的技术储备的筛选，组织农业技术专家和学者编写了《寒地种植业技术推广》一书。

　　该书汇集了我国东北寒冷地区最新的农业科研成果和先进实用的农业技术，对粮食作物栽培、经济作物栽培、蔬菜及果树栽培、植物保护、土壤与肥料、农业环境保护技术进行了详细阐述；并选编了农业技术方面的专家人才和较高水平的农业学术文章，以飨读者。该书以先进性、实用性和可操作性为立足点，基本刊载了代表区域内安全、适用、较新的农业科技成果，并把这些成果与寒地农业实际紧密结合起来，语言通俗易懂，论述简单明了，便于农民接受。该书可作为广大农户科学种田，发家致富；各级农业干部指导农业生产；农业技术人员在岗培训的理想工具书。

　　本书在编写过程中参阅了大量文献、专著和文集等相关资料，引用了大量种植业先进科技成果和成功经验，得到著名农业专家和学者指导、支持，受篇幅所限不能列出，在此谨向各方表示谢忱。

　　由于编者水平有限，加之时间仓促，疏漏甚至错误在所难免，敬请广大读者指正。

编者

# 目录

## CONTENTS

第一章　粮食作物高产技术 ……………………………………………………………… 1

  第一节　水稻高产技术 ……………………………………………………………… 1

    一、寒地水稻生长发育对环境条件的要求 …………………………………… 1

    二、寒地水稻综合栽培技术 …………………………………………………… 4

  第二节　大豆高产技术 ……………………………………………………………… 9

    一、大豆对环境条件的要求 …………………………………………………… 9

    二、大豆高产栽培技术 ………………………………………………………… 10

    三、大豆高产栽培技术模式 …………………………………………………… 16

  第三节　玉米高产技术 ……………………………………………………………… 17

    一、玉米的生长发育 …………………………………………………………… 17

    二、玉米栽培技术 ……………………………………………………………… 19

    三、玉米通透栽培技术模式 …………………………………………………… 23

    四、玉米高产高效栽培技术措施 ……………………………………………… 23

    五、玉米低温冷害发生规律及综合防御技术 ………………………………… 25

  第四节　小麦高产技术 ……………………………………………………………… 28

    一、小麦对环境条件的要求 …………………………………………………… 28

    二、春小麦栽培技术 …………………………………………………………… 30

    三、小麦稳产、保优、节本栽培技术 ………………………………………… 33

第二章　经济作物高产技术 …………………………………………………………… **36**

  第一节　瓜类高产技术 ……………………………………………………………… 36

    一、西瓜 ………………………………………………………………………… 36

    二、甜瓜 ………………………………………………………………………… 37

    三、籽用南瓜 …………………………………………………………………… 39

第二节　豆类作物高产技术 ································· 40

一、红小豆 ···················································· 40

二、绿豆 ······················································ 42

第三节　其他经济作物高产技术 ························· 43

一、甜菜 ······················································ 43

二、向日葵 ···················································· 45

三、万寿菊 ···················································· 47

四、蒜豆套种技术 ············································· 49

第四节　食用菌高产技术 ································· 51

一、平菇栽培技术 ············································· 52

二、香菇栽培技术 ············································· 53

三、黑木耳栽培技术 ··········································· 54

四、猴头菌栽培技术 ··········································· 55

五、金针菇栽培技术 ··········································· 56

六、鸡腿菇栽培技术 ··········································· 57

第五节　马铃薯高产技术 ································· 58

一、生物学特征特性 ··········································· 59

二、品种选择 ················································· 60

三、栽培技术 ················································· 61

第三章　蔬菜及果树高产技术 ·······················　66

第一节　保护地黄瓜高产技术 ························· 66

一、对环境条件的要求 ········································· 66

二、茬口安排 ················································· 66

三、品种选择 ················································· 66

四、栽培技术 ················································· 67

第二节　保护地油豆角高产技术 ······················· 70

一、对环境条件的要求 ········································· 70

二、茬口安排 ················································· 70

三、品种选择 ················································· 70

四、育苗 ······················································ 70

五、定植 ······················································ 71

六、定植后管理 ··············································· 71

七、病虫害防治 ………………………………………………………… 72

第三节　甘蓝早春露地高产技术 ……………………………………… 72

一、品种选择 ……………………………………………………… 72

二、育苗 …………………………………………………………… 72

三、定植 …………………………………………………………… 73

四、田间管理 ……………………………………………………… 73

五、病虫害防治 …………………………………………………… 73

第四节　保护地番茄高产技术 ………………………………………… 74

一、对环境条件的要求 …………………………………………… 74

二、茬口安排 ……………………………………………………… 74

三、品种选择 ……………………………………………………… 75

四、育苗 …………………………………………………………… 75

五、定植 …………………………………………………………… 76

六、定植后管理 …………………………………………………… 77

七、病虫害防治 …………………………………………………… 78

第五节　大白菜反季节栽培技术 ……………………………………… 78

一、品种选择 ……………………………………………………… 78

二、栽培季节 ……………………………………………………… 78

三、育苗 …………………………………………………………… 78

四、定植 …………………………………………………………… 79

五、田间管理 ……………………………………………………… 79

六、病虫害防治 …………………………………………………… 79

第六节　苦瓜露地栽培技术 …………………………………………… 79

一、营养价值与食用方法 ………………………………………… 79

二、品种选择 ……………………………………………………… 80

三、育苗 …………………………………………………………… 80

四、定植 …………………………………………………………… 80

五、田间管理 ……………………………………………………… 80

六、病虫害防治 …………………………………………………… 81

七、采收 …………………………………………………………… 81

第七节　辣椒露地栽培技术 …………………………………………… 81

一、品种选择 ……………………………………………………… 81

二、育苗 …………………………………………………………… 81

三、定植 ………………………………………………………… 82

四、病虫害防治 …………………………………………………… 82

**第八节　露地大葱高产技术** ………………………………………… 83

一、生物学特性 …………………………………………………… 83

二、播前准备 ……………………………………………………… 84

三、播种及苗期管理 ……………………………………………… 84

四、大葱定植 ……………………………………………………… 85

五、大田管理 ……………………………………………………… 85

六、病虫害防治 …………………………………………………… 86

七、收获 …………………………………………………………… 86

**第九节　茄子露地高产技术** ……………………………………… 87

一、品种选择 ……………………………………………………… 87

二、育苗 …………………………………………………………… 87

三、定植 …………………………………………………………… 87

四、田间管理 ……………………………………………………… 88

五、病虫害防治 …………………………………………………… 88

**第十节　青花菜露地栽培技术** …………………………………… 88

一、营养价值与食用方法 ………………………………………… 88

二、品种选择 ……………………………………………………… 89

三、育苗 …………………………………………………………… 89

四、定植 …………………………………………………………… 89

五、田间管理 ……………………………………………………… 89

六、病虫害防治 …………………………………………………… 89

七、采收标准 ……………………………………………………… 90

**第十一节　秋白菜露地高产技术** ………………………………… 90

一、品种选择 ……………………………………………………… 90

二、播前准备 ……………………………………………………… 90

三、田间管理 ……………………………………………………… 90

四、病虫害防治 …………………………………………………… 91

**第十二节　西芹大棚高产技术** …………………………………… 91

一、营养价值与食用方法 ………………………………………… 91

二、品种选择 ……………………………………………………… 91

三、育苗 …………………………………………………………… 91

　　四、定植 ································································································ 92

　　五、田间管理 ······················································································ 92

　　六、采收 ································································································ 93

第十三节　苹果高产技术 ·············································································· 93

　　一、品种选择 ······················································································ 93

　　二、定植 ································································································ 93

　　三、果园管理 ······················································································ 94

　　四、病虫害防治 ·················································································· 97

第十四节　李子和杏高产技术 ······································································ 98

　　一、李子与杏 ······················································································ 98

　　二、品种选择 ······················································································ 98

　　三、定植 ································································································ 99

　　四、果园土壤管理 ············································································ 100

　　五、整形修剪 ·················································································· 100

　　六、采收和包装 ·············································································· 101

　　七、越冬保护 ·················································································· 102

　　八、病虫害防治 ·············································································· 102

第四章　植物保护技术 ·············································································· **103**

第一节　农作物重点病虫害及防治 ···························································· 103

　　一、大豆病虫害与防治 ···································································· 103

　　二、水稻病虫害与防治 ···································································· 105

　　三、玉米病虫害与防治 ···································································· 110

　　四、小麦病虫害与防治 ···································································· 114

　　五、甜菜病虫害与防治 ···································································· 116

　　六、马铃薯病虫害与防治 ································································ 120

　　七、蔬菜病虫害与防治 ···································································· 123

第二节　农田草害与防除 ·········································································· 126

　　一、农田杂草及综合防除概述 ························································ 126

　　二、化学除草技术 ··········································································· 128

第三节　农田灭鼠 ···················································································· 131

　　一、鼠害的严重性 ··········································································· 131

　　二、农村常见害鼠 ··········································································· 132

三、鼠害防治 ……………………………………………………………… 132

**第五章 土壤与肥料技术** …………………………………………… **134**

**第一节 土壤** …………………………………………………………… 134
一、土壤分布 …………………………………………………………… 134
二、土壤类型 …………………………………………………………… 135

**第二节 有机肥料** ……………………………………………………… 138
一、有机肥料概述 ……………………………………………………… 138
二、有机肥料种类 ……………………………………………………… 140

**第三节 无机肥料** ……………………………………………………… 148
一、无机肥料的分类 …………………………………………………… 148
二、无机肥料的特点 …………………………………………………… 149
三、无机氮肥 …………………………………………………………… 149
四、无机态磷肥 ………………………………………………………… 151
五、主要钾肥的种类和性质 …………………………………………… 152
六、微量元素 …………………………………………………………… 153

**第四节 复合肥** ………………………………………………………… 155
一、复合肥的概念与表示方法 ………………………………………… 155
二、复合肥的优点与缺点 ……………………………………………… 155
三、施用复合肥料应注意的问题 ……………………………………… 156

**第五节 绿色食品肥料** ………………………………………………… 156
一、绿色食品肥料的概念及选择 ……………………………………… 156
二、绿色食品肥料的使用 ……………………………………………… 157

**第六章 农业环境保护技术** ………………………………………… **159**

**第一节 农业环境与农业环境污染** …………………………………… 159
一、环境 ………………………………………………………………… 159
二、农业环境 …………………………………………………………… 159
三、农业环境污染与危害 ……………………………………………… 159
四、农业环境保护与生态农业建设 …………………………………… 160

**第二节 农业环境污染与防治** ………………………………………… 161
一、化学肥料污染与控制 ……………………………………………… 161

二、农药污染与防治 ……………………………………………… 163

三、水体污染与防除 ……………………………………………… 165

四、大气污染与对农业的影响 …………………………………… 168

五、农膜污染与防治 ……………………………………………… 173

## 附录一　农业技术推广专家传略 ……………………………… **175**

潘国君 ……………………………………………………………… 175

王谦玉 ……………………………………………………………… 175

王　平 ……………………………………………………………… 175

屈淑兰 ……………………………………………………………… 176

史占忠 ……………………………………………………………… 176

贲显明 ……………………………………………………………… 176

冯雅舒 ……………………………………………………………… 176

张继英 ……………………………………………………………… 176

王德亮 ……………………………………………………………… 177

姚　君 ……………………………………………………………… 177

王晓明 ……………………………………………………………… 177

赵广山 ……………………………………………………………… 177

孙胜伟 ……………………………………………………………… 178

戴春红 ……………………………………………………………… 178

申庆龙 ……………………………………………………………… 178

晋宝忠 ……………………………………………………………… 178

国忠宝 ……………………………………………………………… 179

孙忠坤 ……………………………………………………………… 179

赵　志 ……………………………………………………………… 179

刘东林 ……………………………………………………………… 179

徐柏富 ……………………………………………………………… 179

张培育 ……………………………………………………………… 180

华淑英 ……………………………………………………………… 180

程宝军 ……………………………………………………………… 180

关宏举 ……………………………………………………………… 180

韩崇文 ……………………………………………………………… 181

梁桂荣 ……………………………………………………………… 181

张跃发 ……………………………………………………………………………………… 181

胡秀芳 ……………………………………………………………………………………… 181

罗有志 ……………………………………………………………………………………… 181

赵金满 ……………………………………………………………………………………… 182

杨忠生 ……………………………………………………………………………………… 182

井 力 ……………………………………………………………………………………… 182

刘传雪 ……………………………………………………………………………………… 182

刘乃生 ……………………………………………………………………………………… 182

张淑华 ……………………………………………………………………………………… 183

蒋佰福 ……………………………………………………………………………………… 183

张敬涛 ……………………………………………………………………………………… 183

丁俊杰 ……………………………………………………………………………………… 183

## 附录二 农业技术推广优秀文选 ………………………………………………………… **184**

北方寒地黑穗醋栗无公害栽培技术（作者：贲显明，孙胜伟，罗育）………………… 184

佳木斯市耕地土壤退化情况及治理对策（作者：王晓明）………………………………… 186

稻田新生杂草白花水八角生物学特性研究（作者：赵广山，孙胜伟，孙炀）………… 188

寒地果园的秋季管理（作者：戴春红，孙胜伟，那思正）……………………………… 189

高巧牌种衣剂在寒地玉米上的试验与推广（作者：董福长）…………………………… 190

东北玉美人牌甜瓜春大棚栽培技术（作者：王金华）…………………………………… 192

保护地二氧化碳肥料施用技术（作者：关宏举）………………………………………… 193

寒地水稻白叶枯病发生与综防技术（作者：韩崇文，程宝军，梁桂荣）……………… 195

稻李氏禾综合防除技术（作者：韩崇文，赵丽红，刘占国）…………………………… 197

紫苏栽培技术（作者：程宝军，梁桂荣，杨顺）………………………………………… 198

水稻分蘖消涨与叶龄进程的调查分析（作者：李广会）………………………………… 200

富锦市玉米产量限制因素及高产措施（作者：张明秀）………………………………… 201

水稻叶鞘腐败病的发生与综合防治（作者：马琳）……………………………………… 203

寒地水稻低温冷害防御技术研究进展（作者：陈书强，杨丽敏，潘国君）…………… 205

寒地水稻稻瘟病绿色防控技术（作者：宋成艳）………………………………………… 208

寒地水稻稳健高产栽培技术（作者：杨丽敏，赵海新，陈书强）……………………… 209

合丰系大豆品种复合诱变研究（作者：郑伟，郭泰，王志新）………………………… 212

半矮秆大豆窄行密植高产栽培技术（作者：张敬涛，王谦玉，申晓慧）……………… 214

马铃薯地上垄体栽培技术模式（作者：丁俊杰，赵海红，顾鑫等）…………………… 216

# 目　录

解决乡镇农技推广工作断层的建议（作者：罗有志）……………………………………218

关于加快同江市农业发展的思考（作者：赵志，刘东林，徐柏富）……………………220

公益性农业技术推广创新发展措施探讨（作者：史占忠）………………………………222

# 第一章  粮食作物高产技术

## 第一节  水稻高产技术

### 一、寒地水稻生长发育对环境条件的要求

水稻生育的各个发育时期，对周围环境条件的要求不同。合理的栽培技术和耕作制可以最大限度地满足水稻生育所要求的各种条件。

（一）种子发芽对环境条件的要求

1. 水分

水稻种子发芽最少要吸收自身质量25%的水分，吸水达到自身质量40%时对发芽最为适宜。稻种发芽阶段的3个吸收过程，即急剧吸水、缓慢吸水和大量吸水3个阶段。吸水所用时间与当时温度有关，水温10℃时需10~15天，15℃时需6~8天，20℃时需4~5天。在浸种催芽过程中，浸种时间过长，种子养分容易溶解损失，时间过短又不利于充分吸水。一般浸种水温15~20℃，浸5~15天为宜。

2. 温度

水稻发芽最适宜的温度，日本北海道学者认为是32~34℃，黑龙江省多数学者认为是30℃左右。发芽最高临界温度为40℃，42℃以上种子生命力大幅度减弱并致死。最低起点温度，耐冷品种可在平均8.1℃的变温条件下11天后发芽率达60%以上。个别品种也有达到90%以上的。平均7.6℃的变温条件下15天发芽率达60%以上的品种也不少。

3. 氧气

水稻一生中，植物体单位面积的呼吸量以发芽期为最大。氧气浓度大，幼根的生长发育良好，21%左右高浓度最为理想。在缺氧条件下，发芽率大大降低，且幼芽形态异常，幼根不能伸长，生长点黄化，鞘叶过长等。因此，必须充分满足水稻种子发芽期对氧气的需求。

（二）幼苗生长对环境条件的要求

1. 土壤酸碱度

保持pH值4.5~5.0的偏酸环境，有利于稻苗生长发育。

2. 温度控制

幼苗从小到大，温度是由高到低，即30℃→25℃→20℃→15℃，到移栽前应完全适应当时的外界低温环境。揭膜后日平均温度仅在15℃以下。

3. 水分管理

应是湿→干→湿的过程。播种前浇足水，达到充分饱和，出苗至2叶1心期控制浇水，促进扎根生根，使第1叶鞘矮化，2叶1心后浇足水。

（三）叶的生长对环境条件的要求

1. 光照

强光对叶的生长有抑制作用，使叶片生长缓慢。光照充足碳代谢旺盛，叶片短厚质硬，有利于抗病防倒。光照不足叶片伸长，氮代谢旺盛，叶片长、片叶薄、叶片软、易感病，不利于群体光合效率的提高。总之晴好天气多，日照时数多，容易使水稻生长有一个最佳碳氮比，使叶的生长适度。阴雨寡照，光照不足不利于水稻生长。

2. 温度

稻叶生长发育对温度的要求比较严格。随叶龄的增加，叶片耐低温的能力也在下降。生育前期以28~30℃为适宜，生育中期以30~32℃为适宜。寒地水稻外界环境所能提供的日平均温度实际状况是1~3叶为20~25℃，4~6叶为15~20℃，7叶以后是20~25℃。寒地水稻从移栽到拔节期间，环境温度低于稻叶发育最适宜温度，应通过浅水灌溉、间歇灌溉及井灌区设置晒水池等措施，提高水温、地温，以适应稻叶的生长和寿命延长。

3. 水分

水分是稻叶生长发育及完成其功能所不可缺少的物质。稻叶的自身代谢需要水分，光合作用、蒸腾作用、养分输送都离不开水分。因此，在苗期控水促根时应注意叶片的忍受能力。在生育中期晒田和生育后期排水时都应注意掌握分寸，采取对叶的生长和寿命延长有利的合理促控措施。

4. 养分

叶片是光合作用的主要器官，需要各种养分维持生命并完成各种功能。主要是氮含量不能少于2.0%，其次是磷、钾，磷不能少于0.5%，钾不能少于1.5%，还应有硅、镁、钙、硫、锌、钼、硼等。为保证稻叶正常发育，完成各种功能并延长寿命，应努力满足各种养分的需要。

（四）分蘖对环境条件的要求

分蘖期在高肥、浅水、高温、强光、足氧的条件下，白根多、支根多、根毛多，整个根系发达，分蘖节位低，分蘖发生早、快、多。浅水才有足氧、高温，有利于育根、促蘖；强光时，叶鞘短厚，稻苗敦实，有利于扎根分蘖。以氮肥为主，磷、钾肥为辅，合理增施肥料，是增加分蘖的关键措施。在整个有效分蘖期间气温要在20℃以上。

（五）根系发育对环境条件的要求

1. 氧气

氧气充足时，根系生长发育良好白根多，根毛多，根的寿命长，吸收、输导功能也强，从而保证地上部正常生长。长期深水，通气性能差的条件下，土壤中有机物分解消耗大量氧气，产生大量有害气体及有害物质，使根系中毒变黑，甚至腐烂。尤其在生育中期（抽穗前）生长最旺盛时，根中毒现象时有发生。应及时排水晒田，增加吸氧，促使稻体多生新根、白根、泥面根。长远治理措施是改良土壤，使土质疏松、通透性好，加深耕层，修渠排水，降低地下水位。

2. 养分

施腐熟有机肥，既能改良土壤，又能保证养分充足，且有利于有益微生物存活，有利于根的生长发育。氮素用量应适当，过多则地上部生长繁茂，根系分布浅，短弱早衰寿命短；氮素适量时根系发育多而壮。合理增施磷、钾肥，可以壮根，增加根数，根伸长，层次分布合理，寿命也长。在施肥方法上，深层施肥和全层施肥有利于下层根的生长发育和根系均衡协调分布。

3. 温度

寒地水稻根的生长发育的最适温度是 25~30℃，根的细胞伸长最适温度为 30℃，根的细胞分裂最适温度为 25℃。而寒地水稻根的生长发育实际温度，苗期只有 25℃左右，移栽后至拔节前 15~20℃，拔节后可达 20~25℃，30℃左右的时间很短。而根的生长在低于 15℃时，不仅生长缓慢接近停滞，而且吸收、输导等功能也明显减弱。因此，移栽后应合理调节水层，以适应气温变化，晴好天气撤水增温，冷凉阴雨天气以水保温，利于根系良好发育。

（六）茎的生长对环境条件的要求

1. 光照

光照不足的年份节间徒长、伸长，出穗前后稻体抗病能力弱，茎向穗部运输营养的能力低下，影响正常成熟。而且由于光不足，同化产物少，木质素、纤维素形成量少，造成茎细弱。只有光照充足，光合作用强，茎节间短而质硬，才能抗病、抗倒伏、输送养分能力强。

2. 温度

低温年份茎生长量不足茎变矮，穗也变短。穗头伸出在不利条件下，结实成熟都受到不良影响。

3. 养分

茎伸长期氮素过多，则下位节间伸长快、伸长异常；分蘖茎多，有效分蘖率低，茎粗但纤维素少，质软、徒长、倒伏、早衰。钾肥对保持细胞含水量和调节渗透压有重要作用。缺磷时茎数少，茎变矮变细。适量的氮素和足够的磷、钾肥，是保证茎正常生长发育的主要条件。

（七）幼穗分化与发育对环境条件的要求

1. 温度

幼穗分化与发育期对温度最敏感。最适宜的温度是 28~32℃。幼穗分化发育期若遇到低温，幼穗发育将出现生理障碍。此期遇低温冷害可灌深水护胎，水深 15~20cm，则可防止低温造成的危害。

2. 光照

幼穗分化发育期需充足的光照，以满足叶片光合作用和幼穗迅速发育的需要。配子的形成、颖花分化形成都必须在充足的光照下进行。光照不足时颖花数减少，引起枝梗退化，不孕花增加。

3. 水分

此期稻株生理用水量为一生最大的时期。缺水有效分蘖率降低，穗数减少，颖花和枝梗大量退化，着粒数减少，结实率降低。但长期深水根部缺氧，根系变黑腐烂，也将大大影响幼穗发育。应合理调控，及时采用间歇灌溉、活水灌溉、晒田等措施，保证幼穗健壮发育。

4. 养分

幼穗分化发育期需要大量的营养。营养不足，穗变小空秕率增加。如果发现缺肥，应在颖花分化期施入穗肥。穗肥以氮肥为主，加入适量钾肥，可增加枝梗和颖花数，减少颖花的退化，增加每穗粒数、结实率和千粒重。为防止中部叶片过度伸长，施用穗肥时期应躲过幼穗分化始期，在幼穗形成期的颖花分化期施入比较适宜。

（八）抽穗结实期对环境条件的要求

1. 温度

开花最适宜的温度是 30℃左右，花粉发芽最适宜温度是 30~35℃。低于 20℃推迟发芽，花药裂开的最低温度是 22℃。这个时期水稻开花在每天的 10~14 时，气温大都在 25~32℃间，是比较适宜的温度。灌浆期昼夜温差大，有利于灌浆。夜间气温低叶片老化慢，呼吸强度弱，养分消耗少。白天气温高，光合作用强度大，养分向穗部运输快，淀粉形成快、积累多。蜡熟以前，夜间 14~18℃，白天 24~28℃，可以满足寒地水稻品种结实前期对温度的要求。但灌浆结实后期的 9 月上、中旬温度迅速下降，夜间 8~12℃，昼间也只有 18~22℃。因此，寒地稻区必须选用较低温度下灌浆速度快、后熟快的品种，以适应成熟期的低温。

2. 湿度

水稻开花时最适宜的相对湿度为 70%，在 40%~70% 的范围内对开花不会有较大影响。因此，在开花时不仅需要生理用水，也需要足够的生态用水，以保证环境湿度。开花期生理用水量较大，缺水会大大增加空壳率。要及时灌水，保持水层，通常称为"花水"。结实期为满足灌浆需要，不应过早排水，一般在收获前 7~10 天停止灌水，自然落干较为适宜。

3. 光照

水稻开花期和灌浆结实期，天气晴好、光照充足有利于正常开花受精。光照直接影响开颖、花粉发芽和受精过程。阴雨天光照不足开花推迟，受精状态不良会大大降低结实率，也容易感染稻瘟病。灌浆结实期天气晴好，有利于光合作用和成熟。

## 二、寒地水稻综合栽培技术

（一）旱育壮秧

1. 选种

选择审定推广优质适宜抗逆性强的水稻品种，杜绝盲目引种和越区种植，杜绝应用满贯品种，实现品种合理搭配。

2. 选秧田地

选择地势平坦、高燥、背风向阳、有水源条件、土壤偏酸、肥沃且无农药残毒的旱田地育秧或庭院育秧，按水田面积的 1:80~1:100，留设比较集中的旱育秧田地；没有旱田的纯水田区，可在水田中选高地，挖好截水、排水沟，建成确保旱育、高出地面 0.5m 以上的高台地，集中秧田。

3. 建育秧棚

由于小棚棚型矮，覆盖容积小，昼夜温差大，保温性能差，防冻能力低，管理不方便，很难培育壮秧，因此，要逐渐淘汰小棚实现大中棚旱育秧。大中棚的建造材料有钢骨架结构、竹木结构等。钢骨架大棚由于成本比较高，有条件的可以采用。竹木结构大棚由于取材广泛，成本低廉，便于推广应用。现以竹木结构大棚为例，介绍建棚方法。

（1）大中棚的建造规格。大中棚一般为南北走向，目前，采用的大中棚规格一般宽 5.0~6.5m，拱高 1.6~2.0m，长度根据本田面积确定，边柱为 1.0m 左右，边柱、立柱入土 30~40cm。立柱间隔为 1.5~3.0m。中间步行道宽 0.4~0.5m。

（2）扣棚方法。应在播前 10~15 天扣棚，增温解冻。棚膜应选用 0.08mm 以上的无滴、耐低温、防老化的蓝色膜。扣棚方法有：一是整幅扣法，以 6.0m 膜扣 5.4~6.0m 棚。优点是节省农膜，防风能力强，缺点是不便通风，要双侧开门。二是单侧开闭式，开闭缝在背风侧，两块农膜交叉重叠 30~60cm，大幅膜 6.0m 左右，小幅膜 2.0m 左右，重叠处距地面 1.0m 左右。优点是方便通风，便于管理，缺点是浪费农膜。三是脱裙子式，整幅农膜盖在顶部居中，两侧分别用开闭式，通风时将两侧重叠处农膜向上或向下拉，优点是方便管理。也可采用三膜覆盖，增加保温效果。即在大棚内做小床，小床上扣小棚，苗床上再铺一层地膜，这种方法保温效果极好，一般可在早育苗或育大苗时采用。

4. 整地做床

为提高旱育苗质量，提倡秋整地、秋备土、秋做床，在本田地育秧的秋做床应在秋季田间收完清理后，结合施入腐熟的农家肥，浅翻 15cm 左右，及时粗耙整平。在结冻前按选用的棚型，确定好苗床的长、宽、耙平床面，挖好排水沟，便于排出冬季降水，保持土壤的旱田状态。如果春做床，要及时清除积雪，在播种前 10~15 天扣棚，当棚内土壤融化 10cm 以上时开始翻地作床。在翻地前均匀施入充分腐熟的农家肥，整地做到土要细碎，无大坷垃，床面子整平，搂出土中的根茬和杂物。棚中间留步道，步道两边做成长方形苗床，苗床四周筑起 5cm 高的小埂，如应用钵盘育苗，要注意苗床的有效宽度与摆放钵盘的组合宽度相吻合，避免浪费苗床。

5. 配制营养土

用水稻壮秧剂配制营养土，由于水稻壮秧剂具有调酸、施肥、消毒等功能，因此，在使用时把肥沃的无农药残毒的旱田土和腐熟的猪粪按 7∶3 比例混合堆制，或用旱田土、腐熟草炭和猪粪按 4∶4∶2 比例混合堆制，播种前用 6~8 目孔筛，然后把充分混合过筛的营养土，按每 360kg 土加入 2.5kg 壮秧剂一袋充分混拌后使用。普通旱育秧：每平方米用床土 20kg，均匀拌入床土耕层 3cm；钵盘育苗：每公顷稻田用 400~700 张，每个秧盘约用 2kg 营养土；钙塑软盘育秧：一般每公顷约需 450 张软盘，每张软盘约需 4kg 营养土。

6. 种子处理

（1）发芽试验。一是看发芽率，二是看发芽势。发芽率和发芽势越高，表明种子质量越好。用做发芽试验的种子一定要有代表性，应从种子的上、中、下、边缘和中间等不同部位分别取种，充分混合后再做发芽试验。

①普通催芽法。适于种子量较大和品种较多时使用。取样种子 100 粒左右，放在铺有纱布的容器（盘、碗或发芽皿）内，加足水，上面放一块纱布盖好，放在保温箱或火炕上催芽，温度保持在 28~30℃。第 3 天调查发芽种子数，计算发芽势，第 7 天调查发芽种子数计算发芽率。7 天以后视为不发芽。要做 2~3 个重复，计算平均值。注意要在发芽容器内做好标记，防止弄混品种。

②保温瓶催芽法。适于种子量和品种均较少时使用。把 100 粒种子放在 30℃ 的温水中浸泡 3h 后，装在小纱布袋内，布袋口留一条线。保温瓶内装半瓶 30~35℃ 水，把种子袋悬挂在保温瓶水面之上，加盖瓶塞保温，每天换 1~2 次温水，并调查发芽种子数。一般 2~3 天就可以出齐芽，计算发芽率。

经发芽试验，应选择发芽率在 90% 以上、发芽势强的种子。发芽率较低的种子要相应加大播种量。

（2）晒种。种子进行风筛选清除草子、秕粒和质量轻的夹杂物后，选择晴天晒种 2 天。晒种可以增强种皮的透性，增强种子的活力，提高稻种的发芽势和发芽率。同时，晒种还可以杀死种子表面部分病菌，减少种传病害的发生。风筛选和晒种一般在播种前 15 天左右进行。

（3）选种。包括风选、筛选和相对密度（比重）选。经选种的种子达到饱满度均匀，这样才能保证秧苗生长整齐一致。

风选和筛选可以在种子入库前或结合晒种进行。风选可以用风车选或扬选。相对密度要在浸种前进行，方法有盐水选和黄泥水选。

①盐水选。成熟饱满的种子发芽势强，幼苗发育整齐，成苗率高，因此，用盐水选种十分必要。选种用盐水的相对密度一般为 1.10~1.13g/cm³，具体方法是用 50kg 水加大粒盐 12~12.5kg 充分溶解后用新鲜鸡蛋测试，当鸡蛋横浮水面露出五分硬币大时即可。将种子放入盐水内，边放边搅拌，使不饱满的种子飘浮水面，捞出下沉的种子，用清水洗净种皮表面的盐水。每选一次，都需重新测试调整盐水相对密度，以保证选种质量。

②黄泥水选。取无杂质黄土 20kg 加入 100kg 水中，充分搅拌后用新鲜鸡蛋相对密度（方法同盐水选），保证黄泥水的相对密度达到 1.10~1.13g/cm³。把种子装在箩筐里浸入泥水中，均匀搅动，捞出漂在水面上的空秕粒后，提起箩筐，用清水冲净箩筐里的种子即可。多次选种时要重新测试调整泥水相对密度。这种方

法适用于种子量较大、水源方便时使用。

相对密度（比重）选种时要注意以下几点：一是操作要快，种子放入盐水或泥水中到捞出漂浮在上面秕谷的时间不应超过 3min，浸泡时间长，轻的种子也会下沉；二是多次连续操作时要随时测定溶液浓度，相对密度降低时加盐或加黏土，使相对密度保持在 1.10~1.13/cm³；三是捞出用做种子的稻谷要用清水冲洗干净。

（4）浸种及消毒。种子消毒是防除苗期病害的主要措施。浸种是使水稻种子吸足水分，促进生理活动，使种子膨胀软化，增强呼吸作用，使蛋白质转化为可溶物质，并降低种子中抑制发芽物质的浓度，把可溶物质供幼芽、幼根生长。浸种需积温 80~100℃。但温度不宜过高，在较低温度下浸种，吸水均匀，消耗物质少，萌动慢、发芽齐，利于培育壮秧。为了提高种子消毒的效果，常采取消毒和浸种同时进行。把选好的种子用 35% 恶苗灵 200mL，对水 50kg，浸种 40kg。水温保持 11~12℃，浸种消毒 6~7 天。浸好种子的标志是：稻壳颜色变深，稻谷呈半透明状态，透过颖壳可以看到腹白和种胚，米粒易捏断，手碾呈粉状、没有生心。消毒浸种后，捞出可直接催芽。防治苗床蝼蛄可采用 35% 丁硫克百威进行拌种，每千克催芽种子拌丁硫克百威 8g，同时可兼防鼠害。

（5）催芽。将浸好的种子捞出，控去种子间的水分，在炕上用木方垫起，其上铺一层稻草，再上铺一层塑料布，浸好的种子堆放其上，以高温 30~32℃ 破胸，当有 80% 左右的种子破胸时，将温度降到 25℃ 催芽。当芽长到 1~2mm 时温度降到 15~20℃ 晾芽、待播。

在没有良好催芽设备时，以浸种不催芽直接播种的方法为宜。因为在农膜覆盖的苗床上，温度最均匀，也相对比较适宜且安全，有利于发芽整齐一致。

（6）秧苗类型的确定。在育苗前要根据品种、移栽方式、调整抽穗期的要求，选定适宜的秧苗类型来进行育苗。秧苗类型概括可分为小苗、中苗、大苗等 3 种类型。

①小苗。小苗叶龄为 2.1~2.5 叶，秧龄为 20~25 天。每盘播芽种 200g 左右，苗小较耐低温，可适当早插。株高 10cm 左右，适于机械插秧，对本田平整程度及插后水层管理要求较严。特别是由于秧苗小，在本田生育时间较长，容易延迟抽穗期，目前，已很少利用。

②中苗。中苗叶龄为 3.1~3.5 叶，秧龄 30~35 天，是生产应用面积较大的秧苗类型。中苗苗高 13cm 左右，百株地上干重 3g 以上。中苗根据插秧方式可分为机插中苗、手插中苗、抛秧中苗。

③大苗。叶龄为 4.1~4.5 叶，秧龄 35~40 天，用于人工移栽或人工摆栽。培育大苗，对调整当地中晚熟品种的抽穗期，确保安全成熟有重要作用。4.1~4.5 叶龄的大苗，株高 17cm 左右，百株地上干重 4.8g 以上。

根据品种熟期和移栽方式，选择秧苗类型，按不同秧苗类型确定相应的播种量，以确保稀播育壮秧，充分利用品种感温性的特点，用秧苗类型调整本田熟期，确保安全抽穗和成熟。

7. 播种

（1）播期。一般以当地气温稳定达到 5~6℃ 时开始育苗，一般在 4 月中旬前后即开始播种育苗，南部早些，北部晚些。不播 5 月种，不插 6 月秧，可以按照插秧期倒算日数确定播种期，中苗在插秧前 30~35 天，大苗在插秧前 35~40 天播种。

（2）播量。壮秧的标志之一是茎基部宽。茎基部宽维管束多，蘖芽发育良好，分蘖早发，穗多粒多。只有在稀播的条件下，保证充足的光照和相应的水、肥和温度管理，才能培育壮秧。密播对小苗影响略小，但对中苗、大苗随着生育进展影响越来越大，因此，播量的多少，应以育苗叶龄和移栽方式（人工手插或机插）来确定。一般手插中苗每平方米播芽种 250~300g，大苗每平方米播芽种 200~250g，机插中苗每盘播芽种 100g 左右，过少漏插率增加，过多秧苗弱、返青慢、分蘖晚。钵体盘育苗，每个钵穴播芽种 2~3 粒。

（3）摆盘装土。一是软盘育秧，在播种前 2~3 天，将四边折好的软盘相互靠紧，整齐摆在整平、调酸、消毒及施肥完毕并浇透底水的置床上，注意盘底要贴实床面，边摆边装床土，床土厚度 2.5cm 左右，厚度均匀，四周用土培严；二是隔离层育秧，在浇透底水的置床上铺编织袋、打孔地膜，上铺 2.5cm 床土；三是钵体盘育秧，在浇透底水的置床上趁湿摆盘，将多张秧盘摆在一起，用木板将秧盘钵体压入泥中，再将多余秧盘取出，依次摆压入泥土中，钵盘穴底要与床面紧密接触，不能留有空隙，每穴播芽种2~3粒，也可先播种，再将播种的秧盘整齐摆压在置床的泥土中。

（4）播种方法。人工撒播法，把待播的种子，分两次或多次播下，边播边找匀。对播后不均匀处，可以用笤帚调匀。播下的种子用木板轻拍或木碌压入土中，使种子三面着土，防止芽干，有利于出苗，并能使发芽的种子根扎入床土内。用山地腐殖土和肥沃的表层旱田土按照1∶3的比例混合过筛后做覆土。覆土厚度为0.5~1.0cm，覆土应均匀一致，保证出苗整齐，不影响秧苗素质；钵体盘播种法，可以用抽屉式播种器播种，也可人工播种。人工播种是先把营养土装入钵体盘孔穴2/3，刮去多余的营养土，用细眼喷壶轻浇水，待营养土沉实后，人工撒播，每穴一般2~3粒，把未进入钵穴的种子扫入钵穴，下种多时要取出，调整均匀，覆土0.5cm。

（5）封闭灭草和覆膜。为了消灭秧田杂草，每平方米苗床用有效含量为60%丁草胺0.18~0.20mL对水配成300倍液，均匀喷施。然后覆盖地膜，保温保湿，促进出苗。出苗后立即撤掉地膜，防止烧苗。

8. 秧田管理

大中棚旱育中苗一般秧龄30~35天，叶龄3.1~3.5叶；大苗一般秧龄35~40天，叶龄4.1~4.5叶。从播种到出苗需5~7天，出苗后每长出1叶需7天左右。在水稻秧田管理过程中，着重协调好氧气、水分、温度的关系，是水稻旱育壮秧技术的关键。一是防止棚内温度过高育成弱苗；二是防止低温缺水育成小老苗；三是防止温度剧烈变化引发立枯病、青枯病造成死苗。

（1）温度管理。播种到出苗温度较低，大中棚以密封保温为主，棚内温度控制在30~32℃为宜，夜晚要防止发生冻害。秧苗1叶1心期温度控制在25~30℃，株高在4.5~5.5cm；2叶1心期温度控制在20~25℃，株高在7.5~8.5cm；3叶1心期温度控制在20℃，苗高在12.5~13.5cm。3叶后全揭膜炼苗，促进壮苗以适应本田环境。

水稻旱育苗中普遍存在的密、湿、热三害问题，应坚持宁稀勿密、宁干勿湿、宁冷勿热的管理原则。

（2）水分管理。水分管理应缺水补水。从播种到出苗，床面局部发干缺水时，要及时补浇水，特别是2.5叶以后，随着棚内温度升高，秧苗需水量加大，要注意浇水，尤其是钵体盘育苗抗旱能力差，应重点注意浇水。苗床是否缺水可根据秧苗确定：当早晨秧苗叶尖普遍有露珠时为不缺水；当早晨秧苗叶尖露珠减少或无露珠以及中午叶片打卷时为缺水。缺水时要在早晨日出前后或傍晚及时浇水，防止高温晒死秧苗，浇水要一次浇透，尽量减少浇水次数，不能大水漫灌，也不要用冷水浇苗，水温要在15℃以上。

（3）通风炼苗。秧苗1叶1心期开始通风炼苗，促下控上。通风要按照不同叶龄秧苗对温度的适应能力和秧苗长势进行。一般随着叶龄的增加和气温的升高应逐渐延长通风时间和加大通风量。通风时应选择在晴天9~10时开始通风，14~15时闭膜保温，通风时间和通风量应依据温度的高低，决定通风时间和通风量。通风初期通风口应选在背风的一侧，尽量避免冷空气直接吹到秧苗上，每次通风时，要缓慢打开通风口，逐渐加大通风量，不要突然大面积或全部揭下农膜，以防温度、湿度骤变使秧苗发生生理性病害。育秧后期温度高时，再两侧同时通风，插秧前3~5天应昼夜通风或撤下棚膜。

（4）防病。在秧苗1.5~2.5叶期是预防秧苗发病的关键时期，应重点预防青枯病、立枯病的发生。1.5叶期后，应及时喷移栽灵、恶枯灵或病枯净预防青枯病、立枯病，或结合浇水，喷1~3次pH值为4的酸化水防治立枯病，喷后应用清水冲洗，也可结合浇水，在16时以后每平方米用70%敌克松2.5g对水2kg均匀喷浇在苗床上，喷后用清水冲洗。

（5）施肥。秧苗3叶期以后，若出现叶片普遍褪绿发黄缺肥时，每100m²苗床可用磷酸二氢钾0.5kg和硫酸铵1~2kg，对水200~300kg配成溶液叶面喷洒，喷肥后要喷浇清水冲洗，防止烧苗。

（6）除草。出苗后，苗床杂草较少，可以人工拔掉。如果苗床杂草较多时，要在1.5~2.5叶期选用除草剂灭草。以稗草为主的苗床，每100m²用20%敌稗乳油150~200mL，对水4~5kg，均匀喷洒。稗草和阔叶杂草混生的苗床，每100m²用20%敌稗75~100mL，加上50%排草丹30mL对水4~5kg，均匀喷洒。

（7）插秧前3天，在不致秧苗萎蔫的前提下，控制秧田水分，蹲苗壮根，有利于插秧后发根好、返青快、分蘖早。但遇有高温、干旱、大风天气应注意浇水，防止秧苗萎蔫致死。对秧苗矮小，叶色发黄，有脱肥症状时要追肥，特别是大苗，在插秧前2~3天，每平方米追磷酸二铵150g或三料磷肥300g，也可每平方米追50~100g硫酸铵。

（二）本田整地、施肥和插秧

1. 本田整地

本田整地方法有翻耕、旋耕、耙耕和免耕等方法，一般4~5年翻耕一次，中间利用旋耕或耙耕等方法。翻耕一般耕深15~20cm，旋耕耕深为12~14cm。提倡秋季早整地，如春季旱整地要提前进行。旱整地主要是人工去高垫洼，用沿对角线斜耙、耢，使田面达到基本平整，同时要修整好田间池埂。在旱整地的基础上，在插秧前5~6天，灌水泡田，准备水整地，即水耙地。然后在插秧前1~2天，用手扶拖拉机加挂水耙轮带耢子或拖板整平田面。水耙地要做到：一要耙平，同一块地内高低差不超过2~3cm，即"寸水不露泥"，做到地平如镜；二要耙匀，即田边要全部耙到，不留死角，不留生土，没有坷垃；三要耙透，要往复多次，把耕层土壤耙成泥浆状，经沉淀后，可以防止土壤渗漏。水整地后，保持田面水层，待泥浆沉实不硬，田面呈花达水状态，即可开始插秧。

2. 本田施基肥

结合秋整地或春整地，可隔年施充分腐熟的农家肥每公顷30~45t，有条件的地区可以搞秸秆还田。化肥全生育期用量因土壤肥力、品种及计划产量等因素确定，一般氮、磷、钾肥比例为2∶1∶1，即每公顷施磷酸二铵100~150kg，硫酸钾100~150kg，尿素250~300kg。化肥基肥要结合水整地，将全生育期化肥用量的全部磷肥、40%氮肥和50%钾肥全层施入，耙入耕层。其余氮肥的65%做蘖肥、35%做穗肥施入，其余的钾肥做穗肥施入。

3. 插秧

当气温稳定通过13℃时，即可插秧。黑龙江省南部地区一般在5月10日、中部地区5月15日开始插秧。要尽可能缩短插秧期，尽可能在高产插秧期5月15~25日插完，不插6月秧。起秧前一天，苗床要浇透水，使秧苗与土块附着，便于带土移栽。普通旱育秧起秧时，用平板铁锹在秧苗根部2cm处，把秧苗连同表层床土一起铲下形成秧片，秧片厚度要均匀。插秧时要带土、带肥、带药，随起随运随插，尽量缩短从起秧到插秧的时间，不插隔夜秧。插秧时要做到"插浅、插齐、插直和插匀"。插浅是指秧苗入泥深度1~2cm为宜，不能超过3cm。浅插秧苗返青早、分蘖快。插齐是指插秧后秧苗整齐高低一致。插直是指秧苗直立不倒，不出现漂秧。插匀是指秧苗的行距、穴距均匀，每穴苗数均匀一致。插秧密度因品种的分蘖能力、土壤肥力、施肥水平、秧苗素质、插秧期等因素差异而不同，插秧早、秧苗素质好、品种分蘖能力强、土壤肥力及施肥水平高宜稀植；反之，宜密植。南部地区宜稀植，北部地区宜密植。一般为每平方米15~30穴，每穴2~4株基本苗。插秧结束后要在本田寄存少量秧苗，发现缺苗及时补插。

（三）本田管理

1. 施肥

施肥要做到有机肥和化肥结合，追肥与叶面喷肥结合，施肥原则为减氮、增磷钾。氮肥要早施、勤施、看苗施肥，不可一次施入过多。生长中后期遇有低温，可叶面喷施磷酸二氢钾、云大120等叶面肥，促进生育，提高抗逆能力。

（1）蘖肥。分蘖肥分两次施入。第一次分蘖肥在返青后立即施用蘖肥总量的50%，最晚不超过6叶期，促进分蘖早生快发，利用低位分蘖；当水稻第 7 叶末到第 8 叶露尖时，用其余蘖肥做调节肥施用，也就是第二次蘖肥。

（2）穗肥。进入 10 叶期，幼穗开始分化，开始施用穗肥。穗肥分两次施用。第一次在倒 3 叶刚刚露尖时施穗肥总量的 60%，促进穗、枝梗、一次颖花数分化，增加一次枝梗数，争取大穗；第二次在剑叶露尖时施用其余穗肥。

2. 节水灌溉

要加强田间基本建设，提高工程配套标准，建立节水灌溉模式。水层管理应满足"壮根、增温、通气、节水"等促进生育的要求：一是浅水促。插秧时池内保持花达水，插秧后水层要保持苗高的 2/3，扶苗返青，返青后，水层保持 3.3cm，增温促蘖，10 叶期后，采用干干湿湿的湿润灌溉法，增加土壤的供氧量，促进根系下扎，到抽穗前 40 天为止。二是烤田壮秆攻大穗。当田间茎数达到计划茎数的 80% 时，要对长势过旺、较早出现郁闭、叶黑、叶下披、不出现拔节黄的地块，撤水晒田 7~10 天，相反则不晒，改为深水淹，晒田程度为田面发白、地面龟裂、池面见白根、叶色褪淡挺直，控上促下，促进壮秆。三是深水护胎、浅水灌浆。水稻减数分裂是水稻一生中对低温最敏感的时期，为防御低温冷害，当预报有 17℃ 以下低温时，灌 15~20cm 深水层，护胎。其余时间要采取干干湿湿以湿为主的间歇灌溉，养根保叶，活秆成熟。每次灌水 4~5cm，自然落干后再灌水。黄熟期停水。

3. 除草及防治病虫害

（1）除草。根据不同的杂草群落选择除草剂，最有效的杀灭杂草。人工除草要在 7 月初完成，抽穗后拿净田间稗草及池埂草。具体方法是：应用苯噻草胺、马歇特或阿罗津 + 草克星、农得时、威农、莎多伏、太阳星等配方。对于插秧时缺水地区推广应用苯噻草胺或阿罗津插前插后两次用药，对于以三棱草为主地块采取农得时、威农、草克星插前插后两次用药。超稀植栽培应以可促进水稻分蘖，避免造成隐性药害的配方，如禾大壮 + 农得时等。施药应在插后 5~7 天，秧苗返青后。

（2）防病。主要以预防稻瘟病为主，加强预测预报，控制发病中心。预防于 6 月末 7 月初，每公顷用 30% 新克瘟散 100mL 或 40% 稻瘟灵 1.5kg，对水 300 倍喷雾。对发病地块，要做到治早、治好、治了、及时喷富士 1 号、比艳等药剂，喷药 10 天后病情仍有发展，应再次用药。

（3）防虫。一是防潜叶蝇，每公顷用 40% 氧化乐果乳油 750g，对水 450kg 喷雾，施药前将水撤到 5cm，1 天后灌正常水；二是防负泥虫，每公顷用 2.5% 敌杀死乳油 225~300mL，对水 225~300kg 喷雾，或用 2.5% 敌百虫粉 30kg 喷粉。

（四）收获

水稻完熟期收获，一般水稻抽穗后最少 35 天以上，活动积温 750℃ 以上，达到成熟标准，即 95% 以上颖壳变黄、谷粒定型变硬、米呈透明状或 95% 以上小穗轴黄化时进行收割。人工收割时，根茬要高低一致，捆小捆，码人字码，干后及时堆成小垛，并封好垛尖，严防雨淋雪捂。

# 第二节　大豆高产技术

## 一、大豆对环境条件的要求

（一）大豆对光照的要求

大豆是短日照作物，对光照的长短反应非常敏感。大豆播种在短日照条件下能提早开花和成熟。相反，如播种在长日照条件下，则会延迟开花和成熟，甚至不能开花和结实。掌握这一特性对正确引种至关重要。在大豆生长发育过程中，需要充足的阳光，如植株过密，造成郁闭，则会造成大量的花荚脱落，徒长倒伏。

### （二）大豆对温度的要求

大豆是喜温作物，大豆品种所需积温为 1 800~2 800℃。大豆在各发育阶段对温度要求不同，种子在8~10℃开始萌发，旺盛生长阶段要求温度较高，最适宜的温度为日平均气温21~25℃。生长后期对低温敏感，温度高能促进成熟，秋季降温过早则延迟成熟，出现瘪荚，产量降低。

### （三）大豆对水分的要求

俗话说："旱谷涝豆"。这说明大豆对水分要求较高。大豆种子发芽时需要吸收相当于本身质量1~1.5倍的水分。大豆在幼苗期比较耐旱，在此期间，土壤含水量略少一些，可使大豆根系深扎。大豆进入分枝期，需水逐渐增多，大豆在开花以后是营养生长和生殖生长最旺盛的时期，此时需要大量水分。

### （四）大豆对土壤的要求

大豆对土壤要求不十分严格，它要求排水良好、土质肥沃、土层较厚的土壤。栽培大豆的土壤pH值以6.8~7.5 为最佳，高于9.6或低于3.9不能生长。

## 二、大豆高产栽培技术

### （一）选择适宜的优良品种

选择适宜的优良品种是大豆丰产的前提、是内因。要根据当地的自然条件、生产水平和品质的生态类型，选择生育期适宜、抗逆性强、高产的优质大豆品种。在生产上要根据以下几个因素选择大豆品种。

**1.根据无霜期或积温选择品种**

要根据当地的积温或无霜期，选用相适应的熟期类型的品种，保证品种在正常年份能充分成熟，又不浪费有效的光热资源。大豆是短日照作物，南种北移生育期延长，北种南移生育期缩短，在引种时要特别注意。同时还要注意地势、土壤、管理水平等对熟期的影响。一般来说，条件优越，管理水平高的可选熟期稍长，增产潜力大些的品种。

**2.根据地势、土壤和水肥条件选用品种**

平川地，排水良好的河套地、二洼地，在施入较多的肥料时，就要选用耐肥、秆强、抗倒伏的高产品种。而在瘠薄干旱及施肥量不足的条件下，就要选择生长繁茂、适应性强的耐瘠品种。

**3.根据栽培技术和方法选用品种**

窄行密植要选择矮秆或半矮秆、秆强抗倒的品种。采用穴播要选择中短分枝、茎秆直立、单株生产力高的品种。采用机械收获要选用秆强不倒、株形收敛、底荚较高、不易炸荚及自立不易破碎的品种。采用药剂灭草，抗药性也要重视。

**4.根据用户要求和社会需求选用品种**

近些年国内外大豆市场对大豆的品质要求越来越高。要求高油大豆含脂肪21.5%以上，高蛋白大豆含蛋白质45%以上，双高大豆蛋脂总量63%以上；从大豆籽粒大小或用途上，大粒大豆百粒重22g以上，中粒百粒重15~22g，小粒大豆百粒重15g以下，特小粒百粒重9g以下；从大豆颜色上，有黑色、绿色等大豆。

**5.特殊条件下的品种选用**

干旱盐碱土地区要选用耐旱、耐瘠、耐盐碱的品种。在孢囊线虫、菌核病危害严重的地区，首先要选用抗线品种。抗灾、补种大豆要选择超早熟大豆品种。灌水高产大豆栽培，要选择抗倒伏品种。

（二）种子处理

1. 种子精选

种子质量好坏直接影响着大豆的苗齐、苗壮、苗全；"母大子肥"，粒大而整齐的种子能增产一成左右。因此，在播种前必须进行人工粒选或选种器精选种子。种子精选时，要剔除病斑粒、破半粒、虫食粒、杂质等，使种子质量达到：纯度高于98%，净度97%，发芽率85%（成苗率），含水量低于13%。

2. 药剂拌种

播种前对种子进行药剂处理，能有效地防治地下病虫害。影响大豆产量的主要地下病虫害有孢囊线虫、根腐病和根蛆，可用大豆种衣剂按药种比1∶（75~100）包衣的方法防治；也可用35%乙基硫环磷或35%甲基硫环磷，按种子量的0.5%拌种的方法进行防治。目前，市场上种衣剂品种比较多，效果差异较大，使用时要注意选择。防治大豆根腐病可用种子量0.5%的50%多福合剂，或种子量0.3%的50%多菌灵拌种。防治大豆孢囊线虫，可用种子量2%的大豆根保菌剂拌种，同时兼防根腐病。

3. 微肥拌种

依照土壤化验结果，本着缺啥补啥的原则，因地制宜地进行微肥拌种。

（1）钼酸铵拌种。钼是形成根瘤菌固氮酶不可缺少的元素，同时又是硝酸还原酶的重要组成部分。使用钼肥能促进氮代谢，提高固氮能力，增加大豆的产量。具体做法是：用少量温水溶解钼酸铵，再加上适量水，制成5%的钼酸铵溶液，边喷雾边搅拌，用液量为种子量的1%。注意拌种过程中不可用铁器；另外拌种后不要晒种，以免种皮破裂，影响种子发芽。如种子需要药剂处理，待拌钼肥的种子阴干后，再进行其他药剂拌种。

（2）硼砂拌种。硼能加速糖分对繁殖器官供应。缺硼，糖的转化受阻，落花落荚，降低产量。硼砂拌种，每千克豆种用0.4g硼砂，溶于16mL热水中，制成2.5%的溶液，溶解后拌种。

（3）硫酸锌拌种。缺锌地区用硫酸锌拌种有显著的增产作用，每千克豆种用2.5~4g硫酸锌，制成4%~6%的溶液，用液量为种子量的1%。

（三）大豆耕地整地技术

合理耕翻整地能熟化土壤，蓄水保墒，并能消灭杂草和减轻病虫为害，是大豆苗全苗壮的基础。大豆是直根系作物，大豆根系及其根瘤在土壤结构上虚下实，含水量在20%以上时，才能良好发育。因此，精细整地创造一个良好的耕层构造是十分必要，尤其是重迎茬地块。

土壤耕作要坚持以深松为主的松、翻、耙、旋结合的土壤耕作制度，推广深松耕法。深松对大豆生长发育的促进作用主要表现以下3个方面：一是土壤深松可以打破犁底层，加深耕作层，改善耕层结构，有利于大豆根系的生长发育和根瘤的形成；二是垄沟深松，可以起到放寒增温，疏松土壤，促进大豆早生快发的作用；三是深松可以创造一个虚实并存的土壤结构，增强土壤蓄水保墒和防旱抗涝的能力。其方法要根据当地的生态特点、生产条件及茬口等灵活运用。耕翻深度18~20cm，翻耙结合，无大土块和暗坷垃，耙茬深度12~15cm，深松深度25cm以上；有深翻、深松基础的地块，可进行秋耙茬，拣净茬子，耙深12~15cm。对于垄作大豆在伏秋整地的同时要起好垄，达到待播状态。春整地的玉米茬要顶浆扣垄并镇压；有深翻深松基础的玉米茬、高粱茬，早春拿净茬子并耢平茬坑，也可以采取秋季灭茬、起垄、镇压一次完成作业，灭茬深度10~15cm，粉碎根茬长度5~6cm。实施秸秆粉碎还田地块，采取秸秆覆盖或耙地处理，秸秆粉碎率98%以上，秸秆长度为5~10cm。有条件的采用全方位深松机，进行全方位深松，深松深度40~50cm。

（四）适期播种

大豆适时播种非常重要，播种过早或过晚都将给保苗和生育带来不良的影响。播种过早，温度低，出苗慢，苗发锈，容易烂种感病，造成缺苗断条；播种过晚，不能充分利用生育期，影响正常成熟；错过适宜墒情，种子容易落干，造成出苗不齐或缺苗。

决定大豆播种期的主要因素是温度、土壤水分以及品种特性。温度是决定大豆播种期的主要因素之一，一般情况下在地表下5cm日平均地温达到7~8℃播种比较适宜。在春旱年份，为抢墒抗旱应注意适时早播；春涝年份，早播容易烂种，可在适期内晚播。

（五）合理密植

在生产上，要求在保证植株个体良好发育的基础上，尽可能增加株数，以充分利用地力和光能，发挥群体的增产作用。确定合理密植的原则：一般肥地宜稀，瘦地宜密；晚熟品种宜稀，早熟品种宜密；西南部地区气温高宜稀，东北部地区气温低宜密；宽行距宜稀，窄行距宜密。西南部地区，无霜期长，施肥水平较高，一般每公顷保苗株数以25万~30万株为宜；东北部地区及干旱区或在瘠薄地块，一般每公顷保苗株数为28万~35万株。窄行密植的西南部地区，每公顷保苗33万~38万株，东北部地区每公顷保苗40万~45万株。要适当增加播量，保证有足够的保苗株数。

（六）大豆营养特点及科学施肥技术

1. 大豆的营养特点

土壤中的氮、磷、钾元素绝大多数地块不能满足大豆生长发育的需要。因此，在增施农肥做底肥的基础上，根据大豆的需肥规律和土壤的营养水平以及供肥能力，确定应用化肥种类及用量，并科学使用才能获得良好的增产效果。

（1）大豆的氮营养。由于大豆籽粒的蛋白质、脂肪含量远高于其他作物，种子中含氮量一般为6.23%~6.69%，茎秆中的含氮量为1.93%。形成这些营养物质，不仅要消耗较多的光合产物，还需要吸收较多的氮素营养。在平均每公顷产2 250kg的条件下，每生产100kg大豆籽粒及营养体时约吸收氮素7.2kg。由于大豆具有根瘤菌，大豆所需氮素的2/3来自生物固氮。

大豆的氮源有3种，即土壤氮、肥料氮和空气氮。土壤氮是有机物的分解产物或前作施肥残余的氮；肥料氮为当季施入土壤或叶面喷施的氮；空气氮是大豆与根瘤菌共生而固定的氮。大豆开花前以吸收土壤氮和肥料氮为主，开花后以吸收空气氮为主。

大豆开花前所需的氮素总量并不多，但却很必要，有人把这段时间定为大豆氮营养的临界期。保证大豆在开花前有足够的氮素供应是大豆丰产的重要条件。大豆开花以后，氮营养水平不能过高，否则，碳、氮代谢失调，营养体生长过旺，引起花、荚大量脱落。

（2）大豆的磷营养。大豆在脂肪及蛋白质的合成过程中需要有较多的磷直接和间接地参与作用。此外，大豆还富含磷脂，也需要较多的磷，用于磷脂的合成。在根瘤固氮过程中，磷所起的作用也是多方面的。磷对大豆根系生长有促进作用，有利于根瘤的形成，提高固氮量。当土壤磷的供应不足时，大豆根瘤菌不能结瘤。所以，磷对大豆品质和根瘤固氮都有重要的影响。在平均每公顷产2 250kg的条件下，每生产100kg大豆籽粒及营养体时约吸收磷素1.8kg。

大豆从出苗到分枝末期，磷的积累占全生育期总量的17.3%；从分枝末期到开花末期所积累的磷为全生育期总量的24.2%，开花时大豆根系吸收磷的能力比生育前期增强近10倍，是大豆全生育期中吸磷最强的时期。大豆在结荚鼓粒期间吸收的磷量为全生育期积累总量的40.8%，结荚鼓粒期充足的磷营养供应，可以明显地减少大豆花荚脱落。

（3）大豆的钾营养。充足的钾素供应能促进大豆生长发育，使叶片增大，功能期延长，从而增加单株荚数、粒数和百粒重。钾能提高光合作用效率，促进碳水化合物向根瘤的运输，增加根瘤数，提高固氮酶活性，从而有利于增强大豆植株的氮素营养，尤其是有利于加强花荚期的氮素营养。在平均每公顷产2 250kg的条件下，每生产100kg大豆籽粒约吸收钾素4.0kg。

大豆在开花前，以叶柄含钾量最高，为1.96%~2.32%；开花结荚期以花荚的含量较高，为2.0%~2.87%。大豆吸钾高峰出现在结荚期，以后则逐渐减少。钾在植株体内移动性大，再利用程度高，随生育期的变化向生理代谢活跃的器官转移。大豆产量与花期植株含钾量呈正相关。许多试验结果表明，施用钾肥有降低蛋白质含量，提高脂肪含量的趋势。

（4）大豆的钙、镁、硫营养。大豆是需钙较多的作物，大豆叶片中钙的含量一般为1.4%~2.0%。缺钙的大豆根系呈暗褐色，根瘤数少，固氮能力低，花荚的脱落率增加。开花前钙不足，叶边缘出现蓝色斑点，叶深绿色，叶片有密集斑纹。结荚期缺钙叶色黄绿，带红色或淡紫色，荚果深绿至褐绿色，并有斑纹。钙在植物体内的移动性很小，再利用率低。当土壤中钙很丰富，但土壤水分较少时，大豆也容易发生缺钙症状。

镁是叶绿素的组成成分和多种酶的活化剂，对大豆的营养作用是多方面的。大豆缺镁的症状，早期叶片变淡绿色以至黄色，并出现棕色小斑点，后期表现为叶片边缘向下卷曲，并由边缘向内逐渐变黄，或呈青铜色。

硫是大豆蛋白质形成所必需的元素，一般大豆植株体内硫含量为0.18%~0.34%。随大豆籽粒中含硫氨基酸（蛋氨酸、胱氨酸、半胱氨酸）的增加，大豆品质明显提高。

在大豆生产中注意钙、镁、硫肥的补充，有利于提高大豆的产量和品质。

（5）大豆的微量元素营养。

①钼。钼是大豆植株中硝酸还原酶和根瘤中固氮酶的组成成分，这两种酶是氮素代谢过程中所不可缺少的酶。对豆科作物来说，钼有其特殊的重要作用。施用钼肥可增加大豆籽粒中蛋白质的含量，并能明显提高根瘤的数量和根瘤的固氮效率。

②硼。硼能促进碳水化合物的运输，为根瘤菌提供更多的能源物质，提高根瘤菌的固氮能力和增加固氮量。缺硼时植物根部维管束发育不良，影响碳水化合物向根部运输，根瘤菌因得不到充足的能源，导致根瘤固氮能力下降。

③锰。大豆对锰的反应比较敏感，在大豆植株中锰大部分集中分布在幼嫩器官及生长旺盛的器官中。大豆叶片中锰的含量在一定范围内与光合作用强度成正相关。一般在中性或石灰性土壤上施用锰肥效果较好。

④铁。大豆是鉴定土壤缺铁的指示植物。大豆从土壤中吸收铁的数量比其他微量元素多。铁是大豆根瘤菌中豆血红蛋白的成分，也是根瘤固氮酶中钼铁蛋白的成分。所以，缺铁时固氮酶活性降低，根瘤菌固氮减少。缺铁时幼叶出现明显的失绿黄化，大豆缺铁的症状多发生在pH值较高的石灰性土壤上。

2. 大豆施肥技术

（1）增施农肥。施用农肥做底肥，营养元素完全，并含有大量的有机质，可改良土壤的结构，增强保肥保水的能力；同时肥效长，可满足大豆生育后期吸肥多的要求。腐熟的有机肥，还可以产生有机酸，能把土壤中各种不易分解的养分溶为易吸收的营养，为大豆提供良好的生长环境。

有机粪肥在堆积发酵前可混入磷矿粉或其他迟效性磷肥，每吨有机肥加入50~150kg效果最好。

要积极采用秸秆还田的方法增加土壤有机质。一是秸秆粉碎翻压直接还田，即将作物秸秆用机械粉碎，施少量氮肥，或喷洒酵素水剂，结合秋整地翻入土壤；二是运用发酵基、酵素，或加入畜禽粪等按照一定比例制造优质秸秆肥还田。

（2）合理施用化肥。化肥的施用要做到氮、磷、钾搭配，有条件的要进行测土配方施肥。根据作物的需肥规律、土壤供肥性能和肥料效应，提出氮、磷、钾和微肥的适宜比例，确定肥料品种。目前，大豆复合肥或复混肥品种较多，要在当地推广部门的建议下采用。一般中等肥力地块，每公顷施肥量按纯氮18~27kg、五氧化二磷46~69kg、氧化钾20~30kg的量，折合为所用的化肥、复合肥或复混肥的实际用量。

①底肥。化肥做底肥要结合秋整地起垄，在土壤封冻前10天进行，不宜过早，过早容易造成肥料浪费。

也可以在春季结合顶浆起垄施入垄底。

②种肥。在大豆播种时与种子同时施用的肥料，叫做种肥。大豆在幼苗期根瘤菌固氮作用尚未进行。为了满足苗期所需要的营养，施用一定量的化肥做种肥，可以促进豆苗生长和根瘤的发育，为大豆中后期生长打下基础。

化肥做种肥，应使化肥和种子分开。因为种子直接接触化肥易发生烧种烧苗，影响种子发芽率，尤其是氮肥影响更大。用化肥做种肥同层施，一般烧苗率为15%以上，并显著降低肥效。因此，应实行深施（侧深施）或分层深施。侧深施一般距离种子6~8cm；分层施肥，一般施肥量大时，第一层施在种下4~5cm处，占施肥总量30%~40%；第二层施于种下8~15cm处，占施肥总量的60%~70%。在施肥量偏少的情况下，第二层施在8~10cm处就可以了。

化肥深施做底肥的地块，大豆生育后期长势普遍良好，而未进行深施化肥又没有施用有机肥的地块，大豆均出现脱肥现象。

③追肥。根际追肥，根际追肥对大豆有良好的增产效果，特别是在土壤肥力较低的岗坡地或其他瘠薄地块，大豆苗期生长较弱，封垄有困难的情况下，在大豆分枝期或开花期进行一次追肥，对大豆有一定的增产作用。在土壤比较肥沃，而且底肥和种肥较多的情况下，大豆植株生长健壮、比较繁茂时，可以不进行追肥，以免徒长倒伏。大豆追肥要根据大豆植株长势、地力和施肥基础灵活掌握。追肥主要以氮肥为主。大豆幼苗生长较弱时，二遍地铲后蹚前在大豆根部追施氮肥，每公顷施尿素37~74kg，追肥后立即中耕培土。叶面追肥，一般在大豆盛花期、结荚期进行。如喷1次以初花期为宜；喷2次时，第一次在初花期，第二次在终花期至初荚期。主要的肥料有钼酸铵、尿素、硝酸铵、过磷酸钙和磷酸二氢钾等，一般多用钼酸铵和尿素。都要求喷洒时雾化程度良好，喷洒均匀，不重喷、不漏喷。肥料的用量，每公顷尿素7.5~15kg，钼酸铵150~300g，磷酸二氢钾1.2kg，硫酸钾5.25~6kg。根据具体肥料选用单施或混合施用，稀释水量依工具而定。背负式喷雾器、机引喷雾器每公顷加水300~600kg，飞机喷施每公顷加水45~105kg。

（七）减缓重迎茬危害的技术措施

**1. 重迎茬对大豆产量和品质的影响**

重迎茬对大豆产量和品质的影响，不同茬口在不同的生态条件下对大豆的产量、品质的影响趋势一致，但程度不同。

（1）对大豆产量的影响。大豆重茬、迎茬危害程度与重茬年限、土壤类型、有机质含量、水分状况等有直接关系。重茬年限越长，危害越重。据富锦市调查，迎茬大豆每公顷产量为2 079kg，重茬一年每公顷产1 953kg，重茬2年每公顷产1 661kg，重茬3年每公顷产1 489kg，分别较正茬2 193kg减产5.2%，10.9%，24.3%，32.5%；从土类上看，土质肥沃、微酸性土壤，减产幅度小于土质瘠薄、偏碱性土壤；从土壤有机质看，同一重茬年限，土壤有机质含量高减产幅度小，反之则大；从地势上看，在水分不足的情况下，平地和二洼地减产幅度小，而岗坡地减产幅度大。

（2）重迎茬影响大豆植株干物质的生产积累。正茬大豆的干物质积累量显著高于迎茬、重茬一年、重茬2年、重茬3年大豆的干物质积累量，而重茬大豆又低于迎茬大豆。

（3）从产量构成因子来看，重迎茬大豆的产量构成因子均较正茬大豆呈下降趋势，重茬年限增加，降低产量严重。

（4）重迎茬大豆百粒重下降，病粒率、虫食率增加，商品质量显著降低。据富锦调查，迎茬百粒重平均为18.2g，比正茬降低了2.7%；重茬百粒重平均为18.0g，比正茬降低了3.7%。重迎茬大豆的病粒率、虫食率都显著增加，迎茬的病粒率、虫食率分别较正茬增加了39.7%与41.6%；重茬的病粒率、虫食率分别比正茬增加了95.5%与106.8%。迎茬和短期重茬对大豆蛋白质和脂肪含量没有明显的影响，3年以上的长期重茬，大豆的蛋白质含量明显增加，脂肪含量明显减少。

2. 重迎茬减产的原因

大豆不宜重茬和迎茬，也不宜种在其他豆类之后。大豆重迎茬减产的主要原因是根部病虫害的严重为害，根系分泌物、根茬腐解物、根际微生物的变化使土壤环境恶化，加剧了根部病虫害的为害。由于根部病虫害的严重为害及土壤环境的恶化，破坏了大豆根部的正常生理活动，降低了根系生理活力，破坏了共生固氮系统，抑制了根的吸收能力，使植株代谢减弱，植株生育缓慢，产量降低。

3. 减缓重迎茬危害的技术措施

（1）合理轮作。尽量减少重茬，适当迎茬：在当前大豆重迎茬不可避免的情况下，应把重茬和迎茬区别开来，尽量减少重茬，适当迎茬。因此，风沙盐碱土地区以及土壤瘠薄的岗坡地和孢囊线虫病、菌核病、根蛆严重的地块，不能种植重迎茬大豆。在重迎茬不可避免的情况下，要坚持"宁迎勿重"的原则，可选择有机质含量高的平川地和二洼地种植重迎茬大豆，重茬也只能重一年。对于那些开发晚、有机质含量高的地块，虽可适当重茬，但也不可重茬年限过多。

（2）选用抗孢囊线虫或抗逆性强的品种：如抗线 1 号等。

（3）合理耕作。进行合理的土壤耕作，可以破坏板结层，为大豆根系生长发育创造良好的土壤条件，并可有效减轻病虫为害。在土壤耕作上，坚持以深松为主的松、翻、耙、旋结合的土壤耕作制，大力推广应用深松耕法。要避免原垄耲（huái）种。

（4）增施农肥，合理应用化肥。一般地块每公顷施用优质农肥 15t 以上。瘠薄的岗坡地每公顷施用 20t 以上。可以采用秸秆还田的方法增加土壤有机质。一是秸秆粉碎翻压直接还田，即将作物秸秆用机械粉碎，施少量氮肥或喷洒酵素水剂，结合秋整地翻入土壤；二是运用酵素，或加入畜禽粪等按照一定比例，制造优质秸秆还田。化肥的施用要做到氮、磷、钾搭配，进行测土配方施肥。根据作物的需肥规律、土壤供肥性能和肥料效应，提出氮、磷、钾和微肥的适宜比例，确定肥料品种。根据地块长期施用磷酸二铵，土壤磷元素积累较多的特点，大豆施肥要适当增加氮肥，补充钾肥。目前，大豆复合肥或复混肥品种较多，要与单元素化肥相配合。根据土壤化验结果，采用叶喷或拌种的方法，适量补充微肥。

（5）搞好地下病虫害的防治。近些年地下病虫害有加重的趋势，一般用大豆种衣剂，按药种比 1:(75~100)进行包衣，或用 35% 乙基硫环磷或 35% 甲基硫环磷，按种子量的 0.5% 拌种，防治大豆根蛆和孢囊线虫以及根腐病。在选用种衣剂时一定注意有效成分的含量，克百威含量高的防孢囊线虫、根蛆及其他地下害虫效果好；多菌灵含量高的防根腐病效果好。如重点防治根腐病，用种子量 0.5% 的 50% 多福合剂拌种，也可用种子量 0.3% 的 50% 多菌灵拌种；重点防治地下害虫，用乐果或氧化乐果按药、水、种比 1：40：400 的比例进行闷种。重点防治孢囊线虫同时防治根腐病，用种子量 2% 的大豆根保菌剂拌种。

（6）适当增加播种密度，保证播种质量，加强田间管理。

（八）防治大豆落花落荚技术

1. 大豆落花落荚原因

落花落荚是影响大豆产量的主要原因之一。在一般的栽培条件下，每株大豆至少有 100 朵花，而最终形成荚果的一般只有 20~30 个，脱落率达 50%~60%，高的达 70%~80%。其中，生理性脱落的主要原因有以下几个方面：一是氮肥施用不合理。氮肥施用量适当，能促进大豆根瘤菌的发育，增加单株固氮量，对提高大豆产量是有益的。如果盲目过量施用氮肥，不仅抑制固氮作用，而且往往造成大豆营养过度，植株徒长，郁闭和倒伏，致使花荚脱落。二是密度偏大。密度过大，植株拥挤，个体发育受阻，生长细弱，因而花荚脱落严重。三是土壤湿度不当。土壤湿度大，透气性差，致使豆叶卷曲发黄，豆根霉烂，引起花荚大量脱落；如果水分不足，会阻碍对二氧化碳的吸收，影响光合作用的正常进行，使植株萎蔫而停止生长，花荚也随之脱落。四是病虫危害。花荚期遭受紫斑病和豆荚螟的为害，也会引起落花落荚。

2.防治措施

（1）合理追肥。在大豆刚开花时，对土壤瘠薄豆苗生长瘦弱的，每公顷追施硫酸铵112.5kg，可起到增花保荚作用；基肥苗期充足、豆苗生长正常的不必追施氮肥，以防徒长。施用磷肥，可促使植株生长健壮，根系发达，根瘤多，荚积累营养物质多，有利于营养生长正常进行，同时还能促进生殖生长，加速花、荚、粒的正常发育。在开花期，每公顷用磷酸二氢钾2.25~3.0kg加水350~500kg，进行叶面喷施。

（2）合理密植。合理密植是保证群体和个体协调生长、改善植株间通风透光、减少落花落荚的有效途径。应根据品种特性、土壤肥瘦、播种迟早以及种植方式等情况来确定。在肥力水平高的地方，每公顷应留苗22万~30万株；肥力中等的每公顷留苗25万~35万株，肥力水平低的每公顷留苗密度可比肥力高的增加15万~18万株。

（3）及时抗旱排涝。花荚期是大豆生育最旺盛和需水最多的时期，此时气温高、蒸发量大，如遇天气干旱，应采取勤灌细灌的办法，一般要灌水2~3次；每5~7天浇灌1次。大豆耐涝性差，被水淹没过顶，即死亡，水淹到植株的某一部位，这一部位的腋芽就不能分枝和结荚，即使已开的花荚，也容易掉落。因此，要及时排涝，防止田间积水。

（4）防治病虫害。大豆花荚期主要有灰斑病、蚜虫、豆荚螟等病虫为害，必须勤加检查，及时施药防治。此外，选用多花多荚的高产良种，提高整地质量，喷施生长激素等都促进豆株生长发育和保花保荚。

## 三、大豆高产栽培技术模式

### （一）"垄三"栽培技术

该技术是以深松、深施肥和精量播种3项技术为核心的大豆综合高产栽培技术。在生产实践中这项技术又得到了新的改进和提高，由开始推广的深松、深施肥、精量播种等多项工序一次完成改为两次完成，较好地解决了由于深松、播种同步导致种子下窖问题，并有利于保墒保苗。

技术要点：一是对土壤进行深松。深松的深度以打破犁底层为准，一般深松深度以25~30cm为宜。根据深松部位的不同，可分为垄体深松、垄沟深松和全方位深松。二是分层深施肥，化肥做种肥，施肥深度要达到种下5~6cm处；化肥做底肥，施肥深度要达到种下10~15cm处。三是精量播种。采用机机械精量播种能做到开沟、下籽、施肥、覆土、镇压连续作业。播种时采用机械在垄上进行双行等距精量播种，双行间小行距10~12cm；采用穴播机在垄上进行等距穴播，穴距18~20cm，每穴3~4株。要适当增加播量，保证单位面积有足够的保苗株数，中南部地区每公顷保留20万~30万株，北部地区每公顷保留28万~35万株。另外，还要注意选择适宜的品种，精细整地，加强田间管理，搞好病虫草害防治。

### （二）大豆窄行密植栽培技术

大豆窄行密植栽培技术是目前国际上大豆栽培应用面积较大、发展速度较快的一项先进的栽培技术。大豆窄行密植高产栽培技术，包括平作窄行密植，大垄窄行密植和小垄窄行密植3种模式。在目前条件下，平作窄行密植适于机械化水平高，化学除草技术好，地多人少的地区；大垄窄行密植适于热量资源较为丰富、土壤肥力较高、栽培管理较为细致的地区；小垄窄行密植较适宜于土壤肥力低的地区和较为冷凉的地区。

技术要点：一是选用矮秆、半矮秆抗倒伏品种，适合窄行密植的品种有合丰35、黑河38、黑河36、绥农14、北丰11、红丰11等。二是窄行密植必须创造一个良好的土壤耕层条件，增加肥料投入。由于在生育期间不进行铲蹚，增温、防旱、抗涝等能力减弱，它要求有一个良好的土壤耕层条件，要达到耕层深厚、地表平整、土壤细碎，采取大垄窄行密植，由于垄上增加了行数，给机械播种增加了难度。因此，对整地要求比常规垄作更加严格，不仅要求耕层深厚，垄上还必须表土平整、地净、土壤细碎。窄行密植要实现高产，还必须增加肥料的投入并合理施用，化肥要氮磷钾搭配，施用量要较常规垄作增加15%以上，有条件的要进行测土配方施肥，还要因地制宜施用微量元素肥料。三是必须搞好化学除草。由于窄行密植生育期田间作业困难，因此，必须搞好播前或播后苗前的化学除草，要根据当地杂草群落，选择效果好和残留少的除草剂，实现一次性的彻底除草，以防草荒。四是选用适合的播种机械进行精量播种。

### （三）大豆行间覆膜栽培技术

该技术主要采取了平播覆膜膜外侧播种，苗带为单行精量播种，大苗行行距70cm，苗侧覆膜，小苗行距45cm，苗侧不覆膜，苗期大豆机械中耕管理。只采取播后苗前封闭除草措施和苗期人工除草措施进行苗期管理。

#### 1. 增产机理

一是保墒、提墒、抗旱、防涝。覆膜后，地膜覆盖面积在56%以上，减少地表水分蒸发量，白天膜内增温快、蒸腾作用强，拉动地下水不断向上输送，达到膜面形成水滴，然后沿弧形膜面两侧返回土壤中。降雨量较大，雨水沿膜面汇集到两侧进入苗带，被大豆利用，而在裸地晴天则变成无效水。二是地温增高，根据测定，从5月2日至6月28日，覆膜地积温较垄三栽培增高100℃。三是提高化肥利用率，加大土壤养分释放。覆膜后可以减少化肥挥发、淋溶的损失，土壤中铵态氮、硝态氮、有效磷含量增加，加快土壤有机质和矿化物质的分解。四是加速土壤微生物繁殖。随着土壤温度和水分的提高，为土壤微生物繁衍创造了有利条件，大豆根瘤菌形成数量多。五是改善土壤物理性状。可以防止因降雨冲击和机械作业形成土壤板结。六是防除田间杂草。地膜内温度高、湿度大、杂草萌发快，当杂草幼苗接近膜面时，因温度过高而被烤死，有效地消灭了膜内杂草。七是减轻大豆病虫害发生。覆膜后，土壤水分、温度条件较好，大豆出苗时间短，根系发育快，抗病能力强，根部病害少。另外，膜内许多害虫蛹不能羽化，成虫数量减少，食心虫可减少50%。

#### 2. 特点

大豆行间覆膜栽培技术的特点，是"四少、二高、一稳、一持平"。四少：一是用种量减25%；二是农药用量减40%；三是化肥减30%；四是机械费少，不起垄不镇压又减少3遍中耕，降低中耕成本。两高，即是产量高、品质高。一稳，即是产量稳。一持平即是增加地膜的成本与降低的成本持平。

# 第三节　玉米高产技术

## 一、玉米的生长发育

玉米从播种到新种子形成为玉米的一生。它经过种子萌动发芽、茎叶和雌雄穗分化、抽穗、开花受精、灌浆直到新种子成熟等过程。根据玉米内外部发育特征，玉米一生可划分为4个生育阶段。

### （一）出苗阶段（播种至出苗）

#### 1. 生育特点

种子播下后，当温度、水分、空气得到满足时，即开始萌动。一般先出胚根，后出胚芽。当第一片叶伸出地面2cm时即为出苗。

#### 2. 对环境条件的要求

（1）温度。玉米发芽的最低温度是6~7℃，在这个温度下发芽缓慢，种子在土中时间长，发芽最适温度为10~12℃，最快是25~30℃。适宜的温度范围在耕层5~10cm，温度稳定通过6~7℃时作为玉米的适宜播种期。

（2）水分。水分对发芽十分重要，玉米种子吸收水分达到自身质量的45%~50%时才能发芽。

温度与水分适宜时，播种到出苗需20~25天。当遇低温、干旱或播种过深，播种到出苗时间将延长，可达30~35天，甚至更长。

## （二）苗期阶段（出苗至拔节）

### 1. 生育特点

营养器官、次生根大量形成。从生长性质来说，是营养生长阶段；从器官建成主次来看，以根系建成为主。

### 2. 对环境条件的要求

（1）温度。温度是影响幼苗生长的重要因素，当地温在20~24℃时，根系生长健壮，4~5℃时根系生长完全停止。玉米在苗期有一定的抗低温能力，在出苗后20天内，茎生长点一直处在地表以下，此期短时间遇到2~3℃的霜冻，也无损于地表以下的生长点。当4℃低温持续1天以上时，幼苗才会受冻害甚至死亡。

（2）水分。玉米苗期由于植株较小，叶面积不大，蒸腾量低，需水较少；又因为种子根扎得较深，所以，耐旱能力较强。但抗涝能力较弱，水分过多也会影响幼苗生育。土壤适宜含水量应保持田间最大持水量的65%~70%。

（3）养分。玉米幼苗在3片叶以前，所需养分由种子自身供给；从第4片叶开始，植株利用的养分才从土壤中吸收。这个时期根系和叶面积都不发达，生长缓慢，吸收养分较少。苗期吸氮量约占一生吸氮的2%。对磷的吸收占一生的1%，4片叶以后对磷反应更敏感，需求量虽不大，但不可缺少，对钾的吸收占一生的3%。

## （三）穗期阶段（拔节至抽雄）

### 1. 生育特点

玉米幼茎顶端的生长点（雄穗生长锥）开始伸长分化的时候，进入拔节期，一般早熟品种已展开6~7片叶，中熟品种已展开7~8片叶，中晚熟品种展开9~10片叶。此期玉米生长速度最快，需30~35天。玉米的根、茎、叶增长量最大，株高增加4~5倍，75%以上的根系和85%左右的叶面积均在此期间形成。雄穗、雌穗不断分化形成，从拔节开始转入了营养生长和生殖生长并进阶段。

### 2. 对环境条件的要求

（1）温度。当日平均温度达到18℃以上时，拔节速度加快，日平均温度在22~24℃，既有利于生长，又有利于幼穗分化。拔节抽穗持续时间随温度升高而缩短。穗分化期间，当温度降到17℃以下时，小穗分化基本停滞；降到10℃左右时，已分化形成的花药干瘪，有的没有花丝，有的即使花粉已形成，也没有生命力。

（2）光照。玉米是短日照作物，在短日照条件下，雄穗提前抽穗，晚熟品种对此更为敏感。品种远距离的南种北移，生育期延长；反之，生育期缩短。

（3）水分。此期蒸腾作用强烈，对水分要求十分迫切，需水量约占一生需求量的30%左右。到抽雄前10天，开始进入一生对水分最敏感的时期，此时一株玉米一昼夜耗水量2~4kg。拔节到抽雄阶段水分不足，不仅植株营养体小，且雄穗产生不孕花，雄穗不能及时抽出，同时，雌穗发育受阻。

（4）养分。从拔节开始，玉米对营养元素的需要量逐渐增大，拔节到抽雄需氮量占一生的35%，磷占46%，钾占70%。

## （四）花粒期阶段（抽雄至成熟）

### 1. 生长发育特点

（1）抽雄开花。多数玉米品种雄穗抽出后2~5天就开始散粉，晚的可达7天，个别品种雄穗刚抽出就开始散粉，一般开花后的2~5天为盛花期，这4天开花数约占总开花数的85%，第3~4天开花，约占总开花数的 50%。一般雄穗花期 5~8 天，如遇雨可达 7~11 天。玉米在昼夜都能开花，7~9 点开花最多，夜间少。

（2）吐丝受精。玉米多数品种在雄穗散粉后 2~4 天雌穗开始吐丝。一个穗上的花丝从开始伸出到完毕一般需要 5~7 天。花丝伸出后如没授上粉，其生命力可持续 10~15 天，花丝长达 30~40cm。花丝自然脱落是雌花完成受精过程的外部标志。从抽雄到受精结束，一般需 7~10 天。

（3）籽粒发育。籽粒发育过程大致分成以下 4 个时期。

①籽粒形成期。自受精到乳熟初期止。一般中熟品种此期约 15 天，中晚熟 17~18 天，晚熟约 20 天左右。籽粒体积迅速增大，到末期约占最大体积的 75% 左右。此期水分含量很高，达 90%，左右。果穗轴已定长、定粗。如遇异常气候，水分、养分不足，则会造成果穗秃尖。

②乳熟期。自乳熟初期到蜡熟初期为止。一般中熟品种需 20 天左右，中晚熟品种需 22 天左右，晚熟品种需 24 天左右。各种营养物质迅速积累，体积接近最大值，籽粒水分含量在 80%~70%。如遇干旱或低温，将会有部分籽粒停止灌浆，影响穗粒数，粒重也会降低。

③蜡熟期。自蜡熟初期到完熟以前。一般中熟品种需 15 天左右，中晚熟品种需 16~17 天，晚熟品种需 18~19 天。干物质积累量少，干物质总量和体积已达到或接近最大值。籽粒水分含量下降到 60%~50%，籽粒内容物由糊状转为蜡状。

④完熟期。蜡熟后干物质积累已停止，主要是脱水过程，籽粒水分降到 40%~30%。胚的基部达到生理成熟，出现黑层，即为完熟期。

2. 对环境条件的要求

（1）温度。玉米在抽穗受精期要求适宜的日平均温度为 25~26℃，生物学下限温度为 18℃；籽粒发育期要求日平均温度在 20~24℃，如温度低于 16℃ 或高于 25℃，养分的运输和积累不能正常进行。

（2）水分。抽穗到受精，对水分要求达到高峰，平均每公顷日耗水量达 60m³ 左右。此期经历时间虽仅 10 天左右，只占生育总日数的 7%~8%，需水量却占玉米一生总需水量的 14% 左右。乳熟期缺水，会造成穗粒数和粒重降低。

（3）养分。抽雄开花期玉米对养分的吸收量达到了盛期。在仅占生育总日数 7%~8% 的时间里，对氮、磷的吸收量接近所需总量的 20%，钾占 28% 左右。

籽粒灌浆期间同样需吸收较多的养分，需吸收的氮占一生吸氮量的 45%，磷占 35%。氮充足能延长叶片的功能期，稳定较大的绿叶面积，避免早衰，对增加千粒重有重要作用。钾在开花前是吸收量最大的时期，但如果吸收数量不足，会使果穗发育不良，顶部籽粒不饱满，出现败育或因植株倒伏而减产。

## 二、玉米栽培技术

### （一）品种

#### 1. 品种生育期

根据本地自然状况、品种本身所需积温要求和栽培条件等因素，选用生育期适宜的优质、高产良种。黑龙江省第一积温带种植生育期 130 天的品种；第二积温带种植 120 天的品种；第三积温带主栽生育期 110 天的品种，杜绝越区种植，确保玉米成熟时留有 150℃ 的有效积温度，降低玉米含水量。

第一积温带生育期间积温 2 700℃ 以上的地区，选用四单 19 熟期型的（2 550~2 600℃）品种。第二积温带生育期间积温 2 500~2 700℃ 的地区，东农 250 熟期型的（2 500℃）品种。第三积温带生育期间积温 2 300~2 500℃ 的地区，选用绥玉 7 熟期型的（2 400℃ 左右）品种。第四、第五积温带生育期间积温 2 300℃ 以下的地区，分别选用以克单 8（2 200~2 300℃）熟期型品种和海玉 5（2 100~2 200℃）熟期型品种。

#### 2. 品种内在质量

玉米淀粉含量、角质率、蛋白质及粗纤维等含量高低，其主导因素是由品种本身的遗传特性所决定的，要想提高玉米质量，品种起到至关重要的作用。因此，在品种选择上，应依据产业化发展和市场需求，努力推广高淀粉、高角质率、高赖氨酸的专用品种。

**3. 品种株形**

应用通透栽培需较其他栽培技术增加种植密度，选用紧凑型或中矮秆等耐密品种是通透栽培技术的核心内容之一。紧凑型或中矮秆品种与平展型玉米品种相比有 3 个明显变化：光合势明显增加、叶面积指数、生物产量及经济产量高，应用该类型品种可以提高光能利用率，改善群体通风透光条件，符合玉米高肥密植技术路线，是目前公认的稳产、高产及高产再高产的有效途径，尤其在通透栽培技术当中应用效果更佳。

**（二）种子质量确定与处理**

**1. 种子质量**

纯度不低于 98%，净度不低于 98%，发芽率不低于 90% 含水量不高于 16%。

**2. 种子处理**

（1）试芽。播种前 15 天进行发芽试验。

（2）晒种。晒种可提高种子的发芽率，减少玉米丝黑穗病等病害的危害。选择晴朗微风的天气，连续晒 2~3 天，经常翻动种子，晒匀，白天晒晚上收，防止受潮。经过晾晒后提高种皮的透气性，使得发芽率提高，出苗率提高 13%~28%。同时日光中的紫外线可以杀死种皮表面的病菌。

（3）药剂处理。第一，药剂闷种。地下害虫严重的地块（每平方米有 1 头以上蛴螬），地下害虫或苗期害虫严重的地区，用 50% 的辛硫磷乳油 1kg，对水 40kg 闷 400kg 种。第二，种子包衣或拌种。在地下害虫重，而玉米丝黑穗病轻（发病率小于 5%）的地区，干种下地，可选用 35% 的多克福种衣剂或 20% 的呋福种衣剂，按药种比 1：70 进行种子包衣；催芽坐水埯种（催芽，即刚"拧嘴"）时，按药种比 1：（75~80）进行种子包衣。在地下害虫重、玉米丝黑穗病也重（发病率大于 5%）的地区，要采用 2% 立克秀按种子量的 0.4% 拌种，播种时每公顷再用辛硫磷颗粒剂 30~45kg 随种肥下地。地下害虫轻、玉米丝黑穗病重的地区，分不同情况，具体措施为：干种直播地区，可选择的药有 2% 立克秀拌种剂或 25% 粉锈宁可湿性粉剂，或 12.5% 特谱唑可湿性粉剂，按种子量的 0.3%~0.4% 拌种；催芽坐水埯种地区，玉米种子催芽后，将种子置于阴凉干燥处晾 6h 后，再用 2% 立克秀按种子量的 0.3% 拌种。第三，浸种催芽。将种子放在 28~30℃ 水中浸泡 8~12h，然后捞出置于 20~25℃ 室温条件下进行催芽。每隔 2~3h 将种子翻动一次，在种子露出胚根后，置于阴凉处炼芽，待播种。第四，生物菌肥拌种。每公顷用 7.5kg 固体硅酸盐细菌或液体硅酸盐细菌 1 500~2 250mL 拌种，拌种后阴干，避免阳光下晒种。

**（三）选地选茬与耕翻整地**

**1. 选地**

玉米适应性很强，对土壤的要求不太严格，因此，各种土壤都适宜玉米栽培。但要达到丰产，其相应的土壤条件如下。

（1）土层深厚。选择活土层深厚、土壤疏松的地块，有利于形成强大的根系，提高吸水、吸肥能力，满足其生育要求。土层厚度应在 60cm 以上，耕作的熟土层 20~30cm 较为适宜玉米生长。土层浅，则难以满足玉米生育要求，影响产量。

（2）质地适中。土壤质地制约土壤的水、肥、气、热状况。土壤过松、过紧都不利于玉米生长。沙土过于疏松，虽通气良好，但有机质分解快，保水、保肥能力差，养分容易流失，温度变化也快；黏土过于紧实，通气性不好，有机质分解慢，虽保水、保肥能力强，但排水不良，温度升高缓慢。因此，生产中最好选择质地适中的沙壤土或轻壤土。

（3）土壤肥力较高。玉米是需肥较高的作物，肥水充足，才能满足其生长发育。生产中虽然可以投入一部分肥料，但在玉米生长发育过程中所需的水分、养分等主要是靠土壤供应的，因此，应当选择土壤基础肥力较高的地块种植玉米。一般应选用黑土、黑钙土、草甸土等。

（4）排水良好。玉米在生长发育过程中虽然需要水分较多，但又有不耐涝的特点，土壤的田间持水量达到80%以上时，就会影响玉米生长。尤其是玉米幼苗期间，如果水分过多，土壤孔隙为水饱和，形成缺氧环境，直接影响对养分的吸收；生育后期，在高温、多雨及排水不畅的情况下，往往病害严重，甚至青枯死亡。因此，选地既要选择保水性能良好，又要排水畅通的地块，忌选地势低洼、易涝的地块种植玉米。在耕层深厚、肥力较高、保水、保肥及排水良好的黑土、黑钙土、沙壤土栽培的玉米，就能获得较高的产量。

2. 选茬

（1）选正茬。生产中应优先选择小麦、大豆、亚麻和马铃薯等茬口。玉米较耐连作，也可选择肥沃的玉米茬，最好不选用连作3年以上的玉米茬。

（2）选肥茬。豆类、小麦、亚麻等茬口速效养分含量较高，适宜做玉米的前茬；高粱、甜菜、向日葵等茬口，不适宜做玉米的前茬。

（3）选软茬。豆类、麦类、马铃薯等属软茬作物，适宜做玉米的前茬。而高粱、谷子、糜子等硬茬作物，不适宜做玉米的前茬。

3. 整地

实施以深松为基础的松、翻、耙相结合的土壤耕作制，3年深翻1次。

（1）耕翻整地。耕翻深度20~23cm，做到无漏耕、无立垡、无坷垃。翻后耢耙，按种植要求垄距及时起垄镇压或夹肥起垄镇压。

（2）耙茬深松整地。原垄种适用于土壤墒情较好的大豆、马铃薯等软茬，先灭茬深松垄台，后起垄镇压，严防跑墒。深松整地，先松原垄沟，再破原垄合成新垄，及时镇压。

（四）施肥

在生产过程中应依据地力等条件，实施测土配方施肥，做到氮、磷、钾及微量元素合理搭配。有机肥每公顷施用有机质含量8%以上的农肥30~40t，结合整地撒施或条施夹肥。化肥磷肥每公顷施五氧化二磷75~112kg，结合整地做底肥或种肥施入；钾肥每公顷施氧化钾60~75kg，做底肥或种肥，不能秋施底肥；氮肥每公顷施纯氮100~150kg，其中，30%~40%做底肥或种肥，另60%~70%做追肥施入。

（五）播种

1. 播期

播期应依据土壤温度、土壤墒情、品种特性等因素，按先岗地，后洼地；先沙质壤土，后黏重土壤的顺序进行适时播种。为充分利用有限的积温和土壤水分，确保一次播种达到全苗，做到苗全、苗齐、苗匀、苗壮，适时早播是一项重要的栽培技术措施。此技术不但可以延长玉米的生育期，还可充分利用早春土壤墒情，易保全苗。适时早播使玉米在低温环境下经受锻炼，地上部生长缓慢而根系发达，利于形成丰产性状，并增强抗旱、耐涝及减轻病虫危害，避免秋霜影响，利于玉米干燥和贮存等。

2. 播种的具体指标

在耕层5~10cm处的地温稳定通过6~7℃时播种。第一积温带：生育期间积温2 700℃以上的地区，最适播期为4月15~25日；第二积温带，生育期间积温2 500~2 700℃的地区，最适播期为4月25至5月1日；第三积温带，生育期间积温2 300~2 500℃的地区，最适播期为5月1至5月5日；第四、第五积温带，生育期间积温2 300℃以下的地区，最适播期为5月5~15日。播种可采取人工播种或机械播种。播深一般在3~4cm，但应依据土壤质地、墒情情况和种子的拱土能力等因素而定。在土壤黏重、墒情好、种子拱土能力差的条件下应浅些，3~4cm即可；在土壤质地疏松、墒情不好、种子拱土能力强时应深些，4~6cm即可。

3. 播法

人工催芽埯种，土壤含水量低于 20% 的地块坐水埯种，土壤含水量高于 20% 的地块可直接埯种；垄上机械精量点播，可在成垄的地块采取精量等距点播。播种做到深浅一致，覆土均匀。埯种地块播种后及时镇压；坐水埯种地块播后隔天镇压；机械播种随播随镇压。镇压后播深达到 3~4cm，镇压做到不漏压，不拖堆。

4. 播种量

应依据确定的合理密度、播种方法、种子大小、发芽率高低、整地质量、土壤墒情、地下害虫发生以及是否应用药剂处理等情况而定。人工播种一般每公顷播量 24.5~31kg；机械播种一般每公顷播量 31~39kg。

5. 种植密度

玉米的种植密度，应根据不同模式、不同品种、生产水平、地力等因素而定。总的原则是：间作比例大（玉米占的比例大，以下同），密度宜稀；间作比例小，密度宜密；植株繁茂、高大品种宜稀；植株矮小、紧凑型品种宜密些；肥、水不充足、生产水平不高宜稀；肥、水充足、生产水平较高宜密；退积温带种植密度应适当增加。间种：株形收敛品种，每公顷保苗 6 万~9 万株；株形繁茂品种，每公顷保苗 5 万~5.5 万株。清种：株形收敛品种，每公顷保苗 6 万~8 万株；株形繁茂品种，每公顷保苗 4.5 万~5.5 万株。

（六）田间管理

1. 查田补栽

出苗前及时检查发芽情况，如发现粉种、烂芽，要准备好预备苗；出苗后如缺苗利用预备苗或田间多余苗及时坐水补栽。3~4 片叶时，要将弱苗、病苗、小苗去掉等距定苗。

2. 铲前深松蹚地

出苗后进行铲前深松或铲前蹚一犁，每隔 10~12 天铲蹚一次，做到三铲三蹚。

3. 虫害防治

（1）黏虫。6 月中下旬，平均 100 株玉米有 50 头黏虫时达到防治指标。可用菊酯类农药防治，每公顷用量 300~450mL，对水 450kg 喷雾或人工捕杀。

（2）玉米螟。玉米螟防治指标为百株活虫 80 头。

①高压汞灯防治。时间为当地玉米螟成虫羽化初始日期，每晚 9 时到次日早 4 时，小雨仍可开灯。赤眼蜂防治：于玉米螟卵盛期在田间放蜂 1 次或 2 次，每公顷放蜂 22.5 万头。

②Bt 乳剂防治玉米螟。在玉米心叶末期（5% 抽雄）每公顷 2.25~3kg 的 Bt 乳剂制成颗粒剂，撒放或对水 450kg 喷雾。

③封垛防治玉米螟。4~5 月玉米螟醒蛰前，每立方米秸秆用 100g 白僵菌粉剂封垛处理。

4. 化学除草

（1）播后苗前除草。在土壤墒情较好的地块可选用播后苗前封闭除草。

（2）苗后除草。在玉米 3~4 叶期选用除草剂除草或人工除草。

5. 中后期田间管理

（1）打丫子。及早掰掉丫子，避免损伤主茎。

（2）追肥。玉米 7~9 叶期或拔节前进行，每公顷追施纯氮总量的 60%~70%，追肥部位离植株 10~12cm，深度 10~15cm。

（3）放秋垄。8 月中、下旬，放秋垄拿大草 1~2 次。

（4）站秆扒皮晾晒。玉米蜡熟末期，扒开玉米果穗苞叶晾晒。

6. 收获时间

完熟期后收获。收获后的玉米要进行晾晒，有条件的地方可进行烘干。籽粒含水量达到 20% 时脱粒，高于 20% 的上冻后脱粒。

## 三、玉米通透栽培技术模式

玉米通透栽培技术是在生产过程中，应用优质、高产、抗逆良种，采取科学的种植方式，改善和增加田间植株的通风、透光状况，良种、良法结合，以提高资源利用率来提高玉米质量，增加产量的技术体系。集中体现在应用紧凑型、半紧凑型、中矮秆品种，改变种植方式，增加种植密度和科学施肥上，进而达到高产、高效的目的。

### （一）"两垄一平台"栽培技术模式

该技术的具体方法是：把原 65cm 或 70cm 的两条小垄合成 130cm 或 140cm 的一条大垄，在大垄上种植双行玉米，大垄上玉米行距为 35~45cm，株距因选用品种等因素而定，种植密度较常规栽培每公顷增加 4.5万~6 万株。应用"两垄一平台"栽培技术，可有效地缓解"玉米海"通风、透光差的矛盾，其玉米大行距由过去小垄栽培的 60~70cm，增加为 90~95cm 或 100~105cm，增强了边际效应，增产 12%，增强抗倒伏能力，倒伏率下降 7%；由于田间通风、透光条件的改善，有利于玉米成熟时籽粒快速脱水，可降低玉米含水量 3%~4%，提高玉米品质。

### （二）比空栽培技术模式

该技术采用种植两垄玉米空一垄的栽培方式。其增产、提质、增效的核心是：能充分发挥边际优势，利用空垄来改善田间通风、透光条件，提高光合能力和产量；同时，由于空垄的出现，空气流动较常规小垄栽培大大增加，利于玉米脱水，降低含水量，提高品质。为提高土地利用率，进一步提高生产的经济效益，可在空垄中套种或间种矮棵早熟马铃薯、甘蓝、豆角等。

### （三）间作栽培技术模式

采用间作栽培技术模式，可充分利用空间，增加种植密度，提高资源利用率。间作栽培，复合群体中因作物高矮、早晚、阴阳搭配及根系入土深浅不一，对环境的要求不同，特别是中矮秆、紧凑型、半紧凑型玉米品种，耐密性强，可大大增加群体的叶面积系数，充分利用空间，提高光合效率；同时，还可降低玉米含水量，提高玉米质量。

粮粮型模式，主要选择玉米与矮高粱、谷糜、小麦、早熟玉米、小杂粮等作物采取 2∶1，2∶2，2∶4，2∶6，4∶4 等形式间作。

粮经型间作模式，主要选择玉米与甜菜、油菜、亚麻等作物，采取 2∶4，2∶6，4∶8，4∶12 等间作形式。

粮菜型间作模式，主要采取玉米与马铃薯 2∶1 间作，玉米与白菜、甘蓝 2∶2 间作，玉米与茄子、辣椒等 2∶4 间作。

## 四、玉米高产高效栽培技术措施

### （一）科学布局，区域化生产

实行科学布局，进行区域化生产已成为农民增收的重要途径，针对生产实际，生产特点等情况，市、县周边乡镇为主要区域的糯、甜玉米产区，在小的区域内，各地应以市场为导向，要依据市场需求，选择品种优良、质佳的高产良种，切不可盲目扩大单一品种的种植比例。突出应用高新技术，进一步改善玉米品质，提高玉米产量，达到增产、增收的目的。

### （二）抓好常规技术，实现玉米生产标准化

常规技术措施在生产实践中，提质、增产、增效作用显著。如玉米的催芽坐水种技术，化控剂应用技术，

物理与生物防治病虫技术，合理密植、配方施肥技术，科学的土壤耕作及轮作技术，以及针对佳木斯市高寒、冷凉、旱作农业而持续推广实施的铲前蹚一犁、早间苗，早定苗，苗前深松、铲蹚、放秋垄、拿大草、站秆扒皮晒晾、适时收获等促早熟田间管理技术，这些技术应继续抓好。很多地方虽然推广了这些技术，由于技术到位率不高，没有按标准实施，没能真正发挥出增产、增效作用。因此，在玉米生产中应突出抓好技术到位率，实现标准化作业，这是实现玉米增产、增效的基本前提。

（三）抓好新技术推广，增加农业生产的科技含量

科学技术是第一生产力，依据科学、增加农业生产中的科技含量的作用是不言而喻的。

1.玉米通透栽培技术

该项目是省农委十大农技推广项目之一，具有提高玉米产量、改善玉米品质、降低玉米含水量、提早成熟等多种好处，各地可因地制宜采用。玉米生产区以推广"两垄一平台"、比空栽培、粮粮间作、粮菜间作或玉米品种间作，可有效缓解"玉米海"的矛盾。

2.紧凑型玉米品种栽培

紧凑型玉米品种推广是国家重点农业技术推广项目之一。紧凑形玉米是指玉米果穗以上的叶片上冲，其叶片与茎的夹角小于30°，整个株形紧凑。半紧凑型玉米是指叶片略上冲，其叶片与茎的夹角小于45°，果穗下部叶片较平展，夹角约60°，整个株形半紧凑。紧凑型玉米品种较平展型玉米的光合势要强，可大幅度增加种植密度，生物产量及经济系数明显提高，同时其通风、透光条件得到明显改善。一般紧凑型玉米品种植株较矮秆粗硬，品质较佳，对缓解"玉米海"矛盾作用突出，紧凑型玉米品种栽培技术已成为最佳的选择。

（四）应用化学调控技术

化学调控技术在农业生产中发挥着越来越重要的作用。玉米化控剂在生产中应用，可降低玉米植株高度40~50cm，茎粗增加0.1~0.2cm，气生根增加1~2层，并且提早成熟1~2天，降低玉米含水量2%~4%；增产8%~12%，是提高玉米产量、改善玉米品质、增加玉米效益的很好技术措施。

应用该技术一般可增加种植密度10%，北部地区在肥料投入水平较高的地方应用，种植密度可增加15%。应用方法：在玉米抽雄前7~10天，每公顷用375mL化控剂，对水喷于叶片顶部，不可重喷或全株喷施。最好使用超低容喷雾器进行喷施，喷施时期不能过早或过晚，三类苗地块不宜应用。

（五）调整施肥技术

科学施肥在提高玉米产量，改善品质等方面具有重要作用。建立科学的施肥体系，提高肥料的利用率，降低生产成本，有利于优质、高产、高效的实现。针对玉米生产当中的施肥情况，在施肥技术上应做如下调整和改进。

1.稳氮、降磷、增钾、补充中、微量元素、增施农肥

根据黑龙江省农业科学院土肥所近几年在多点、定点分析研究及大面积生产调查，在玉米生产中，尤其是玉米主产区市县普遍的营养亏盈情况是，氮素营养基本平衡或略有盈余；磷素营养成分在土壤有较大积累；而钾素营养投入明显小于作物利用，亏损较大。中、微量元素相对缺乏。配方施肥是实现科学施肥的重要技术。在生产中，应努力做到配方施肥，做不到配方施肥的地方，应稳定氮肥的投入水平，适当降低磷肥的投入量，钾肥的投入水平应进一步加强，高产区每公顷投入水平应为30~75kg，一般产区也应为45~75kg；中、微量元素应进一步补充。近年部分地区玉米生产地块缺锌症状严重，影响玉米产量，对玉米施用锌肥应高度重视。因锌对植物毒性较高，施用量不宜过大，缺锌地块一般每公顷施用量以15~22.5kg为宜。

农肥在改良土壤、提高土壤有机质含量及肥力等方面具有重要作用。随着化肥投入水平的不断提高等因素的作用，农肥的总体投入水平呈不断下降的趋势，对持续农业的发展已造成较大影响。降低了土地的生产能力，玉米生产难以实现稳产、高产。因此，要积极造优质农肥，扩大秸秆还田面积，增加农业生

产的后劲，以提高产量，改善品质，增加效益。

2.减少单一化肥的施用，推广应用有机、无机复合肥料

化肥的大面积大量应用，在提高粮食产量、满足人们生产、生活需要等方面发挥了不可估量的作用。但随着人口的不断增加和人们生活水平的提高，单一化肥的应用与农业的可持续发展以及追求高质量农产品的矛盾明显突出。积极推广有机、无机复合肥料，生物肥料等高科技产品已成为历史的必然选择。多数有机、无机复合肥料不但含有植物所必需的 N、P、K 等大量营养元素，而且有的还含有一些中、微量营养元素，同时更主要的是还含有大量的有机质，这对可持续农业的发展，绿色环保食品的生产都具有重要作用。

绿色食品的生产在化肥施用水平与农肥施用量方面有严格的比例要求。A 级绿色食品生产，10kg 的尿素施入水平要与 1 000kg 优质有机肥料配合施用。由于目前有机肥料的投入水平不高，为满足和达到绿色食品生产的标准，确保绿色食品的质量，农户不得不减少化肥的施入水平。因此，肥料投入不足是严重制约玉米的主要因素，也是影响绿色食品效益的主导因素之一。

为提高绿色食品的产量，增加绿色食品的经济效益，必须增加肥料的投入。有机复合肥料的出现，为增加肥料的投入提供了可能。绿色食品生产中的肥料投入，应在增施农肥的基础上，重点应用无机、有机复合肥料，并以高有机质含量的肥料为首选。国家标准有机、无机复合肥的有机质含量为 20%，但有些肥料品种的有机质含量已达到 25%~30%。

3.适当调整种肥、追肥的比例与追肥时间

为降低玉米的含水量，避免越区种植，近年玉米的布局做了较大的调整（退积温种植）。调整布局后，各地选用品种的生育期与原栽培品种相比有较大的缩短，相应的种植密度也有较大增加。但也易发生早衰现象。为提高产量，防止早衰，生产中可适当增加肥料投入，同时追肥时间也应相应的提前。

另外，随着高肥密植、高产、高效栽培技术路线被人们接受，紧凑型玉米品种推广应用已纳入到各地的日程。紧凑型玉米品种的种植密度远远高于平展型玉米品种，这与平展型玉米品种栽培上有较大差异。在应用紧凑型玉米品种的同时，尤其是耐密中矮秆品种，如在肥力、投入水平较高的情况下应用，因其种植密度较大，所以，种肥的数量应相应地降低，追肥数量要相应地增加些，做到"前轻、后重"。

（六）对玉米丝黑穗病、玉米烂心病等病害应引起高度重视

玉米丝黑穗病，俗称"乌米"，该病属积年流行性病害。该病病菌的传染，在玉米的苗期，主要在 3 叶期以前，4~5 叶期传染很少，以后也不再发生传染。该病以土壤传播为主，冬孢子在土壤中可存活 3 年左右。不同品种对该病的抗性差异显著，高抗品种大发生年份，发病率在 5% 以下，中抗品种在 5%~10%，感病品种在 10% 以上。玉米 3 叶期以前生育缓慢、苗弱等，有利于病菌的传染。玉米主产区由于多年的累积，土壤中病菌含量相对也较多，要加强防治工作。主要方法是：采取科学轮作，选用优质、抗病良种和进行种子处理。效果较好的有：2% 立克秀可湿粉剂，用种子量的 0.4% 拌种，或用 12.5% 速保利或用 25% 粉锈宁拌种。

玉米烂心病，主要症状是：玉米幼苗中后期，根上部茎开始腐烂，而后干枯死亡。有研究表明，该病是由斑须蝽象刺伤玉米的茎部，而引起病毒病的发生所造成，一般可用 3% 莫比朗，每公顷用量为 600~750mL 防治。

## 五、玉米低温冷害发生规律及综合防御技术

（一）玉米低温冷害发生规律

1.冷害发生的频率、类型及对产量的影响

分析三江平原地区 1949 年以来气象与产量资料，在 37 年中发生 10 个低温冷害年，每 3~4 年一次，气

象概率28%；其中，严重低温冷害年7次，每5年一次，气象概率20%。三江平原玉米低温冷害类型为延迟型。即在玉米不同生育期受到比常温低4℃，持续10天的低温，均表现抑制植株营养生长，延缓发育进程的冷害特征。没有出现花粉败育和不结实的障碍型冷害现象。

统计三江平原典型农业区宝清、密山、集贤、汤原、富锦和佳木斯等市县的产量和气象资料，低温年比平常年减产483kg/hm²，减产22.5%；严重低温年平均减产736kg/hm²，减产34.3%。

**2. 低温冷害的敏感期**

三江平原冷害年低温出现时期主要是5、6、8三个月份，对玉米产量影响大的主要是生育前期的5、6月份的低温，此时为玉米低温冷害的敏感期。分析宝清、桦川、绥滨和集贤4个县1949—1985年4~9月气温变化，低温冷害年5月平均气温12.1℃，比常温年低1.5℃；6月平均气温17.9℃，比常温年低1.1℃；8月平均气温19.0℃，比常温年低2.1℃。5~6月低温发生冷害的频率占低温冷害年的40%，而8月低温发生冷害的频率只占10%，5~6月低温冷害年都是严重冷害年。分析汤原、宝清、集贤、富锦和密山县5~6月低温的1960、1969、1971、1981年4个冷害年的玉米产量平均降低42%，比10个冷害年减产的平均值24.5%高17%。分析宝清县1949—1985年5~9月日平均气温与产量关系，玉米的收获指数与5~6月日平均气温呈显著正相关（r=0609），平均在15℃以下时多为严重低温冷害年。

**3. 不同生育期对低温的反应**

利用自然光照和人工光照的人工环境调节设施，分别对种子萌发期、芽期、4个完全叶的苗期和籽粒灌浆期进行低温处理试验。各期的低温处理均比对照低4℃，持续时间10~30天。

（1）种子萌发期对低温的反应。低温降低了种子的发芽势和发芽率，且发芽势降低的幅度大于发芽率。发芽势降低9.4%~18.0%，发芽率降低5.3%~6.7%，相关分析种子淀粉可溶性糖含量与其在低温下发芽势和发芽率的关系得出：种子淀粉含量与低温下发芽率的相关极弱（r=0.0467）；种子淀粉转化为可溶性糖的含量与低温下发芽率呈显著正相关（r=0.665 *）；低温下发芽势与发芽率呈显著正相关（r=0.783 *）。

（2）种子芽期对低温的反应。种子发芽后受到比常温低4℃，经过10~20天的低温，显著抑制植株营养体的生长和发育进程，抑制程度随低温持续时间的延长而严重。受抑制的营养生长是可恢复的，恢复时间的长短视植株营养生长被抑制的程度而不同。低温持续时间越长，受抑制程度越重，恢复过程越长。

营养生长受抑制，主要表现在干物质积累减少，株高降低及各叶片出现时间延迟。龙单3号持续10天低温，植株地上部干物质积累减少63.6%，地下根干物质累计减少43.8%，合玉11持续10天低温后的第20、45、60天的株高分别降低42.2%、14%、5%；持续15天低温，株高分别降低48.9%、28%、10%；持续20天低温，株高分别降低56.7%、38%、24%。1~17片叶的出叶时间，持续10天低温的延后3~4天；持续15天低温的延后56天；出现20天低温的延后10天。

低温不但显著抑制植株的营养生长，而且还延迟发育进程，使出苗、拔节和抽雄期拖后。合玉11持续10天低温，出苗、拔节和抽雄期分别延迟3、1和5天；持续15天低温分别延迟3、4和7天；持续低温20天，分别延迟8、7和11天。

（3）玉米苗期对低温反应。苗期低温明显抑制玉米的营养生长和延迟生殖生长，基本表现出与芽期低温同一规律，但是，为害程度要小于芽期低温的影响。苗期低温后30天左右即可恢复正常株高，而芽期低温则需要60天的恢复过程。

苗期低温降低株高。龙单3号持续低温10天，低温后的第10、20、30天，株高分别降低15.2%、3.2%和1%。

苗期低温干物质积累量下降。低温持续10天，全株干物质积累降低21.4%，其中，地上部干物质积累降低28.4%，其原因主要是低温减少光合面积并降低光合强度。4叶和5叶的叶面积之和减少14.6%；用改进的隆克斯半叶法测定，低温下光合强度为9.4mg干物质/h.d.m²，光合速率下降26.7%。苗期低温不但减少4~7叶的叶面积，而且还延长了5~8叶的出叶时间，第5、6、7、8片叶分别延长1、2~3、4~5、6~7天。

苗期低温延迟生殖生长的发育进程。拔节期和抽雄期合玉 11 持续 10 天低温，分别延迟 4、5 天；持续 20 天低温，分别延迟 4、6 天。

（4）籽粒灌浆期对低温的反应。玉米籽粒灌浆低温主要是降低籽粒干物质积累速率，灌浆前期低温影响严重，越往后影响越小。龙单 3 号授粉后 10、20、30 天持续 10 天的低温，籽粒干物质积累速率分别降低 36.4%、9.2% 和 0.1%。低温对籽粒干物质积累速率影响，随低温持续时间的延长而加重。合玉 11 授粉后 10 天持续 10、20、30 天的低温，籽粒干物质积累速率分别降低 2.4%、4%、5%。

### 4. 低温对光合强度的影响

低温明显减弱玉米功能叶片的光合强度，减弱程度随低温强度和持续时间的增加而增大。2 完全叶期 14℃低温持续 10 天，龙单 3 号的光合强度比 18℃对照降低 27.4%，合玉 11 降低 57.3%；10℃低温持续 10 天，龙单 3 号降低 39.8%，合玉 11 降低 62%。3 完全叶期 15℃低温持续 10 天，龙单 3 号的光合强度比 19℃对照降低 18%，合玉 11 降低 9%；11℃低温持续 10 天龙单 3 号降低 19.7%，合玉 11 降低 17.4%。灌浆期 16℃低温持续 10 天，龙单 3 号光合强度比 20℃对照降低 8.6%，合玉 11 降低 15.8%；龙单 3 号 2 完全叶期在 14℃低温强度下，持续低温 2、8 和 10 天的光合强度分别为 25.3、14.2 和 12.4 $CO_2$mg/cm$^2$·h；4 展叶期在 15℃低温下，持续时间 2、6、8 和 10 天光合强度分别为 39.7、20.7、10.3 和 9.5 $CO_2$mg/cm$^2$·h；灌浆期在 16℃低温下持续 2、4 和 6 天光合强度分别为 24.1、9.1 和 6.4 $CO_2$mg/cm$^2$·h。

### 5. 低温对呼吸强度的影响

低温明显减弱玉米的呼吸强度，表现出与光合强度基本相同的规律，减弱的程度随低温强度和持续时间的增加而增强。龙单 3 号 2 完全叶期在 14℃低温下持续 10 天；呼吸强度比在 18℃常温下降低 19.6%；在 10℃低温下持续 10 天，降低 30.4%。4 完全叶期在 15℃低温下持续 10 天比在 19℃常温下降低 7.1%；在 11℃低温下持续 10 天降低 21.4%。合玉 11 灌浆期在 16℃低温下持续 10 天比在 20℃常温下降低 36.8%。在 14℃低温下持续 10 天，呼吸强度降低 39.8%。

### （二）玉米低温冷害综合防御技术

#### 1. 选用早熟品种，严禁越区种植

玉米冷害多为延迟性灾害，主要是由于积温不足引起的。因此，应选用适合本地种植的熟期较早的品种，无霜期为 120~130 天的地方选用不超过 120 天的品种。三江平原比较适宜品种吉单 27、绿单 1、绿单 2、德美亚 1 号、绥玉 7、绥玉 12、嫩单 7、合玉 24 等。

#### 2. 适期早播，种子播前低温锻炼

早播可巧夺前期积温 100~240℃应掌握在 0~5cm 地温稳定通过 7~8℃时播种，覆土 3~5cm，集中在 10~15 天播完，达到抢墒播种，缩短播期，一次播种保全苗。播前种子可进行低温锻炼。即将种子放在 26℃左右的温水中浸泡 12~15h，待种子吸水膨胀刚萌动时捞出放在 0℃左右的窖里，低温处理 10 天左右，即可播种。幼苗出苗整齐，根系较多，苗期可忍耐短时期 4℃的低温，提前 7 天左右成熟。

#### 3. 催芽座水，一次播种保全苗

催芽座水种，具有早出苗、出齐苗、出壮苗的优点。可早出苗 6 天，早成熟 5 天，增产 10%。将合格的种子放在 45℃温水里浸泡 6~12h，然后捞出在 25~30℃条件下催芽，2~3h 将种子翻动 1 次，在种子露出胚根后，置于阴凉处晾芽 8~12h。将催好芽的种子座水埯种或开沟滤水种，要浇足水，覆好土，保证出全苗。

#### 4. 保护地栽培防冷促熟技术

（1）地膜覆盖。地膜覆盖栽培玉米，可使早春 5cm 耕层地温早、晚提高 0.3~5.8℃，中午提高 0.5~11.8℃。晚春 5cm 地温早、晚提高 0.8~4℃，中午提高 1~7.5℃。土壤含水量增加 3.6%~9.4%，早出苗 4~9 天，吐丝期提早 10~15 天。还可以促进土壤微生物活动，使作物吸收土壤中更多的有效养分，促进玉米生长发育，

提高抗低温冷害的能力。

（2）育苗移栽。玉米育苗移栽是有水源地区争取玉米早熟高产的有效措施。可增加积温 250~300℃，比直播增产 20%~30%。在上年秋季选岗平地打床，翌年 4 月 16~25 日播种催芽种子，浇透水，播后即覆膜，出苗至 2 叶期控制在 28~30℃，2 叶期至炼苗前控制在 25℃左右，以控制叶片生长，促进次生根发育。移栽前 7 天开始炼苗，逐渐增加揭膜面积，并控制水分，育壮苗。

5. 加强田间管理，促进玉米早熟

（1）科学施肥。亩施优质有机肥 1t 做基肥；种肥要侧重施钾肥，亩用磷酸二铵 10kg 和钾肥 6kg，结合埯种或精量播种时隔层施用。按玉米需肥规律在生育期间应追 2 次肥。第一次在拔节期，第二次在抽雄前 5 天，追肥原则是前多后少。低温年份生育期往往拖后，应 2 次并作 1 次，只在拔节期亩施尿素 12.5~15kg，可避免追肥过多导致贪青晚熟。

（2）铲前深松或深蹚一犁。玉米出苗后对于土壤水分较大的地块可进行深松，深度在 35cm 左右，能起到散墒、沥水、增温、灭草等作用；土壤水分适宜的地块，进行深蹚一犁，可增温 1~2℃。

（3）早间苗，早除蘖。在玉米 2~3 叶期 1 次间苗打单棵，留大苗、壮苗、正苗。另外，在玉米茎基部腋芽发育成的分蘖为无效分蘖，应及早除掉，减少养分消耗。

（4）早铲勤蹚，放秋垄。三江平原草荒较重，应加强田间管理，做到 3 铲 3 蹚。玉米开花授粉后，人工铲除大草，同时去掉雌穗以下的衰老黄叶。这样可以消灭大草，通风透光，减少养分消耗，增加粒重，减少秃尖，促进早熟 3~4 天，增产效果明显。

（5）隔行去雄。在雄穗刚露出顶叶时，隔 1 行去掉 1 行雄穗，使更多的养分供给给雌穗，早熟增产。站秆扒皮晾晒：在玉米蜡熟中期，籽粒有硬盖时，扒开苞叶，可以加速果穗和籽粒水分散失，提高籽粒品质，使收获期提前。

6. 适时晚收

玉米是较强的后熟作物，适当晚收可提高成熟度，增加产量，也有利于子实脱水，干燥贮藏。一般玉米收获期以霜后 10 天左右为宜。

# 第四节　小麦高产技术

## 一、小麦对环境条件的要求

### （一）影响萌发的环境条件

#### 1. 土壤含水量

当小麦种子吸收本身质量 33% 的水分时，开始萌发，适宜种子萌发的土壤含水量为该土壤最大持水量的 50%~85%，小麦播种时有充足的底墒水，是苗全、苗齐的重要条件。

#### 2. 温度

小麦发芽的最低温度 1~2℃，最适 15~20℃，最高 30~35℃，平均气温低于 10℃，会显著延缓出苗时间。

### （二）影响分蘖成穗的因素

从植株内部看，在幼穗分化和拔节时，要有足够的光合面积和自身根系，能够保证本身生长以至拔节、抽穗和结实的分蘖，才能成为成穗的有效分蘖。因此，健壮的幼苗分蘖成穗率高，早出现的低位大蘖容易成穗。

春小麦一般保持 1~1.5 个分蘖即可。从外部环境看，凡是有利于植株增强光合作用，增加光合产物，有利于充分供应矿物质和水分的环境，都有利于提高分蘖成穗率。另外日照的长短、土壤水分、环境温度等对分蘖成穗都有影响。

（三）影响灌浆的因素

1. 温度

对乳熟期间灌浆速度影响很大，最适宜温度 20~22℃，温度过高空气干热，则加快灌浆过程，使灌浆时间缩短，由于脱水过快，干物质积累不足，使籽粒不饱满，降低粒重和品质；相反，温度较低，会延缓这一过程的进度，消耗减少而积累增加，从而提高粒重。

2. 土壤水分

乳熟期间生理活动十分旺盛，植株需水量相对多，充足的水分供应，能顺利地完成灌浆过程。气候干旱，土壤内水分不足，不仅影响植株正常的光合作用使干物质积累减少，同时还使籽粒脱水过快，提早结束灌浆过程而枯熟，降低粒重；土壤水分过多，造成土壤缺氧，使根系呼吸作用减弱，吸收功能不能正常进行，直接影响可溶性物质的输送和运输，同样会引起籽粒灌浆不饱，降低粒重。

（四）小麦的需水规律

1. 小麦的耗水量

小麦一生中总耗水量，大致为每公顷 3 900~6 000m³，约合 400~600mm 降水。小麦的耗水量，叶面蒸腾占总耗水量的 60%~70%，棵间蒸发占总耗水量的 30%~40%。

2. 不同生育时期的耗水特点

小麦不同生育时期的耗水量与气候条件、冬春麦类型、栽培管理水平、产量高低有密切关系。

小麦各生育期间的需水量是：播种至出苗：需水量 40.68mm，占全生育期的 9.7%。出苗至分蘖：需水量 60.38mm，占全生育期的 14.4%；分蘖至拔节：需水量 78.64mm，占全生育期的 18.7%；拔节至孕穗：需水量 78.97mm，占全生育期的 18.8%；孕穗至抽穗：需水量 44.42mm，占全生育期的 10.5%；抽穗至开花：需水量 19.02mm，占全生育期的 4.5%；开花至灌浆：需水量 16.59mm，占全生育期的 3.7%；灌浆至乳熟：需水量 37.37mm，占全生育期的 8.9%；乳熟至黄熟：需水量 43.37mm，占全生育期的 10.8%。

3. 不同生育时期的适宜土壤水分

出苗到抽穗要求在田间最大持水量的 75%~80%，低于 55% 则出苗困难，低于 35% 则不能出苗。抽穗到灌浆初期适宜水分应在田间最大持水量的 64.2%~70.9%。低于 60% 时会引起分蘖成穗与穗粒数下降，对产量影响很大。灌浆到成熟期，宜保持土壤水分不低于 52%~58.5%，低于 50% 易造成干旱逼熟，粒重降低。

（五）小麦的吸肥规律

1. 小麦的吸肥量

小麦一生中每生产 100kg 籽粒，约需 N 3kg，$P_2O_5$ 1~1.5kg，$K_2O$ 2~4kg，三者的比例约为 3∶1∶3。随着产量水平的提高，N、P、K 吸收总量相应提高。但在高产水平下，N 的相对吸收量减少，P 和 K 的相对吸收量增加。

2. 小麦的养分分配

小麦各生育阶段的需肥量，出苗至 3 叶约占全生育期 3%，3 叶至抽穗占全生育期 50%，抽穗至开花占全生育期 45%。

小麦 3 叶至抽穗需 N 最多，缺 N 时植株矮小，叶窄，下部叶提早衰老，根系发育不良，吸收功能减弱，穗型变短。氮肥过多，容易造成倒伏。籽粒中的 N 来源于两个部分，大部分是开花以前植株吸收 N 的再分配，小部分是开花以后根系吸收的 N 约 80％以上输向籽粒。

磷的累积分配与 N 素基本相似，苗期叶片和叶鞘是 P 素累积的中心，拔节至抽穗积累中心为茎秆，抽穗到成穗转向穗部。缺 P 时，植株生长缓慢，抽穗开花迟缓，籽粒秕粒率增加，品质降低，及时供应 P 肥，可促使小麦发育，提早分蘖并提前形成次生根，使幼苗及时从土壤中吸收水分和养分，从而增加小麦的抗旱能力。小麦吸收 P 以 3 叶至抽穗最多，占全生育期的 66％，抽穗至成熟较多，占全生育期的 30％，出苗至 3 叶占 3％。

钾在苗期吸收时主要分配到叶片、叶鞘和分蘖节，拔节至孕穗主要运往茎秆，开花期 K 的吸收达到最大值，其后 K 的吸收出现负值，向体外渗出，K 向籽粒中转移量很少。小麦吸收 K 以 3 叶至抽穗最多，约占全生育期的 70％，K 肥能增强小麦茎秆的坚韧性，可防倒伏。能促使叶片内部糖分向生殖器官中输送，加速籽粒灌浆速度，有利籽粒提早成熟，提高结实率。缺 K 时植株茎秆变短而脆，容易倒伏，叶片短宽，抽穗至成熟提早，穗小粒少，粒不饱满。

**3. 小麦对肥料的利用率**

肥料的利用率受肥料种类、配比、施用方法、时期、数量和土壤性质等因素的影响。在田间条件下，N 的当季利用率为 30％~50％，P 肥当季利用率为 10％~20％，高者可达 25％~30％；K 肥当季利用率一般为 40％~70％。高纬度地区，春小麦秋季深施（8~12cm）尿素，N 损失量比春季浅施减少 73％~86％。

## 二、春小麦栽培技术

### （一）土壤耕作

**1. 小麦丰产的土壤条件**

（1）深厚的耕作层。小麦生产要求有一个深厚的活土层，一般来说，活土层的厚度在距离表土 25~40cm，土层厚度应在 80cm 以上。这是由于小麦根系分布特点决定的，小麦的根系在 0~40cm 土层中约占总根量的 90％。

（2）适宜的松紧度。土壤松而不散，黏而不紧，保水保肥，抗旱抗涝。耕层土壤体积固、液、气三相比为 50：30：20 较为适宜。

（3）丰富的土壤养分。高产麦田要求土壤的有机质含量比较丰富。沙土或沙壤土的全氮含量必须达到 0.07％~0.08％，有效磷含量 15mg/kg 以上，而在黏质土壤上，高产麦田的土壤全氮含量必须达到 0.08％以上，有的达到 0.1％左右，有效磷含量达到 20mg/kg 以上，就可满足小麦每公顷 6 000kg 的要求。

（4）良好的通透性。土壤的通气和透水性与土壤孔隙度相关，一般土壤的总孔隙度约 50％左右，沙土通常低一些，而黏土和有机质含量较高的土壤则具有较高的孔隙度。通常孔隙度低于 10％时，小麦根系的增殖受到限制。

**2. 整地技术**

（1）耕作整地要求。

①深。在原有基础上逐年加深耕作层，要求深度一般为 20~30cm。一般麦田可三年深耕一次，其他两年进行浅耕，深度 16~20cm 即可。

②细。小麦的芽顶土能力较弱，在坷垃底下会出现芽干现象，易造成缺苗断垄。所以，耕后必须把土块耙碎、耙细，保证没有明显坷垃，才能有利于麦苗正常生长。

③透。耕透、耙透，做到不重耕和不漏耕、不漏耙。使麦田整地均匀一致，有利于小麦均衡增产。

④实。就是表土细碎，无架空暗垡，达到上虚下实。如果土壤不实，就会造成播种深浅不一，出苗不齐，容易跑墒，不利扎根。对于过于疏松的麦田，应进行播前镇压或浇场塌墒水。

⑤平。就是耕前粗平，耕后复平，耙后细平，使耕层深浅一致，才能保证播种深浅一致，出苗整齐。

（2）耕作整地的方法。以深翻、深松为基本耕作，形成翻耙结合、松耙结合、垄平交替、深浅交替的土壤机械化耕作制度。

①翻地耕作。前作收获后，用铧式犁进行秋翻或翌年春翻，耕翻深度一般18~25cm，再经双列翻耙或灭茬耙整地，耢平后用24行或48行播种机平播小麦，形成以小麦为主，连年耕翻、耙耢整地，平播密植的轮作、耕作栽培技术。

②耙茬耕作。前作收获后，用双列耙或灭茬耙直接整地播种。此种耕法使8~10cm的表层土壤疏松，下层较为紧实，有利蓄墒，减轻风蚀。由于不进行耕翻，前茬土壤的水分不致大量散失，表层疏松，又能覆盖，减少蒸发。在春旱时有较好的抗旱效果，但在小麦生育后期易脱肥，需要增加肥料用量，表土草子未翻入土层深处，使杂草较多，要加强化学除草。

③深松耕作。为打破犁底层和加深耕作层，可采用深松耕法。

④少翻深松耙茬耕作。综合了耕翻、深松和耙茬的特点，克服了各自的缺点。有利于蓄水保墒，秋雨春用，春旱早防，提高地温，促进早熟，诱草萌发，便于消灭，减轻风蚀水刷，打破犁底层，加厚耕层，改善水、肥、气、热条件，扩大根系吸收范围，增加根系活力，明显提高产量，还可减少能源消耗，提高工效，降低直接成本。

（二）播种技术

1. 选用优良品种

良种必须是通过审定推广的小麦品种或经当地大面积试种表现优良品种的种子，无检疫性病虫害及杂草种子，纯度达98%以上，净度达97%以上，发芽率达85%以上的种子，均匀度好，保证田间出苗和幼苗的整齐。

2. 种子处理

（1）精选种子。用风选或筛选的方法，选出充实饱满，大小整齐，无病虫的种子，这样的种子生活力强，出苗快、整齐，分蘖早，根系发达，麦苗壮实。

（2）晒种。播种前10~15天内选温暖、微风天气将种子散在清洁平坦的场地上，厚度以5~10cm为好，隔几小时翻动一次，晒3~4天。经晒过的种子，可促进种子后熟，出苗快而整齐。

（3）药剂处理。播种前用药剂、肥料、生长调节剂、生物制剂等物质附着于种子表面或吸入种子内部。第一，用75%辛硫磷乳油1kg对水150kg，拌麦种1 500kg，可治蝼蛄和蛴螬等地下害虫；第二，缺磷的麦田可结合药剂拌种加磷酸二氢钾2kg，拌1 000kg麦种；第三，在黑穗病严重的地区，必须在拌种前进行石灰水浸种。方法是用生石灰1kg对水100kg，浸种60kg，一般浸2~3天，浸后阴干再拌种待播。

3. 播种期

以日气温稳定在0~2℃，表土化冻到适宜播深时播种为宜。

4. 合理密植与播种量

（1）合理密植。

①根据生产条件调整播种量。合理密植受气候、土壤肥力、生产水平的影响，特别是土壤肥力关系甚大。当肥力很低时，播种量应低些，随着肥力的提高，应适当增加苗数。当肥力更高时，播种量不应继续增加，而应相对减少。

②根据品种特性调整播种量。营养生长期长、分蘖力强的品种，在水肥较好的条件下，播量可少些。春性强的品种，在水肥较好的条件下，播种可少些。大穗型品种播量宜少，小穗型品种可多些。

③根据播种期早晚调整播种量。早播宜稀，晚播宜密。

④根据栽培体系类型不同调整播种量。不同栽培体系的栽培条件、产量结构、栽培技术不同，播种量有很大差异。

（2）播种量的计算。在做好种子质量检验的基础上，还要根据当年土壤墒情及整地质量，估计出实际的出苗率，田间出苗率一般按80%计算，整地好、墒情足可按90%计，差的按70%计，生产上通常采用"以地定产，以产定穗，以穗定苗，以苗定籽"的办法。

5. 播深的确定

播种深浅对小麦生长和培育壮苗影响很大，深浅适当则出苗早而齐，有利于形成壮苗。播深一般以3~4cm为宜。在此范围内，沙质土、墒情差的宜深些；黏性土、墒情好的可稍浅些。

6. 播后镇压

东北春麦区春季风大，土壤失墒快，再加上春雨少更缺透雨，所以，播种后都应及时镇压。墒情合适时，播种机后应带镇压器，随播随压或播后镇压。春播化冻较深时，表层土壤过松，要在播前镇压或播后镇压两次，还可增加苗后镇压。

（三）施肥技术

1. 底肥

在根茬秸秆粉碎还田的基础上，一般施用30~45t/hm² 有机肥。底肥的施用以有机肥为主，配合一定数量的N、P、K化肥。基肥用量一般占总N肥施肥量的50%~70%和全部的P、K肥，在播种前撒施或条施。

2. 种肥

种肥要制成颗粒肥料，在化肥不用做底肥时，可在有机肥做底肥的基础上每公顷施入75~150kg的磷酸二铵做种肥。

3. 追肥

主要以速效N肥为主，视苗情适当配合P、K肥，一般分2次进行，第一次在3叶期施，施肥量占生育期施入全N量的15%~25%，一般每公顷施112.5~150kg硝酸铵；第二次在拔节前后，施肥量占生育期全N量的15%~25%，每公顷施112.5~150kg硝酸铵。为延长后期功能叶片寿命和促进籽粒灌浆，拔节至抽穗期间，叶面喷施N、P肥有明显的增产效果，增产10.9%~26.5%，主要是增加穗粒数和干粒重。

（四）灌溉

小麦生育期间降水量只占全年降水量的25%~40%，只能满足小麦全生育期耗水量的1/5~1/3，北方麦区整个生育期间土壤水分变异大，灌水与降水效应显著。因此，要提高小麦的产量，应掌握好出苗、拔节、灌浆期间的灌溉。灌溉效果最大的时期为底墒水、3叶期和孕穗期灌水，其余时期因不同地区和年份而异。

1. 底墒水

如底墒不足采用地面灌溉应通过秋灌或冬灌补足底墒水，喷灌可在播种后进行。

2. 三叶水

三叶期是小麦的离乳期，此时缺水，肥料不能及时分解，在很大程度上影响壮苗的形成，是生育期灌溉的关键时期，应结合追肥一次灌足。

3. 孕穗水

干旱对小麦的小花发育不利，使结实率急剧下降。此外，干旱季节长和特别干旱的年份，拔节期可进行低限额补水。但拔节期灌水不宜追N肥。

（五）田间管理

1. 查苗补种、疏苗补缺、破除板结

小麦齐苗后要及时查苗、催芽补种或疏密补缺，出苗前遇雨及时松土破除板结。为了减少杂草的为害及减少棵间蒸发，消除土壤板结，一般在 2~3 叶期用轻型钉齿耙进行横耙或斜耙，耙深 3cm 左右。

2. 压青苗

水浇麦田压青苗通常在分蘖后期或拔节初期进行，有促根蹲节，壮秆防倒伏和巩固分蘖成穗的作用，在高肥密植田和生长过旺的麦田防倒增产效果更为显著。一般进行一次，镇压工具有木滚、石滚、"V"形镇压器等。压青苗要视整地质量、墒情、苗情等情况而定。

3. 病虫草害防治

根据当地的发生情况采取相应的防治措施，应选择低毒、低残留或生物农药。

（六）收获

小麦最适合的收获期是蜡熟中期到蜡熟末期，一般有 5~8 天的时间。播种面积大的可延至进入完熟期收获，收获时间延续达半个月左右。一般生产田采用人工收割或机械分段收获时，最好从蜡熟中期开始，蜡熟末期结束，进入完熟期就不要再采用机器分段收获。分段收获倒的植株在田间晾晒 3~5 天，再用机械拾禾脱粒。用联合收获机直接收获最好从蜡熟末期开始，完熟期结束。种子田用人工或机器分段收获，最好从蜡熟末期开始，进入完熟期即结束。用联合收获机直接收获，则在完熟期进行，力争 3 天内收获完毕。及时晾晒干燥，以保证高发芽率。

## 三、小麦稳产、保优、节本栽培技术

（一）选择优质专用小麦品种，搞好种子处理

根据市场要求，选择适应当地生态条件，经审定推广的优质、高产、抗逆性强、抗病性强的强、中、弱筋品种。品种熟期应选择 7 月中、下旬雨季来临之前正常成熟。在黑龙江省表现较好的强筋麦品种有龙麦 26、克丰 6、龙麦 29、东农 124、龙辐麦 12、龙辐麦 10、野猫、格来尼；中筋麦品种有垦红 14、克旱 13、垦红 15、垦红 10、垦大 4 等；弱筋品种有克旱 14、新克早 9 等。

播前要进行种子清选，质量要达到种子分级标准二级以上。纯度不低于 99.5%，净度不低于 98%，发芽率不低于 90%，种子含水量不高于 14%。

在小麦病害易发生的地块，要进行种子包衣。种衣剂包衣可有效地预防小麦腥、散黑穗病和根腐病等，并促进种子萌发、幼苗生长和根系发育，提高植株抗逆能力。超微粉体种衣剂使用量与种子的质量比为 1：600，使用量小，可减少药剂在商品麦及土壤中的残留，有利于可持续农业的发展。超微粉体种衣剂可取代拌种双、福美双等用量大的胶体种衣剂。

（二）选择适宜的茬口、合理轮作

合理轮作是减少小麦病虫草害的环保措施。麦豆产区推行"小麦—小麦—大豆"的轮作方式，其他地区视具体情况而定。在合理轮作的基础上，最好选用豆科作物茬口，避免甜菜茬。

（三）大机械精细耕整地、搞好秸秆还田

坚持整地标准是贯彻旱作农业路线的重要体现。通过大机械整地来构建具有良好蓄水、保水、供水功能的土壤耕层结构。

要坚持伏、秋整地。要求整平耙细，达到待播状态。前茬全部深松 25~30cm 后耙茬作业，耙深 12~15cm。采取对角线法，不漏耙，不拖耙，耙后地表平整，高低差不大于 3cm。除土壤含水量过大的地块外，耙后应及时镇压，以防跑墒。耕整地作业后，要达到上虚下实，地块平整，地表无大土块，耕层无暗坷垃，每平方米 2~3cm 直径的土块不得超过 1~2 块。3 年深翻 1 次。

秸秆粉碎还田可增加土壤有机质含量，改善土壤团粒结构，增强土壤蓄水、保墒能力，利于小麦的稳产。埋入土壤的秸秆诱使土壤微生物大量繁殖，把秸秆中的无机氮转化成有机氮，供作物利用。美国从来不施

有机肥，就是因为秸秆大量还田。秸秆还田还能使小麦生长有后劲。秸秆的碳、氮比高，使得土壤中的氮素缓慢释放，使小麦后期不至于脱氮。提倡少耕、免耕。少耕、免耕利于可持续农业的发展。

（四）连片种植

连片种植不仅可提高机械作业效率，降低生产成本，还可为专品种单种、单收、单贮创造条件，有利于优质麦产业化发展。连片种植面积不应小于 33.3hm²。

小麦要形成商品麦，必须走连片种植之路。商品麦基地集中连片，栽培措施、管理措施整齐一致，批量商品小麦面筋含量、稳定时间等品质指标整齐，并且年度间各项指标也需一致。

（五）科学施肥

配方施肥。施肥原则稳氮、磷，增钾肥；因地施用中、微量元素肥料。秋季深施底肥，深度达到12cm，秋施底肥为总肥量的1/2。因小麦属顶凌播种，土壤化冻较浅，春季较难做到深施肥。施肥浅不但使氮素易挥发，降低肥效，而且不利于后期下扎的根系利用氮素养分，造成后期脱氮，降低籽粒蛋白质含量。

有机肥施用量：每公顷施 22.5t 农家有机肥（有机质含量大于 8%）。

化肥施用量：每公顷施肥量，纯氮 75kg，五氧化二磷 82.5kg，氧化钾 45kg；东部地区纯氮 82.5kg，五氧化二磷 82.5kg，氧化钾 52.5kg。

减尿素、增硫酸铵：作物利用硫酸铵比尿素利于小麦早春保全苗；硫酸铵价格大大低于尿素，以其取代一部分尿素可降低生产成本；硫酸铵中的硫素可增加小麦蛋白质含量。尿素减半，硫酸铵 3 倍量施用（如每公顷施磷酸二铵 150kg、尿素 30kg、硫酸铵 90kg）是理想的配比。少量的尿素为小麦中、后期生长提供养分。所以，减尿素、增铵态氮肥是小麦生产田行之有效的节本、环保施肥改革措施。

中量元素肥料：硫肥、镁肥可有效提高商品麦蛋白质含量。硫是构成蛋白质的元素之一，植物体内缺硫影响蛋白质的同化作用。缺硫的小麦面筋黏滞性比一般小麦低，面粉中二硫键减少，面筋质量变劣。每公顷施用 5kg 硫酸铵可使小麦蛋白质含量提高 0.4%~0.8%。镁不仅以叶绿素的组成成分对光合作用有重要影响，而且又是植物体内多种酶的活化剂，因而镁对碳代谢、氮代谢有多方面的影响。施镁还可提高籽粒容重和湿面筋含量和质量。

微量元素肥料：缺硼地区和地块，每公顷做种肥施用硼肥 30~45kg。若生产富硒面粉，抽穗期和扬花前，每公顷可用 1.5kg 硒肥，对水 100kg 喷施。麦饭石等矿物源中含有丰富的 B，Mo，Zn，Xi，Cu，Mg，Ca 等元素，可提高小麦籽粒蛋白质含量。

应用缓释尿素，氮肥后移，提高强筋小麦品质（弱筋小麦氮肥不能后移）。小麦施肥是秋季、春季一次性或分次施，生育期间充其量进行叶面喷施，但成本太高。小麦不能追肥，易发生中后期脱氮。施用缓释尿素，叶片硝酸还原酶含量比施用普通尿素的处理高 25.62%~26.67%，而且小麦生育后期硝酸还原酶仍能保持较高的活性，能满足小麦后期对氮素的需求。施用缓释尿素还能提高后期根系恬性，使后期仍保持较高的叶绿素含量。

（六）适时早播，确保播种质量

土壤化冻达到 5~6cm 深时，及时播种。采用 15cm 单条或 30cm 双条播，边播种边镇压，镇压后的插深为 3~4cm，误差不大于 ±1cm。播种密度一般每公顷以 400 万~600 万株为宜。

秋整地的地块，应早春耢地，耢平后播种。春季施种肥、播种、镇压连续作业，一次完成，减少湿土裸露时间，降低土壤失墒。

（七）稀植栽培，降低生产成本

稀植栽培指选择分蘖性较强的品种，将保苗密度由每公顷 600 万株降到 400 万~450 万株，增加分蘖，产量不降低。稀植应适时早播，并选择水肥条件好的地块。

（八）搞好病虫草害防治

防治病虫草害要选用低毒、低残效农药。为了防除阔叶杂草，在 3 叶期每公顷用 72% 2.4-D 丁酯乳油 600~750mL。防除单子叶杂草野燕麦、稗草可用 6.9% 骠马浓乳剂每公顷 600~750mL，或用 10% 骠吟乳油每公顷 525mL。防治赤霉病等病害时，用 50% 的多菌灵防治。小麦田每平方米有黏虫 30 头时，在幼虫 3~4 龄期，可用菊酯类杀虫剂每公顷 300~450mL。在每百穗有 800 头蚜虫时，用吡虫啉防治。

（九）加强田间管理

小麦 3 叶期压青苗，根据土壤墒情和苗情用镇压器镇压 1~2 次。采用顺垄压法，禁止高速作业。压青苗能提高幼苗素质，增强抗旱能力。为了提高粒重和改善品质，抽穗期和扬花前，每公顷用磷酸二氢钾 2.25kg，加 5kg 氮肥，加适量粉锈宁，对水喷施。喷施磷酸二氢钾还有使小麦茎秆强壮，防止倒伏的作用。为了节省作业成本，也可将农药与磷酸二氢钾、硒肥等叶面微肥混合后对水喷施。有灌水条件的地方，如遇春旱，于小麦 3 叶期至分蘖期灌水一次。每公顷从总肥量中拿出 7.5kg 氮肥随水灌施，效果更好。

（十）适时收获，确保收获品质

人工收获和机械分段收获在蜡熟后期进行，联合收割机收获在完熟初期进行。避免过晚收获，遇雨产生芽麦。

# 第二章　经济作物高产技术

## 第一节　瓜类高产技术

### 一、西瓜

西瓜属于葫芦科，是一年生蔓性草本植物。原产地为非洲热带草原。在我国已有悠久的栽培历史。由于西瓜汁多瓤甜，能消暑解渴，清热利尿，因此，它已成了北方夏秋两季人们喜食的水果之一。

（一）品种

1. 庆红宝

特征特性：生长势中等，分枝性强。雌花着生率高，节位低。瓜椭圆形，瓜皮绿色，带有细碎网纹，成熟时由绿转成黄白色。瓜皮厚 1~2cm，红沙瓤，含糖量在 12% 左右。从开花到成熟 35 天。单瓜重 10~12kg。品质好，耐贮运。种子呈褐色，千粒重 30g 左右。抗枯萎病和炭疽病。

2. 新红宝

特征特性：幼苗较弱，前期生长缓慢，植株长势和分枝能力中等。7~9 叶出现第 1 雌花，以后每隔 5 片叶再现一雌花。果形椭圆，白绿色网纹，果皮光滑，果皮厚 1~1.1cm，坚韧，不易裂果。瓜瓤粉红色，肉质松爽，中心糖 11%，边糖 7%，含糖梯度较大。坐果率高，果形整齐，但不良气候容易出现畸形果。单果重 5~6kg，大的 10~12kg。每 667m² 产量约 4 000kg。晚熟品种，果实发育 35 天，全生育期 100 天。种子较小，千粒重 35~38g。

（二）露地地膜覆盖栽培技术

1. 地块选择

西瓜是喜高温、耐干旱的经济作物，要选择背风向阳，地势高燥、排灌方便及土层深厚肥沃、疏松的沙壤土。而地势低洼排水不良的地块不宜种西瓜。西瓜不能连作，前茬最好是玉米、谷子、糜子、小麦茬等。

2. 整地施肥

种西瓜的地块，最好秋翻地，要翻耙，深松起垄连续作业，深翻 25cm 以上，春季破垄夹肥。春翻地要翻耙、起垄镇压及施基肥连续作业。结合整地，每 667m² 施入优质腐熟的农肥 5 000kg，磷酸二铵 20~30kg。翻耙起垄时，要求垄直、土细、无坷垃。

3. 种子处理

（1）选种、晒种。播种前要进行精选，将秕子、小子及杂质挑出放在日光下晒 1~2 天，能促进种子后熟，提高发芽率，同时能杀死种子表面病菌。

（2）种子消毒。选好种子后要对种子进行消毒。用 10% 的磷酸三钠溶液，浸泡西瓜种子 20min，捞出后在水中清洗干净，除去种子表面的药液，可防治西瓜花叶病毒。

（3）浸种催芽。消毒后的种子，用清水浸泡 24h 后，投洗干净捞出，放在 28~30℃ 条件下催芽 30h 左右，露白即可播种。也可浸种不催芽直播，方法是消毒的种子用 12~25℃，凉水浸泡 6~8h 后不催芽直接播种。

4. 播种

（1）播种期。佳木斯地区露地直播西瓜，一般都在 5 月中旬左右。

（2）种植方式。

①单行栽培。1：1 栽培方式（种 1 垄，空一垄），株行距 0.7m×1.4m。

②双行栽培。2：2 栽培方式（种 2 垄，空 2 垄），株行距 0.7m×1.4m，两行西瓜向相反方向爬蔓。

（3）土壤消毒。用 50% 多菌灵可湿性粉剂 400~600 倍液；或 70% 甲基托布津 600 倍液灌穴土壤消毒。

（4）播种方法。播种可根据当地的种植习惯而定，一般是先播种后覆膜，在垄上刨坑深 15~17cm，坑上口 18cm 左右，先在埯内用药剂消毒，再浇足水，每埯 1~2 粒种子，覆土 2~3cm，坑与膜留 7~8cm 的空间，供苗拱土后生长。避免一出苗出现烧苗现象。

5. 田间管理

（1）通风引苗。播种后 5~7 天，幼苗就可出齐，刚出土的幼苗叶子嫩，遇到高温暴烤、暴晒或叶子顶膜易烧伤幼苗，当气温达到 20℃ 以上时及时破口通风，调节膜内温度。要早通风、晚引苗，晚霜结束后引苗，引苗时先将膜内的杂草拔除，灌足水，用土将埯封严。

（2）追肥与灌水。西瓜的追肥要结合灌水进行，一般在瓜膨大期追肥两次，每次施尿素 10kg，钾肥 10kg，2 次间隔 7 天左右。西瓜虽喜干燥气候，但在植株伸蔓期果实膨大期都需要充足的水分。因此，凡有水源的西瓜地，在天旱缺雨时都应及时灌水。

（3）整枝、压蔓、选瓜、定瓜。

①整枝是保持营养生长与生殖生长的平衡，调节改善光照条件的重要措施，大型西瓜适合于三蔓整枝。三蔓整枝，除保留主蔓外，另从基部选两个健壮侧蔓为副蔓，其余侧枝一律摘除。在生产上应用较多的是双蔓整枝。双蔓整枝，除保留主蔓外，在主蔓长至 30cm 以上时，在基部选一健壮侧蔓，作为副蔓，其余枝全部去掉。

②压蔓主要起防风作用，砂土地可用土压蔓，黏土地用土压蔓易浸染病害，用树枝别蔓是比较科学的，不易染病害。主蔓伸出 40cm 左右压一次蔓，第二次，在主蔓伸出 1m 左右再压一次，蔓子往一侧爬，便于管理。

③选瓜、定瓜，一株留一个瓜，第一个瓜不留，见影就随时摘去，留二瓜或三瓜。中晚熟品种坐瓜节位大约 15~20 节，一般在 13~15 节留瓜为宜。

6. 病害防治

西瓜的主要病害是枯萎病、炭疽病。枯萎病在结果期，即田间发病初期，用 50% 苯菌灵可湿性粉剂 1 000 倍液或 50% 多菌灵可湿性粉剂 500 倍液，每 7h 1 次灌根防治。西瓜炭疽病用 80% 炭疽福美可湿性粉剂 800 倍液或 75% 百菌清可湿性粉剂 600 百倍液 7~10h 左右喷雾防治。

（三）收获

瓜皮发亮，手摸有光滑感，瓜皮上花纹明显、清晰、瓜蒂部收缩凹陷。瓜柄着生部位卷须全部或部分枯死，贴地面部分的瓜皮呈橘黄色，果柄上的茸毛大部分脱落，为成熟的特征，有了这些成熟的特征即可收获上市。

## 二、甜瓜

甜瓜果实成熟溢出芳香味，故亦称香瓜。甜瓜分厚皮甜瓜和薄皮甜瓜两大类。在佳木斯地区栽培的基本都是薄皮甜瓜。

（一）品种

1. 齐甜 1 号

特征特性：生长势中强，以子蔓结瓜为主，瓜长梨形，幼果绿色，成熟时转为绿白色或黄白色。果面有浅沟，瓜熟不脱柄、不倒瓤、不裂果。果肉绿白色，瓤浅粉色。肉厚 1.9cm，质地脆甜，风味纯正，浓香适口，糖度 13.5，最高达 16。单瓜重 300~400g，每 667m² 产量 2 000kg。中熟品种，生育期 75~85 天。

### 2. 富尔 1 号

特征特性：植株生长势中等，适应性较强，从出苗至采收 68~70 天，早熟，比齐甜 1 号早熟 3~5 天。子蔓孙蔓均可结瓜，坐瓜率较高，采收集中，平均单株结瓜 4 个，多的可达 6~8 个，果实卵圆形，横径 8.32cm，纵径 11.9cm。平均单瓜重 360g，幼果绿色，成熟时黄白色，果皮光滑，浅沟不明显，外表洁净，不裂瓜，果实大小均匀，肉质脆，风味佳，有香味，耐贮运，前期产量高。平均每公顷产量 31 732.8kg。

### （二）栽培技术

#### 1. 选地、整地、施肥

甜瓜地块的选择应从前茬作物、土质、地势 3 方面去考虑。甜瓜最忌重茬，一般 3~4 年轮作一次。茬口应选择玉米，高粱茬。在此茬上栽培甜瓜甜度好。不宜在豆茬上栽种，如调不开茬应在施肥时多施磷钾肥，切忌多施氮肥。土质应选择土层深厚，通透性好，肥沃的沙壤土为宜。种植甜瓜的地块，要进行秋翻，深 30cm 左右，开春后及时进行耕翻耙压，使土壤细碎均匀。结合整地，每亩沟施充分腐熟农家肥 3 000~4 000kg，磷酸二铵 20kg。基肥应深施垄底为宜。

#### 2. 育苗

甜瓜的苗龄以 35 天为宜，待苗具备 4~5 片真叶时定植。

（1）营养土配制。腐熟厩肥或草炭 30%，肥沃田土 60%，沙子或炉灰 10%，每立方米加入磷酸二铵 2kg 整细过筛，用 500 倍敌克松液喷土消毒后装袋，然后整齐地排列在苗床上。

（2）种子处理及播种。用 55℃ 温水烫种，搅拌至常温后换水浸种 12h。浸后放在 30℃ 左右条件下催芽 17~20h，萌芽后即可播种。将营养钵或袋浇透水，每袋播一粒种子，覆土 1cm 厚。

（3）播后管理。播后苗棚温度以白天 25~30℃，夜间 15~18℃ 为宜，第一真叶展开，白天 20~25℃，夜间 13~15℃。第 3 片真叶展开到定植前 5~7 天降低温度，锻炼幼苗，定植前 3~5 天将棚膜全部撤掉。水分控制，播种前打透底水，扣棚后如太干时浇 1~2 次水，定植前不宜浇水。

#### 3. 直播与定植

（1）定植。佳木斯地区适宜定植的时间是 5 月 25 日左右。

（2）直播。直播一般都采用先播种后覆膜的方法。首先在 70cm 垄上，按株距 30~40cm 刨埯，施埯肥，撒药土，浇足底水，每埯 4~6 粒浸泡的种子，覆土 2~3cm，然后覆膜。播种后 4~6 天出苗。幼苗的子叶刚出土时，既怕高温烤，又怕寒风冻，因此，要对幼苗在膜里进行低温锻炼。方法是在每埯幼苗的一侧，用小刀割成 3cm 长的口，通风 2~3 天，等子叶变绿后立即把小苗露出地面，然后用湿土把口封严，防止漏气，以便保温。当幼苗 3 片真叶时定苗，每埯只留 1 株。佳木斯地区适宜播期为 5 月 10 日左右。每公顷用种量 3~3.75kg。

#### 4. 追肥与灌水

如果基肥不足，可在花前和果实膨大期追施肥料，每公顷追肥磷酸二铵 225~300kg，或用 500 倍磷酸二氢钾叶面喷洒。定植后地膜覆盖栽培的，要浇缓苗水，一般在定植后 2~3 天浇，水不能太凉，水量要适当。进入开花期和果实膨大期可根据情况酌情浇水，浇水要在晴天下午进行。正常年份佳木斯地区自然降雨可以满足甜瓜对水分的需要，很少进行灌水。

#### 5. 植株调整

（1）2~4 子蔓整枝。甜瓜侧蔓（子蔓）结果的品种，多进行双蔓、三蔓乃至四蔓整枝。即在主蔓长至 5~6 片叶时摘心，留上部 2~4 个侧蔓。当侧蔓结果后，在瓜的上部留 3~4 片叶摘心，除掉其他无用的枝杈。

（2）4 孙蔓整枝。用于孙蔓结瓜的品种。当主蔓长到 4~5 片叶时摘心后，所留两个子蔓长出 4~5 片叶后，再次摘心,在每个子蔓上留两个孙蔓,全株共留4个孙蔓,当每个孙蔓都结瓜后,在瓜的上部留3~4片叶摘心,其余枝杈一律去掉。

### 6. 收获

当瓜成熟时,应根据市场销售情况及运输情况,适时采收。采收时间,以清晨为好,但瓜的水分大,不耐运输。需要运输的要在午后和傍晚采收,瓜的成熟度也应差一些。甜瓜不耐运输,采收后应立即出售。

### (三)病虫害防治

#### 1. 甜瓜常见的病害

(1)炭疽病。发病初期及时清除病叶,用25%施保克乳油1 000~1 500倍液或70%代森锰锌可湿性粉剂300~500倍液或80%炭疽福美可湿性粉剂800倍液喷雾防治。7~10天1次。

(2)甜瓜枯萎病。用50%多菌灵可湿性粉剂500倍液或50%,甲基托布津可湿性粉剂400倍液或50%苯菌灵可湿性粉剂1 000倍液灌根,每株灌250~500mL,隔7~10天1次。

(3)白粉病。发病初期用15%粉锈宁可湿性粉剂2 000倍液喷雾,隔15天1次。

#### 2. 甜瓜常见虫害

蚜虫。用10%吡虫啉可湿性粉剂1 000倍液或2.5%功夫乳油4 000倍液或40%乐果乳油1 000倍液防治。

## 三、籽用南瓜

籽用南瓜是葫芦科南瓜属一年生草本植物。主要食用种子——南瓜籽(白瓜籽)和果肉,具有广泛的用途。其种子和果肉均可直接食用,除此之外还可以开发一系列保健品,如南瓜粉、南瓜饮料、南瓜酱等。目前,南瓜产品备受国内外消费者的欢迎,尤其是南瓜子和南瓜粉,已成为我国重要的出口创汇产品。

### (一)品种

#### 1. 无叉南瓜

由黑龙江省桦南县白瓜籽集团选育。

特征特性:籽用型。植株长势中,分枝能力弱。叶色灰绿。抗病性中等。中熟,从播种到采收110天,第一雌花着生于第10节左右。老熟瓜灰绿色,扁圆形为主,瓜纵径17cm,横径23cm,单瓜重2.5~3.5kg。单瓜产籽200~300粒,千粒重350g。每667m$^2$产瓜籽65~90kg。籽粒长2.0cm,宽1.2cm。

#### 2. 宝清白板

由黑龙江省宝清县白瓜子科技开发公司选育。

特征特性:籽用型。植株长势较强,分枝能力中,叶色灰绿。抗病性较强。中熟,从播种到采收110~120天,第一雌花着生于10节位左右。老熟瓜灰绿色,扁圆形,瓜纵径18cm,横径26cm,单瓜重3~4.5kg。单瓜产籽200~300粒,千粒重300g。每667m$^2$产瓜籽65~85kg。籽粒长2.1cm,宽1.18cm,灰白色。

### (二)栽培技术

#### 1. 播种及育苗

佳木斯地区栽培多为一年一茬,露地直播或育苗移栽。浸种催芽,用温水浸种4~6h后,洗净种子,暗处催芽。催芽温度26~30℃。当胚根伸出种皮2~3mm时即可播种。露地直播应在地温达到10℃以上时选晴天进行,以使幼芽在无霜后出土,佳木斯地区一般在5月10~15日播种。为了促进早熟,南瓜可利用育苗栽培,育苗方法与黄瓜基本相同,只是营养面积大于黄瓜,一般采用10cm×10cm,每公顷需种子15~17kg。露地直播,每埯2~3粒种子,以后留1株苗。

**2. 整地施肥与定植**

（1）选地。选择排水好的漫岗、平地、壤土、沙壤土、白浆土均可。茬口：玉米、高粱、谷子、小麦茬。

（2）整地施肥。秋深松、超深松、春整地顶浆打垄，施足基肥，农家肥每公顷 1.5 万千克。埯施二铵或复合肥每公顷 75~150kg。可加入 20kg 钾肥。压好碴子，防旱保墒，达到播种栽苗状态。

（3）定植。南瓜栽培密度因品种不同而不同，一般采取株行距为 50cm×（120~140）cm，每公顷保苗 1.4 万 ~1.6 万株。

**3. 田间管理**

（1）肥水管理和蹲苗技术。方法是随定植随浇水，如果天旱浇一次缓苗水，然后铲地松土，中耕，进行蹲苗 10~15 天，追施磷酸二铵每公顷 225kg，再浇一次水，再进行中耕蹲苗。直到留的瓜坐住后，结束蹲苗，进入肥水管理。每公顷可追施尿素 225kg，每隔 10~15 天再追施 1~2 次即可。浇水应掌握保持地面经常湿润。

（2）植株调整与授粉。目前，多采用单蔓整枝，主蔓延长，顺风向引蔓。去根瓜，留第 2~3 瓜，每株留 1~2 个瓜。4~9 时人工授粉或放蜂更利于结籽。去所有侧枝，瓜坐住后 5 片叶摘心，留 1~2 侧枝，侧枝 5 片叶摘心，即连续摘心，瓜前瓜后压蔓。

**4. 病虫害防治**

（1）防治病害。主要病害有枯萎病、白粉病、细菌性角斑病。枯萎病可用 50% 甲基托布津可湿性粉剂 800 倍液或 50% 多菌灵可湿性粉剂 500 倍液灌根。一般 7 天左右灌一次，视病情 2~4 次。白粉病用 15% 粉锈宁可湿性粉剂 2 000 倍液或 75% 百菌清可湿性粉剂 600 倍液喷雾防治。细菌性角斑病，可用 77% 可杀得可湿性粉剂 400 倍液，或农用链霉素 4 000 倍液喷雾防治。

（2）防治虫害。主要虫害二十八星瓢虫、瓜蚜。二十八星瓢虫，一是人工捕捉，二是药剂防治，在幼虫分散前用 20% 杀灭菊酯乳油 3 000 倍液或 2.5% 溴氰菊酯乳油 3 000 倍液防治。蚜虫用 10% 吡虫啉可湿性粉剂 1 000 倍液或 40% 乐果乳油 1 000 倍液防治。

**（三）收获**

九月中旬，瓜表面出现一层蜡状物质，并有许多小瘤状斑凸起，手指掐不进皮时采收。采收后的瓜要堆放在一起，堆高一米以内，按成熟度排开准备加工，经过后熟，使瓜籽更饱满。

# 第二节　豆类作物高产技术

## 一、红小豆

红小豆又名赤豆，在市场上是非常畅销的杂粮作物之一。由于经济价值较高、效益较好，种植面积不断增加。

**（一）品种**

**1. 宝清红**

特征特性：生育日数 110 天左右，需活动积温 2 200℃左右。黄花、圆叶、白荚，无限结荚习性。株高 40~50cm，分枝多，结荚密。籽粒大，有光泽。百粒重 16~18g，种皮薄，颜色鲜红、脐白色。籽粒椭圆三棱形。平均亩（1 亩 ≈ 667m²，全书同）产量 164kg 左右。

2. 建红 1 号

特征特性：根系发达，茎秆较粗，秆强，株高 57cm，有分枝，分枝数 2.5~2.9 个，无限结荚习性，单株结荚 18~25 个，荚为白色，呈圆筒形，心叶圆形，叶色浓绿，光合势强，花淡黄色，籽粒大而红，百粒重 21~23g，生育日数 105~110 天，需活动积温 2 200~2 300℃，中晚熟品种。该品种适应性强，耐瘠薄，成熟一致，不易炸荚。平均亩产量 126~147kg。

（二）栽培技术

1. 选地与整地

红小豆适应性强，耐涝性差，宜选择沙壤土较多，地力较薄的慢岗地或不易积水的地块种植，前茬应选择 3 年未种过豆类作物的玉米茬或小麦茬，以 3~4 年轮作为宜，忌重茬、迎茬。要精细整地，应伏秋整地，深度要达到 20~30cm。深翻后要整平、耙碎，立即起垄、镇压保墒。结合整地每公顷施优质腐熟农家肥 30t，做到垄平、肥匀，为翌年春季播种、保全苗打下基础。

2. 播种与施肥

播种时间，5 月中下旬，有效积温稳定通过 10℃以上即可播种。选用晴朗天气，采用垄上机械双条精量点播或埯种。埯播株距 25~30cm，每埯播 3~4 粒。每公顷播种量 30~37.5kg，播种一定要保证质量，将红小豆播种在湿土上防止芽干、落干，播后及时覆土 3~4cm。每公顷施磷酸二铵 150kg、硫酸钾 75kg 作种肥，并做到种肥分离，以防止化肥烧种，为防止红小豆缺苗断条，播种后应及时镇压保墒。

3. 田间管理

（1）苗期管理。苗期要结合除草进行间苗，保证幼苗健壮生长。以 2~4 片叶间苗为宜，留苗过密易造成田间郁蔽，使红小豆花期延长，成熟期拖后。根据地力状况选择适当株距，一般每公顷保苗 15 万 ~18 万株为宜，拔除病苗、弱苗，留壮苗、大苗。

（2）中耕除草。红小豆对温度反应敏感，为防止低温伤苗，在出苗前 3~5 天采用铲前蹚一犁来提高地温，在出苗后 1 周左右灭一次杂草，结合除草在定苗后立即进行一次中耕培土，做到三铲三蹚，严防铲蹚脱节，造成倒伏减产。

（3）适量追肥。红小豆虽属豆科作物，具有固氮能力，但适量、适期追肥可提高单产。在红小豆初花期，用磷酸二氢钾每公顷 3~5kg 进行叶面喷雾，可促进红小豆花芽分化提高结实率。在红小豆未花期，根据红小豆长势每公顷追施尿素 90~120kg 或喷施金牌 655 等叶面肥，可促进红小豆生殖生长，使花荚增多。多雨年份应控制追肥量，适当喷施硫酸亚铁，以防止出现缺铁黄苗症。

4. 病虫害防治

（1）病害。红小豆常见病害为立枯病、白粉病、锈病、病毒病。防治立枯病用 50% 多菌灵以种子量的 0.5%~1.0% 拌种；白粉病和锈病用 25% 粉锈宁 2 000 倍液喷雾防治；病毒病用 20% 农用链霉素 1 000~2 000 倍液或 20% 病毒 A 可湿性粉剂 500 倍液喷雾防治。

（2）虫害。常见虫害有蚜虫、红蜘蛛等。蚜虫多发生在苗期和花期，结荚期温度过高也可能发生。发现蚜虫可用 40% 氧化乐果 2 000 倍液或 10% 吡虫啉可湿性粉剂 1 000 倍液防治。红蜘蛛用 50% 溴螨酯乳油 1 000 倍液或 73% 克螨特乳油 3 000 倍液防治。

5. 收获

红小豆易炸荚落粒，应适时收获。为减少收获损失，人工收割应在荚变黄、叶片全部脱落前，若叶片全部脱落后再收割，就易造成炸荚损失。使用收割机械收获时，应调整机车行进速度和脱粒滚筒的转速，以降低破碎率。采收最好在早晨或傍晚进行，严防在烈日下作业，避免机械性炸荚，降低田间损失率，做到颗粒归仓。

## 二、绿豆

绿豆，又名文豆、吉豆。绿豆，起源于亚洲东南部和中国。中国是绿豆的起源中心之一，已有2 000多年的栽培历史。

绿豆的营养成分比较丰富，是经济价值较高的一种豆类。其主要用途为食用、药用、饲用和外贸出口等方面。随着农业种植结构的调整，绿豆的种植面积不断扩大。

### （一）品种

要因地制宜选择高产、优质、抗逆性强的品种。

#### 1. 中绿1号

由中国农业科学院品种资源研究所从亚洲蔬菜所与发展中心引入。株高45~60cm，植株直立粗壮，株型紧凑，叶浓绿，主茎生有3~5个分枝。花黄色，主茎12~14节，每节结荚4~7个，结荚集中，每荚有种子12~15粒，成熟一致，不炸荚。粒大而碧绿，白脐，百粒重7.7g，含粗蛋白24.29%，淀粉55.4%。本品种生育期春播90多天，抗叶斑病，早熟不早衰，丰产性好，一般亩产可达120kg左右。

#### 2. 宾绿1号

宾县农业科学研究所从当地农家绿豆品种中经系统选育而成。

特征特性：种粒鲜绿，粒形较大，百粒重5.5~6.3g，平均蛋白质含量23.55%，粗淀粉含量50.73%。株形收敛，株高55~65cm，茎粗叶茂，分枝较多，圆叶，花淡黄色、结荚密。该品种为早熟品种，生育日数90~95天，需活动积温1 800~2 100℃。籽粒无病害，抗低温、抗干旱能力强，抗叶部霜霉病性能较强。平均亩产66kg左右。

要搞好品种搭配，可选大明绿、日本大鹦哥绿等品种。

### （二）栽培技术

#### 1. 选地选茬

绿豆扎根较深，根系强大，植株分枝力强，生长健壮，吸肥水能力强，所以，绿豆田应选择在有机质含量高、土壤疏松、熟土层深厚、排水条件良好的地块，进行合理轮作，不宜重茬和迎茬，也不宜与豆科作物连作，应与其他作物实行3年以上轮作，但前茬施用过防阔叶性杂草除草剂的地块除外。

#### 2. 整地施肥

春播绿豆可在上年进行秋整地，深耕，耕深15~25cm，结合耕地每公顷施有机肥30t。播种前浅耕细耙，做到疏松适度，地面平整，起垄待播，满足绿豆发芽和生长发育的需要。绿豆施肥应掌握以有机肥和无机肥混合使用的原则。田间施肥量应视土壤肥力情况和生产水平而定。在土壤含氮量偏低（全氮低于0.05%）的情况下，施用少量氮肥有利于根瘤形成，能促使绿豆苗期植株健壮生长。在土壤肥力较高（有机质含量高于2%，全氮高于1%）的条件下，不施氮肥。

#### 3. 播种

绿豆生育期短，播种适期长，春播在5月上中旬。

绿豆的播种方法有条播、穴播和撒播，其中，以条播较多。条播要防止覆土过深，下籽过稠或漏播，并要求行宽一致，一般行距40~50cm。间作，套种和零星种植大多是穴播，每穴3~4粒，行距60cm。撒播一般采用较少。最好用精量点播机播种，好处是点籽精量，播种等距，深浅一致，出苗整齐。播种时墒情较差、坷垃较多、土壤砂性较大的地块，播后应及时镇压，以减少土壤空隙，增加表层水分，促进种子早出苗、出全苗，根系生长良好。

4. 田间管理

（1）合理密植。绿豆合理密植的原则是：早熟种密，晚熟种稀；直立种密，半蔓种稀，蔓生种更稀；肥地稀、瘦地密；早播种稀、晚播种密。一般每公顷保苗 21 万~25.5 万株，播种量为 22.5kg 左右。

为使幼苗分布均匀，个体发育良好，应在第 1 片复叶展开后间苗，在第 2 片复叶展开后定苗。按密度要求，去弱苗、病苗、小苗、杂苗，留壮苗、大苗，实行单株留苗。

（2）中耕除草。绿豆进入苗期，尤其是雨季来临后，杂草生长速度快，地面易板结。为此，及时中耕除草非常必要，一般要两铲三蹚，避免伤苗，伤根，达到破除板结，疏松土壤，减少蒸发，消灭杂草，增加土壤通气性，促进绿豆生长发育的目的。

（3）适期灌水与排涝。绿豆比较耐旱，但对水分反应较敏感。绿豆耐旱主要表现在苗期，三叶期以后需水量逐渐增加，现蕾期为绿豆的需水临界期，花荚期达到需水高峰。在有条件的地区灌水可以提高单株荚数及单荚粒数；在没有灌溉条件的地区，可适当调节播种期，使绿豆花荚期赶在雨季。绿豆不耐涝。如苗期水分过多，会使根病加重，引起烂根死苗，或发生徒长导致后期倒伏。后期遇涝，根系生长不良，出现早衰，花荚脱落，产量下降，地面积水 2~3 天会导致植株死亡。

5. 防治病虫害

（1）防治病害。危害绿豆的主要病害有锈病、白粉病、叶斑病。

①锈病、白粉病。防治方法用 25% 粉锈宁 2 000 倍液喷雾防治每隔 7~10 天 1 次。

②叶斑病防治方法。在绿豆现蕾期开始喷洒 50% 的多菌灵或 80% 的可湿性代森锌 400 倍液防治。每隔 7~10 天 1 次，连喷 2~3 次，能有效地控制流行。

（2）防治虫害。

①红蜘蛛。一般在 5 月底 7 月上旬发生，高温低湿危害严重。防治用 40% 氧化乐果乳剂 1 200 倍液或 50% 三氯杀螨醇 1 500~2 000 倍液。

②蚜虫。用 40% 乐果乳剂或氧化乐果乳剂 1 000~3 000 倍液防治。

③豆荚螟，是一种寡食性害虫，只为害豆科植物。主要是幼虫蛀入荚内取食豆粒，被害豆粒发芽弱，食味苦。防治主要在成虫盛发期和卵乳化盛期之前用 2.5% 溴氰菊酯 2 500~3 000 倍液或 20% 杀灭菊酯 3 000~4 000 倍液。每隔 7~10 天 1 次，连喷 2~3 次。

（三）收获

绿豆成熟与开花顺序相同，自下而上依次成熟，成熟易自行裂荚落粒。小面积种植应随熟随收，分批摘荚；大面积栽培需一次性收获。当 70%~80% 的豆荚成熟后，在早晨或傍晚时收获。收下的绿豆应及时晾晒、脱粒、清选，再入仓贮藏。

# 第三节　其他经济作物高产技术

## 一、甜菜

甜菜是佳木斯市主要经济作物之一，由于甜菜近几年价格稳定，因此，种植面积稳中有升。为科学指导甜菜生产，编写出高产栽培技术方案，按此方案操作，每公顷可生产甜菜 45t，每公顷纯收入 6 300 元。

（一）选地选茬

1.选地

甜菜是深根喜肥作物，在 pH 值为 6.5~7.5 的土壤上都能正常生长。要选择土壤耕层深厚疏松、地势平坦、土质肥沃、排水保水性良好、水肥供应适宜的地块。

2.选茬

甜菜需肥量大，需水较多，对前茬要求较严。以小麦茬、玉米茬为好，大豆茬也是甜菜的好前作，但大豆茬地下害虫较多，应注意防虫。不要选择萝卜、马铃薯等消耗土壤养分较多的作物岔口。种植甜菜要求实现 5 年以上轮作，同时禁止在施用豆黄隆、普施特或其他超常量施用农药及除草剂的地块种植甜菜。

（二）整地

精细整地对提高播种质量，保证全苗十分重要。种植甜菜应进行"五秋整地"，即秋深松、秋施肥、秋施药、秋起垄、秋镇压，使土壤达到播种状态。未进行"五秋整地"的地块，要在早春土壤化冻 57cm 时顶凌整地，将底肥施入，镇压待播。春整地时必须做到随起垄随镇压，以防跑墒散墒。整地质量要求做到耕翻及时，深度一致，土壤松软、细碎，上松下实。

（三）平衡施肥

甜菜需肥量大，吸肥时间长，吸收营养全面，所以，甜菜施肥应以农家肥为主，配合适量化肥。可结合整地每公顷施优质农家肥 30t，也可将适量化肥作为底肥一同施入。种肥用量不能过大，过高的氮、钾能抑制苗期根系的发育。甜菜进入叶丛繁茂期，茎叶、块根对养分的需求急剧增多，需要及时追肥。一般每公顷用尿素 150~225kg，或硝酸铵 225~300kg，若缺磷、钾，可追施过磷酸钙 45~112kg，硫酸钾 30~45kg。为保证甜菜幼苗期对速效养分的需求，也可选用叶面肥进行田间喷雾。

（四）品种选择及种子处理

1.品种选择

选择高产、含糖量高，抗病性强的甜菜优良品种，可选用甜研 303、304、307 等高倍体品种。

2.种子处理

播前晒种 2~3 天，增加酶的活性，提高发芽率，然后进行磨种，去除花萼，提高发芽率。药剂拌种选用甲基硫环磷，按 5kg 水加 0.1kg 药配成药液浸闷 5kg 甜菜种子的比例，闷种 24h，防止象甲、跳甲等害虫危害甜菜幼苗。甜菜立枯病、根腐病较重的地块，结合上述闷种，按 100kg 水加土菌消、福美双各 0.4kg 配成药液，浸闷 100kg 甜菜种子。

（五）播种

1.适时早播

土层 5cm 处地温稳定通过 5℃时即可播种。我市适宜播期为 4 月 15~25 日。

2.备苗补栽

春播前 15~20 天要用纸筒或营养钵育苗，以备甜菜缺苗时坐水补栽。

3.播种方法

可分为人工播种和机械播种两种。人工播种即人工坐水掩种，株距 25cm 左右，每公顷保苗 5 万株左右，收获株数 4 万株左右。土壤墒情较好的地块可用播种机进行条播或精量点播机穴播。甜菜种球小，必须在整地精细条件下严把播种质量关，做到播后覆土严密，深浅一致，粒距均匀，播后镇压。

（六）田间管理

1. 查田补种

小苗照垄后及时查田，发现缺苗断条现象时，及时用备用苗坐水补栽，达到公顷保苗株数，确保收获株数。

2. 疏苗定苗

甜菜幼苗一对真叶时及时疏苗，每埯留健壮幼苗2~3株，在甜菜幼苗长到2~3对真叶时及时定苗，每埯留健壮幼苗1株，一定要杜绝一埯双株或多株，疏、定苗时注意选留叶圆、叶色浓绿、叶肉肥厚的壮苗，以充分发挥多倍体甜菜的高产和高糖优势。

3. 中耕除草

做到三铲三蹚，第1遍深松定苗前进行，最后1遍中耕封垄前完毕。并在秋季拿一次大草。生育后期保护功能叶片。严禁掰叶，确保丰产高糖。

4. 病虫害防治

（1）防治甜菜褐斑病。用70%的甲基托布津1 000倍液叶面喷雾进行防治，7月20左右第一次，8月初第2次。

（2）甜菜根腐病防治。除进行种子处理外，发病时可用70%土菌消1 000倍液或10%立枯灵140倍液灌根。

（3）防治甘蓝夜盗蛾。加强预测预报工作，如有发生，要在三龄前用高渗灭杀净1 500倍液，七功雷800倍液或敌杀死2 500倍液叶面喷雾进行防治。

（七）收获

（1）收获期。气温降到5℃左右时开始收获。一般在10月上旬开始，下旬结束，根据天气情况可以适时晚收，以利甜菜块根增产增糖。

（2）收获方法。分为人工挖掘和机械收割两种，切削方式有一刀切削和多刀切削两种方式，以去除不足1cm直径尾根，侧沟泥土和不留青顶、青皮为准。

（3）整个收获做到"四随一防"。收获时必须做到随起、随拣、随削、随送，不能及时销售的要认真做好田间埋堆贮藏工作，防止冻化甜菜，以避免不必要的损失。

## 二、向日葵

（一）轮作整地

生产上一般轮作周期为5~6年，向日葵对前茬选择并不严格，除甜菜和深根系牧草外，均可作为向日葵的前茬，整地包括秋季整地和春季整地。秋作物收获后，要及时进行秋整地。深度以20~24cm为宜，未进行秋整地的地块要认真做好春季整地。当土壤尚未完全解冻前，应抓紧时间顶凌整地，以利保墒，满足种子发芽出苗时水分的需要。

（二）品种选择及种子处理

对向日葵要选择产量高、品质佳、商品性好、空瘪率低、发芽率高、抗病力强的优良品种，如龙葵杂3号、甘葵2号、三道眉等品种，并进行种子处理。

1. 晒种

播前晒种2~3天，可提高发芽势和发芽率，有利于发芽快，出苗整齐。

2. 浸种催芽

浸种催芽可使向日葵出苗快而整齐，并清除黏附在种子上的寄生植物的种子。其作法是：用25~30℃的温水浸泡 3~4h，捞出摊开，在 15~20℃的暖室里堆放一昼夜，当部分种子的种皮开口露芽，大部分种子都萌动时，便可播种。

（三）播种

1. 播期

食用型品种生育期较长，应适当早播，适时早播还可防止或减轻叶斑病和菌核病的发生，一般 4 月 10~20 日播种为宜，超过 4 月，则要贪青晚熟。油用型品种则应适当晚播，油用型品种早播不早出，且容易早衰，秕粒多，一般油用型品种适播期在 5 月 5~15 日。

2. 种植密度

向日葵采用合理的种植密度，是取得高产的重要条件之一。目前，国际上的趋势是向小株密植的方向发展，依靠群体增加产量。原则是高秆大粒品种宜稀；矮秆小粒品种宜密；油用型品种每公顷保苗 3.5 万~4.5 万株为宜，食用型品种 2.0 万~2.5 万株为宜。

3. 播种方法

向日葵播种方法有人工穴播和机械条播两种。每穴下种 3 粒、覆土 4~5cm。种植方式多采用宽行小株距种植。行距以 60~70cm，株距 33cm 左右为宜。

（四）田间管理

1. 查苗补种

出苗及时查苗补苗，有缺苗断垄应立即补种或移栽，以保证全苗。补种应采用浸种催芽后的种子，移栽可采取带土座水移栽的方法，并追施少量化肥，移栽要在 1 对真叶展开时进行，以傍晚和阴天为宜。

2. 间苗定苗

间苗要早，应在 1 对真叶期进行，2~3 对真叶时定苗。盐碱地和地下害虫严重的地块，可适当推迟定苗时间。

3. 追肥浇水

苗期一般不追肥。现蕾到开花是向日葵需要营养物质的主要时期，应及时追肥。追肥最好时期，油用种一般在 10 片真叶，食用种 20 片真叶前后为宜。追肥数量，如基肥不足、地力较低、植株瘦弱，应采用大量沟施，反之则采用少量穴施。追肥既要适时，又要合理，向日葵现蕾至开花期，每公顷追尿素 150kg，盛花期喷施 0.2%~0.4% 的磷酸二氢钾。向日葵需水最多的时期正值雨季，一般可满足对水分的需要，但在少雨年份必须浇水。

4. 中耕除草

向日葵苗期生长比较缓慢，易受杂草威胁，所以，向日葵除草要早。第一次中耕结合间苗进行，定苗后再进行第二次中耕。中耕深度第一次宜浅，3cm 左右，第二次稍深，约 6~8cm。盐碱地的及时中耕更为重要。

5. 及时打杈

现蕾至开花期，向日葵常有分杈发生，一旦发现，立即除杈，减少水分和养分的消耗，保证主茎花盘对养分和水分的需要。生育后期打掉植株下部老叶病叶，可改善通风透光条件，控制病害蔓延，但是打底叶时间不可过早，打掉叶片数不可过多，一般打掉 4~6 片叶即可。

6. 人工辅助授粉

向日葵必须进行人工辅助授粉或蜂群授粉，通过人工辅助授粉或蜂群授粉，可降低空壳率，提高结实率，增加产量。其方法有两种：一是粉扑子授粉法。授粉时一手扶着花盘，一手拿着粉扑子，先在一个花盘上轻轻摩擦几下，然后再往另一个花盘上轻轻擦几下这样依次下去，直至授完为止。二是花盘接触法。在盛花期把相邻的两个花盘"脸对脸"地轻轻摩擦几下，即可达到授粉的目的。人工辅助授粉的时间，以 9~11 时最为适宜。在开花后 2~3 天进行第一次授粉，整个花期共授粉 2~3 次。此外，利用蜜蜂授粉可一举两得，一般 5 亩（1 亩 ≈ 667m$^2$）地放养一箱蜂。

（五）病虫害防治

1. 防治菌核病

采取 5 年以上的轮作；用五氯硝基苯或菌核净按种子量的 0.5% 拌种；当气温达到 18~20℃时，每公顷用五氯硝基苯 30~45kg，加湿润的细沙土 150~230kg，拌匀后撒在向日葵的地面上，15 天后再撒一次药。

2. 防治向日葵螟

利用 Bt 乳油每公顷 2 250mL 500~800 倍液对花盘喷雾。也可在 8 月上旬，向日葵螟幼虫发生期，选用 90% 敌百虫 500 倍液，或敌杀死 1 500~2 000 倍液，或高渗灭杀净 1 500 倍液田间喷雾。

（六）适期收获

收获时期应在花盘背面发黄，花盘边缘微绿，秸秆老黄，叶片发黄，种仁没有过多水分时收获。及时出籽晾晒，要求净度 95% 以上，水分 12% 以下。

## 三、万寿菊

万寿菊又名臭芙蓉、蜂窝菊、金盏菊等，菊科，万寿菊属一年生草本植物，原产于墨西哥，其花和叶入药有清热化痰，补血通经之功效，工业上主要是取其花朵作为提取黄色素的原料，被广泛用于食品饮料加工等行业。目前，这种天然色素主要出口韩国、日本，在国际市场上供不应求，生产前景十分可观。春万寿菊生长势强，喜温暖和阳光充足的环境，不耐高温酷暑，对土壤要求不严，耐移栽。

（一）育苗

1. 育苗时间、面积、用种量

育苗时间可根据移栽时间而定。一般春万寿菊于移栽前 40 天左右育苗，佳木斯市可在 4 月 5 日左右播种。每公顷移栽田需要大棚母床 20~25m$^2$，假植床 150~200m$^2$，每公顷移栽田育苗播种量为 600g 左右。

2. 育苗方式

根据佳木斯市冬季时间长，春季回暖晚，全年积温不足的气候特点，应提倡秋季作床，在上冻前完成苗床和苗棚的制作，使其达到播种状态。春播万寿菊可采用阳畦或小拱棚育苗，以小拱棚居多。苗床应背风向阳，以东西走向为好，苗床的宽度、长度以管理方便为宜，一般宽度不宜超过 1.3m，拱棚高度以 60cm 左右为宜。薄膜最好选用提温、保温性能好的无滴膜。

3. 整畦施肥

选择有机质含量高的腐殖土作床土。切忌在施用广灭灵、豆磺隆、普施特、阿特拉津等残效期长的除草剂地块取土，腐殖土和腐熟的猪粪要过筛。床土配制一般采用

①腐殖土 50%+ 腐熟猪粪 30%+ 河沙 20%。

②腐殖土 50%+ 园田土 25%+ 河沙 25%。扣膜前进行床土消毒，按每平方米苗床用 50% 多菌灵 4g 或用 70% 敌克松 4g 对水 100 倍，均匀喷洒在床面上并立即扣上地膜密封 2~3 天。

4. 种子处理

播种前将种子在温水（水温 35~40℃）中浸泡 3~4h，然后捞出用清水滤一遍，控干水分拌 10~15 倍细沙待播。为防苗期病害，也可用甲基托布津、百菌清、福尔马林、代森锰锌等其中，任一种进行药剂拌种。

5. 播种

播种时应选无风、晴天时进行。于播种当天将苗床灌透水，待水渗下后即可播种。将处理后的种子均匀撒在床面上，再用细土覆盖，以不露种为宜。为防止地下害虫危害幼苗，应在播种时撒毒土或喷杀虫剂。用药种类有呋喃丹、辛硫磷等，如出苗时仍有蝼蛄危害，可用辛硫磷拌炒熟的麸皮撒于苗床，防治效果很好。

6. 苗床管理

苗出齐后应注意苗床内的温度不可超过30℃，以免造成烧苗和烂根。春播万寿菊于播种后6~7天出齐苗。待菊苗长到3cm左右，第一对真叶展开后，应注意通风，防止徒长。苗床内温度保持在25~27℃。通风时间应在8时~9时，不可在中午高温时通风，以免造成闪苗。如遇大风降温天气，停止通风。当室外平均气温稳定在12℃以上时，应选晴朗无风天，揭开薄膜，除掉苗床内的杂草。苗床内浇水不宜太勤，以保持床土间干、间湿为宜。当室外气温稳定通过15℃时应揭膜炼苗，移栽前7天左右停止浇水，以备移栽。

7. 施肥

苗长到2~3对真叶后进行根外追肥，10m² 苗床用磷酸二铵30~50g，对水10kg浇灌，浇后再用清水冲洗一遍，也可用0.2%磷酸二氢钾叶面喷施，也可使用一些植物生长调节剂如惠满丰、富尔655、壮多收、生根粉等。徒长苗应喷200mg/kg的矮壮素，使叶色变绿、茎粗壮、节间变短，切忌追施尿素、硝铵等氮肥。

（二）移栽

1. 地块选择

选择地力中等以上，地势相对较高，排灌方便、有机质含量较高的朝阳地块，忌沙土地和上年打过残效期长的除草剂地块。

2. 移栽时间

一般在5月20日开始移栽。5月28日前结束，要求菊苗茎粗0.3~0.5cm，株高15~20cm，出现3~4对真叶时进行移栽。

3. 整地施肥

结合整地每公顷施有机肥30m³，磷酸二铵300kg，钾肥100kg。提倡秋整地打垄。

4. 移栽技术

移栽前一天浇透底水，以利起苗，为防地下害虫可在水中加入适量辛硫磷，株距25cm，亩保苗4 500株。按大小苗分行栽植。移栽后要大水漫灌，促使菊苗早缓苗、早生根。

（三）田间管理

中耕除草，两铲三蹚，雨季前7月初起大垄，在出现花蕾期，可选晴天用0.2%磷酸二氢钾叶面喷雾，促使开花整齐，提高产量和质量，增加色素含量，提高等级。

1. 中耕培土

移栽后要浅锄保墒，当株高约20cm时出现少量分枝，此时结合中耕进行培土，促进深扎根，增强抗旱抗倒伏能力，培土高度以不埋第一对分枝顶心为宜。

2. 浇水施肥

浇水不得使土壤过干过湿，只需保持土壤湿润即可；又因万寿菊花期较长，需要追施肥料供给养分，但不能多施肥，必须控施氮肥，否则枝叶会旺长不开花。一般每月施1次腐熟稀薄有机液肥或氮、磷、钾复合液肥。

3. 摘心修剪

在养护管理过程中，对定植或上盆幼苗成活后，要及时摘心，促发分枝，多开花。为使花朵大，对徒长枝、枯枝、弱枝及花后枝，应及时疏剪或强摘心，对过密枝通过疏剪，改善光照，保留壮枝，但不能摘心，使顶部的花蕾发育充实。在多风季节，还应通过修剪、摘心控制植株高度，以免倒伏。否则，要立支柱，以防风吹倒伏。

（四）病虫害防治

1. 地下害虫

主要是蝼蛄、蛴螬，每亩用 3% 呋喃丹或 5% 甲拌磷颗粒剂 0.75~1kg 结合移栽施入土中。

2. 防治红蜘蛛

加强田间管理，去除杂草，在红蜘蛛发生初期进行防治。使用 40% 的氧化乐果 1 000~1 500 倍液或 50% 马拉硫磷乳油 1 000 倍液均匀喷在叶背面和正面，隔 7 天后再喷一次即可。

3. 防治病害

万寿菊病害主要是立枯病、枯萎病、根腐病等。要坚持预防为主，防重于治的原则，特别应在花蕾期打一次杀菌剂，可选用 75% 百菌清、多菌灵、乙膦铝、甲基托布津等药剂防治。

（五）适时采收

1. 工艺成熟期

花瓣自花蕾由外向内依次伸出，花瓣全部展开形成花球时即为工艺成熟期。

2. 采收时间及收购标准

采收期从 7 月可持续到 10 月，标准是花瓣全部展开，雄蕊部分开放或不开放，花开达到八九成时采收，产量比较高。采收时花朵无水珠，无霉烂，花柄长度不超过 1cm，采收后立即送交花厂。

3. 遵循"三不采"原则

即阴雨天不采，带露水不采，不成熟不采；每天采摘时间 9~17 时，两次采摘间隔一般不少于 7 天。

# 四、蒜豆套种技术

北方蒜豆套种优质高效栽培技术集优质大蒜、大豆生产于一体，垄台栽种大蒜，垄沟精播大豆，使农作物在单位面积布局上更加科学化、合理化，使农机、农艺紧密结合，同时融入了绿色食品生产技术和蒜薹保鲜技术，尤其是大蒜脱毒技术的研究与应用，提高了农产品附加值，产生了较大的经济效益。主要栽培技术如下。

（一）选地选茬

选用土壤肥沃，有灌溉条件的砂质土壤。前茬选用肥茬，以马铃薯茬、玉米茬、南瓜茬或茄果类茬为好，忌选葱蒜类、豆类作物作前茬。

（二）品种选择

1. 选择优良品种是提高大蒜、大豆产量和品质的重要前提

在大蒜用种上，可选用我市地方品种——太平紫皮蒜，经黑龙江省农业科学院脱毒处理，形成脱毒苗，在生产上表现很好。也可选用阿城大蒜、宁蒜 1 号等品种。蒜豆套种的高油大豆品种有合丰 40、合丰 42、垦农 19 等，改变以往农民在蒜豆套种中普遍使用普通早熟大豆品种的局面，从而实现了高产、优质栽培，

使农民增产增收。

### 2. 选种

选瓣播种是实现大蒜苗全苗壮的关键措施。在选好大蒜品种基础上要再选瓣。大蒜是由营养体蒜瓣来繁殖的，大蒜在发芽期和幼苗期需要的能量都来自蒜瓣，瓣大出苗早，苗齐、苗壮，蒜头与蒜薹产量都高，具体要求有以下几点。

（1）首先要去掉有病害种蒜，即把冬天受冻害，春天受热，无根须或根须不旺的种蒜去掉。

（2）为提高抗旱、抗病能力，选择直径5cm以上、4~6瓣的种蒜，以提高产量和品质。

（3）选择充实饱满的蒜头，剔出伤瓣、烂瓣、风干、发软瓣，无芽瓣。

套种用的大豆种子经风选、粒选，剔除病粒、残粒、虫食粒及杂物后，种子净度达到99%，纯度达到98%，发芽率达到95%，含水量＜12%，质量达到二级。

### （三）秋深松整地

由于大蒜在4月5日左右播种，要求必须在头年秋天进行整地。整地施肥以秋整地为主，要深松、细耙。由于农民连年用小四轮整地，达不到整地要求，造成犁底层的逐年上移，使土壤保肥保水性能下降，通过深松可以打破犁底层，加深耕层，达到放寒增温、蓄水保墒的效果。耙耢前施腐熟的优质农家肥每公顷45t，耙耢后及时起垄镇压保墒，达到待播状态。为大蒜、大豆生长提供良好的土壤环境。

### （四）合理施肥

做到秋施与春施相结合，农肥与化肥相结合，底肥与追肥相结合，保证肥料的均衡供给。

蒜豆套种在单位面积内生产两种作物，需肥量大，合理施肥至关重要。对蒜豆套种地块进行测土配方施肥，根据作物需肥规律，以及土壤供肥能力和肥料释放的程度来科学地进行配方，以达到肥料最合理的应用，在蒜豆套种地块，每亩施2t优质有机肥，大蒜亩施6~8kg磷酸二铵，1.5kg尿素，大豆亩施5~6kg磷酸二铵、1.5kg尿素，施肥方式为秋施磷酸二铵和农肥，春施种肥。

### （五）抢前抓早，适时早播

缩短蒜豆共同生长期，使二者互相影响降到最低。大蒜属耐寒型作物，可尽量提早播种，早播墒情好，有利于苗全、苗壮，大蒜播种过晚，生长点不能通过春化阶段，容易形成独头蒜，从而影响产量。最佳播种期应是4月5日左右。当土壤10cm处地温稳定在3℃以上时，用大蒜精播机在垄上等距单行栽种，栽植深度3~4cm，株距6~7cm，合理的保苗密度在20万株/公顷左右。大豆播期也很重要，大豆播种过早，影响大蒜的生长，播得过晚，影响大豆的成熟和产量。大豆最佳播期应是5月20日左右，这个时期播种既对大蒜生长影响很小，也对大豆自身产量影响较小。大蒜于4月5日左右播在垄台上，大豆于5月20日左右播在垄沟内。

### （六）田间管理

#### 1. 适时铲蹚

产蹚作业能够提高地温、蓄水保墒、消灭杂草，增强土壤微生物的活动，促进作物健壮成长。大蒜做到2铲1蹚，苗齐后应及时深松垄沟，在5月中旬，可用疏苗机疏1遍大蒜苗，除净蒜苗根中的杂草；大豆做到2铲1蹚，7月下旬起蒜后及时起垄培土保墒，在草籽形成前拔1遍大草。

#### 2. 灌溉喷肥

大蒜退母期、蒜薹生长期及鳞茎膨大期，若遇天旱应及早灌水，并浇足灌透，结合浇水施尿素每公顷60kg。为促进大豆早熟，提质增产，在大豆初花期和鼓粒期叶面喷施1%的尿素溶液及0.3%的磷酸二氢钾水溶液。

### 3. 防治害虫

主要是防治蒜蛆和大豆食心虫，防治蒜蛆可在大蒜退母期用 90% 敌百虫 800 倍液灌根；防治大豆食心虫选用 80% 敌敌畏每公顷 3kg，制成毒棍，3.5m×5m 插 1 根熏蒸防治。

### （七）化学除草

随着蒜豆套种栽培技术的推广面积的扩大，以往单纯靠人工除草的田间管理方式已经不适应。选择化学药剂除草是提高劳动效率的一个好办法，但是因为蒜豆套种是在单位面积同时生长两种作物，一种是双子叶植物，一种是单子叶植物，所以，采用化学药剂除草必须注意，避免产生药害，可以在大蒜播种后出苗前，亩施施田补乳油 200mL，对水 50kg 喷雾，进行封闭灭草。

### （八）适时收获

抽薹一般在 6 月末 7 月初，蒜薹上部打弯，总苞变白时为蒜薹最佳采收期，要随抽蒜薹随捆把；为保证蒜薹质量，一般要求在热天抽薹，最好是晴天中午，这时植株有些萎蔫、发软，韧性增加，比较容易采薹而不易折断。蒜头一般在蒜薹采收后 20~30 天，即大部分蒜叶枯黄、假茎松软皮干时为蒜头最佳采收期，采收过早，蒜头不耐贮藏，采收过晚，蒜头不易编辫贮藏；起蒜时要选择晴朗天气，方法是把起垄机的犁铧摘掉，然后用小四轮牵引犁钩进行趟沟，做到深浅适宜。蒜被趟起后人工拾蒜，拾蒜时要轻拿轻放，防止蒜头受伤影响贮运存放和大蒜商品质量。大豆在豆叶脱落 90%，豆粒归圆时人工收割，要及时晾晒、脱粒。大蒜、蒜薹、大豆要做到单收获、单装袋。

### （九）收获贮藏

#### 1. 收购标准

蒜薹质量应达到"一适二匀三无"，即蒜薹成熟适度，整齐均匀、茎粗均匀，无糠心、无损伤、无病斑；蒜头质量应达到"一整七无"，即大蒜鳞茎完整，无创伤、无畸形、无虫蛀、无霉斑、无须根、无散瓣、无瘪瓣；大豆质量应达到外观形态饱满、整齐一致，破碎率≤2%，青豆率<2%，杂质率≤1%，泥花脸<5%，含水量≤14%。

#### 2. 安全贮藏

选择嫩绿、薹苞小的蒜薹装入保鲜袋或硅窗气调袋中，然后在 0.5~5℃，空气相对湿度 95%~98%。氧气含量 3%~5%，二氧化碳浓度 3%~8% 的条件下贮运；大蒜蒜头采收后，按鳞茎大小分级，捆扎成小捆，在场院晾晒 7 天，然后分级捆编成辫，挂于阴凉、通风、遮雨的地方晾干，而后在 1~3℃，空气相对湿度 65%~70%，氧气含量>15%。二氧化碳浓度<5% 的条件下贮运；大豆装袋后放在避光、通风、遮雨、干燥、清洁的条件下贮藏。蒜薹、蒜头和大豆严禁与有毒有害物质接触，确保无污染。

# 第四节　食用菌高产技术

近年来，由于市场对食用菌需求量的增大，食用真菌的栽培也迅速发展，这一快速发展对农业种植结构的调整，农民脱贫致富和建设社会主义新农村有着重要意义。

为了适应食用真菌生产的需要，满足人们在食用菌生产过程中对栽培技术及要点的迫切需求，根据多年食用菌生产实践经验，编写了食用菌栽培的实用技术方案。

本食用菌栽培技术着重于实用性和可操作性，对平菇、黑木耳、香菇、猴头、金针菇、鸡腿菇栽培技术及要点进行论述供栽培用户参考。

# 一、平菇栽培技术

## （一）栽培场地

### 1. 大棚

一般宽 6~8m，高 2.5m，长 30m 左右，呈拱形。为了保温遮阳，一般在棚架上覆盖塑料薄膜，再加草帘，并以遮阳网压住草帘，使之固定。

### 2. 温室

一般宽 7m，高 2.5m，长 50~60m，保温遮阳材料与常温用料相同。

## （二）原料及配方

### 1. 主要原料

（1）玉米芯。脱去玉米粒的玉米棒为玉米芯，用时粉碎。

（2）木屑。锯木生产的下脚料称木屑。阔叶树木屑最佳。

### 2. 辅助原料

辅助原料又称副辅料，是指能补充培养料中的氮素，无机盐和生长因子维持培养料正常 pH 值，且在培养料中配量较少的营养物质。常用辅料有麦麸、米糠、石膏、过磷酸钙、尿素、石灰。

### 3. 配方

（1）碎玉米芯 100kg，石灰 2kg，石膏 2kg，过磷酸钙 2kg，尿素 0.5kg。

（2）碎玉米芯 100kg，玉米粉 10kg，石灰 2kg，石膏 2kg，过磷酸钙 1kg。

（3）木屑 78kg，麦麸 20kg，石膏 1kg，石灰 1kg。

## （三）栽培技术

袋式立体栽培具有温、湿容易控制，菌丝生长快，能降低污染率，管理方便等优点，其做法如下。

### 1. 装袋接种

选用宽 25~30cm，长 40~50cm 的筒形聚丙烯塑料袋，在其一端放一个长 6cm、直径 3cm 的稻草把作为透气塞其口扎紧。先放一层厚 0.5~1cm 的菌种，然后充填培养料到料袋 1/2 处放一层菌种，填培养料装满之后，在袋口再放一层菌种，配上透气塞，再将塑料袋另一头扎紧。每袋干料 1.5~2kg，用种量 10%~15%。

### 2. 堆积发菌

发菌在室内或塑料大棚内进行。将菌袋平放在 10cm 的稻草垫上或预先支起的距地面 10cm 的木板上。气温 18~20℃，堆高 70cm 左右；气温 10℃，堆高可达 1.2~1.5m，并加盖薄膜保温。菌袋也可在每层床架上放 5~8 层保温发菌。料温超过 30℃时，要散堆或翻堆降温，在 20~25℃条件下，经 30 天左右菌丝可长满全袋。

### 3. 出菇管理

接种后 40 天左右，袋内出现菇蕾，应及时解开袋口，拔去透气塞，将袋口翻卷，露出菌蕾。然后按菌蕾的分化、发育状况，分别堆放和管理。解口之后，每日喷水 2~3 次，使相对湿度达 70%~80%，并逐渐增至 90%，成熟后采收。培养料含水量若能保持 65%~70%，一般可保证出两茬菇。再要出菇需进行浸水处理。将已出菇的料面切去 30cm，在端面用竹签订 3~4 个小孔，在清水中或加 0.1% 尿素、0.3% 蔗糖的溶液中浸泡 12h，取出后稍干养菌。待菌蕾出现后，同前述方法管理。

## 二、香菇栽培技术

（一）栽培场地

选择常温大棚，温室大袋立体栽培。

（二）原料及配方

1. 主料

木屑（阔叶）、玉米芯（粉碎）。

2. 辅料

麦麸、米糠、糖、石膏、碳酸钙、硫酸镁、磷酸二氢钾。

3. 配方

（1）以杂木屑为主。杂木屑76%、麦麸15%、米糠5%、石膏粉2%、蔗糖1%、过磷酸钙1%。

（2）以碎玉米芯为主。碎玉米芯58%、杂木屑28%、麦麸12%、石膏1%、蔗糖1%。

（三）栽培技术及要点

1. 袋型

折经20~25cm，筒料截成长度55~60cm，一端用线扎紧，每袋装湿料4kg，此大袋针对我市气候干燥、寒冷而设计。以达到保湿、保暖，养分集中的效果。

2. 装袋

把搅拌均匀的培养料装入袋内，松紧适当，不要过实或过松，以手在装好的料袋中央托起，没有松软感，两端不下垂为宜，装完后用线扎口。

3. 灭菌

用灭菌灶或大铁锅，用4~6h把蒸气在密闭设备环境条件下温度升到100℃高温，保持16~20h，以达到彻底灭菌的目的。

4. 接种

选用枝条接种，接种时3人一组。其方法：1人将料袋用75%酒精擦拭，另一人一手握着菌种瓶口端，另一只手用无菌的钳子夹住菌种，让其尖端直插入料袋内，齐端留在外面3~5mm。不得插歪，以免露出培养料感染杂菌。每袋接3行，每行等距离接3穴。每接一瓶菌种，即用酒精消一次毒。

5. 培养

菌袋层架上单层摆放，也可以"井"形堆放于地面，最高不要超过6层。接种1~6天，菌丝开始萌发定植，此时袋温比室温低1~3℃，室温可控制在28~30℃，一般不用通风。7~10天，菌丝已吃料，开始长至2~4cm，袋温比室温低1~2℃，室温一般控制在26~28℃。第10天进行第一次翻堆，检查菌袋发菌及杂菌污染情况，发现杂菌及时处理，漏种的及时补上，以后每10天翻一次，前两次翻堆一定要轻拿轻放，每天通风2~3次，每次30分，发菌室相对湿度75%以下，避光。11~15天菌丝开始旺盛生长，新陈代谢加强，菌丝伸长3~6cm，袋温比室温高出1~2℃，室温应控制在24℃以下，以保湿为主，加强通风进行第二次翻堆。16~20天菌丝大量增殖，菌丝长至由接种穴向外延长半径7~10cm，袋温比室温高3~5℃，有的菌丝已相交，以保温为主，适当通风，此时菌袋内氧气不足，可把枝条种抽出，增加袋的透气性。枝条种抽出后，温度会升高，要加大通风，每天通风2~3次，每次1h。21天以后，接种穴菌丝接连，注意翻堆，通风调温使菌丝恒温培养。50~65天袋表瘤状物产生，棕色分泌物增多，增加光线刺激，促使袋菌生理成熟。

6. 出菇管理

菌袋在 60~70 天发菌后，即可开始出菇。

菌袋出菇管理。菌袋横排摆在棚架上，袋距 4cm 左右，1m 宽的横架上可横排两袋。接种后 60~80 天，香菇菌丝可以长满。此时在不脱袋条件下，菌筒表面会形成瘤状物。出现瘤状物表示菌丝已经生理成熟，很快就要转色。转色的适宜温度是 20~24℃，小环境空气相对湿度 85%~90%，需散射光和新鲜空气。菌经 10~20 天的生长，一般是边转色、边扩孔、边出菇，袋内出现菇蕾后要经常查看，当菇蕾直径长到 0.45~1cm 或菇蕾微微将袋膜顶起时，及时将膜用利刀切一圆圈，使菇蕾露出。进行正常出菇管理，注意扩孔时不能伤及菇蕾和菌丝。当菇达到采摘标准时及时采摘，采后清除菌袋上的老化根茎，及时用塑料膜把孔贴上，保温保湿，如管理得当可连采两三茬菇，菌袋不用补水。到第二年 3、4 月气温上升到 18℃ 以上时，可将菌袋全部脱去，进行补液、催菇，按正常出菇管理。

## 三、黑木耳栽培技术

（一）栽培场地选择

（1）常温大棚，在 4 月初至 5 月上旬培菌生产用。

（2）开放式栽培，7 月下旬至 8 月中旬培菌把培养好的菌袋，摆放在能控制的自然环境里出耳。

（二）代用材料与配方

1. 代用材料

（1）主料。阔叶树木屑、玉米芯（粉碎）

（2）辅料。麦麸、米糠、石膏粉、碳酸钙、蔗糖、硫酸镁、尿素、磷酸二氢钾。

2. 常用配方

（1）玉米芯 77.5%，米糠 20%，蔗糖 1%，石膏粉 1%，磷酸二氢钾 0.25%，尿素 0.25%。

（2）阔叶木屑 88%，麦麸 10%，石膏 1%，糠 0.5%，复合肥料 0.5%

（3）黑木耳代料的配制方法，要严格控制含水量，含水量偏高，菌丝蔓延速度低，且易引起杂菌感染，含水量过低，菌丝难以生长，含水量以 60% 左右为宜。要求 pH 值 5~6，生长中为防止培养料内 pH 值的降低，用适量石灰粉或石膏粉进行调节。

（三）栽培技术

其生产流程如下：代料粉碎→培养基配制→装袋→灭菌→接种→菌丝体培养→开袋栽培→出耳管理→采收加工。

袋料栽培黑木耳生产季节，菌丝体培养及出耳管理。

1. 生产季节

黑木耳菌丝体的生长与实体的分化及生长发育与温度有密切关系。一般气温在 14~30℃ 均能生长。在袋料栽培中，既要产量高、质量好，又要使霉菌危害程度最轻，因此，安排好栽培季节显得很重要。黑木耳袋料栽培一般一年两季。在 4 月初至 5 月上旬培菌，5 月中旬至 6 月底出耳。7 月下旬至 8 月中旬培菌。8 月下旬至 10 月上旬长耳。

2. 菌丝体培养

黑木耳袋料栽培是否成功，关键在培养优质的菌丝体。经过选料、配料、装袋灭菌、接种，进入菌丝体培养阶段。

首先根据黑木耳的菌丝生长对温度的要求，采用 3 个不同温度进行培养。接种初期，温度应保持在

20~22℃，菌丝缓慢恢复生长，粗壮有力，减少杂菌污染。中期，应将温度升高到25℃，加速发菌。后期，当菌丝快长到袋底部时，再将温度降到20℃左右，使菌丝体充分吸收营养。培养过程将空气相对湿度保持在55%~60%。后期，空气相对湿度提高到65%~70%。菌丝培养过程中光线要弱，可在袋外套纸袋遮光，防止过早出现耳芽。培养室要通风换气，空气的二氧化碳浓度不能超过0.1%。

3. 出耳管理

当菌丝长满袋后，再培养10天左右，同时增加光照，促进原基形成，当出现原基即可进行上架或自然环境开放式出耳管理。首先去掉牛皮纸袋让袋见光。栽培袋要开孔，以满足其对氧气和水分的要求，开孔以条形孔好，且宜窄不宜宽，过宽的出孔，容易产生原基分化过多，出耳密度大，耳片分化慢而且大小不一，影响产量和质量，开孔后，将袋倒置于栽培架上。出耳期间，要以增温保湿为主。控制温度在20~24℃，不能低于20℃、高于26℃。保持空气相对湿度在90%左右，有利于原基的形成和分化。黑木耳子实体的生长需要有足够的散射光和直射光。增强光照，有利于黑木耳进行蒸腾作用，提高新陈代谢活动，耳片变得肥厚，色泽变深。

总之，袋料栽培出耳管理与段木栽培一样，要创造适宜的温度、湿度、光照、空气等环境条件，满足黑木耳生长生理要求，以获得优质高产的黑木耳。

## 四、猴头菌栽培技术

（一）栽培场地

1. 常温大棚，参照香菇棚室。
2. 温室大棚，参照香菇棚室。

（二）栽培技术

1. 猴头的生活条件

（1）营养条件。猴头是一种腐生菌。生长所需要的碳源主要是有机物，如纤维素、半纤维素、木质素、淀粉、蔗糖、有机酸和醇类等。大量的林农副产品的下脚料，如木屑、玉米芯。

（2）环境因子。

①温度。猴头属于中低温结实性菌类，各生长发育阶段所需温度不同。菌丝体生长要求温度较高，其温度范围为6~33℃，最适宜温度22~25℃，低于16℃，超过30℃，菌丝体生长速度显著减缓，超过35℃时则完全停止生长。子实体生长温度为12~24℃，最适宜温度16~20℃，温度超过25℃时，子实体生长受抑制；温度低于16℃，子实体呈微红色，生长缓慢；低于6℃时，子实体完全停止生长。温度高，则菌刺生长较长，球块小；温度低，则刺短，球块大。当然子实体发育最适温度还和菌株种性有关。

②湿度。猴头生长期间所需要的水分，主要从培养料中获得，在栽培中喷雾主要是提高空气相对湿度，减缓菇体的蒸腾速度，以维持菇体表层细胞一定的膨胀压。猴头不同生长阶段，对水分的要求不同，菌丝体生长阶段，要求培养料的含水量为60%~65%，空气相对湿度为65%~70%；子实体发育阶段，空气相对湿度保持在85%~90%较适宜。湿度长期在90%以上，则猴头菌刺生长过长，同时通气不良，发生畸形菇，若低于70%，子实体发育受阻，出现萎蔫、枯黄等现象。

③空气。猴头属好气性真菌，特别是子实体发育阶段需氧量较大，当空气中的二氧化碳浓度超过0.1%时，子实体会产生畸形，生长速度减慢，菌柄不断分枝，霉菌感染严重，影响发育。保持栽培环境内空气清新是获得优质猴头的前提条件。

④光线。猴头菌丝体在完全黑暗条件下，可以正常生长发育，但子实体的分化必须有散射光才能正常发育。菇蕾形成后，需要较强散射光，在200~400lx时，子实体生长健壮洁白。

⑤酸碱度（pH值）。猴头适宜在偏酸性培养基内生长，菌丝生长的培养基的pH值为5.5左右。

2. 栽培技术

猴头子实体的栽培主要有段木栽培和袋料栽培，在下面主要介绍袋料栽培的袋栽。

（1）猴头生产的工艺流程。菌种准备→袋料贮备→培养基配制→装袋→灭菌→接菌→出菇管理→采收加工。

（2）季节的选择。猴头的高产很大程度上取决于栽培季节的选择，而栽培季节的决定因素是气温，猴头最佳发育温度为16~20℃。由于一般菌丝培养阶段要经过20~25天才能由营养生长转入生殖生长，因此，确定猴头发育期后，再向前推25~30天便为栽培袋制作期。

（3）栽培培养基配方。

①以木屑为主，木屑78%，米糠10%，麦麸10%，石膏粉1%，过磷酸钙1%。

②以碎玉米芯为主，碎玉米芯78%，米糠或麦麸20%，石膏粉1%，过磷酸钙1%。

（4）培养料的配制。为了减少培养料所携带的霉菌数，栽培主料要在灭菌前进行暴晒，再按配方配制，辅料用水稀释后均匀地喷洒到主料上，充分搅拌，将含水量调至60%~65%装袋。

（5）灭菌。在常压灭菌8~10h。

（6）接种。

①菌种质量的鉴别：一般优质原种菌丝洁白、浓密、粗壮、上下内外均匀一致，在培养基上易形成子实体。

②接种。在无菌条件下进行。

3. 管理

（1）培菌阶段的管理。接种后的袋要在室温23~25℃，避光的环境中进行养菌。堆温不超过30℃，空气相对湿度保持在75%左右，每天通风两次。培养20~25天左右，菌丝可长满袋，并出现小菌蕾，打袋上架进入子实体培养。

（2）子实体形成阶段的管理。子实体形成期间，室温应降至15~22℃，空气相对湿度控制在85%~90%，每天通风5~6次，室内有散射光。

4. 采收加工

当菌刺长度在2.5cm左右时，采收最适宜，此时菇体鲜重为最大值。采收后的子实体，先去菌柄，用线串起风干，也可木炭或电炉烘干。

# 五、金针菇栽培技术

## （一）金针菇的生活条件

1. 营养条件

碳源金针菇是一种木腐菌，它能利用蔗糖、纤维素、木质素等物质。栽培中碳源的材料来自玉米芯、木屑。氮源来自麦麸、米糠、玉米粉。矿物质来源磷酸二氢钾、硫酸镁、硫酸钙等。

2. 环境因素

（1）温度。金针菇属于低温型恒温结实性菌类，温度对其菌丝生长和子实体发育有着重要的影响。金针菇菌丝生长温度在4~30℃范围，14~20℃最适宜，原基发育8~16℃，子实体发育温度5~19℃。

（2）湿度。金针菇为喜湿性菌类，培养基含水量控制在65%~70%时，菌丝生长最快。子实体催蕾期间，空气相对湿度应该控制在80%~95%。

（3）空气。金针菇是好气性真菌，氧气不足，菌丝体活力下降，呈灰白色。空气的二氧化碳浓度超过0.1%时，子实体的发育就受抑制，影响产量和质量。

（4）光线。孢子的萌发和菌丝的生长发育均不需要光，过强的光照对菌丝有害。籽实体生长需散射光。

（5）酸碱度。金针菇适合在弱酸性培养基上生长。菌丝生长阶段 pH 值为 4.5~7.5，最适宜的 pH 值为 6~6.5。而子实体阶段 pH 值在 5~7.2 均能形成子实，最适宜的 pH 值为 5.4~6.5。

（二）栽培技术

目前，金针菇栽培都是进行袋料栽培，走熟料栽培的技术路线，我市用塑料袋栽培。

金针菇栽培的工艺流程：原料准备→配料→装袋→灭菌→无菌条件→接种（22~25℃）→菌丝培养→开袋→搔菌套筒→厚基形成（22~28℃）→出菇管理（12~18℃）→采收加工。

1. 原料的准备及配方

（1）原料。目前，人工栽培金针菇是用米糠、麸皮、粉碎的玉米芯、木屑等农副产品的下脚料。要求材料新鲜、没有发霉。

（2）配方。

①采用木屑 67%、米糠 30%、玉米粉 3%。

②粉碎的玉米芯 70%、米糠 20%、麸子 10%。

2. 栽培方式

用塑料袋栽培。塑料袋，采用聚乙（丙）稀塑料袋。规格长（35~40）cm×（15~20）cm，厚 0.05~0.06mm 的透明薄膜袋。

3. 栽培管理

（1）栽培季节。根据我市自然条件采用春、秋季栽培。

（2）栽培场所。发菌室为接种后菌袋的培养场所。要求阴暗，能定期通风换气，便于控制温、湿度，不宜过宽、过长。为了提高发菌室的利用率，室内设栽培架。架设置 3~4 层，层间高度为 45cm，底层离地面 20cm。抑蕾室：目的是促使菇蕾生长整齐、密集。要求室内阴暗通风、干燥，便于排湿。栽培室要求阴暗、通风。室内设置架子，架间高度 45cm。用于摆放抑蕾后的栽培菌袋。

（3）栽培管理。金针菇的菌丝培养期较短，出菇至收获的时间较长，直接影响产量和质量，所以，管理工作很重要。

①催蕾。菌丝长到袋底后，菌丝培养阶段结束。把栽培袋移到黑暗的栽培室，打开塑料袋，再把塑料上端撑开，恢复原来的圈筒状，接着把袋口往下卷，上面覆盖薄膜保湿。每天上、下午各喷水一次，袋上不积水为好。

②搔菌法。搔菌是对培养基表层进行刺激，诱导菇蕾形成，使整个栽培袋表层菇蕾同步出现，最终形成长度相近等长的菇丛。其方法：栽培袋内菌丝雪白、硬实、无杂色斑，无公害的前提，用锋利小刀，将栽培袋内培养基面以上塑料膜全部割掉，将表层菌丝轻轻地弃去一层，用大一号塑料袋将整个栽培袋套住。随后置于潮湿的环境下，两周后，在培养基表面将出现鱼子一样整齐的菇蕾。该工艺为催蕾。待菇蕾 2mm 左右，置于 5~6℃较干燥、通风机械吹风条件下，促使菇柄硬实，并达到所有菇蕾高度相近，称之为抑蕾。随后拉高塑料袋外套，使培养基表面有一定高度的 $CO_2$ 浓度，达到抑制菌盖扩展，促进菇柄伸长的目的，此时温度为 8~10℃为宜，空气相对湿度为 85%~90% 为宜。

4. 采收

待菇柄长度为 15~18cm 时采收。采收时，摇动整束的菇体，取出放入塑料采菇筐，所有菇头均朝向塑料周绕。

## 六、鸡腿菇栽培技术

（一）栽培场地选择地下水位低的地块建造大棚，或利用水稻育苗棚和蔬菜大棚。

（二）原料及配方

1. 原料

（1）主料。鸡腿菇所需用原料广泛，在我市主要有黄豆皮子、黄豆桔（粉碎）、木屑（阔叶）、玉米芯（粉碎）。

（2）辅料。磷酸二氢钾、石灰、石膏、尿素、菌友、强力增长素。麦麸、米糠。

2. 配方

（1）黄豆皮子74.6%、麦麸10%、木屑（阔叶）10%、石灰2%、石膏2%、磷酸二氢钾0.5%、尿素0.3%、菌友0.55%、强力增长素0.05%。

（2）玉米芯74.6%、麦麸子10%、木槚（阔叶）10%、石膏2%、磷酸二氢钾0.5%、尿素0.3%、菌友0.5%、强力增长素0.05%。

（三）拌料

根据选择的配方，把所有原料混拌均匀（人工或机械），后加水。料水比按1：1.2。

（四）发酵

把拌好的料堆成高1.2m，底部宽1.5m，长度不限的梯形堆，然后在堆的四周每隔20cm用木杆扎眼，主要让料堆透气，堆上边盖上薄膜，保温、保水。当温度达到60℃，维持12h后翻堆，拌匀后复堆、覆膜，温度再达到60~70℃维持12h后发酵结束。

（五）装袋接菌

首先选用聚丙稀筒袋截成直径20cm，长40cm的菌袋。装袋方法，先把菌袋折一半装料，用手压实后，将菌种拨入，用绳子紧扎，再把袋倒过来，拨入菌种倾料使菌种造在塑料袋壁上。再装料用手压实后，再往中间拨种，而后用绳扎即可，把装好的菌袋用牙签或用竹签，在装菌种3处旁边扎3个小眼，起到通气作用。

（六）养菌

把装好的菌袋放在大棚里养菌。摆成井子型4~5层，摆放5~6天倒袋。在干燥、通风、避光、温度在18~28℃时20~30天养菌完成。

（七）大棚畦栽培方法

把栽培池子挖35cm深，实际根据菌柱高低决定挖的深度，原则是把菌柱立在池子里，上边能盖土4~5cm为好。把菌柱去掉塑料袋，立摆在池子里，菌柱间隔2cm，一平方米摆放50袋左右，上覆土4~5cm，覆细土加0.2%白灰。而后大水灌溉达到饱和为止。覆土20天后，在气温16~28℃，相对湿度85%，原基形成，5~7天后实体成熟采收。

采收时期在菇盖仍紧包菇柄，菌环尚未松动脱落，钟形菇盖上刚出现，反卷鳞片时采收。


# 第五节　马铃薯高产技术


马铃薯，俗称土豆。茄科，一年生草本植物。块茎富含淀粉、蛋白质、维生素及微量元素，营养丰富，既可做菜又可做粮食、饲料，还可作为食品或工业原料，用途极广，被专家称为21世纪普及的绿色保健食品。马铃薯生长期短，产量高，适应性、抗逆性强，耐运输贮藏等特点。在蔬菜上有堵淡补缺的作用，销路极广，国内外马铃薯的栽培面积发展极为迅速。在目前种植业结构调整中占有重要地位。

# 一、生物学特征特性

## （一）形态特征

马铃薯是茄科茄属的一年生草本植物，生产上一般以无性繁殖为主。

### 1. 根

用块茎无性繁殖产生根，根系的数量、分枝的多少、入土深度和分布的幅度，因品种而异，并受土层深度、土壤结构、土壤温度、以及一些栽培措施如中耕、培土厚度等的影响。所以，种植马铃薯时要根据品种特性来确定株行距以及栽培措施，并应实行深耕，增施有机肥料，为获得高产创造条件。

### 2. 茎

包括地上茎、地下茎、匍匐茎和块茎。

①地上茎。种植的马铃薯块茎发芽生长后，在地面上着生枝叶的茎为地上茎。茎上有棱角 3~4 条，棱角突出呈翼状，茎上节部膨大，节间分明，茎具有支撑枝叶、运输养分、水分及光合作用的功能。

②地下茎。马铃薯的地下茎就是地面以下的主茎。地下茎节间较短，在节的部位生出匍匐茎。

③匍匐茎。由地下茎节上的腋芽发育形成，是形成块茎的器官，通常一条匍匐茎只能形成一个块茎。一般匍匐茎形成块茎比率在 70% 左右，匍匐茎的多少与长短因品种形成块茎的多少和栽培技术而异。分层培土能增加地下茎长度，因而可形成较多匍匐茎，对提高马铃薯产量意义很大。

④块茎。是由匍匐茎顶端膨大，积累大量的养分而成，是一缩短而肥大的变态茎。块茎的形成、皮色、肉色因品种而异。生产上对品种要求除高产外，还要求形状好、淀粉干物质含量高、芽眼浅、结薯集中、表皮光滑、食味上佳，这样既利于加工，又适合市场销售及商贸出口换取外汇。

### 3. 叶

马铃薯的叶片为奇数羽状复叶，是块茎营养物质的形成器官。肥厚、宽大、平展的叶片是健康高产的标志。

### 4. 花

马铃薯的花序为分枝型的聚伞花序，每朵花由花萼、花冠、雄蕊和雌蕊四部分组成。花萼顶部尖端形状、花冠及雄蕊的颜色、雌蕊花柱的长短及姿态、柱头的形状皆为品种特征。

### 5. 果实和种子

马铃薯属于自花授粉作物，异花授粉率为 0.5% 左右，能天然结实的品种基本上全是自交结实，果实为浆果。马铃薯的种子很小，千粒重 0.3~0.6g，呈扁平卵圆形，因种子基因型各不相同，后代出现基因分离现象，对马铃薯生产无实际意义。

## （二）生物学特性

### 1. 块茎的休眠

新收获的马铃薯，必须经过一段时间，才能发芽，这种现象叫做"休眠"，这段停止发芽的时间叫做"休眠期"。休眠期的长短与品种特性和贮藏条件有密切关系，一般来说，较高温度（25℃）可促进发芽，提前打破休眠。

### 2. 植株的生长发育

马铃薯发芽后，在芽的基部出现根原基，从根原基长出根。出苗初期，地上部生长缓慢，而根系发育迅速。幼苗出土后 10 天左右，匍匐茎即开始从植株基部自下而上陆续长出，一般出苗后 20 天左右，地下各节的匍匐茎就都长出，并横向生长。出苗后一个月左右，植株开始现蕾，中早熟品种匍匐茎顶部膨大形成小块茎。

现蕾后 15 天左右开始开花，茎叶生长进入旺盛期，叶面积迅速增大，光合作用旺盛，茎叶制造的养分向块茎中输送累积，此时，块茎膨大速度最快。因此，高产栽培关键是在现蕾至开花期实行分层培土并以充足的水分和养分给予补偿，延缓生育，为提高单株产量创造条件。

（三）生长与环境条件的关系

1. 温度

块茎形成的适宜温度是 16~20℃，在低温条件下形成较早，如在 15℃出苗后 7 天形成，在 25℃出苗后 21 天形成，温度超过 25℃，块茎生长缓慢，超过 30℃形成小薯或不结薯。块茎种性与夜温有密切关系，晚秋昼夜温差大，有利块茎膨大和营养物质的积累。最适宜块茎生长的土温是 15~18℃。因此，夜间较低的气温比土温对块茎形成与膨大更为重要，如植株处在土温 20~30℃的情况下，夜间气温 12℃能形成块茎，夜间气温 23℃则无块茎，这说明，较低的夜温有利于茎叶同化产物向块茎的运输。由此可见，处于较低夜温生产的种薯，不但当代产量高，而且后代产量也高。

2. 光照条件

马铃薯在长日照条件下，植株生长很快。短日照有利于块茎形成，但不同生育期对光照的要求不同，植株生长的开花期喜好强烈的光照和一定的日照时数，以利促进各器官分化。日照时数每天以 11~13h 为宜。

3. 水分

土壤水分保持在 60%~80% 比较合适，土壤水分低于 60%，植株生长缓慢；土壤水分超过 80% 对植株生长也会产生不利影响，尤其是后期水分过多或积水超过 24h 块茎皮孔放大易腐烂。因此，种植马铃薯注意做到旱能浇，涝能排。

4. 土壤

马铃薯是适宜生长在轻质壤土中。因为轻质壤土通气性好，结构松散，对于根系生长和块茎膨大有利。较黏重的土壤种植马铃薯，应采用高垄栽培的方法。马铃薯适宜在微酸性条件下生长，以 pH 值 5.5~6.0 为宜。在 pH 值大于 7.0 的土壤中不适宜种植马铃薯，因为偏碱性土壤会导致出苗率降低或不出苗，且块茎易感疮痂病。

5. 养分

马铃薯是高产作物，营养体生产量较大，因此，整个生育期要有足够的养分。马铃薯需钾肥最多，氮肥次之，需磷肥最少，氮、磷、钾的比例为 2.5∶1∶5，同时还必须有微量元素，建议施马铃薯专用肥和农家肥，一是可均衡提供营养，二是可改善土壤理化性状，提高马铃薯品质。

## 二、品种选择

良种是高产的关键。高产要求植株健壮、块茎膨胀快、养分积累多，具有良好的抗病和抗逆能力，马铃薯由于病毒性退化是影响高产的重要因素，因此，生产上应选用优良品种的脱毒种薯。

（一）早熟栽培

生育日数 65~75 天，可复种秋菜。

1. 东农 303

东农 303 由东北农学院育成。株高 45cm，生长势强，花冠白色，花药黄绿色。块茎长圆形，整齐，中等大小，黄皮黄肉，表皮光滑，芽眼浅，结薯集中。品质较好，一般每公顷产量 30.0t。

2. 费乌瑞它

费乌瑞它从荷兰引入，株高 60cm，生长势强，花冠蓝紫色，花药橙黄色。块茎长椭圆形，大而整齐，皮色淡黄，肉色深黄，表皮光滑，芽眼少而浅，结薯集中。食味品质好，一般每公顷产量 25.5t。

3. 早大白

早大白由辽宁引入。株高 45cm，生长势强，花白色。块茎形状规则，长扁椭圆形，大而整齐，白皮白肉，表皮光滑，芽眼少而浅，结薯集中。品质好，一般每公顷产量 37.5t。

4. 超白

超白由大连农业科学技术研究所育成。株高 40cm，生长势强，花白色。块茎圆形，大而整齐，白皮白肉，表皮光滑，芽眼较深，结薯集中。食用品质好，一般每公顷产量 32.2t。

5. 中薯 1 号

中薯 1 号花冠白色，株高 50cm 左右，生长势较强，有分枝，块茎扁圆形，黄皮黄肉，表皮光滑芽眼浅，结薯集中，淀粉含量 13%~14%。一般每公顷产量 37.5t。

6. 尤金

尤金株型直立，株高 60cm 左右，茎紫褐色，叶深绿色，薯块椭圆形，黄皮黄肉，芽眼平浅，两端丰满，大而整齐。适口性好，一般每公顷产量 30.0t。

（二）中晚熟栽培

中晚熟栽培马铃薯生育日数 90~120 天。

1. 克新 13

克新 13 生育日数 90 天左右，株型直立，株高 65~70cm，白花，块茎圆形，黄皮淡黄肉，表皮有网纹，芽眼深度中等。田间抗晚疫病，抗环腐病，耐贮性强。一般每公顷产量 26.0t。

2. 大西洋

大西洋中晚熟品种，株型直立，生长势中等，茎秆粗壮，基部有分布不规则的紫色斑点。叶亮绿色，茸中等，叶紧凑，花冠浅紫色，开花多，天然结实性弱；块茎卵圆形或圆形，表皮光滑，有轻微网纹，鳞片密，芽眼浅，白皮白肉。一般每公顷产量 25.0t。

3. 克新 12 号

克新 12 号高淀粉加工用品种。生育日数 118 天，含淀粉 18.3%。

4. 延薯三号（俄薯 8 号）

延薯三号植株直立，分枝强，株高 70cm。茎粗壮，花冠白色，块茎椭圆形，白皮白肉，芽眼浅，结薯集中。淀粉含量 18% 左右。该品种高抗晚疫病，中晚熟品种，生育期 100 天，一般每公顷产量在 30.0t 以上。

5. 克新 16 号

克新 16 号植株开展，分支较多，株高 70cm。花冠淡紫色，花药橙黄色，天然结实性较强。块茎圆形，麻皮白肉，芽眼浅。耐贮性较强，结薯集中，块茎大而整齐。淀粉含量 14% 左右。田间中抗晚疫病，较抗病毒病，丰产性好，商品率占 90%。生育日数 90 天，一般每公顷产量在 30.0t 以上。

6. 克新 6 号

克新 6 号优质食用品种。生育期 120 天，淀粉含量 14%，抗晚疫病，块茎白皮白肉，圆形或椭圆形，花白色。麻土豆适宜山区栽培，中晚熟，一般每公顷产量在 30t 以上。

## 三、栽培技术

（一）轮作、选地、整地

马铃薯是浅根作物，块茎膨大需要疏松肥沃的土壤。因此，种植马铃薯的地块最好选择地势平坦，有灌溉条件，且排水良好、耕层深厚、结构疏松的砂壤土，pH 值在 5.5~6.5 的微酸性平川漫岗地。地势低洼地块不宜种植。

马铃薯是不耐连作的作物，重迎茬往往会造成病虫害加重，而且引起土壤养分失调，特别是某些微量元素，使马铃薯生长不良，植株矮小，产量低，品质差。因此，要选择三年内没有种过马铃薯和其他茄科作物的地块。前茬以谷子、麦类、玉米、油菜作物为好，其次，是高粱、大豆。但一定要避开 3 年内施用过长残留农药（主要是普施特、豆磺隆、氯磺隆等）的前茬。

整地应精耕细作，秋翻或春翻，但尽量选在秋翻地上。翻深应在 18~22cm，如有深松条件的可深松 30~50cm，翻后耙捞。

（二）种薯准备

1. 提前催芽，催壮芽

一般是在播种前 40 天，将土豆从窖中取出，平铺在向阳保温的大棚或温室中，或自己家的向阳房屋中，进行催芽。如果出窖较晚，想让土豆快些出芽，可喷一定浓度的赤霉素溶液，以促使土豆尽快出芽。催芽时保证让土豆见光，这样可以催壮芽，大芽。健康的芽应呈尖圆锥形，基部较粗，颜色呈绿色或紫色。

2. 正确切块

当土豆芽长到 0.5~1cm 时，以每个芽点为单位进行切块，如果马铃薯种子充足，可以不以每个芽点为单位，适当增加每块的重量，以防春旱。每块重量不低于 20~25g。每个块茎带 1~2 个芽眼，切块后及时拌入草木灰。切块后的 3~5 天内，切块温度保持在 17℃，湿度在 80% 条件下，使切口木栓化，避免播后烂块缺苗，对于小的块茎可整薯栽种。

3. 切刀消毒

每次切块之前，切刀应用 500 倍生汞或 75% 酒精内消毒 5s。具体方法是每个切块人使用两把刀，切土豆时一把切土豆，另外一把刀放在消毒液中，轮换使用。如发现有环腐病等薯块类病害，应把切刀用两种消毒液消毒，时间要稍长一些。

（三）播种

1. 播种期

马铃薯块茎膨大适温是 20℃ 左右，应根据当地的气候条件，在温度条件允许的条件下尽量早播。佳木斯地区一般南部为 4 月下旬，北部为 5 月上旬，即在当地气温稳定在 5~7℃ 时进行播种较为适宜。

2. 合理密植

合理密植是马铃薯获得高产的前提。早熟品种，行距以 60~65cm、株距 20~25cm 为宜，中晚熟品种，行距以 65~70cm、株距 25~30cm 为宜，每穴一块，芽朝上。如每切块 20~25g，一般早熟品种每公顷栽培密度为 70 000~95 000 株，每公顷播量为 1 500~2 250kg；中晚熟品种每公顷栽培密度为 60 000~75 000 株，每公顷播量为 1 000~1 200kg。

3. 播种深度

播种深度要根据土质和土壤墒情来确定，在干旱和土质疏松的地块可以播深些，一般 7~10cm；在潮湿和土壤黏重的地块，应播浅些，以 5~8cm 为宜，覆膜马铃薯播种深度以 10~12cm 为好。播种前先开深 8~10cm 的沟，按株距均匀地放入芽薯，放芽薯时最好将薯芽朝上覆土后压实。

4. 播种方法

马铃薯种植以垄作为主，提倡深开沟、浅覆土的办法，利于全苗，出苗整齐一致，保证出苗对水分及温度的要求，易获高产。

（四）田间管理

马铃薯的田间管理主要是及时铲蹚以疏松土壤和消灭杂草及防治病虫害，为植株生长和块茎形成增重创造良好条件。

1. 出苗前管理

马铃薯种植后应立即进行镇压，以减少土壤空隙，使下层土壤水分上升，供给马铃薯发芽需要。

从播种至出苗25~30天，土壤表面板结，杂草开始萌发出土，在幼苗未出土前用方型木耢子，耢去蒙头土，破除板结层，提高地温，消灭杂草。

2. 查苗补苗

马铃薯出齐后，要及时进行查苗，有缺苗的及时补苗，以保证全苗。补苗的方法是：播种时将多余的薯块密植于田间地头，用来补苗。补苗时，缺穴中如有病烂薯，要先将病薯和其周围土挖掉再补苗。土壤干旱时，应挖穴浇水且结合施用少量肥料后栽苗，以减少缓苗时间，尽快恢复生长。如果没有备用苗，可从田间出苗的垄行间，选取多苗的穴，自其母薯块基部掰下多余的苗，进行移植补苗。

3. 中耕除草培土

马铃薯一般做到三铲三蹚，头遍地在幼苗出齐时进行，做到深铲深蹚，少培土，多留坐犁土，为以后铲蹚打基础。二遍地在头遍地后7~10天进行，应当浅铲少培土，蹚成张口垄，防止切断匍匐茎与压苗。三遍地在开花前进行，要浅铲多培土，蹚成四方头垄，做到沟深台高，为块茎的形成与增长创造有利条件。

4. 防止徒长

徒长即光长茎叶，不长块根。防止办法：一是追肥要早，氮肥施入量不能过多。二是浇水适时适量，不能过晚。三是利用化控剂，控制株高，防止徒长，减少水分和养分的消耗。一般有徒长现象时，可以在现蕾期喷0.1%浓度的矮壮素，每亩用液量40~50kg。

（五）施肥

马铃薯是高产喜肥作物，对肥料反应非常敏感。合理施肥是发挥马铃薯生产潜力、大幅度提高马铃薯产量的有效技术措施。

1. 需肥特点

马铃薯产量高、需肥多，每生产1 000kg马铃薯块茎约需氮4~6kg、五氧化二磷1.5~2kg、氧化钾6~8kg，特别是需钾较多。所以，马铃薯被认为是钾营养型作物。钾可使植株生育健壮，增强抗倒伏、抗寒和抗病能力，还具有促进块茎内淀粉累积的作用。此外，马铃薯对钙的需要量也较多，吸收量约为钾素的1/4。钼、锰、硼等微量元素，是马铃薯生长发育比较敏感的营养元素。

马铃薯的各个生育期，因生长发育时期不同，所需要的营养元素种类和数量也不同。从发芽至幼苗期，由于块茎中含有丰富的营养物质，加上苗小根系吸收能力弱，吸收养分较少，约占马铃薯一生吸收养分总量的25%左右；块茎形成期至块茎增长期，由于茎叶大量生长和块茎迅速形成，吸收养分多，约占总养分量的50%以上；淀粉积累期因茎叶明显衰老，吸收量逐渐减少，只占25%。

2. 施肥量

（1）化肥。根据土壤肥力情况、种植密度和预定产量等因素，每公顷施入尿素50~75kg，磷酸二铵180~225kg，硫酸钾100~150kg。

（2）有机肥。根据有机肥料质量、种植密度和预定产量等因素，以每公顷施入农家肥30~45t为宜。有条件的地方可适当施入一些生物钾肥，效果也非常好。

3. 施肥技术

（1）基肥。以有机肥为主，如猪粪、马粪、厩肥等。有机肥必须是充分腐熟的优质肥料。可以在秋起垄时夹入垄中，也可以播种时掊施沟内，可不断发挥肥效，满足马铃薯各生育时期对养分的需求。可将有机肥的 2/3 结合翻地施入土壤中做基肥，其余部分在播种时做种肥施用。

（2）种肥。在增施基肥的基础上，于播种时沟施腐熟好的有机肥和化肥做种肥，对发芽期种薯中养分迅速地转化，供给幼芽和幼根生长，有很大的促进作用。将剩余的 1/3 有机肥做种肥，开沟后滤施沟内或穴施于薯块上，达到集中施用的效果。磷肥做种肥能促进薯块中淀粉的转化。如过磷酸钙做种肥穴施，种薯中的淀粉在播种后 20 天转化为糖达 9.3%，而不施种肥的只有 1%。种肥以氮、磷配合施用，可提高氮的利用率。马铃薯是喜钾作物，用草木灰做种肥，效果较好。种肥用量以每公顷施用尿素 37.5kg、磷酸二铵 180~225kg，硫酸钾 100~150kg。沟施或穴施均可。

（3）追肥。在马铃薯块茎形成期可追一次结薯肥。在施足基肥、种肥的情况下，幼苗生长健壮，苗色鲜绿，一般不需追肥；土壤特别瘦，基肥、种肥施用量不足，苗色淡绿不新鲜、生长慢，应追氮肥。每公顷追施尿素 75~120kg。早熟品种最好在苗期施入，中晚熟品种在孕蕾之前结合中耕施入；幼苗生长瘦弱，还应同时追施磷肥；发现幼苗茎纤细、节间伸长、有徒长现象时，应及时追施磷肥和钾肥。也可在现蕾期用 0.1% 磷酸二氢钾喷叶面 2 次。每次间隔 10 天。

（六）灌水

马铃薯是需水较多作物，保证充足的水分供应，是获得高产的关键措施。春旱严重，当土壤异常干旱时，影响幼芽出土，必须及时进行灌水，促使出苗。生长期间以块茎形成至膨大期需水较多，马铃薯开花时正好进入结薯期，需水量大增，植株现蕾后地下匍匐茎开始膨大，进入需水高峰期，一般根据旱情及时灌水，当田间湿度低于 75% 时要进行浇水。有浇水条件的地方，应在开花期进行浇水，7~10 天浇一次，促进块根迅速膨大。其他时期，如不特别干旱，不必灌水，以防徒长。有喷灌条件的最好喷施。遇涝或降雨过多，应排水，以免水淹，影响生育。

团棵以后到开花期，茎叶生长旺盛，耗水量大，需灌水。此期间灌水适当，可促早熟。

（七）病虫草害防治

1. 主要病害防治

（1）病毒病。通过种植脱毒种薯来防治。田间防治蚜虫，可间接防止病毒病大面积传染。一是选用脱毒种薯。二是种薯处理。严格挑选无病种薯作种薯，选用 72% 百思特可湿性粉剂 600 倍液或 80% 云生可湿性粉剂 600 倍液浸泡 10~15min 后晾干种植。三是栽培管理。选择土质疏松、排水良好的地块种植；避免偏施氮肥和雨后田间积水；发现中心病株，及时清除。四是药剂防治。发病初期选用 72% 百思特粉剂 600~800 倍液，或用云生 600~800 倍液，或用 30% 百菌清 500 倍液喷雾防治。

（2）环腐病。播前晒种催芽，淘汰病薯。整薯播种，或切刀消毒后切块。

（3）晚疫病。一是适时早播。北方发病一般在 8 月，用早熟品种早播可提早成熟，例如，"早大白"可在 4 月 20 日播种、覆膜，从而躲过发病时期。二是喷药保护。在开花期，每 7~10 天喷一次瑞毒霉锰锌进行预防，雨季到来前加喷一次药剂。其他药剂还有代森锰锌，百菌清，雷多米尔等。最好以瑞毒霉锰锌为主，几种药物交替使用效果更好。三是药剂防治。可在发病初期选用 72% 克露粉剂 600~800 倍液，或用 72.2% 普力克水剂 600~800 倍液，或用 40% 疫霉灵粉剂 250 倍液，或用 58% 甲霜灵锰锌粉剂 500 倍液，或用 30% 百菌清 500 倍液喷雾防治。四是栽培管理。选择土质疏松、排水良好的地块种植，避免偏施氮肥和雨后田间积水，发现中心病株，及时清除。

2. 主要虫害防治

（1）蚜虫防治。一是农业防治。选择冷凉、多风、多湿少蚜的地方种植马铃薯。二是化学防治。喷药可用氧化乐果、敌百虫，灭蚜松、速克毙等。康福多 8 000 倍液叶面喷杀蚜虫。

（2）瓢虫防治。可用药剂敌百虫，敌敌畏、杀螟松，杀螟腈乳油或 50% 二嗪农乳油，喷雾，在发现成虫开始为害时进行第一次喷药，以后每隔两周喷药一次。

（3）蝼蛄。药饵诱杀或药剂防治，毒饵可用 90% 敌百虫 0.1kg 拌碎白菜叶或炒熟的豆饼粉，拌成毒饵，每亩撒施 1.5kg，诱杀蝼蛄。也可用 5% 辛硫磷颗粒剂 1~1.5kg 撒于播种沟内，或用 80% 敌敌畏乳油的 30 倍液灌洞杀虫。

（4）地老虎。捕杀、诱杀和药剂灭虫，利用地老虎成虫的趋光性和对糖醋液的特殊嗜好，在田间设糖醋液盆和黑光灯进行诱杀成虫。或用 90% 敌百虫每 50g 拌匀 30~40kg 切碎的鲜草，傍晚撒在田里诱杀幼虫。对 3 龄前的地老虎幼虫，可用 2.5% 敌杀死 1 000 倍液喷洒，或用 2.5% 敌百虫粉剂 1.5~2kg 加 10kg 细土拌匀撒在植株周围。对虫龄大的幼虫可用 50% 辛硫磷乳油或 80% 敌敌畏乳油的 1 000 倍液灌根。

3. 化学除草

通过除草剂的选择使用，可在一定程度上解决马铃薯田的除草难题，从而能够很好地控制杂草的滋生，为马铃薯的生长创造适宜的环境。马铃薯除草主要以苗前土壤处理为主，可使用的除草剂有广灭灵、金都尔、都尔、禾耐斯、赛克、宝收、施田补等。

（1）播后苗前除草。播后苗前，每公顷用：一是 48% 广灭灵 300~450mL + 70% 赛克 450~600mL，对水 600~750kg 均匀喷雾土表，对马铃薯安全，但对后作玉米易产生白苗病。二是 33% 施田补乳油 150~200mL，对水 600~750kg 均匀喷雾土表，可以有效地防除一年生禾本科杂草及部分阔叶杂草如稗草、马唐、狗尾草、早熟禾、看麦娘、马齿苋、藜、蓼等。三是 33% 除草通乳油 2 250mL，对水 600~750kg，可与利谷隆或赛克津混用。利谷隆可在种植后出芽前应用，使用此药时种植深度不小于 5cm，若种植后出芽前地块已有单双子叶的小草，可加 0.1%~0.2% 的表面活性剂，以提高药效。

（2）苗后除草。在杂草 3~5 叶期，每公顷用：一是 10.8% 高效盖草能乳油 600~750mL，对水 600~900kg；二是 15% 精稳杀得乳油 30~60mL，对水 40~50kg；三是 10% 禾草克乳油 60~80mL，对水 40~50kg；四是 20% 拿捕净乳油 60~180mL，对水 40~50kg，均匀喷雾杂草茎叶，可有效防除稗草、千金子、马唐、狗尾草、看麦娘、棒头草、狗牙根等禾本科杂草，但对阔叶杂草和莎草科杂草无效。

（八）收获

成熟的标志是植株大部分茎叶由绿变黄干枯，葡匐茎易干缩，易与块茎分离，块茎表面木栓化并停止增重。中熟品种 9 月中旬成熟收获，晚熟品种到初霜来临前收获。

根据品种生育期和天气情况适时收获，细收捡净，挖出后，田间晒晾，种薯还须预贮，然后选健康完整、表面干燥者入窖，商品薯稍晾晒后立即入窖，操作过程中避免机械损伤。贮藏期间应抓好"两控"。首先控制贮窖温度、初入窖打开窖门、通气孔，在外界气温 5℃时关闭窖门，气孔通风，最低气温低于 10℃时堵塞通气口，翌年开春尽量少开窖门（盖）；控制薯堆湿度：种薯分级分品种贮藏，早熟种堆高 1.1~1.2 m 为宜，中晚熟品种堆高不超过 1.5m，贮量以 1/2 为宜，不超过窖容量 2/3。窖底地面应挖小沟覆柴与窖壁沟相连通气，薯堆表面可覆秸草并在吸湿后更换，贮藏期间多检查，防止烂窖。

# 第三章 蔬菜及果树高产技术

## 第一节 保护地黄瓜高产技术

### 一、对环境条件的要求

#### （一）温度

黄瓜喜温而不耐低温，它生长发育的适温范围是（22±7）℃（17~29℃），能适应的范围是（22+14）℃（8~36℃）。在保护地管理过程中，保持适温能获得优质高产，长期在不适宜的温度范围内，生长发育缓慢而畸形多，产量较低。黄瓜对地温的要求比较严格，适温范围为20~25℃。

#### （二）湿度

黄瓜喜湿，不耐旱，黄瓜要求土壤水分为田间最大持水量的70%~90%。空气湿度白天80%~90%。随着土壤湿度的增高，可增强对空气干旱的忍耐力，还可减轻病害。

#### （三）光照

黄瓜喜光，又耐弱光，是短日照植物。每天保持8~10h日照和较低温度，有利于雌花的形成。

#### （四）土肥

黄瓜喜肥，但根系吸肥能力弱，因此，要求土壤疏松透气，有机质丰富，pH值一般在6.5~7较适合。黄瓜适于在中性或微酸性土壤中生长，不宜在盐碱地种植。

### 二、茬口安排

#### （一）春夏早熟栽培

春夏是当前保护地黄瓜栽培的主要季节。栽培目的在于提早供应，对解决春夏淡季供应起了较大的作用。北方一般于2~3月温室育苗，4月定植，5月收获。

#### （二）夏秋延后栽培

北方一般是于盛夏棚内育苗，夏秋定植，初霜前开始收获。

### 三、品种选择

#### （一）春黄瓜品种

属于春黄瓜的品种一般表现为早熟、耐低温、结瓜部位低，第一雌花节位一般在2~5节，果实多密刺。这一类型的品种主要有长春密刺、新泰密刺、碧春、津杂1号，津春3号、津春4号、津研6号。

#### （二）秋黄瓜品种

秋黄瓜属于中、晚熟品种，坐瓜节位较高，耐热性强，适应性和抗病性较强。属于这类型的主要品种有津研 4 号、津研 5 号、津研 7 号等津研系列品种。

## 四、栽培技术

（一）育苗

1. 种子处理

（1）晒种。将黄瓜种子在阳光下暴晒几小时，激活种子表面的病菌，以便浸种时有效地杀死种子表面的病菌和加快种子的吸水过程。

（2）药剂处理。用 50% 的多菌灵 500 倍液浸种 1h 或用福尔马林 300 倍液浸种 30min，捞出冲洗干净后催芽，可防枯萎病、黑腥病。

（3）恒温处理。将干种子用 70℃的恒温处理 72h，可防病毒病，细菌性角斑病。

（4）温汤浸种。将暴晒后的种子放在 55℃的水中浸种，水量以刚好没过种子为准。浸种时要不停地搅拌，一直搅拌到水温降到 25℃为止，用手搓掉种子表面的黏膜，将水倒掉，再换用 25℃的清水浸种 6~8h。

（5）催芽。将浸泡好的种子捞出，放在干净的、用开水烫过的纱布上包好，置于 25~28℃的条件下催芽，当 80% 的种子露白后即可播种。

2. 育苗床的准备

（1）营养土的配比。育苗时所用的营养土可按 2∶4∶4 的方法配比，即烧透的炉渣 20%，无菌的园田土 40%，腐熟的经无害化处理的农家粪 40%，用细筛过筛，每育 667m² 黄瓜苗，需营养土 25m³。

（2）营养土的消毒。播种时，先要将床土消毒。方法是每平方米苗床用 25% 甲霜灵可湿性粉剂 9g+70% 的代森锰锌可湿性粉剂 1g，对细土 4~5kg 拌匀。施药土前先喷洒水使营养土湿透，待水渗下后，取 1/3 充分拌匀的药土均匀地撒于苗床畦面上，然后播种。

3. 播种

为了保护黄瓜根系，一般用 8cm×10cm 或 10cm×10cm 的营养钵育苗。每钵一籽，芽朝下，然后上覆其余 2/3 的药土，播种深度 1cm，覆土后轻洒一遍水，再喷洒 800~1 000 倍的辛硫磷，以防治地下害虫，然后覆盖上地膜，以利保墒、保温、促使苗齐苗壮。

4. 苗期管理

（1）温度。根据黄瓜幼苗不同生育阶段对温度的要求，可以分为以下几个时期进行温度调节：一是播种至子叶出土时需要高温，促使出苗快而整齐，日温保持 27~29℃的气温和 22~25℃的地温；二是苗出齐至子叶展平真叶顶尖时，需较低温度，保持昼温 20~25℃，夜温 15~18℃，地温在 20℃左右；三是第一片真叶展开至五片真叶顶尖，昼温在 25~27℃，夜温 20℃左右，地温在 15~20℃；四是在定植前 7~10 天，进行低温炼苗，昼适温 15~20℃，夜温 10℃左右，地温保持 15~20℃；锻炼 3~5 天后，夜温可降至 5℃左右。

（2）光照。黄瓜是短日照植物，每天需要 8~10h 的日照时数，才有利于雌花的分化。由于北方育苗时期处于短日光弱时期，苗床日照时数只有 6~7h，因此，需要进行补光。一般是在每天 4~7 时、18~19 时，补光 20 天左右。

（3）水分。两片真叶前一般不需浇水；两片真叶后，可根据苗情适当浇水，每次浇水，一定要用喷头浇透。

（4）养分。播种时如施足基肥，整个苗期可不再追肥，如果出现缺肥症状，可叶面喷施 0.2% 的尿素或 0.1% 磷酸二氢钾。

（5）激素调节。在 1~3 片真叶期，分别用 50~100mg/kg 的乙烯利稀释喷洒 2 次，可抑制雄花形成，促进雌花的形成。

（二）定植

1. 清理田园

为了减少病原菌和虫卵，减轻病虫害的发生，上茬作物生产结束后，要及时拔秧，并清理干净残根、落叶和杂草。

2. 扣膜蓄热

要尽早扣膜，最好与育苗扣膜同时进行，最迟在定植前 15~20 天。夜间还应围盖草苫。扣膜应选晴暖无风天气进行。

3. 整地施肥

每亩施经无害化处理鸡粪 5 000kg，纯 N 10kg、$P_2O_5$ 23kg，$k_2O$ 30kg（如果以猪粪为基肥应施纯 N37kg，$P_2O_5$ 46kg，$k_2O$ 5kg），其中，2/3 的鸡粪、氮肥、钾肥以及全部磷肥撒施后，深翻于土中，剩余 1/3 肥料集中施于垄下，浅耕起垄定植。

4. 棚室消毒

定植前每亩棚室用 2kg 百菌清粉尘剂喷洒后，密闭一夜进行消毒；也可用硫黄粉薰蒸后密闭一昼夜，放风后无味时定植。

5. 定植标准

苗龄在 40~45 天，生理苗龄在 4~5 片真叶时开始定植。

6. 定植时期

一般来说大棚内的最低气温在有寒潮降温时不低于 0℃以下，地温稳定在 8~10℃才是大棚提早栽培黄瓜的安全期。佳木斯地区一般在 4 月下旬定植，如有加温设备或有多层保温设施的可提早到 4 月初定植。

7. 定植密度

采用起垄定植，垄高 25cm，宽行行距 80cm，窄行行距 50cm，株距 25~30cm，每亩定植 3 000~4 000 株。定植深度以土埋平苗根为准。定植时要浇透定植水，待水渗下后封埯，覆膜。

（三）定植后管理

1. 温度

（1）缓苗期。黄瓜定植后，由于部分根系遭到破坏，影响了生长。因此，定植后应尽量提高地温，使地温达到 25~30℃，促进根系生长。缓苗期一般不通风。使棚内的相对温度达到 90%以上。白天温度控制在 28~31℃，夜间 15~20℃，4~5 天后，白天控制在 24~30℃，夜间 12~15℃，此间，可适当地喷施爱多收及金邦健生素等，促进新根系形成。

（2）初花期的管理。从定植到第一瓜坐住为止是黄瓜的初花期。管理目的是促根控秧，建造一个有生产能力的同化体系。具体标准是下部 4~5 节的长度控制在 4cm 左右，6~12 节的长度以 6~7cm 为好。管理上要掌握好 4 点：一是加大昼夜温差，实行变温管理，拉苫后至下午 2 时为（28±2）℃，下午 2 时至放苫为（22±2）℃，前半夜为（17±2）℃，后半夜为（13±2）℃，前期和阴雨天采用下限温度；二是严格控制浇水，促使根系向深层发展；三是在苗子长至 30cm 时，用聚丙烯绳吊蔓，在晴天的中午可掐掉多余的侧茎，防止次生根生长；四是注意放风排湿，防治病虫害。

（3）结瓜期的管理。结瓜期指根瓜坐住到拉秧的这个时间段。这期间管理程度，直接影响着产量和质量，是生产成败的关键，应该慎之又慎。

结瓜前期昼温在 25~30℃，棚温上升到 25℃开始放风。夜温保持在 13~15℃，不低于 10℃。为了保持正常的夜温，正午允许高到 36℃，上午升到 30℃才通风，下午降到 25℃就闭风。结瓜盛期，上午保持

28~30℃，下午20~25℃，夜间最低温度不低于15℃，白天地温保持在20~25℃，夜间不低于20℃。此时可昼夜大通风。

2. 光照

为使黄瓜充分见光，要适时早揭草苫，晚盖草苫。为增加光照，还应张挂返光幕，及时吊蔓，顺蔓，去除衰老叶片，保持新梢高度一致，叶片分布均匀。

3. 水肥

（1）浇水。黄瓜在浇足底水的基础上浇好定植水，浇透缓苗水，而后一直不浇水，直至采根瓜时才浇第一水，比较缺水时，根瓜长到10cm时浇第一水。采瓜前期7~10天浇一水，采瓜盛期4~5天浇一水，采瓜后期7~10天浇一水。

（2）追肥。追肥应以速效肥料和有机肥为主，一般在结果前期每15~20天追一次，每667m²追施纯N 3.5kg，结瓜盛期每10天追一次，每次追施纯N 4kg、K₂O 7.5kg。追肥应采用沟施、穴施，随后浇水的办法，追肥要有机肥和化肥交替施用，尽量少用化肥，并根据生长情况适量喷打各种微肥和其他元素。

4. 植株调整

调整的首要工作是绑蔓，每7~10天即需绑蔓一次，绑蔓的同时，要使生长点保持同一高度，并随时摘除卷须和老、弱、病、枯黄，以利通风透光。

5. 病虫害防治

（1）霜霉病。用5%的百菌清粉尘或10%多百粉尘剂，每667m²每次用药1kg，10天左右1次，或用百菌清烟剂每667m² 200~250g，分放5~6处，傍晚暗火点燃密闭棚室熏一夜，次晨通风，7天熏1次，连熏3次。或用72%克抗灵可湿性粉剂800倍液、72%克露可湿性粉剂800倍液58%雷多尔、锰锌可湿性粉剂、64%杀毒矾可湿性粉剂400倍液、27%高脂膜乳剂70~140倍液、72.2%普力克水剂800倍液喷雾，一般7~10天1次，连喷3次。

（2）细菌性角斑病。用50%琥胶肥酸铜（DT）可湿性粉剂500倍液，或72%农用链霉素可湿性粉剂4 000倍液，或60%琥乙磷铝（DTM）可湿性粉剂500倍液喷雾，3~5天1次，连喷3次。还可用5%百菌清粉尘剂、10%脂铜粉尘剂、每667m² 1kg，喷粉器喷施。

（3）炭疽病。用2%武夷菌素水剂200倍液、2%抗霉菌素（农抗120）水剂200倍液、70%代森锰锌可湿性粉剂600~800倍液、10%世高水分散颗粒剂1 000~1 500倍液、80%炭疽福美可湿性粉剂800倍液喷雾，7~10天1次，连喷2~3次。

（4）黑星病。用75%百菌清可湿性粉剂600倍液或武夷菌素水剂150~200倍液，70%甲基硫菌灵可湿性粉剂800倍液喷雾，一般7~10天1次，连喷3~5次。

（5）白粉病。用15%三唑酮可湿性粉剂1 500倍液、10%世高水分散颗粒剂1 500~2 000倍液、27%高脂膜乳剂70~140倍液、40%多硫悬浮剂500倍液喷雾防治。

（6）蔓枯病。用36%甲基硫菌灵悬浮剂400~500倍液、50%混杀硫悬浮剂500~600倍液、75%的百菌清可湿性粉剂600倍液、10%世高水分散颗粒剂1 000~1 500倍液、70%的代森锰锌可湿性粉剂500倍液，5~7天1次，连喷2~3次。另外茎部病斑可用70%代森锰锌可湿性粉剂500倍液涂抹。

（7）灰霉病。用6.5%万霉灵粉尘、10%灭霉灵粉尘剂，每667m² 1kg，7~10天1次，连喷2~3次。或用65%抗霉威可湿性粉剂1 000~1 500倍液、65%甲霉灵可湿性粉剂800~1 500倍液、10%世高水分散颗粒剂800~1 500倍液、50%扑海因可湿性粉剂1 000~1 500倍液喷雾，5~7天1次，连喷2~3次。

（8）病毒病。a.早防蚜虫，用10%吡虫啉可湿性粉剂3 000倍液、2.5%溴氰醋乳油2 000倍液喷雾防治。b.用5%菌毒清可湿性粉剂400倍液、20%病毒A可湿性粉剂500倍液、1.5%植抗病灵（Ⅱ）乳剂1 000倍液、20%毒克星可湿性粉剂400~500倍液、83增抗剂100倍液喷雾，7~10天1次，连喷2~3次。

（9）蚜虫。保护地用杀蚜虫烟剂，每 667m² 400~500g，分放 4~5 堆，暗火点燃，冒烟后密闭熏蒸。或 10% 吡虫啉可湿性粉剂 1 500 倍液、25% 阿克泰水分散粒剂 5 000~10 000 倍液、3% 定虫脒乳油 1 000~1 250 倍液喷雾。

（10）美洲斑潜蝇。每片叶有幼虫 5 头时，在幼虫 2 龄前，用 1.8% 阿维菌素乳油 3 000 倍液、25% 阿克泰水分散粒剂 5 000 倍液或 5% 锐劲特悬浮剂每 667m² 17~34mL，加水 50~75kg 喷雾。

# 第二节　保护地油豆角高产技术

## 一、对环境条件的要求

### 1. 温度

油豆角是喜温蔬菜，它对温度的适应范围比较广，但适宜的温度范围为 19~25℃，最低为 8~14℃，最高可达 35~36℃。气温低于 10℃，地温低于 9℃，影响开花坐果。

### 2. 光照

油豆角是短日照植物。在幼苗期需要较长时间的强日照，栽培时应尽量满足苗期有充足的光照。

### 3. 水分

油豆性喜湿润，生长适宜的土壤湿度为田间最大持水量的 60%~70%，空气相对湿度以 65% 为宜。

### 4. 养分

油豆对土壤条件要求不高，pH 值以 6.2~7.0 为好，酸性土壤应施石灰改良。油豆角生育期对三要素的吸收量，以氮、钾最多，磷较少，还吸收较多的钙。

## 二、茬口安排

油豆角不耐霜冻，夏季高温多雨又不利于栽花结荚，因此，油豆角保护地栽培一般分春早熟栽培和秋延晚栽培。

## 三、品种选择

一般露地栽培较好的品种，都适于保护地栽培。如紫花油豆，八月绿、一棵树、五常大油豆等。

## 四、育苗

大棚早熟栽培油豆角一般采取有播或育苗的两种方式。为了争取早熟，采用育苗移栽的方式较多。菜豆根系再生能力弱，伤根后不易发新根，一般采用营养钵育小苗。

### 1. 营养土的配制

60% 的 3 年以内未种过豆科作物的园田土，30% 腐熟有机肥，10% 腐熟的大粪面，然后加入根瘤菌肥，每 1 000kg 营养土中加入 0.5kg 的二铵，过磷酸钙 10kg，草木灰 15kg，混合均匀后，装入 10cm×10cm 的营养钵内。

### 2. 播种期

节能温室 1 月上旬左右，大棚 3 月 1 日左右，日历苗龄 30 天左右，生理苗龄在植株长出第二复叶时即可定植。

3. 浸种催芽

种子在温水下浸泡 3~4h 左右，然后在 25~27℃条件下，催芽胚根顶破种皮即可或干籽直播。

4. 播种量

每营养钵内点播已催好芽的种子 2 粒，每 667m² 移栽田需种量 4~5kg。每平方米苗床播种量 100g。

5. 播种方法

将装好营养土的营养钵摆在育苗床内压平后浇足底水，水渗下后待营养钵内的营养土用小刀镢起，土不呈团而呈堡时，即可播种。播种时用小铲刀将每个营养钵中央点种处先镢 2~3cm 深的点种穴，点完种子后覆 2cm 厚的潮湿细土，上覆地膜保温保湿。

6. 苗期管理

（1）温度管理。播种后白天 20~25℃，夜间 15℃，土温 20℃；出苗后白天 18~20℃，夜间 12~15℃；第一片复叶展开至定植前 10 天，白天 20~25℃，夜间 15℃，土温 15~18℃；定植前 7 天进行秧苗抗寒锻炼，白天 15~20℃，夜间 12~15℃。

（2）水肥管理。油豆幼苗比较耐旱，出苗后根据幼苗长势和土壤水分情况，适当补水 2~3 次，既不要过干也不要过湿。30 天苗龄期内浇水 1~2 次。第一片复叶展开时喷施 0.2% 磷酸二氢钾等叶面肥一次。

## 五、定植

（1）棚室清园。在前一年的秋季，前茬蔬菜拉秧后，将前茬作物的枯枝、烂叶和杂草清除干净，在棚外集中烧毁或深埋。

（2）整地施肥。一般以种耕翻为主。亩施充分腐熟的有机肥 4~5m³，三元复合肥或磷酸二铵 40~50kg。翻地前将 2/3 的有机肥和化肥撒施于地面，深翻 30cm，然后将 1/3 的基肥施于垄沟内起垄。定植前 20~25 天扣棚烤地。

（3）棚室消毒。扣棚后，用 50% 的多菌灵可湿性粉剂 1 000 倍液加 70% 的代森锰锌可湿性粉剂 1 000 倍液混合剂，喷洒棚内，之后密闭大棚 3~4 天高温烤棚。消毒后，放风降温至适于油豆角生育温度。

（4）定植密度方法。温室垄宽 80~100cm，大棚 50~60cm。穴距 25~28cm，每穴保苗 2 株，亩保苗 6 000~8 000 株，按照定植株行距开穴，穴深营养土面与地面相平，浇足定植水。

## 六、定植后管理

1. 定植后至开花结荚前管理

中耕培土。定植缓苗后，即应中耕培土，从定植后到开花每隔 1 周左右中耕，中耕要深，并向苗基部培土。地膜覆盖地块不必中耕培土。温度：白天 20~25℃，夜间 15℃，进入开花期白天 20~28℃左右，夜间 15~16℃。水分：开花前一般不进行灌水施肥，开始开花时，根据气温要加大通风量。搭架。在蔓茎抽出 30cm 长时，即进行搭架，搭成立架或人字架。

2. 结荚期管理

（1）肥水管理。油豆抽蔓后开始追肥灌水，结合灌水追施磷酸二铵 1 次，按每亩 15~20kg 施入，7~10 天灌水一次，每次灌水量不宜过大。用 0.01~0.03% 的钼酸铵浸种或喷施植株，可促进油豆早熟并提高早期产量。

（2）通风管理。早春栽培定植后一周内不进行通风换气，当温度超过 30℃时，中午短时间内通风，从缓苗到花期 25℃左右，开花结荚期保持 20℃左右，加大通风次数和时间。湿度 75%，外温 13℃以上时昼夜通风。

## 七、病虫害防治

### 1. 防病

用 20% 粉锈宁 2 000~3 000 倍防治锈病；600 倍 75% 百菌清防治灰霉病、红斑病、炭疽病；500 倍 DTM 杀菌剂防治疫病。

### 2. 防虫

生长期用 1 000~1 500 倍 40% 乐果防治蚜虫，结荚期用 2 000~3 000 倍 40% 菊杀乳油或 3 000~4 000 倍速灭杀丁防治菜青虫、甘蓝夜蛾、蚜虫、红蜘蛛。

# 第三节　甘蓝早春露地高产技术

## 一、品种选择

早熟春结球甘蓝栽培成败的关键是选择优良的品种，适宜的播种期。选的品种必须是冬性强、不易发生未熟抽薹的早熟品种，如中甘 11 号、8398、冬甘 1 号、8132、中甘 12 号、北农早生、报春、迎春等优良品种。

## 二、育苗

### 1. 播种期

一般播种由定植期和苗龄而决定。早熟甘蓝适宜定植的气候条件为平均气温稳定在 6.5~7℃，10cm 的地温稳定在 8℃左右。甘蓝品种的日历苗龄在 60~70 天。播种期由定植期往前推 60~70 天。佳木斯地区一般采用温室育苗，大棚移植，播种期在 2 月下旬。

### 2. 营养土的配制

选未种过十字花科蔬菜的肥沃园田土 60%，充分腐熟的有机肥 30%，马粪草炭或细炉渣 10%，全部过筛后每立方米加尿素 0.5kg，磷酸二氢钾 0.5kg 或复合肥 1~1.5kg，与床土充分拌匀，回填到育苗床中，打透底水待播种。

### 3. 种子处理

在播种前要将种子暴晒 2~3 天，以提高发芽率，增强发芽势，并激活种子表面的病菌，以便在种子消毒时，有效地灭菌。将暴晒后的种子先用 55℃ 的温水泡 15min，然后用 10% 的 $Na_3PO_4$ 浸种 20min。

### 4. 浸种催芽

将消毒后的种子，投洗干净种子表面的药液，然后放在温水中浸泡 4~5h，捞出甩干置于 22~24℃ 的条件下催芽。催芽期间每天要用 18℃，待 80% 的种子出芽后即可播种。

### 5. 播种

在打透底水的畦面上撒播均匀，然后上覆 0.5cm 的潮湿细土，为防止立枯病的发生，可用 50% 的多菌灵可湿性粉剂对床土消毒，每平方米盖土加 7~10g 多菌灵。

6. 移植

当秧苗长到二叶心时进行移植。移植床营养土配制同播床。移植密度一般为 8~10cm。移苗方法多为开沟贴苗以促使幼苗生长发育整齐一致。移栽密度以 10cm×10cm 为宜。开移植沟深 7~8cm，移植沟的前壁要陡，以便直立贴苗。移植沟开好后，即浇稳苗水，然后即可贴苗。并覆压根土，加浇 1 遍水，最后覆平移植沟。移植水不要过大或过小，以移植后 10min 左右表土能反潮即可。移植时还应注意将大苗植于阳畦的南面，并逐次将小苗植于阳畦北面。

7. 苗期管理

播种后至出苗白天温度 20~25℃，夜间温度 13~15℃。

以免通过春化阶段，出现未熟抽薹现象。适当给较高温度。缓苗后，要及时通风，降温管理，防止徒长。幼苗出土后开始适当放风，降温降湿蹲苗，白天 12~15℃，夜间 5~8℃，然后再逐渐提高温度，白天 15~20℃，夜间 8~10℃。

## 三、定植

1. 整地施肥

每亩施充分腐熟的有机肥 3 000kg，尿素 50kg，二铵 20kg，钾肥 20kg，用翻铧犁随整地撒放于垄沟中，然后合垄。垄宽 45cm。

2. 定植密度及方法

定植株行距为 30~45cm，每亩定植 5 000 株左右。定植后浇一次缓苗水，然后覆上地膜。

## 四、田间管理

定植到包心前的阶段：第 1 水即定植时的稳苗水，水量不可过大，中耕松土后 6~8 天，见心叶开始生长时应及时浇水，称缓苗水，浇水量要大于稳苗水。开始包心到叶球充分生长阶段，浇第 3 次水，水量不小于缓苗水。当叶球长到 250g 时，即进入结球中期，对水分的要求逐渐增加，在一般情况下，每隔 5~6 天浇 1 次水，以满足结球期对水分的要求。结球紧实阶段，由于其他原因暂时不能收获时，必须控制浇水，以免由于水分供应过足而导致叶球破裂。

## 五、病虫害防治

1. 甘蓝黑腐病

防治方法：除残株落叶，适时播种；合理浇灌，防止伤根伤叶，是种子消毒，用 50℃ 温水浸种 20~30min 后，取出经降温后播种或催芽播种；或用 50% 代森胺 200 倍液浸种 15min，洗净晾干播种；也可用链霉素 1 000 倍液；金霉素 1 000 倍液浸种 2h；或用 0.4% 福美双拌种。药剂防治，发病初期用 1:1:200 的波尔多液喷雾；抗菌剂 "401" 0.5kg 加水 300kg 喷雾；45% 代森胺 800 倍液喷雾；硫酸链霉素或农用链霉素 4 000 倍喷雾；新植霉素或氯霉素 4 000 倍液；65% 代森锌可湿性粉剂 600 倍液；50% 福美双可湿性粉剂 500 倍液；50% 托布津 500 倍液；50% 敌菌灵 500 倍；50% 多菌灵 600~1 000 倍，75% 的百菌清 600~800 倍液。以上药剂均在发病后及时喷雾，每隔 7~10 天喷 1 次，连续喷 3~4 次即可。

2. 甘蓝软腐病

防治方法：一是翻晒土。定植前深翻土层 18~20cm，多雨季节注意排水，实行沟灌，不用漫灌；阴天及中午不要浇水，要与葱蒜类作物轮作。二是防治传病媒介昆虫。三是拔除病株。病穴用石灰消毒。四是药剂防治。喷药时应注意喷洒接近地面的叶柄和根茎部，常用下列药剂，用 50% 代森铵水剂 800 倍液，每隔 7~10 天喷一次，连续喷 2~3 次；链霉素或氯霉素 4 000 倍液；抗菌剂 "401" 500~600 倍液；敌克松原粉 250~500 倍液喷穴或喷雾。

3.菜粉蝶（又称菜白蝶，白粉蝶，幼虫叫菜青虫）

防治方法：用80%敌敌畏乳剂1 000倍液或90%敌百虫800倍液或60%敌敌畏乳剂和20%乐果混合乳油2 000~3 000倍液着重喷菜心，乙酰甲胺磷400~500倍液或用40%菊杀乳油2 000~3 000倍液或50%辛硫磷乳油1 000倍液或0.04%除虫精粉，每667m²施用商品量1.5~2kg。

4.甘蓝夜蛾（又名甘蓝夜盗蛾、地蚕、夜盗虫）

防治方法：幼虫开始危害时，开始喷洒农药。常用的药剂有40%菊杀乳油或40%菊马乳油2 000~3 000倍液或每667m²用25%灭幼脲Ⅲ号胶悬剂30g，防治效果好，其他药剂同防治菜粉蝶一样。

# 第四节　保护地番茄高产技术

## 一、对环境条件的要求

### （一）温度

番茄是喜温的果菜，温度的适应范围广，在6~36℃的范围内均能生长，其生长发育的最适温度为：昼温为20~25℃，夜温为15~18℃，高于35℃，低于10℃，生长和发育明显受阻；适宜的地温为20~26℃，高于33℃和低于13℃，根系的生长将变得缓慢；当气温下降到-1~3℃时，将会发生冻害。

### （二）光照

番茄喜光，对光照条件反应敏感。当光照不足时，特别是连续阴天，常会引起落花落果。番茄的光饱和点为7 000lx，光补偿点为1 000lx左右。在低温弱光的保护地内，易使植株徒长，开花坐果少，还易发生各种病害。因此，应根据日照量来改变温度管理。

### （三）湿度

番茄的根系发达，吸水能力强，植株茎叶繁茂，蒸腾作用较强，果实含水量又多，因此，需要从土壤中吸收大量的水分。适宜的土壤湿度为晴天60%~80%，阴天60%~65%。如果空气湿度大，特别是高温高湿易感染病害，同时影响受粉，引起落花落果。适宜的空气湿度为晴天50%~60%，阴天50%~55%。

### （四）土壤养分

番茄对土壤的适应力很强，除特别黏重排水不良的低洼易涝地外，均可栽培。土壤酸碱度以pH值6~7为宜。

番茄从土壤中吸收营养元素的数量，钾最多，氮其次，而磷最少。

## 二、茬口安排

东北地区一般都是春早熟栽培和秋延后栽培，或者从春到秋一季栽培（表）。

**保护地番茄茬口按排表**

|  | 播　　种 | 收　　获 |
|---|---|---|
| 温室 | 8月上中旬露地播种 | 12月上旬收获 |
|  | 12月上旬温室播种 | 4月上旬收获 |
| 大棚 | 1月末2月初播种 | 6月开始收获 |
|  | 小暑前播种 | 小雪前收获 |

## 三、品种选择

要求品种适应性强，既抗寒，又耐热，耐弱光，早熟、优质、高产、抗病。目前，适于保护地栽培的品种有圣女，千禧、春桃、碧娇、保冠、粉杂王、粉皇后、中蔬4号、中丰、早魁、西粉3号。

## 四、育苗

### 1. 壮苗标准

根系发达，须根多，吸收能力强，茎粗0.7~0.9cm，茎节间短，粗细均匀；子叶宽大平展，7~8片真叶；叶色深绿，叶柄短；顶花带蕾。日历苗龄70~75天。

### 2. 培育壮苗的关键技术

（1）配制营养床土及床土消毒。要求营养床土保水、保肥、透气性好，富含有机质和N、P、K等主要元素，并无蔬菜病虫害的污染。因此，配制营养土时，应选用肥沃而又未种植过同科作物的园田土6份，经过充分发酵腐熟的有机肥4份。在配制的每立方米营养土中加入大粪干或鸡粪15~20kg。过磷酸钙1kg，草木灰5~10kg。也可用复合化肥来补充N、P、K，用量为0.1%，并在每1 000kg的营养土中均匀地掺入50%甲基托布津或50%多菌灵可湿性粉剂80g，2.5%敌百虫可湿性粉剂60g。在播种前将营养土填入到苗床内，整平，打透底水。

（2）种子处理。在浸种或药剂处理前，选晴天晒种2~3天，以增强发芽势，提高发芽率。

高温处理。将干燥种子放入70℃恒温箱中，处理72h，然后再浸种、催芽、播种，对番茄病毒病有一定钝化作用。

温汤浸种：一是湿种温汤浸种，先将种子在清水中预浸2~3h，让种子吸足水分，再浸在55℃的温水中5min，温水量约为种子体积的2倍左右，这种浸种方法时间、温度及水的体积要掌握好，时间过长，温度太高，容易影响种子的发芽率。二是干种温汤浸种，将干燥种子直接放入50℃温水中浸泡25min，尽量保持恒温，也可以先将种子放进50℃水中浸10min，然后投入55℃水中浸5min，最后将种子放入冷水中，在浸种过程中，要不断地搅拌，使上下温度均匀。

药剂拌种：用70%敌克松粉剂拌种，用药量为种子重量的0.3%，或用50%二氯萘酰可湿性粉剂拌种，用药量为种子重量的0.2%，对防治番茄立枯病发生有显著作用。

药剂浸种：药剂浸种的方法有3种：一是福尔马林消毒，先将种子放入清水浸4~5h，再转到稀释100倍的福尔马林溶液中15~20min，取出后用湿布包裹放入盆钵内密闭2~3h，熏蒸消毒，然后再用清水冲洗干净。二是50%多菌灵600倍液，70%甲基托布津1 000倍液，75%百菌清600倍液和硫酸铵100倍液等，种子先在清水中浸2~3h，然后用上述任何一种药剂浸泡10~15min，取出种子冲洗干净，再用清水浸种。三是为防止种子上带有晚疫病、绵腐病病菌，用25%瑞多霉1 000倍液或40%乙磷酸300倍液消毒效果较理想，为了防止病毒病的发生，可用10%磷酸三钠浸种20min。

（3）浸种。将药剂浸泡过的种子用清水洗干净后，放入盆内，在25~35℃的温水中浸泡5~6h，水量以浸没种子3~4倍为宜。

（4）催芽。将浸泡好的种子装入烫过的干净纱布袋内，外面包一层湿麻袋片，置于25~30℃的环境中催芽，每天用20~25℃的温水投洗1~2次，经2~3天，50%的种子露白时，即可播种。

（5）播种。每亩定植田应有3~5m²的播种面积，播种量以每平方米12g为宜。因种子潮湿粘连不易撒播均匀，此时可用细砂或细土拌匀后再撒。播种后立即盖土，要用过筛的潮湿细土，如土质黏重加施草木灰或腐熟的牛粪。盖土的厚度以种子大小的2~3倍为宜，厚度要均匀一致。若盖土过厚，不易出苗，且苗子会发曲瘦弱，盖土过薄易使子叶带帽出土，播种后上盖地膜保温保湿。

（6）幼苗期管理。番茄幼苗期的管理重点是前期（播种至出苗期）创造适合于发芽和出苗的环境条件以达到早出苗、出齐苗，为培育壮苗打下基础，后期（出苗至分苗期）控制温度、湿度，增加光照，进行间苗，加强肥水管理，严防病虫的危害等。

番茄种子发芽温度要求比较高，以25~30℃为宜，所以，播种后苗床要加强覆盖，以提高温度，促进发芽。当有少许种子顶土时应加强检查，有50%左右幼苗出土时，应及时揭除表面的覆盖物，晴天最好下午揭除，以防中午光照过强，温度过高造成床面过干，而出现带帽出土现象。如果发现因为覆土过薄而出现带帽出土或床土过湿的，可再覆一层细土，若床土过干可用细孔喷壶适量浇水，保证全苗是这一时期的中心任务。出苗以后要降低温度，白天以20~25℃，夜间15℃左右为宜。及时通风透气，增加光照，这是控制床内温、湿度的主要方法之一，一般晴天上午10时以后逐渐加大通风口，到下午4时再逐渐缩小通风口，如果风大天冷则少通风，或不通风，通风时避免冷风直接吹入苗床，造成幼苗的冷害和冻害。分苗之前要多通风，让温度再下降2~3℃，进行炼苗，以适应分苗床较低的温度，提高移苗成活率，缩短缓苗期。番茄种子发芽温度要求比较高。

（7）分苗。可两次分苗，也可一次分苗。两次分苗一般是在两叶一心和四五叶时移植；一次分苗只在4~5片真叶时移植。

移植床营养土配制。园田土7份，腐熟厩肥或堆肥3份配制。每立方米营养土添加400~600g尿素，800~1 000g磷酸钾或1 000~1 500g复合肥。苗床土铺垫的厚度以10~12cm为宜。移植密度以6cm×6cm为宜。如采用营养纸袋营养钵育苗，规格为8cm×8cm×6cm。

（8）分苗后苗床管理。

温度：分苗之后的温度管理应看天、看地，结合苗情灵活掌握。以保温、防冻促缓苗为中心。缓苗期温度以25~30℃比较适宜，晴天的中午苗床温度很高，有时甚至会超过35℃，可在中午的前后进行短时间通风，以降低床温避免引起秧苗的灼伤或徒长。缓苗活棵以后，要多通风、降温，以白天20~25℃，夜间15~20℃为宜，应从背风处通风，以免冷风直接吹入苗床，尤其在外界温度较低时更要注意这一点。通风口从小到大逐渐增加，不能在短时期内全部揭开或盖上，气温逐渐回升，定植前一周进行低温锻炼。

光照：分苗之后为了保温，除了大棚外，采取小棚＋草帘的多层覆盖措施，致使苗接受的光照少而且弱得多，为了改善光照增强幼苗的素质，在保证幼苗不受冻害情况下，尽量揭除小棚上的覆盖和薄膜，做到早揭晚盖，延长幼苗的受光时间。

养分：苗期营养不良将影响植株发育。在叶色变浅缺肥时，可将大粪面撒入苗床内，然后浇透水，或用0.2%尿素，过磷酸钙、磷酸二氢钾、腐熟的豆饼水等进行根外追肥。

水分：番茄幼苗生长既不能缺水，又不能太湿。因此，浇水时既要看苗，又要看天。冬春季天气易变，宁可增加浇水次数，减少浇水的量，防止一次浇水过多。否则一旦遇上连阴雨，极易高湿发病。

## 五、定植

### 1. 定植时期

安全的定植期是当早春气温稳定在0℃以上，10cm土温稳定在10℃左右，便可定植。如果采用临时加温或其他保温设施如加盖草苫，大棚多层覆盖。大棚内加小拱棚，定植期还可提前7~10天。定植时要求番茄幼苗具有6~8片真叶，第一花序将要开花。

### 2. 定植前的准备

（1）选地。番茄最忌连作，与同科作物轮作的时间至少隔2年。番茄最好的前茬是葱、蒜类，其次是豆类和瓜类蔬菜。

（2）施肥。番茄是喜肥作物，其产量品质等与肥料有直接关系。因此，基肥一定要以有机肥为主，并要充分腐熟，无病虫害。一般每亩可施充分腐熟有机肥7 500kg，过磷酸钙25kg，尿素10kg，或N、P、K复合肥25kg，或草木灰200kg，磷酸二铵20~30kg。2/3的有机肥撒施于地面，整地时翻入地下，1/3的有机肥和化肥起垄时施入垄底。

（3）烤棚整地。定植前 15~20 天扣棚烤地，当扣棚升温使棚内土壤完全解冻后，再进行翻地 30cm，然后起垄。为迅速提高耕作层温度，要每日耕地一次，连耙 2~3 次。垄宽 50cm，垄高 20~25cm，作好垄后，要严闭大棚，利用连续 4~5 个晴日，使棚内中午前后的气温高达 60℃，以高温消灭病菌。在定植前 2~3 天把棚温调节为番茄定植后生长发育的适温。

（4）秧苗处理。定植前对番茄动苗进行叶面喷肥可提高植株营养水平，提高成活率，缩短缓苗期，有利于增产早熟，一般复合肥和磷酸二铵为好。另外，由于定植后秧苗生长发育的环境条件中有所改变，且处于缓苗期，生产上极易发生病害，喷肥时可加入 75% 的百菌清或 50% 的多菌灵 500 倍液可有效地防治病虫害。

（5）定植密度。早熟品种行距 50cm，株距 25~20cm，每亩保苗株数 3 400~3 800 株；中晚熟品种、无限生长类型，行距 60~70cm，株距 25~30cm，亩保苗数 3 000~3 200 株。

（6）定植方法。番茄育苗的方法有多种，用纸筒育苗的可以带袋定植，用营养钵育苗的，应将苗扣出后再栽；用营养土方切坨囤苗的可以直接定植，但在搬运时，应注意轻拿轻放防止散坨，损伤根系。根据栽培的方式，一般有开沟水稳苗法、暗水穴栽法、栽后明水漫灌法、卧栽法四种。在定植时，应选择冷尾暖头、晴朗无风天气进行，定植之后即搭小拱棚，早晚夜间采取四五层覆盖：大棚 + 小棚 + 地膜 + 草包（草帘）+ 薄膜。

## 六、定植后管理

### 1. 温度

定植后 3~4 天要防寒保温，一般不通风，尽量升温加快保苗。大棚内保持 28~30℃。温度超过 32℃放门风，温度降到 28℃左右即可闭门，夜温保持 17~18℃。缓苗 10 天左右，白天棚内温度保持 20~25℃，夜间 13~15℃；缓苗后到第一花序，地温应保持在 15℃以上，气温与地温应协调控制。开花期，大棚内适温为 20~23℃，避免出现 30℃以上的高温；果实膨大期，上午棚温 25~28℃，下午保持 20~25℃，夜温保持 14~17℃，地温保持 16~20℃。

### 2. 肥水管理

缓苗期，一般在定植后 3~5 天除浇一次缓苗水外直到第一穗果坐住时，一般不浇水；初果期，在大部分第一穗果有核桃大小时，浇催果水；果实迅速膨大期，在第一穗果实放白时，要浇第三次水，以后要经常保持土壤湿润，不能忽干忽湿。

番茄需要大量肥，除多施基肥外，定植缓苗后要追施缓苗肥，每亩追施尿素 10kg 左右，当第一穗果实膨大到核桃大小，追催果肥，每亩追施复合肥 15kg；第二穗果实膨大时，每亩追施磷酸二铵 15kg。也可以叶面喷施 0.2% 的磷酸二氢钾或 1%~2% 的过磷酸钙。

### 3. 植株调整

包括整枝打杈、摘心、打掉老叶、黄叶、病叶等。保护地栽培，由于栽植密度较大，一般都采取单干整枝的方式，即保留主枝外，其余侧枝全部摘除，每株留 3~5 穗，摘心。要及时摘除老叶、黄叶、病叶，带到棚外集中烧毁或深埋。

### 4. 吊蔓

待秧苗长到 30cm 左右即可吊蔓。吊蔓不可过晚，过晚茎蔓长、侧蔓多，交错匍匐地面，操作不便，且易折蔓伤叶，碰掉花果。

### 5. 保花保果

保花保果激素的使用方法有：涂抹法、蘸花法、喷雾法。

（1）涂抹法。应用 2，4-D 时采用此方法。使用的浓度为 15~20mg/kg，首先根据 2，4-D 类型将药液配制好并加入少量的红或蓝色做标记，然后用毛笔蘸取少许药液涂抹花柄的离层或柱头上。在使用时应防止药液喷到植株幼叶和生长点上，否则将产生药害。

（2）蘸花法。应用 PCPA、2，4-D 均可采用此法。温度低时使用浓度取高限，温度高时使用浓度取低限，生产上应严格按照说明书配制。将配好的药液倒入小碗中将开有 3~4 朵花的整个花穗在激素溶液中浸蘸一下，然后将小碗边缘轻轻触动花序，让花序上过多的激素流淌在碗里，这种方法防落花落果效果较好，同一果穗果实间生长整齐，成熟期一致亦省工省力。

（3）喷雾法。应用番茄灵可采用喷雾法，当番茄每穗花有 3~4 朵开放时，用装有药液的小喷雾器或喷枪对准花穗喷洒，使雾滴布满花朵又不下滴，此法激素使用浓度与蘸花法相同。

## 七、病虫害防治

番茄主要病虫害有猝倒病、立枯病、病毒病、疫病、叶霉病、斑枯病、灰霉病、青枯病、溃疡病。

（1）叶霉病。在高温多湿条件下易发生，发病后要加大通风量，控制浇水，降低温湿度。药剂可用 50% 的甲基托布津，50% 多菌灵 1 000 倍液，80% 的可湿性代森锰锌 500~800 倍。

（2）疫病。在低温、高湿、阴雨天易发生。发病后要加强通风，提高棚温，摘除病叶、病果。常用药剂 80% 的代森锰锌 600~800 倍，75% 的百菌清 500~700 倍液。

（3）斑枯病。低温潮湿有利发病。发病时应加强通风，降低湿度，及时摘除下部老叶，有利通风。药剂防治同叶霉病。

（4）灰霉病。加强通风排湿，提高棚温。及时摘除病果、病叶、病枝，集中烧毁或深埋。药剂使用 50% 的多菌灵或 50% 的速克灵，分别对水 500 倍或 1 500 倍。

# 第五节　大白菜反季节栽培技术

## 一、品种选择

种植反季节大白菜品种选择十分重要，早春栽培大白菜要选择耐寒性强，晚抽薹的早熟品种，如健春、阳春、强势、春大将、春夏王、京春白等。

## 二、栽培季节

本地一般采用早春 3 月上中旬温室育苗，4 月中旬定植于日光温室或塑料大棚；4 月中旬日光温室育苗，5 月中旬定植于露地。

## 三、育苗

反季节大白菜栽培一般不宜采用直接播种，如是早春栽培的反季节白菜，即使上面覆盖地膜，小苗出土后极易遇到低温，通过春化，造成抽薹或球内包薹。

（1）播种。育苗床的土壤一定要进行消毒或干净的园田土，每 $10m^2$ 播种床施尿素与三元复合肥 11.5kg，过筛后装入 6cm×6cm 的纸钵中，播种前，打透底水，每钵播种子 5~6 粒。播后上覆 0.5cm 的潮湿细土。

（2）苗期管理。出苗后，再撒一层细土填缝，浇水要见干见湿，适当浇氮、磷、钾复合营养液 3~5 次，浓度为 0.2~0.3%。子叶展平时第一次间苗，两片真叶时间第二次苗，4 片真叶时定苗，5~6 片真叶时定植。

苗期最低温度易掌握在10~15℃之间，适温为20~25℃，夜间13℃以上。

## 四、定植

### 1.定植前准备

选择土质肥沃，排灌良好的中性壤土。前茬为非十字花科蔬菜，定植前10~15天进行扣棚烤地及棚室消毒。播前深翻土地，注重基肥，每亩施用腐熟的有机肥4 000~5 000kg、磷酸二铵25kg、硫酸钾15~20kg、条施撒匀后起垄，垄宽50cm，上覆地膜。

### 2.定植反季节大白菜要合理密植

合理密植有利于提前包心，从而缩短生长期，起到早熟防抽薹减少病虫害的效果。种植密度一般以每亩3 300~5 000株为宜。冬春寒冷季节，因气温低，生长期长，密度以3 300株为宜，行距50cm，株距40cm；春末定植，因气温升高，可适当加大种植密度。

## 五、田间管理

### 1.温度管理

棚室定植气温要稳定在10℃以上，定植后要尽量避开10℃以下的低温，以防抽薹开花。

### 2.肥水管理

反季节栽培大白菜，加强水肥管理十分重要，整个生长过程根据土壤条件，随水追肥6~8次，苗期1~2次，以尿素为主。莲座期和结球期以尿素、氮磷钾三元复合肥交替进行施用。每次用量15~20kg。定植时要及时浇水，定植后浇一次缓苗水，以后5~7天浇一次，不宜大水漫灌，雨季注意排水。

## 六、病虫害防治

防治蚜虫一般用10%吡虫啉可湿性粉剂、抗蚜威、快杀敌乳油（顺式氯氰菊酯）、好年冬（丁硫克百威）等；对菜青虫、小菜蛾以及一些鳞翅目害虫选用50%辛硫磷乳油、溴氰菊酯乳油、氯氰菊酯乳油等。真菌性病害——霜霉病、黑斑病；细菌性病害——黑腐病、软腐病；虫害——蚜虫、菜青虫、小菜蛾等，要重点进行及早防治措施。一般每隔5~7天打1次药，真菌病害一般用百菌清、杀毒矾、乙膦锰锌、瑞毒霉等进行防治。细菌性病害一般用农用链霉素、新植霉素、DT可湿性粉剂、菜丰宁、石灰粉（发现病株及时拔除后撒粉消毒）等进行防治。

# 第六节　苦瓜露地栽培技术

## 一、营养价值与食用方法

苦瓜营养价值较高，除含有较高的蛋白质、脂肪、碳水化合物、纤维素外，其维生素C含量居瓜类之冠，是番茄维生素C含量的7~10倍。苦瓜中还有一种糖苷，有增进食饮，促进消化的作用。苦瓜具有清热解乏、明目解毒，提高身体免疫力的功能，对糖尿病的疗效极佳。夏季食用可防中暑，防治皮炎、喉炎等症。

苦瓜可炒食、凉拌、做成蜜饯、酱菜等。苦瓜有一个与众不同的特点，在与鱼、肉等一起烹调时，苦味不沾染其他菜类，因此，人们又称苦瓜为"瓜中君子"。

## 二、品种选择

我地区多采用露地栽培，经多年生产试验筛选出适于本地生产的优质苦瓜品种有长白苦瓜、华绿苦瓜、绿苦瓜 915、利生等。

## 三、育苗

### 1. 营养土配制

腐熟牛粪或马粪 40%，大田土 50%，锯末或炉灰 10%，将其过筛后，每吨加入磷酸二氢铵 1kg。过磷酸钙 5kg、草木灰 10~15kg。每平方米加入多菌灵或甲基托布津 80g，敌百虫 50g。混合均匀，装入 8cm×8cm 的营养钵中至八成满，并喷水使湿度达到 70%~80%（手握成团不滴水即可）。然后把营养钵放到地热线上加温预热。

### 2. 种子处理

苦瓜种子的种皮较厚、出芽困难，播前需用 50~55℃温水烫种，并不断搅动，待水温降到 30℃以下时，再继续浸泡 2 天半，然后用清水投洗一遍，再将洗好的种子装于布袋中用湿毛巾包好置于 30~33℃的暖炕上进行催芽，待 70% 的种子露白时即可播种。

### 3. 播种时期

本地一般是每年晚霜过后，5 月 25 日左右，将苦瓜定植于露地。苦瓜苗龄一般为 40~50 天。因此，播种时期一般在每年的 4 月初。

### 4. 播种

播前在营养钵中心按一浅坑，将催芽后的苦瓜种子芽朝下放在浅坑中，其方向要一致，上覆 1.5cm 的潮湿细土，并覆地膜保温、保湿。待 50% 出苗后揭去地膜。

### 5. 苗期管理

播种后使白天温度保持在 30~35℃，夜间 15℃以上。出苗 50% 后，及时撤掉小拱棚膜，并加盖 0.5cm 的过筛细土，以弥合裂缝，保持土内湿度。中午放风降温，夜间再将棚膜盖上。幼苗出齐后，白天温度保持在 20~25℃，夜间 10℃左右。见干浇水，控温不控水，保持幼苗健壮生长。以后逐渐降低棚内温度，至定植前几天把棚膜全部掀开炼苗。

## 四、定植

定植苦瓜为喜温耐肥作物，需施足底肥。每公顷施优质有机肥 5 000kg、磷酸二铵 30kg，先做成平畦浇水，待土稍干松后，再做成畦面宽 66cm、高 10~15cm 的小高畦，定植前 5~7 天铺上地膜。每畦两行，株距 40cm。

## 五、田间管理

抽蔓后要及时插人字形架，并引蔓上架。春季风沙大，植株茎太弱，爬蔓初期需绑蔓 2~3 道。为使茎蔓分布均匀，以利通风透光，为减少养分的消耗，要将茎蔓 1m 以下的侧枝全部去掉，上部侧枝可放任自由生长。侧蔓上的第三叶至第六叶间的果实要留住，余下叶梢全部打掉。为保证结瓜期生长不衰，要加强水肥管理。在开花、坐果前各浇一次水。一般在无雨情况下，每 7~10 天浇一次水，每隔一次水追一次肥。每次随水追施尿素每亩 10~15kg 为宜。在盛果期还要追施 2~3 次磷肥，每次可追施过磷酸钙每亩 10kg，如有条件，可进行叶面喷洒磷酸二氢钾和尿素混合液 2~3 次。

## 六、病虫害防治

主要病害有病毒病、褐斑病、白粉病、叶霉病等。可选用：

（1）1 000 倍的高锰酸钾溶液。

（2）70% 的甲基托布津可湿性粉剂 800~1 000 倍液。

（3）75% 的百菌清可湿性粉剂 500~800 倍液。

（4）50% 的多菌灵 500~600 倍液。每隔 7~10 天喷一次，视病情发生情况可延长或缩短间隔时间，主要虫害有蚜虫、白粉虱等，可及时用 50% 的乐果乳剂和速灭杀丁喷洒防治。克螨特 1 500~2 000 倍液喷雾防治红蜘蛛。

## 七、采收

为了保证品质脆嫩，以采收中等成熟瓜为宜。待果实长到瘤状突起膨大，果实顶端开始发高，表皮要起亮，花冠开始干枯即可采收，一般 7 月 10 日左右上市。

# 第七节　辣椒露地栽培技术

## 一、品种选择

选用优质、高产、抗病、抗虫、抗逆性强、适应性广、商品性好的辣椒品种。

如中椒 6 号、津椒 3 号、湘研 2、3、5 号，茄门、哈椒一号，巨早 851 等。

## 二、育苗

佳木斯地区一般采用温室播种，大棚移苗的方式。播种期一般在 3 月上旬。

### 1. 营养土配制

播种床园田土 6 份，充分腐熟的有机肥与草炭土 3 份，分苗床、园田土 7 份，有机肥与草炭土 3 份，每立方米营养土中再加入酵素菌 3 号有机肥 10kg，酵素菌 5 号菌肥 0.2kg，石灰 0.5~1kg，硫酸钾 0.5kg，磷酸二铵 0.5~1kg，尿素 0.25kg。配制好的营养土于播种前一周填入苗床内。厚度为 10~12cm。填后踏实，畦面平整，于播种前打透底水备播种。

### 2. 种子处理

将用于播种的种子摊在阳光下晒 2~3 天。晒过的种子用 55℃ 的温水烫种 15min，烫种时不断搅拌并加热保持恒温，15min 后，只搅拌不再加热水，当温度下降到 30℃ 时停止搅动，让其自然降至常温。为了增强杀菌防病效果，将经烫种处理后的种子，搓洗干净，再用 3% 磷酸三钠浸种 20min，或用 1% 次氯酸钠浸种 5~10min，可杀死种子表面病毒、炭疽病、早疫病、枯萎等病原菌。种子经药剂处理后要用清水淘洗数遍，然后置于常温水中浸种 8~12h。

### 3. 催芽

将浸好的种子，捞出后反复搓洗种子表皮的黏液，直到无辣味再进行催芽。把催芽的种子装入清洁的大碗或小盆中，上面盖湿毛巾，温度控制在 25℃ 左右，每天翻动 2~3 次，用清水淘洗一次，一般 4~5 天种子露白，温度降到 20℃ 左右使芽粗壮，待 60% 左右露白即可播种。

**4. 播种**

每 10m² 播种量为干种子 100~150g，播种前按照标准浓度喷洒绿亨一号和辛硫磷，进行床土消毒和防治地下害虫，将催好芽的种子均匀地撒在畦面上，上覆湿润细土 0.5cm，再盖地膜保湿保温。

**5. 苗期管理**

（1）温度。出苗前白天温度保持 30℃，夜温 18~20℃ 为宜。当幼苗出齐，子叶展平后，白天降到 25~27℃，夜温降到 17~18℃。分苗前 3~4 天，应降低温度，白天加强放风，日温控制在 25℃，夜温 15℃ 左右，分苗后一周内，要保持较高的地温，适温为 18~20℃，白天冷温 25~30℃，缓苗后气温降至 22~25℃。定植前一周低温锻炼，夜晚基本上不闭风。

（2）水肥。在浇足底水的情况下，从出苗到分苗前一般不需浇水追肥，但要覆 2~3 次湿细土，防止床土板结和填盖幼苗出土时造成的床土裂缝。每次覆土要选晴天中午温度较高时进行，厚度以 0.5cm 为宜。如果床土过干，可用细眼喷壶浇水，水量不宜过大。分苗前 3~4 天，一定要浇透水，以便起苗时少伤根。分苗后，幼苗长出新叶时开始浇水，每次浇水要浇透。定植前 10~15 天追一次氮素化肥或复合肥。

**6. 分苗**

当幼苗 4 叶 1 心时分苗。分平移和营养钵移植。营养钵移植时先按行距开好沟，将苗摆好后，先盖一部分土，然后浇透水，再覆平畦面，移苗深度以子叶露出畦面为宜。定植在 8cm×10cm 的营养钵中栽 2 株幼苗，子叶略高于土面，然后浇透营养钵。

## 三、定植

**1. 整地施肥定植**

育苗后按行距 50~60cm，株距 25~30cm 定植，每穴两株，每亩可栽 8 000~10 000 株。定植后要浇定植水，水量不宜太大，定植水浇后及时中耕松土，增加地温，促进根系生长并覆地膜。8~10 天后再浇缓苗水。缓苗后及时控水控肥，进行蹲苗，促进根系生长，门椒坐果后结束蹲苗。

**2. 定植及田间管理**

门椒坐住后，结合浇水每亩追施尿素 15kg 或腐熟饼肥 50kg；果实采收时结合浇水每亩追施磷酸二铵 15~30kg。进入盛果期后每 7~10 天浇一小水，隔一水追一次肥，每亩每次用尿素 5~10kg、硫酸钾 8~10kg 或腐熟饼肥 50kg。浇水时禁止大水漫灌及阴天傍晚浇水。

## 四、病虫害防治

**1. 疫病**

（1）发病初期可用 45% 百菌清烟雾剂密闭棚室熏蒸，每 667m² 药量 250~300g，7 天 1 次，视病情可连续熏蒸 3~4 次。

（2）用 5% 百菌清粉尘剂喷粉，每 667m² 1kg 药粉，7 天 1 次，连续 2~3 次。

（3）发病初期，用 64% 杀毒矾可湿性粉剂 500 倍液，或 58% 雷多米尔、锰锌可湿性粉剂 500 倍液、70% 乙磷锰锌可湿性粉剂 500 倍液喷雾。

（4）中后期发现中心病株后，用 50% 甲霜铜可湿性粉剂 800 倍液、72.2% 普力克水剂 600~800 倍液、64% 杀毒矾可湿性粉剂 500 倍液，或 58% 雷多米尔锰锌可湿性粉剂 500 倍液与浇灌病株根部同时进行。

**2. 炭疽病**

（1）保护地熏蒸。发病初期可用 45% 百菌清烟雾剂密闭棚室熏蒸，每 667m² 药量 250~300g，7 天 1 次，视病情可连续熏蒸 3~4 次。

（2）保护地喷粉。用 5% 百菌清粉尘剂喷粉，每亩 1kg 药粉，7 天 1 次，连续 2~3 次。

（3）发病初期用 10% 世高水分散颗粒剂 800~1 500 倍液或 50% 混杀硫悬浮剂 500 倍液，80% 炭疽福美可湿性粉剂 600~800 倍液、1∶1∶200 倍液波尔多液、75% 达科宁（百菌清）可湿性粉剂 600 倍液喷雾，7~10 天 1 次，共喷 2~3 次。

### 3. 病毒病

（1）早期防治蚜虫。用 10% 吡虫啉可湿性粉剂 1 500 倍液，或 25% 阿克泰水分散粒剂 5 000~10 000 倍液，或 40% 乳油 1 000~2 000 倍液喷雾防治。

（2）初发病用 20% 病毒 A 可湿性粉剂 400 倍液，或 1.5% 植病灵乳剂 1 000 倍液，隔 7~10 天喷 1 次，连喷 3~4 次。


# 第八节　露地大葱高产技术


大葱属百合科葱属中以叶鞘组成的肥大假茎和嫩叶为产品的草本植物，由于其具有较高的营养和保健功效，因此，颇受国际市场欢迎。大葱中含有碳水化合物、蛋白质，还含有硫化丙稀，具辛香风味，有杀菌、预防风湿及防治心血管病等药效。

## 一、生物学特性

### （一）形态特征

大葱属百合科植物，植株直立；根系属须根系，在土壤中分布较浅；叶簇生，管状，先端尖，叶表面披蜡粉，叶数保持 5~8 枚；叶鞘为多层的环状排列抱合形成假茎，假茎经培土软化栽培后就是葱白，它是养分的贮藏器官和食用部分，也是大葱的主要经济产物，种子黑色，盾形，种子寿命 1~2 年，使用年限一年。

### （二）生育周期

大葱的生育周期可分为：发芽期、幼苗期、假茎（葱白）形成期、贮藏越冬休眠期、抽薹开花期和种子成熟期。因为大葱的主要经济产物是假茎（葱白），所以，生产上应主攻营养生长，防止抽薹开花。

### （三）对环境条件的要求

#### 1. 温度

大葱是耐寒作物，种子在 2~5℃ 条件下能正常发芽，在 7~20℃ 内，随温度升高而种子萌芽时间缩短。生长最适温度为 15~25℃，气温超过 30℃ 则生长缓慢。大葱 3 叶以上的植株在 0~3℃ 持续 7 天或 3~5℃ 持续 15 天，就可通过春化阶段进入花芽分化。

#### 2. 光照

大葱为短日照作物，对光照强度要求不严格。但若光照强度过低，日照时间过短，光合作用弱，光合产物积累少，生长不良；光照过强，时间过长，叶片容易老化。大葱只要在低温条件下通过了春化，不论在长日照或短日照条件下都能正常抽薹开花。

#### 3. 水分

大葱叶片管状，表面多蜡质，能减少水分蒸发，较耐旱，但根系无根毛，吸水能力差，所以，大葱在各生长发育期都要供应必需的水分。但大葱不耐涝，炎夏高温多雨季节应注意排水防涝，以免烂根死苗。

4. 土壤

大葱对土壤适应性广，但根群小，吸肥能力差，因此，要选择土层深厚、疏松、肥沃、富含有机质的沙壤土种植大葱。大葱对土壤酸碱度要求以 pH 值 7.0~7.5 为宜，pH 值低于 6.5 或高于 8.0 时，对种子发芽及植株生长有抑制作用。大葱对土壤中氮肥较敏感，但仍需与磷、钾肥合理配合施用，才能获得高产。大葱在沙质土壤中栽培，假茎洁白美观，但质地松散，耐贮藏性差；在黏质土中栽培，假茎质地紧密，耐贮藏性好，但色泽灰暗；在沙壤土中栽培则产量高，品质好。

## 二、播前准备

### （一）选择地块

选用地势平坦、地利肥沃、灌排方便、耕作层厚的地块，茬口应选择 3 年内没种过大葱、洋葱、大蒜、韭菜的地块。

### （二）施肥、整地、作畦

前茬收获后，及时清除杂草、残株，每公顷施入腐熟的有机肥 75t，尿素 150kg，磷酸二铵 150kg，硫酸钾 180kg，浅耕 25cm 左右，耕后细耙，整平做畦。根据水源条件和地形确定育苗畦的长度和宽度。一般为畦宽 0.8m，长 10m，高 10cm。

### （三）确定播期

大葱是食用叶和葱白（假茎）的蔬菜，大小均可食用，因而全年均可播种。除冬季保护地播种成本稍高较少采用外，其他时间均可正常播种出苗。

以冬贮大葱为目的必须秋播。佳木斯地区的适宜播种时间为 9 月上旬，旬平均气温在 16~17℃时为最适宜播期，这样易培育壮苗。秋播过早则易先期抽薹，而过晚则苗小苗弱越冬易冻死。

以春季卖羊角大葱或春小葱为目的的，播种适宜期较长，在 5~9 月根据地茬口安排播种即可，需要注意的是在 7~8 月多雨季节防止播种后被雨拍和涝灾。

### （四）选择良种

国内大葱品种主要有章丘大葱、高脚白大葱、赤水大葱、山西楼葱、海阳五叶齐等，它们各有优缺点并有一定栽培面积，其中，以章丘大葱综合性状最好因而栽培面积最大。适于本地栽培的品种有章丘大葱、鸡腿葱、羊角葱、明水大葱等。

栽培大葱宜选用优良大葱品种，只要种子纯度高、栽培技术配套，一定能获得丰收。

## 三、播种及苗期管理

### （一）种子处理与精细播种

1. 发芽试验

播前做葱种发芽试验，合格种子发芽势（5 天）≥ 50%、发芽率（12 天）≥ 85%。

2. 种子处理

将当年采收的新种子放入清水中，搅动 10min，待水静止后，捞出浮在上面的秕种子和杂质，用 55℃的温水浸种 10min，边烫边搅拌，捞出后用 20~30℃的温水浸种 4h，然后搓洗干净种子表皮上的黏液，捞出用纱布包好，放在 16~20℃的条件下催芽，每天用清水淘洗 1~2 次。当 60% 的种子露白时即可播种。

3. 播种

播种前，将播种床灌足底水，待水渗下后，将催芽的种子拌 3~5 倍的细沙，均匀撒播在畦面上，只覆 0.5cm

的过筛细土。播后 2~3 天畦面较干时轻耱一遍，有利于出苗。每公顷用种量 30kg。

（二）出苗前后肥水管理

1. 葱苗生长前期的管理

秋播葱苗从播种出苗到冬前停止生长，生长期约 60 天，天气渐冷，畦面蒸发量小，播种后维持苗床土壤湿润，防止土壤板结。幼苗伸腰时浇一次水。越冬前结合浇防冻水，每公顷追施尿素 150~225kg。

2. 葱苗生长中后期的管理

翌年开春，天气渐暖，葱苗明显返青时，结合划锄拔除杂草，适当晚浇返青水，但不宜过早，水量不宜过大，以免降低地温。以后随节气升高，结合浇水，追肥 2~3 次，并做好间苗、除草工作，分别在苗高 4~6cm 和 8~10cm 时间除病苗、弱苗。间苗后应当控制浇水，防止秧苗倒伏。定植前 10 天停止浇水。

## 四、大葱定植

（一）定植前准备

1. 选择地块

地块和育苗田一样的茬口，选用地势平坦、地力肥沃、灌排方便、耕作层厚的地块，茬口应选择 3 年内没种过大葱、洋葱、大蒜、韭菜的地块。

2. 整地施肥

前茬收获后，及时清除杂草、残株，每公顷施入腐熟的有机肥 75t，磷酸二铵 30~45kg，结合整地翻于垄底后合垄。以冬贮大葱为目的定植沟距为 60~70cm，沟深 20~25cm，沟宽 25cm。

3. 起苗

起苗前，苗畦如过干则应先浇小水，等干湿度适宜时再起苗。起苗时应尽量减少伤残，多留须根。剔除病虫危害严重、伤残以及不符合本品种典型性状的苗，并根据苗的大小分出一二三级苗和等外苗，葱苗最好随起、随选、随栽，葱苗不可放置过久。

4. 移栽期

冬贮大葱一般在佳木斯地区于 6 月上旬定植。栽入大田至少要有 120~130 天的生长期，才能满足高产优质的需要，早移栽增产显著。据试验，6 月 6 日栽植的比 6 月 21 日栽植的增产 29.4%。

（二）定植密度与插栽方式

1. 确定种植密度

密度应根据种植方式、葱苗大小、栽植早晚、地力情况等来确定。一般冬贮大葱密度为株距 5~6cm，每公顷定植 280 000~350 000 株，用葱苗 3 500~4 000kg。

2. 选用秧苗

定植前先将葱苗起出，抖去泥土，按葱苗大小分级，最好只用一二级苗，三级苗备用，等外苗坚决不用。同一级别的葱苗要插在同一地块上。将葱根在 1 000 倍的辛酰磷液中蘸一下再栽植。

3. 插栽方式

如土壤干旱，可先给耕作好的葱沟放水，待水渗下后栽葱，在沟中线按标准株距一棵棵栽下，叶面应与沟向平行。栽植要上齐下不齐，定植深度以不埋没心叶为宜。

## 五、大田管理

大田管理是指从定植后至收获前的整个田间管理。

（一）缓苗期管理

葱苗定植后，原有的须根很快腐朽，4~5 天开始萌发新根，半月后如土壤干旱要适当浇水，以促新根发育，但遇涝则要及时排水,最忌沟中积水。

### (二)植株生长期管理

**1. 中耕除草**

定植后中耕除草 2 次,促进根系发育。

**2. 施肥浇水**

缓苗后,新叶开始缓慢生长,7 月份因温度过高,大葱生长较慢,主要管理措施是中耕除草,防止土壤板结。进入 8 月,天气渐凉,昼夜温差加大,葱白开始加长生长,此时需要开始追肥,即立秋后,结合浇水,追第一次肥,每公顷施磷酸二铵 150~225kg。

8 月下旬天气晴朗,光照充足,气温在 20~25℃,进入管状叶盛长期,要追速效氨、钾肥,即处暑后追第二次肥,每公顷施尿素 225kg,钾肥 50kg,施后结合深锄,破垄填平葱沟,随即浇水。

立秋到白露间浇水要轻,早晚浇。白露到秋分分别追 2 次肥,以速效性肥料为主,每公顷施磷酸二铵 225kg,追后浇水,保持土壤湿润。收获前一周停止浇水。

**3. 培土软化**

一般秋凉以后,每半月培土一次,培土 3~4 次。培土应在露水干后。每次培土不可埋没心叶,以不超过叶身和叶鞘交界为宜。

## 六、病虫害防治

### (一)病害防治

**1. 紫斑病**

施足基肥,提高植株抗病能力;清洁田园,实行轮作;药剂防治:用 65% 的代森锌 600~800 倍液喷雾,每公顷用药量 240kg。

**2. 病毒病**

注意尽量减少葱苗损伤,减少摩擦传毒的途径;实行 2~3 年轮作倒茬,发现病株及时清除。

**3. 霜霉病**

用 80% 的代森锰锌 500~600 倍液喷雾。

### (二)虫害防治

**1. 潜叶蝇**

用 40% 的乐果乳剂 0.5kg,加湅油 1kg,对水 100~250 倍喷雾。

**2. 根蛆**

用 300~400 倍硫酸亚铁灌根,每公顷用量 3~4.5kg。

## 七、收获

在进入 10 月上旬,气温下降至 8~12℃,植株地上部分已停止生长,产品基本长足,在心叶停止生长,土壤上冻前 10~15 天收获。收获过早影响产量,不易贮存,过晚则增加收获困难,叶身受伤。

# 第九节 茄子露地高产技术

## 一、品种选择

适于佳木斯地区栽培，并受消费者欢迎的茄子品种有沈杂茄、齐杂茄、日本线茄、鹰嘴茄、沈茄一号、黑又亮等。

## 二、育苗

佳木斯地区一般采用温室内播种，大棚内移植，播种期在3月上旬。

### 1. 营养土的配制

播种床选用至少三年未种植过茄果类蔬菜的园田土60%、40%充分腐熟的有机肥，每立方米的营养土中还可加入草木灰15kg，磷酸二铵1kg，尿素0.25kg，过磷酸钙1kg或适量的三元复合肥。将上述成分混合均匀，回填到播种床内，厚度以8~10cm为宜，搂平后打透底水，以备播种。分苗床营养土的配制，70%的园田土，30%的腐熟有机肥。

### 2. 种子处理

浸种前晒种1~2天，然后用1%的高锰酸钾溶液浸泡30min，或用50%的多菌灵可湿性粉剂，浸种1h，捞出淘洗干净。然后用种子体积5~6倍的50~55℃的温水浸种10~15min，不断搅拌，降至30℃左右时浸泡8~10h，搓去种子表面的黏液，把处理好的种子捞出用湿布包好，放在30℃左右条件下催芽。催芽期间每天用清水冲洗一遍，一般5~7天即可发芽。当有70%以上的种子露白时播种。

### 3. 播种

播种选晴天的上午进行。将出芽的种子用细土或沙子拌匀后均匀地撒播在播种床畦面上，每平方米畦面撒播15g种子。上盖1cm厚的营养土，后盖地膜。

### 4. 移苗

当茄苗长至4叶1心时移苗，可以采用平移的方式，也可采用8cm×10cm的营养钵移植。平移采用开沟贴苗法，移植密度为8cm×8cm。

### 5. 苗期管理

出苗前，温度保持在25~30℃，夜间16~20℃，地温20℃左右。70%出苗后撤去地膜，齐苗后适当降低室温，白天20~25℃，夜间15℃，并且向苗床撒一次干营养土，防止带帽出土，两片子叶完全展开后再撒一次，每次厚度0.3~0.5cm。

分苗后加强保温，白天28~30℃。夜间16~20℃。当幼苗心叶开始生长时，白天温度控制在20~25℃，夜间13~15℃，防止徒长。定植前10天左右进行炼苗，白天20℃左右，夜间12℃左右。

## 三、定植

在当地晚霜过后，地温在10℃以上可以定植。佳木斯地区一般在5月25日左右。

选用近3~5年未种植茄果类蔬菜的地块。在前茬收获后重施基肥，一般亩施充分腐熟的有机肥5 000kg，再加磷肥25kg，钾肥20kg。将2/3的有机肥撒施于地面，随整地深翻于地下，然后将1/3的有机肥和所有化肥施于垄沟内，起垄。定植密度。株距40cm左右，垄距66cm，亩保苗2 600株左右。

### 四、田间管理

**1. 中耕除草**

在缓苗水浇后，覆膜前，中耕一次，以提高地温和促进缓苗。

**2. 水分**

浇水的原则是先控后促。定植后的缓苗水要适当轻浇，缓苗后至开花前一般不浇水，进行蹲苗。当门茄长到直径达 3cm 时，开始浇水。以后随气温升高，特别是对茄和四门斗膨大时，4~5 天浇一次。使土壤相对湿度保持 80% 左右。到后期气温下降时应减少浇水。

**3. 追肥**

当"门茄"达到"瞪眼期"（花受精后子房膨大露出花等）时，果实开始迅速生长，此时进行第一次追肥。亩施纯氮 4~5kg（尿素 9~11kg 或硫酸铵 20~25kg），当"对茄"果实膨大时进行第二次追肥，"四面斗"开始发育时，是茄子需肥的高峰期，进行第三次追肥。前三次的追肥量相同，以后的追肥量可减半，也可不施钾肥。

**4. 整枝**

门茄坐住后，保留二杈状分枝，并将门茄下的腋芽去除。在生长期原则上不摘叶，随着果实的采收，可将植株下部的老叶、黄叶、病叶摘除。

### 五、病虫害防治

疫病、褐纹病、黄萎病是茄子栽培中的三大病害，重茬地以黄萎病危害最重。在栽培中除采取少中耕、浅中耕、少伤根，多放风，适当控制浇水量的措施外，还应采取以下措施。

① 从无病植株上留种，在 3~4 年内与葱蒜类轮作一次，减少土壤带菌量。

② 用 50% 多菌灵可湿性粉剂 500 倍液浸种 2h，然后用 10% 萘乙酸液剂 10mg/kg 浸泡。

③ 用 50% 甲基托布津可湿性粉剂 500 倍液浇分苗水。

④ 将 50% 多菌灵可湿性粉剂与 10 倍土混全撒于播种床和定植沟内，每平方米用毒土 30g。

⑤ 发病前用 10% 萘乙酸 5mg/kg 液叶面喷洒 2~3 次，每隔 10~15 天喷一次。绵疫病、轮纹病发生期用 75% 百菌清可湿性扮剂 600 倍液或 48% 瑞枯霉 1000 倍液叶面喷洒 2 次，每 5 天一次。黄萎病发病期用抗枯宁 600 倍液或 48% 瑞枯霉 800 倍液灌根，可有效地控制病害蔓延。

# 第十节　青花菜露地栽培技术

青花菜是以绿色或紫色花球供食用的蔬菜，别名西兰花、绿菜花。近些年，随着人们对绿菜花需求量的增加，其种植面积也在不断扩大。

### 一、营养价值与食用方法

青花菜的食用部分为带着花蕾群的肥嫩花茎，其颜色翠绿，风味好，营养价值很高。据分析，每 100g 花球鲜品含蛋白质 3.5~4.5g，碳水化合物 5.9g，脂肪 0.3g，以及多种维生素和多种微量元素，是一种营养成分全面的蔬菜。绿菜花可炒食、凉拌，也是做汤的好原料，并且是中西餐的重要配菜。

## 二、品种选择

适于佳木斯地区栽培的品种有早熟及中熟品种。如墨绿、青绿、东京绿、绿岭、哈依姿等。

## 三、育苗

1. 播种期

播种期由适宜的苗龄和定植期而定。青菜花的适宜苗龄为 35~40 天。因此，播种期由定植期向前推35~40 天。佳木斯地区一般在 4 月上旬和 6 月上旬。

2. 营养土的配制

选用未种过同科蔬菜的园田土 60%。充分腐熟的有机肥 30%，细沙或细炉渣 10%；此外每立方米土中再加过磷酸钙 1kg，尿素 0.3kg，草木灰 15kg。将上述各成分混合均匀，回填到播种床，厚度为 15cm 左右为宜。

3. 种子消毒

用种子重量 0.3% 的 50% 福美双进行拌种。

4. 播种

播种前，将播种床打透底水，再将消过毒的种子均匀地撒播在畦面上，每亩播种量为 20g 左右，需4~5m$^2$ 的播种床。上覆 0.5cm 的过筛细土，然后再盖地膜保湿保温，有 50% 的幼苗出土后，揭去地膜。

5. 苗期管理

播种后至出苗前，苗床不通风，白天 25℃ 左右，夜间 15℃ 左右；出苗后，适当通风，白天 20~25℃，夜间 10~15℃；定植前 1 周进行秧苗锻炼。秋延晚栽培要在荫棚内育苗，并要用塑料薄膜挡雨，以免雨淋之后出苗不齐或出苗后引起苗期病虫害。当子叶展平时及时间苗，控制浇水。当 2~3 片真叶时，分苗一次。当幼苗长至 5~6 片真叶时开始定植。

## 四、定植

早春定植一般在 5 月上旬，秋延晚定植一般在 7 月上旬。

定植宜浅，带土坨移植，以减轻伤根。浇足定植水，后封埯。3 天后浇一次水，水量要小，然后中耕一次，覆地膜。

## 五、田间管理

绿菜花定植后水肥管理的原则是前期促苗，促使植株早缓苗、早团棵；中期控水、控肥，促进根系发育；后期攻蕾，促进花球膨大。一般重点追肥 3 次，第一次在定植后 7~15 天；第二次在定植后 30~40 天，植株有 15~17 片真叶时；第三次在植株现蕾时。每次每 667m$^2$ 追施优质有机肥 1 000kg 或用 25% 沼液浇施。在花球形成期可用 30% 的沼液进行叶面追肥。

绿菜花整个生长期应保持土壤湿润，特别是花球肥大期不可缺水。但绿菜花也怕涝，生长期间要注意排涝。

定植在 5~7 天灌一次水，莲座期适当控制灌水，花球直径达 2~3cm 后及时灌水。

绿菜花易产生侧枝，主球收获前应打去侧枝，或者当大部分主球长到 12~16cm 时，可适当留 3~4 个侧枝。

## 六、病虫害防治

绿菜花经常发生的病害有霜霉病、立枯病；虫害有菜青虫、蚜虫。防治方法同甘蓝。

## 七、采收标准

花球充分长大，表面园整，边缘尚未散开，花球较紧实，色泽浓绿。绿菜花收获期比较严格，采收须做到适时、及时。主球采收后，还可采收侧球 2~4 次。收获后立即送有机加工厂。

# 第十一节　秋白菜露地高产技术

## 一、品种选择

秋白菜宜选用抗病性强，品质佳，产量高的品种种植，如春秋 54，春夏王，佳白二号，鲁白七。

## 二、播前准备

秋白菜种植，对播种期的要求比较严格。要求将营养生长期安排在月均气温在 22~5℃的时期。幼苗期安排在较熟的月份。如果播种期过早，天气炎热，幼苗不健壮，包心后早衰且易诱发病毒病、软腐病等病害；如果播种期过晚，生长天数尤其是积温数不足，则包心不实，影响产量品质。黑龙江省播种期一般安排在 7 月中下旬。

### 1. 整地与施肥

选择土层深厚、肥沃、保水保肥力强的土壤种植，前茬最好选择葱蒜类、瓜类、豆类为宜；十字花科，茄果类不宜选择在前茬作物收获后要及时清园除草，早耕晒垡 10~15 天。秋白菜以底肥为主，每亩施用充分腐熟的有机肥 5 000kg 左右，再整平耙细，以备起垄，起垄时，在垄底每亩施入复合肥 30kg。

### 2. 种子处理

在播种前先将种子放在冷水中浸润，再放入 55℃的温水中，立即捞出至冷水中降温，阴干后播种；药剂拌种采用 50% 福美双可湿性粉剂按种子量的 0.2%~0.3% 拌种。

### 3. 播种密度及方法

黑龙江省一般都采用直播的方式。株行距一般为 40~66cm，亩保苗 2 600 株左右。播种地，先按株距刨埯，埯深 4~5cm，然后在埯中点播种上处理后的种子 8~10 粒，即盖地，每亩用种量 120~150g。

## 三、田间管理

### 1. 间苗

白菜一般在 2 片真叶时间头遍苗，每穴留苗 4~5 株；4~5 片真叶时间第 2 遍苗，每穴留苗 2~3 株；6~8 片真叶时定苗。

### 2. 中耕除草

及时铲蹚灭草，一般在白菜出苗后 6~7 天或间头遍苗后铲头遍地，此时幼苗小、根系浅，浅铲 3~4cm，以除小草为主；定苗前后铲第 2 遍地，以疏松土壤为主，深铲 8~10cm；在白菜封垄前铲第 3 遍地，把培在垄台上的土铲下来，以利莲座叶向外扩展，防止植物直立积水引起软腐病发生。

### 3. 水分

从播种到莲座前，要小水勤浇，防止烧坏幼苗，三水定苗，五水定棵。莲座期应干干湿湿，适当蹲苗促进根系生长及莲座叶生长。结球期开始灌透水，保持土壤湿润。结球后期要逐渐减少浇水，以利收获和贮存。

### 4.追肥

为了促进幼苗健壮生长，弥补基肥发挥作用缓慢的不足，在第一次间苗时施尿素 10kg；莲座期是功能叶和根系健壮发育，球叶分化，为结球期打下营养基础的关键时期，定苗后在苗两侧追施磷酸二铵每亩 20kg；在结球期追肥 2 次，每次追磷酸二铵 15kg，并结合喷药喷施 0.2% 的磷酸二氢钾。

## 四、病虫害防治

结球白菜有软腐病、霜霉病和病毒病三大病害。

### 1.病毒病

在苗期、莲座前期高温、干旱时由蚜虫大量发生而传播，对病毒病本身虽无特效药，但加强肥水管理，防止蚜虫发生可以减少病毒病的发生。蚜虫可用乐果、氧化乐果的 800~1 000 倍液、菊乐合酯的 2 500 倍液防治。

### 2.霜霉病

莲座期内易发生，在氮肥偏多、雨水和雾气较多的年份发病更重。在肥水管理上应多施草木灰等磷、钾肥，增强植株的抵抗力。若发病时可用 40％乙膦铝的 300~400 倍液、64％杀毒矾 700 倍、25％甲霜灵 1 200 倍液和进口的瑞毒霉素 2 500 倍液，均有防治效果。如交替使用，其效果更好。

### 3.软腐病

结球期易发生，雨后植株倒伏，基部机械或虫咬伤或炭疽病病斑伤口的腐烂，都易引起软腐病。除农业防治措施外，农用链霉素、80％的 402 乳油都有防治效果。

除上述三大病害外，黑斑病、炭疽病、白斑病、菌核病也常有发生。以上病害可用 50％甲基托布津 1 000 倍液、40％多菌灵 800 倍液、百菌清 1 000 倍液，均有防治效果。

# 第十二节　西芹大棚高产技术

## 一、营养价值与食用方法

西芹主要以肥厚的叶柄为食用器官，叶片也可食用。它含有丰富的营养物质。如蛋白质、碳水化物、脂肪、多种维生素、胡萝卜素以及粗纤维和多种矿物质。此外，西芹中还含有芹菜苷，挥发油、有机酸内脂等成分，有芳香味，具有健脾养胃、润肺止咳、清肠利便，清脑提神的功效。常食用西芹对高血压、血管硬化、失眠、糖尿病等有辅助治疗作用。

西芹主要是炒食，也可凉拌，还可以做配菜、腌渍、制作菜汁、罐头等，在国际市场上很受欢迎。

## 二、品种选择

适于本地栽培的西芹品种有脆嫩、文图拉。由于西芹生育期比较长，不喜强光，因此，我们北方地区大多采用大棚早春定植。

## 三、育苗

### 1.营养土配制

育苗床选择保水保肥性好，未种植过伞科蔬菜的沙壤土，每 $10m^2$ 播种床施入腐熟的有机肥 12kg，磷酸二铵 0.3kg，过磷酸钙 0.5kg，硫酸钾 0.2kg。将肥料与土充分混合，耙平压实，浇足底水，待水渗下后即可播种。

### 2. 种子处理

先用 48℃的热水浸泡 30min，然后用 15~20℃清水浸泡 24h，搓去种子表面黏液，淘洗干净后将种子沥干，用湿纱布包裹后在 15~20℃温度下催芽。催芽过程中，每 8h 左右翻动 1 次种子，用水冲去种子表面黏液。大约 7 天左右，当有 70% 左右种子露白时即可播种。

### 3. 播种

将催过芽的种子与细砂（砂子体积是种子的 5 倍）混合均匀后播种。播种可条播或撒播。播种密度要比中国芹菜稀一些。播后盖土不易过厚，以免小苗难以出土。播后覆细土，以盖没种子为度，其上再盖稻草，淋足水。约经 5~7 天出苗，去除畦面稻草，而后每天浇水，保持土壤湿润。

### 4. 苗期管理

播种后，出苗前，保持棚内温度 20℃左右。出苗后，适当降低温度，白天不超过 20℃，以 15~20℃为宜，夜间不低于 8℃。以后，随着气温升高，白天应注意通风降温，保持 15~20℃。当幼苗长到 2 片真叶时开始施薄肥，每平方米施尿素 5~10kg。苗密时，应进行间苗，保持苗距 2~3cm 见方。以后，根据情况再追施 2~3 次稀薄肥料，每次每亩施尿素 10kg。整个苗期应经常保持床面湿润。有条件的可在 3 片真叶时分苗，株行距 6~7cm。当幼苗长到 8~9 片叶、苗高 10cm 时即可定植。西芹的苗龄为 60~70 天。

为防止生长杂草，在播种后 2~3 天内用 25%的除草醚可湿性粉剂，每平方米 1g 药对水 80~100g 后均匀喷布畦面。当幼苗长出真叶后，要及时追施 1 次薄肥，用少量腐熟人粪尿或化学氮肥均可。

## 四、定植

西芹定植于大棚内，定植前棚内床土要深翻细耙，每亩施粪肥 5 000~7 000kg 或三元复合肥 100kg，硼肥 500g。定植时，不宜过深，以土壤不埋到生长点（心叶）为度。定植后，要小水勤浇，保持湿润。定植株距为（25~30）cm×（30~35）cm。

## 五、田间管理

### 1. 温度管理

4 月中下旬定植时，平均气温在 16℃左右较适宜西芹生长。缓苗前，可使棚温保持在 20℃左右。超过 25℃则通风。缓苗后可将大棚"围裙膜"拆去，改成防雨棚，既有利于通风降温，又避免了下雨时病害的流行。5 月中旬温度较高，阳光较强时在大棚外覆盖遮阳网，直到采收完毕。

### 2. 肥水管理

夏季栽培西芹要肥水猛攻，不能蹲苗，否则易干旱缺肥，影响产量，降低品质。浇水一般 3~5 天 1 次，使棚内土壤始终保持湿润状态，以促进芹菜旺盛生长并降低地温。追肥应掌握少量多次的原则，一般每 10~15 天 1 次，每次每亩施尿素或复合肥 10~15kg。忌用人粪尿，以免引起烂心或烂根。

### 3. 激素处理

6~7 月气温高，采用遮阳网覆盖后温度可降低 3~5℃，但有时气温仍偏高，可在收获前 20 天左右，用 5%赤霉素喷雾 2 次，以促进芹菜生长，防止植株老化，改善西芹品质。

### 4. 病虫防治

夏季西芹蚜虫、病毒病、斑枯病发生较严重，应注意及时防治。病毒病可用病毒 A、植病灵防治。斑枯病可用杀毒矾、甲霜灵锰锌防治。

## 六、采收

定植后80~100天，株高60cm以上，叶柄变白嫩时为最佳采收期。

# 第十三节　苹果高产技术

## 一、品种选择

1.k9

又名七月鲜，早红。早熟品种，8月上、中旬果实成熟。果实圆锥形，属于中型苹果，最大果重85g，平均果重65g，果实底色绿黄，覆鲜艳红色，外观美，果肉白色稍绿，肉质细脆，味甜酸，微有香气，不耐贮藏。本品种果实可稍提早上市，脆而不涩，在市场上很受欢迎。

2.金红

又名123、吉红。晚熟品种，9月上旬成熟。果实阔椭圆形，基部稍平，属中型苹果，最大果重115g，平均果重75g，底色鲜红，覆红色断续条纹，外形美观，果肉黄白色，质细脆、汁多，甜酸适口，味浓。耐贮藏，可贮90~120天。

3.龙秋

龙秋是一种优良抗寒品种，其品质、耐贮性、经济效益都超过黄太平，该品种树势强旺，萌芽力、成枝力中等，以短果枝和腋花芽结果，结果枝连续结果能力强，早产、丰产。果实短圆锥形，底色绿，彩色暗紫红，平均单果重55g，最大果重80g，肉质致密，汁液多，味酸甜适度，品质优。5月中旬开花，9月中下旬果实成熟，可贮3~5个月。抗寒力强于金红，是大秋理想的授粉树。

4.嫩光

该品种树势强健，树姿开张。萌芽力、成枝力均强。以腋花芽结果为主，采前不落果。果实椭圆形或圆锥形，底色黄，彩色鲜红霞，平均单果重41g左右，品质上等，9月上旬成熟，可贮2~3个月。

## 二、定植

1.土壤准备

秋季或春季按确定的株行距挖坑，一般深60cm左右，直径60~80cm，土层深厚、土质肥沃，坑可挖小些，反之可大些。挖出的表土和底土应分别堆放，然后施入10~15kg有机肥料，准备定植。

2.定植技术

佳木斯地区多以春栽为主，因秋栽容易造成冻害或抽条。最好在4月中、下旬顶浆栽树，成活率高。

定植方法：栽树前，每个栽植坑内选施入10~15kg腐熟的马粪（羊粪、猪粪也可），0.5~1kg磷酸二铵，与表土充分混拌均匀后，放入坑中成馒头状，距坑口地表20cm。栽植时将苗接口向着迎风面，垂直放入坑的中央，根系向四周舒展平，接口留在地表面。填几锹土后，将苗木轻轻向上提一下，以便使根系舒展与土壤紧密，然后填土踏实，直至与地面平齐为止。要注意栽植时不宜过深或过浅，以接口稍高于地表为宜（因灌水后还要下沉）。苗木栽好后，要做成一个圆形水盘，并立即灌水，每株大约需1桶水。待水渗下后，利用干土或沙子，将树盘周围加以覆盖，并对根部培土20~30cm，防止水分蒸发和避免树干摇动。如果天气干旱，还应注意及时灌水，才能保证苗木成活。

3. 栽后管理

（1）树体管理。定植后，根据品种特性定干，以保持树上、树下营养平衡。一般定干高度，60~70cm。树干上的伤口和剪口要及时用铅油涂抹，防止水分蒸发，促进及早萌芽。如有病虫害要及时防治，秋天要特别注意防治大青叶蝉在树干上产卵的危害。

（2）土壤管理。苗木成活后，要及时扒开根部的培土并结合松土以提高地温，加速生长。定植当年要特别注意草荒，一般除草 3~4 次，做到地面疏松无杂草，有利于幼树的生长，减少大青叶蝉的危害。整个生长季节要注意土壤墒情，如天气干旱可浇 1~2 次水，追肥要结合浇水进行，每次每株施化肥 25g 左右。

苗木栽植后，由于多种原因，往往不能全部成活，因此，要经常检查成活情况并及时补栽，以保全苗。

## 三、果园管理

1. 土壤管理

（1）土壤耕作。成龄果园、树冠扩大，彼此相接，根系已布满全园，行间不适宜间作。此时，土壤地力变弱，孔隙度小，通气不良。因此，必须进行土壤耕翻或深翻改土，以满足果树生长需要。幼龄果树可进行局部耕翻，以树冠为准，深翻树盘 30cm 左右。耕翻最好在秋季进行，结合秋施基肥，效果更好。秋翻后要及时耙地，避免冬季少雪，冻伤根系。

（2）中耕除草。进行早春顶浆耙地，保持土壤疏松状态，对提高地温、抑制水分蒸发有良好作用。雨后或灌水后及时进行中耕，不使土壤板结，可以改良土壤的通气状况。每年结合中耕进行除草 4~5 次，保证土壤疏松无杂草。

2. 肥水管理

（1）施肥。施肥是果园管理的重要环节之一。果树长期在一定的地块上，每年都需从土壤中吸收大量的营养物质，所以，要及时补充肥料，改善土壤理化性状，给根系生长创造良好条件。生产上使用的肥料主要有两大类：一是有机肥，包括堆肥、厩肥、人粪尿、草木灰、绿肥等；二是化学肥料，包括氮肥（如尿素）、磷肥（磷酸二铵）、钾肥（硫酸钾）等。有机肥料常用做基肥，化肥常用做追肥。

①基肥：一般多在苹果采收后，结合秋季土壤耕翻或深翻树盘时施入。肥料以土杂肥为主，施肥量随树龄的增长而加大。如定植时，每穴施基肥 10~15kg；4~5 年生时，每年每株施 50~100kg；8~10 年生时，250~500kg。

②追肥：为及时补充果树各生长季节肥料不足，要根据果树物候期追肥化肥。发芽前或开花前，结合灌水或追施尿素，以促进新梢发育和提高产果率，根据树龄大小，可追施 0.5~3kg；新梢旺盛生长期（7 月上中旬），可追施速效的氮、磷、钾混合肥；果实着色期（8 月上中旬），可再追一次速效磷、钾肥，促进枝条发育成熟，提高产量。追肥时，要挖沟深施并结合灌水。为节省劳力，也可把硫酸钾、草木灰等长效磷、钾肥和基肥掺在一起，同时施入。

为了补充土壤施肥的不足，可以进行根外追肥，也可与防治病虫药剂混合使用。适宜的氮肥主要是尿素，使用浓度为 0.3%~1%；钾肥主要是磷酸二氢钾或草木灰，使用浓度分别为 0.3%~0.5% 和 3%~5%。生长期如发现缺铁的叶面黄化树，可喷 0.1%~0.2% 的硫酸亚铁；如发现缺锌的密集丛生的"小叶树"，可喷 0.5% 的硫酸锌。喷肥时，最好选择无风天气，在早晨或傍晚进行，且叶正面和叶背面均要喷到。

（2）灌水和排水。及时灌水，不仅能够促使树体生长发育，又能起到保花保果的作用。佳木斯地区春季干旱，合理灌水更为必要。根据苹果树体需水情况和雨量分布的特点，最好是一年灌水 3~4 次。

第一次灌水在开花前，叫催芽水；第二次在开花后，叫催梢水；第三次在幼果迅速生长期，叫保果水；第四次在土壤结冻前，叫封冻水。每次灌水，都应以灌透为度。灌水方法很多，应因地制宜，若水源充足，可在行间开沟，实行全园灌溉，也可以行间挖沟，根际挖水盘，水经沟流入水盘；若水源不足，可只灌水盘或挖坑灌水。若果园有条件，也可用滴灌或喷灌方法。灌水后，待水渗下，要及时覆土和松土，防止水分蒸发和土壤板结。

雨季苹果园长期积水，会使土壤通气不良，影响根系的正常生理活动，严重时会导致根系的大量死亡。所以，对于低洼的果园，应在四周修挡水坝，把附近流水截住。果园积水后，要及时挖排水沟，排除积水。

3. 整形修剪

（1）幼龄树整形修剪过程。根据苹果生产实践证明，当前以"主干疏层延迟开心形"的树形较好，其优点是整形容易，结果早、产量高、寿命长，是北方寒地苹果生产的主要推广树形。其整形步骤是：

①第 1 年春，苗木定植后即在苗高 80cm 左右处定干（包括 20cm 整形带），定干当年在整形带内抽生3~4 个枝条。

②第 2 年春，选其中生长旺盛的第 1 个直立枝作中央领导干，并留 40cm 短截，剪口下第 3 芽留在预备出第 3 主枝的方向。另选两个方向适当、位置错落、基角大的枝作第 1、第 2 主枝，并留 50~60cm 短截，剪口下第 3 芽留在预备出第 1 侧枝的方向，而且要位于两个主枝的同侧。

③第 3 年春，仍选第 1 个生长旺盛的直立枝作中心主干，并留 60cm 短截。选第 2 年剪口下第 3 芽抽出的枝条作第 3 主枝，留 50~60cm 短截。在第 1、第 2 主枝上选去年剪口下第 3 芽抽出的枝条作各自的第 1 侧枝，留 40~50cm 短截。第 1、第 2 主枝的延长枝留 40cm 左右短截，剪口下第 3 芽留在第一侧枝的另一侧，将来培养成第 2 侧枝。至此，基部三大主枝已全部选出。

④第 4 年春，仍选第 1 个直立枝作中心主干，留 60cm 短截。如第 1 枝过旺或过弱，可用第 2 枝换头。以下的分枝长势过强可重短截，一般情况下可不短截。在第 1、第 2 主枝上选留各自的第 2 侧枝，并适度短截，第 1 侧枝上的分枝轻短截。第 1、第 2 主枝延长枝留 60cm 左右短截，剪口下第 3 芽留在预备出第 3 侧枝的方向。而第 3 主枝上的侧枝剪留方法，与第 1、第 2 主枝剪留枝方法相同。由于第 2 层主枝与第 1 层主枝的距离要求达到 80~100cm，所以，第 4 主枝需待再选。

⑤第 5 年春，除选留中心干外，要在第 3 主枝上方 80~100cm 处，选留两个长势旺、角度好，与第 1 层3 个主枝错落着生的邻近枝作第 2 层主枝，并作中短截。同时继续进行第 1 层主枝各级延长枝和侧枝的选留和修剪。

⑥第 6 年春，在第 2 层主枝上方 60~80cm 处选留一个健壮枝作第 3 层主枝，并进行中短截，其余枝条仍按前述方法进行修剪。过几年后，当树体结构合理，树冠平衡后，在第 3 主枝基部将中央领导干去除，进行落头开心，结束整形工作。

但是，由于各品种特性和环境条件的不同，栽培管理水平的差异，幼树整形的年限也有长短的变化。应在提高栽培管理水平的基础上，利用芽的早熟性和夏季修剪，尽量缩短整形年限，促进幼树提早结果，早期丰产。

（2）结果期修剪。

①结果初期的修剪。6~8 年生小苹果树进入结果初期。此期已由营养生长转入生殖生长阶段，是生长和结果并进时期。此期很容易构成生长和结果的矛盾，因此，整形修剪是非常必要的。

继续保持中心干的优势地位，继续培养主枝、侧枝，不断扩大树冠，直至盛果期，整形才告结束。

平衡树势。在整形修剪过程中，常出现树冠各部分生长不平衡现象，如上强下弱，上弱下强，或某主枝发育过强，另一个主枝发育特别弱等。

对于上强下弱，表现为中心枝及上层主枝长势强，第 1 层主枝较弱。应对中心枝少留枝，对中心枝的延长枝重剪，或利用其下拉枝换头，加大中心枝的弯曲，缓和中心枝的长势。而对第 1 层主枝可以采用相反的方法。

对于上弱下强，表现为基部三主枝过强，中心枝弱。应通过加大第 1 层主枝角度、重剪、留下位芽或下位枝等方法；中心枝则采取轻剪并减少中心枝的结果量等办法加以解决。

对于主枝间的不平衡，在留主枝时可以采取强枝弱剪、弱枝弱剪，或采用抬高或压低主枝角度的办法来调整。对于强枝，应该压低枝头；对于弱枝，应该把枝头抬高。还可以在弱枝上多疏枝或多留果，弱枝上少疏枝或少留果，逐年使其达到平衡。

除了以上调节平衡措施以外，还应该配合环剥、环割、曲枝、疏枝、复剪、晚剪等技术措施，增强枝的结果量，抑制生长。也可以采用留外芽或低芽、里芽外蹬、双芽外蹬，采用支、拉、坠等办法，开张角度，调节树体平衡。

培养结果枝组。树冠形成后，要在各级骨干枝上培养结果枝组，提高产量，防止大小年、控制结果部位外移。培养枝组的方法有：先放后缩法，即对结果枝和营养枝当年不短截或轻短截，在开花结果或形成花芽后，逐渐回缩成为结果枝组；先截后放再回缩法，即对较旺的枝条先重剪，使之靠近骨干枝发出几个分枝，第2年去强留弱，去直留斜，不短截或轻剪缓放，以形成结果枝组。也可以在重剪一年后，对发出的前部枝条缓放结果，后部枝条短截，促生分枝，这样形成前后交替结果的枝组。

回缩辅养枝成为枝组。当辅养枝妨碍主枝时，要逐渐回缩营养枝，把它改造成结果枝组。

处理好几种枝。要控制住辅养枝，要使营养枝在树冠内的空间生长，防止其向外延伸，采取多种抑制生长措施，促进辅养枝大量结果。对于徒长枝，如果没有生长空间，就要在夏季修剪中及时去掉；如有空间，可使用各种抑制生长方法，使之成为结果枝或结果枝组，对于过密的枝、病虫枝、重叠枝、交叉枝要及早疏除。

②盛果期的修剪。这一时期，营养生长减弱，结果枝密集，结实量达到高峰，盛果后期出现树冠焦梢现象，根据此时期的发育特点，要做好以下几方面修剪工作。

调节营养生长和生殖生长的平衡，维持树势，延长盛果期。在新梢生长健壮，花芽量多的情况下，要重剪，要根据品种的结果习性多剪去一些花枝；在新梢生长细小，而花芽分化量却较多时，更要重剪，否则经大量结果后，树体很快衰老，出现小年；对花芽分化量少的树应多疏枝轻短截，尽量多留花芽，以弥补小年。

在盛果期花芽和叶芽的适宜比例为1∶1至3∶2。在修剪过程中，要控制花芽量，保持花芽和叶芽的适宜比例，使果树在结果的同时，长出好的新梢，分化出足够的花芽，这样就可以克服大小年。另外，除靠冬季修剪调节叶果比外，还应利用复剪和疏花疏果等夏季修剪方法进一步加以调整。

注意结果枝和结果枝组的修剪。进入盛果期，结果枝的枝轴较长，分枝较多，但长势一般很弱或者枝条过密，应适当进行疏枝或回缩，枝组过密时可适当疏掉一些。为不使枝组下部光秃和结果部位外移，修剪时应对枝组下部新梢多进行短截，促进其营养生长，而顶端可不剪或轻剪，使其结果。当下部枝组形成后，便可把顶端回缩剪掉，这叫"放前截后"。此种修剪方法能有效地减缓枝轴的伸长和结果部位外移。对每个枝组，修剪时要保留3套枝：结果枝、营养枝（空台枝）、延长枝。保留3套枝修剪法能有效克服大小年发生。

当结果枝组衰老时，可利用徒长枝或结果枝进行更新。

注意利用徒长枝更新衰老的骨干枝。盛果期后，树势开始下降，徒长枝开始增加，骨干枝衰老时，要利用徒长枝逐渐培养更新。

（3）衰老期树的修剪。果树进入衰老期焦梢现象十分明显，新梢短而且数量小，骨干枝残缺不全，病虫害严重，产量下降，徒长枝大量发生，易出现各大主枝背上长出直立大枝的树上长树现象。这时期修剪的主要任务是更新和复壮。

①更新。在衰老树上要提前培养徒长枝，然后对衰老枝有计划地逐年更新，做到既要更新树冠，又要有一定的产量。对徒长枝的增减大体像对待小树一样去整形修剪，但层次要小，间距要小，修剪量要轻。

②复壮。要适当减少衰老树的产量，加强病虫害防治，对更新枝伤口要涂保护剂（铅油等），促进愈合。同时要加强果园肥、水管理，多施有机肥，以恢复树势，延长经济年限。

4. 采收包装

苹果成熟时期在8月中旬至9月下旬。果实成熟要适时采收，采收过早，会降低果实产量和品质；采收过晚，不仅会影响果实的品质和耐贮性，也容易造成产前大量落果，同时，也增加树体后期有机养分的损耗，影响秋季果园作业的进行。

采收工作要在晴天，待早晨露水干后进行。凡雨天、雾天、大风天都不宜采收。采收时要保持果皮无损伤，同时要保护好树体，不能折断枝条，碰伤树皮，尽量减少落叶。采下的果实随即运到选果场进行分级和包装。包装容器多用条筐、篓或纸箱。容器四周、底部和盖要衬垫蒲包、细草或软纸，每筐数量要适宜，一般在30kg以内，保证果实在包装内松而不动，紧而不挤。标明品种、等级，分别堆放。

5. 越冬保护

对于定植后1~3年生的幼树，应进行包草防寒。在霜降前用稻草、草袋片或牛皮纸包扎树干和树干的分枝处。注意包扎时，南部向阳面应稍加厚些，一定要包细包严。对于4年生以上的大树，要在霜降至立冬前后进行树干及主枝丫杈处涂白保护，防止冻害和日烧。霜降后，树干下部培成30cm高的小土堆，特别对于幼树，更应认真培土保护根颈。

## 四、病虫害防治

1. 苹果病害综合防治

（1）苹果发芽前喷1次波美5度石硫合剂。

（2）刮治腐烂病，每年4~5月份为发病高峰期，集中力量，刮去较粗骨干枝的老翘皮，干死皮，直到露出绿皮为止。在刮皮的同时，发现腐烂病斑，要及时刮治，找好边，刮成棱形立茬，然后用2倍腐必清、或10倍DT乳剂等药剂消毒，待药液干后，再消毒一次，最后涂上铅油保护，一般病斑2~3年可全愈。

（3）在苹果树生长期10~15天左右喷一次甲基托布津、多菌灵、百菌清等广普杀菌剂防治病害。

（4）清扫果园和春秋翻地。秋冬清扫落叶，集中烧毁或深埋。在春季或秋季浅翻果园，把病叶埋入土中，减少病菌来源。

2. 苹果虫害综合防治

（1）结合修剪，剪除山楂粉蝶越冬幼虫虫巢，要注意剪掉树上高处的虫巢。剪除天幕毛虫卵和刺蛾的虫茧。

（2）在苹果生长期，定期喷杀虫剂防治。如发现有大量的天幕毛虫、苹果巢蛾、古毒蛾等食叶害虫，喷2.5%敌杀死2 500倍液或杀灭菌酯乳油3 000倍液防治。

（3）发现蚜虫可用40%乐果乳油1 000倍液，或10%吡虫啉可湿性粉剂1 000倍液，或2.5%蚜虱立克乳油1 000倍液防治。

（4）防治桃小食心虫。

① 地面喷药。方法是在5月下旬至6月中旬，在越冬幼虫出土盛期时，集中在树干周围1m左右地面上施药，用50%辛硫磷乳油300~500倍液，喷布要均匀，可杀死出土和表层的幼虫。喷药后用耙子搂一下地面，效果更好。

② 树上喷药。6月中旬至7月下旬，在成虫产卵盛期及幼虫未入果前喷药，用2.5%敌杀死2 000~3 000倍液，或用20%杀灭菊酯乳油3 000~4 000倍液防治。

# 第十四节　李子和杏高产技术

## 一、李子与杏

李子、杏树原产于我国，栽培历史悠久。它是适应性强，结果早，栽培管理容易，又适宜密植的一种果树。李子、杏果实富含营养，柔嫩多汁，既可生食，又可加工，是鲜美的夏季水果。果实成熟期早，供应期长，从 7 月初至 9 月中旬都可供应鲜果，补充了我省水果淡季，是经济效益很高的果树。

## 二、品种选择

（一）李子品种

1. 绥李三号

树势强，树姿较直立，一年生枝淡红色，并有白色片状条纹，二年生枝与多年生枝为灰色，表面光滑。叶片大椭圆形，叶片浓绿，长 10.4cm、宽 4.9cm，先端渐尖，叶基楔形，叶柄较短，花为白色，有花瓣 5 枚，雄蕊 20 个，雌蕊 1 个并与雄蕊等高，花药黄色。果实圆形，大而整齐，平均果重 48.4g，最大单果重 84g，纵径 4.34cm，横径 4.84cm，底色黄绿，熟后紫红色，果面被有白色果粉，果柄短，梗洼窄而深，缝合线明显。果肉黄色、汁多、味甜，有香气，可溶性固形物 16.6%、含糖 13.10%，含酸量 0.27%，纤维少，黏核、核小，品质上。皮厚、较耐贮运。在多雨年份或低洼地栽培稍有裂果现象。

2. 绥棱红李

树姿较直立，生长势强，一年生枝红褐色，多年生枝为灰褐色。叶片大呈椭圆形，浓绿色，表面光滑，叶背无毛、叶基宽楔形、先端渐尖，花芽肥大，近圆形。每个花芽开 1~2 朵花，花白色，花药黄色。果实圆形大而整齐，平均单果重 34.5g，最大果重 50g，果实底色黄绿，彩色洋红，外观极美。梗洼浅广，被有白色果粉，缝合线不明显。果肉黄色、肉质细，肉厚，多汁；味甜，有香气，含糖量 16%，黏核、核小，品质上等。

3. 吉林 6 号（跃进李）

由吉林园艺所育成。果实椭圆形，中等大小，平均果重 26g，果实底色黄绿，彩色紫红，果肉多汁、味甜，品质上等。树势中等，树姿极开张，萌芽力强，成枝力中等。抗寒，丰产。

（二）杏品种

1.631 杏

树形为自然圆头形，树势强壮，树姿开张，主干灰白色，多年生枝褐色，一年生枝粗壮斜生，红褐色，光滑无毛，皮孔大小中等，凸、密、不整形。花芽鳞片紧，紫红色，花蕾桃红色，花冠粉红色，花瓣 5 个、雌蕊 1 枚、雄蕊 38 枚，花药黄色。叶片为椭圆形，先端渐尖，基部圆形，叶柄红褐色，长 3.0cm，叶片长 6.8cm，宽 5.8cm，叶片厚，浓绿色，有光泽，主脉黄色。叶缘整齐，圆钝、单锯齿。果实近圆形，纵径 3.6cm，横径 3.8cm，侧径 3.5cm，平均单果重 32g，最大果重 39g，果顶平，缝合线不明显，片肉对称，梗洼中，果面底黄色，彩色红霞，肉色桔黄，肉质细软，纤维少、汁液中等，味酸甜、微香、离核、核小、品质中上。

2. 龙垦一号杏

树势强、树姿半开张呈圆头形，主干光滑度中等，暗灰色，多年生枝深褐色，一年生枝红褐色，光滑无毛，斜生。皮孔大、凸、较密，近圆形。花芽大、圆锥形，鳞片紧，深褐色，花蕾桃红色，花冠粉白色，冠径 3cm，花瓣 5 个，雌蕊 1 枚，雄蕊 30 枚，花药黄色，蜜盘黄色。雌蕊（1.25cm）高于雄蕊（0.9cm），叶片卵圆形，长 10.45cm，宽 8.97cm，先端渐尖，基部圆形，叶片光滑无毛，浓绿色，叶缘为圆钝锯齿，叶柄长 3~3.5cm，紫红色。蜜腺圆形。果实平底圆形、纵径 4.1cm、横径 4.2cm、侧径 4.0cm，平均株重 30g，最大果重 45g，果面底色黄，彩色红晕。缝合线浅。片肉对称，梗洼中等，果肉桔黄色。肉细、多汁、无纤维、香味浓，果皮薄。可溶性固形物 9%~14%，可食率为 93.2%。酸甜适口，离核、单核鲜重 1.76g，品质上等。

### 3. 依兰杏

树势强健，树姿开张，树冠呈自然圆头形。萌芽力强，成枝力强，以中、短果枝和花束状果枝结果。5月上旬开花，7 月下旬果实成熟，抗寒性强，丰产。8 年生树单株最高产量 46.5kg，平均株产 37.5kg，果实发育期 80 天。树体营养生长期 175 天左右。果实椭圆形、侧扁、果个大，最大果重 66g，平均果重 45g。果实纵径 4.8cm，横径 4.6cm。缝合线明显，而且浅，片肉对称，梗洼深广，果面底色黄绿，彩色暗红，其上有褐点，果肉厚 1.2cm，肉质较粗，稍有纤维，汁液中多，风味酸甜，品质中上等，果核大，单核鲜重 5g，较光滑。离核，可食率 88.53%。

## 三、定植

### 1. 苗木准备

栽植前要按计划，准备足够数量的植株健壮、芽眼饱满、无病虫害的苗木。对有碰伤或折断的根系，应进行修根；用水浸泡一昼夜后即可定植。

### 2. 土地准备

用作建立果园的土地，必须进行深翻。最好是秋深翻，深度为 20~30cm 为宜。翻后整平、耙细，以备栽树。

### 3. 测点挖坑

根据品种、地势、栽培技术，本着合理密植的精神，确定株行距。一般李树行距 4m，株距 2~3m。杏树在平地条件下，栽植鲜食品种各加工品种时，行距 4~5m，株距 3~4m 为宜，山地瘠薄条件下，种植仁用品种时，株行距可小些。根据确定的株行距，进行测点挖坑。最好是秋季挖坑。春季挖坑可于 4 月中旬开始，随化冻随挖坑。坑的大小，以深 60cm，直径 60~80cm 为宜，挖出表土，底土各放一侧，不可混在一起。

### 4. 授粉树的配置

李树、杏树有些品种自花结实率较低，所以，建园时，除考虑主栽品种外，还要配置一定数量的授粉树，都能提高产量。授粉树应选择抗寒、丰产、质佳且主栽品种花期一致的品种。经几年的实验与观察，绥李三号以绥棱红作授粉树为好，绥棱红李的授粉树，以吉林六号、绥李三号、红干核等为适宜。

### 5. 定植时期与方法

（1）定植时期。4 月中下旬顶浆栽树，成活率高。

（2）定植方法。栽植前每个坑里，施入 10~15kg 腐熟的马粪（羊粪、猪粪也可）0.5~1kg 磷酸二铵充分混拌均匀后，放入坑中成馒头形，距坑口地表 20cm。栽植时将苗木接口向着迎风面，垂直放入坑的中央，根系向四周舒展平，接口留在地表面。填几锹土后，将苗木轻轻地向上提一下，以便使根系舒展与土壤紧密结合。然后继续填土踏实，直至与地表平为止。注意栽植时不宜过深过浅，以接口稍高于地表为宜（因灌水后还下沉）。

### 6. 灌水

苗木栽好后，要做一个圆形的水盘，并立即灌水。每株大约灌 1 桶水，水渗完后，利用干土或沙子，将树干周围加以覆盖，防止水分蒸发，表土干裂。如果天气干旱，还应及时灌水，以保证苗木成活。

#### 四、果园土壤管理

1. 幼龄果园的土壤管理

幼龄园的土壤表层，根系分布较多因而保持土壤疏松，有利于幼树的生长发育。所以，要及时进行中耕除草。幼龄园的土壤耕作，应以秋耕为主。通常在9月下旬或10月上旬，结合施肥进行秋耕，深度15~20cm为宜。耕作范围要比树冠大一些，可逐年扩大。春耕要比秋耕浅一些。一般以10~15cm为适宜，距树干越近，越要浅些，以免伤根。春耕应在4月中旬进行。夏季要多次进行除草和松土。

2. 成龄果园土壤管理

（1）土壤施肥。

①施肥时期及数量。秋施肥可于9月下旬进行，春施肥于4月下旬至5月中旬进行。可结合深翻树进行土壤施肥，以有机肥料为主，适量加入化学肥料。李、杏树由萌芽到果实成熟采收这段时间短，其枝条停止生长比仁果类也早，因此，生长前期对养分的要求较多。应于5月下旬和6月下旬各进行一次追肥。前期以氮肥为主，后期以磷、钾肥为主。施肥数量应根据果园的实际情况而定。一般成龄树基肥每株可施有机肥料50~100kg，混入硫酸二铵0.5~1kg。此次施肥对提高花芽质量，促进第二年春的生长和坐果有作用。追肥在坐果后施用，大树每株施硫铵1kg，适量磷、钾肥。

②施肥方法。撒施。结合翻地可将肥料均匀撒在地表面，然后翻入土壤中，深度一般为20~30cm。环状施肥方法，也称圆形施肥法。以树干为中心，在树冠投影半径的1/2处为起点，开一环形沟，深30cm，宽40cm，将混合好的肥料，均匀地撒在垄沟内，上面再覆层土。施肥沟可逐年向外移。此种施肥方法较好。放射状沟施法。以树盘1/2处为起点，外端与树冠外缘相齐，挖6~8条放射状沟，深20~30cm，内浅外深，宽40cm，将混合好的肥料撒入沟内，覆一层土。此种施肥方法能加大根系与土壤的接触面积，不仅肥料利用率高，又节省肥料，适于成龄园应用。

此外还有沟施法，穴施法等。

（2）灌水。

①灌水时期。根据李、杏树对水分的需要特点，通常在早春萌芽前灌一次水。果实膨大期还应灌一次水，此时灌水能加速果实生长和发育，起到保果作用。又能促进叶片增大和枝条生长，有待于制造积累较多的营养物质。由于冬季气温低，早春干旱，秋末在上冻前灌一次封冻水，不仅能增强树的越冬能力，又能起到保墒作用。

②灌水方法。树盘灌水法。围绕树干做一个圆形或方形水盘，范围要比树冠投影小一些。将水灌到盘内，灌水量应以浸透根系分布范围的土壤为宜。灌水后应及时覆盖和松土，防止水分蒸发和土壤板结。此外，还有沟渠灌法与漫灌等。目前，喷灌、滴灌也开始应用灌溉。既省水又能提高灌溉效果。地势低洼的果园，雨大积水时，还应及时排水。

（3）除草、松土、除根蘖。此项工作，不仅能去草助苗，防病虫害，而且能疏松土壤，使土壤中的空气含量适当，有利于微生物活动，充分发挥土壤肥效。所以，果园的除草松土工作，一般每年要进行3~4次。应根据上一年管理的基础和当年雨量大小，决定除草的次数。总之，在果树生长期应当保持土壤疏松无杂草。

结合除草松土工作，彻底铲除根蘖，在以生产果子为主的果园里，这种根蘖白白消耗树体养分是个无用的东西，所以，要及时铲除，节省树体营养，保持地面干净。

#### 五、整形修剪

1. 李树的整形和修剪

根据李树的生长习性，树形以自然开心形较为合适。这种树形顺应李树生长特性修剪量轻；主枝错落着生牢固；树冠内外通风透光良好，能达立体效果，产量高而且果实着色好。修剪时期分为冬季修剪和夏季修剪。佳木斯地区李树冬季修剪，可在 3 月进行，夏季修剪，可在 6 月中旬至 7 月上旬进行。

（1）李树不同年龄时期的修剪。

①幼树整形。幼树修剪以整形为主。当苗木定植后，距地面一定高度定干，平地一般为 60~70cm，山地定干高度可适当低些，50~60cm 较为合适。树冠开张的品种如吉林六号李定干高些，树姿直立的品种如绥李三号、绥棱红等定干可低些。第二年在主干上，选留向四周分布均匀的枝 3~4 个（一年选不够也可下年选）作为主枝，加以培养。其余枝条，过密的疏掉，不密的按辅养枝对待。各个主枝从主干向外的角度，一般为 50 度左右（也因品种而异）。根据枝条生长的强弱，进行适当短截，促使发育成结果枝。以后，每年主枝和侧枝的延长枝，基本上采用上一年的修剪方法进行修剪。当年所选留的侧枝，应当和上一年留下的枝错开，并注意各级枝的从属关系，防止重叠和交叉，这样经过 3~4 年，自然开心形树即可形成。

②成龄李树修剪。要以疏枝和短截相结合的方法进行。尤其是中国李，成枝能力强，影响产量。将一年生枝条短截，不仅有利于枝条生长，而且能扩大树冠，保持树势，也有利于中、下部的侧芽，抽生短果枝或花束状枝。在修剪程度上，一般要稍重一些，剪去枝条的 1/3 强些。根据枝条着生的位置，延长枝应稍留长一些，侧枝则应适当短留一些。通常延长枝的上部，能形成 2~3 个枝条或更多。选取一个开张角度适宜的继续作延长枝，下面再选留 1~2 个枝条作为侧枝，其余枝条可由基部剪除。下垂枝、重叠枝，交叉枝等全部都剪掉。没有更新价值的徒长枝，可由基部剪除。对于主侧枝上的短果枝或花束状果枝，如果数量过多，影响树势，也应适当疏剪。年老的短果枝或花束状果枝，采取回缩更新的剪法，促进更新或去弱留强，保留一定数量健壮的结果枝，以便延长盛果期。美洲李由于成枝力较弱，主要结果枝为针状短果枝。因此，对这类李树，应适当重剪，以便培养成健壮果枝，做为结果的基础。

2．杏树的整形修剪

（1）幼树的整形修剪。根据杏树生长、结果习性，树形应采取自然圆头形为好。全树可留 5~6 个主枝，夹角 50 度左右，各主枝间保持一定距离。每个主枝上隔 30~50cm 选留一个侧枝，方向、部位要错落开。这种树形 3~4 年就可成形。此外，也有采用自然开心形的。幼树修剪以整形为主。一般短截 1/3，使其继续扩大树冠，培养牢固骨架，疏除过密枝，小枝不动，以便形成花芽，提早结果。多保留小枝也有利加速成形。幼龄树必须掌握"长枝多截，短枝少截"的原则，使各主枝生长势平衡。

（2）成龄树修剪。对盛果期的树，要适当加重修剪。防止内膛空结果部位外移。外围的密枝要适当的疏掉，内膛枯枝及时疏掉，以利通风透光。对外围的发育枝，根据其生长的强弱，采取"强枝少截，弱枝多截"的办法，促使枝条上部抽生壮枝，下部形成果枝。对结果枝组要有计划的缩剪，促使发生强枝，以利结果。

（3）衰老树修剪。对衰老树，进行强剪，有计划地更新主枝。对衰老的主、侧枝进行回缩修剪，刺激潜伏芽萌发，培养健壮枝条。如主枝上有徒长枝时，可在徒长枝着生部位之上更新。尽量利用老树膛内发生的徒长枝，对它进行适度短截，促使其抽出结果枝，以防树膛空虚。对老树更新前后要加强肥水管理。

杏树的夏季修剪也很重要，尤其是幼龄树。萌芽后要及时抹掉主干上萌发的芽子。6 月下旬剪去过密、交叉的枝条。这些能减少养分的消耗，使养分集中供给有用枝条生长发育。

因杏树具有早熟性的芽，发副梢能力强，所以，采用夏季修剪的办法，能培养健壮的二次枝，对提高抗寒能力，减少早春花芽受冻，具有重要意义。

## 六、采收和包装

1．果实采收

李、杏果实在树上保留的时间越长，其水分的损失和含糖量的增加也就越明显。因此，不同用途的果实，采收的时期也就不同。李、杏树果实不耐贮运，有些品种采前又容易落果。如果远地运销或当地加工，可在果实七八分成熟度时采收。若是鲜食品种李、杏当地自食或采种用，可充分成熟时采收。采收鲜食用的李、杏，用人工手摘，轻拿轻放，不宜摇树或用杆打落，以免打伤果实和枝叶，影响当年和来年产量。采收仁用杏可在成熟期，人工打落或机械采收。

### 2. 包装和运输

作为外运的果实，应在采收时包装。包装用的果筐，要用笤条或柳条编织，一般不要过大或过高，每筐装 20~25kg 为宜。筐底先铺一层细草或碎纸，然后再铺蒲包。蒲包要高出筐口以便折叠。将摘下果实轻轻放入蒲包内，果实要相互靠紧，以免因摇动而挤坏。装满筐后，在荫棚中散热，叠好蒲包，加盖后用麻绳或细铁丝缝好就可运输了，若不能马上运出，要放在凉爽处暂时贮藏。

## 七、越冬保护

树体的越冬保护是极为重要的。特别是主干、主枝的树皮健康与否，直接关系到树势、树寿和产量。加强李、杏树主干、主枝、树皮的保护，可减少日灼、冻害、病虫害。常用涂白、包草和根颈培土等方法，减轻或避免因变温或低温，而引起的树皮伤害。

## 八、病虫害防治

### 1. 李子食心虫

防治方法：a. 4 月末 5 月初在老熟幼虫活动期，在树冠下喷 50% 辛硫磷乳剂 30~50 倍液，用量为每亩 1kg，喷药后浅耙土壤不但可消灭入土幼虫羽化出土成虫还可防止辛硫磷乳剂遇光分解。b. 在 6 月上、中下旬、7 月上旬成虫盛出期，树上可喷 40% 乐果乳剂 1 000 倍液或 2.5% 溴氰菊酯（敌杀死）2 000 倍液防治。5 天左右，喷一次 25% 多菌灵 300 倍液或 65% 代森锌 500 倍液防治。

### 2. 李子红点病

防治方法：展叶后发病前喷 72% 农用链霉素 4 000 倍液或 77% 可杀得可湿性粉剂 400 倍液防治。

# 第四章　植物保护技术

## 第一节　农作物重点病虫害及防治

### 一、大豆病虫害与防治

#### （一）大豆灰斑病

**1. 症状**

该病害主要为害叶片，也侵染茎、荚和种子，叶上病斑呈圆形、椭圆形或不规则形，初期形成褐色小点，以后逐渐扩展为圆形，边缘红褐色，中部灰色或灰褐色，气候潮湿时叶背面着生灰色霉层；茎上病斑发生于后期，为椭圆形，中央褐色，边缘红褐色，密布细微黑点；荚上病斑为圆形或椭圆形，中央灰色，边缘红褐色；豆粒上病斑圆形或不规则形，灰褐色，边缘暗褐色形状似"蛙眼"。

**2. 发病规律及条件**

病菌以菌丝体和分生孢子在种子和病株残体中越冬，因此，重迎茬地及不耕翻地发病早且重。大豆出苗后在气候温暖潮湿时即可发病，并进行再侵染。较高的湿度和温度对病害发生有利，一般在 6 月上中旬开始发病，但由于气温较低田间不易发现，随着温度升高，降雨增多，尤其是连阴雨天气，将导致病情加重，7 月中旬达到发病盛期，种植过密、田间郁蔽、通风透光不良的地块，以及低洼易涝地块发病重。

**3. 防治**

（1）预防。实施轮作、秋翻。与禾本科作物轮作两年；收获后及时翻地。

（2）田间防治。防治最佳时期在花荚期，大流行年份可在叶部发病初期喷药一次，花荚期再喷一次。推荐药剂：用种子量 0.3% 的 50% 福美双可湿性粉剂拌种。大豆结荚前后喷 50% 多菌灵可湿性粉剂或 30% 复方多菌灵胶悬剂或 70% 甲基托布津可湿性粉剂 500~1 000 倍液，每公顷用药液 600~800kg。

#### （二）大豆菌核病

**1. 症状**

该病害在田间以植株上部叶片变褐枯死而最先引人注意。幼苗期先在茎基部发病，以后向上扩展，病部形成深绿色湿腐状，其上生白色菌丝体，可导致幼苗倒伏、死亡。成株期一般在茎部或茎基部产生暗褐色不定形或条形病斑，扩大后可绕茎一周或一段病斑，后呈苍白色以至枯死，潮湿情况下病部产生白色絮状菌丝体，杂有大小不等鼠粪状菌核；病茎内中髓变空，充满菌丝并散生菌核。后期干燥条件下茎部皮层纵裂，维管束外露呈乱麻状。叶柄、分枝、豆荚均有发病症状，叶柄、分枝苍白，后期表皮破裂呈乱麻状，有白色菌丝体和菌核，豆荚变褐，以后呈苍白状，粒小或不结实，种子多腐坏或干缩。

**2. 发病条件**

（1）气象条件因素。地表温度直接影响菌核萌发、子囊盘形成和成熟，湿度则影响子囊孢子的萌发和侵入。大豆开花后气温适合发病，因此，田间湿度至为关键，如此时多雨（频次多、量适中）、高湿有利于发病，反之干旱少雨则轻。

（2）轮作和邻作因素。大豆连作或与向日葵、油菜、小杂豆（芸豆、小豆等）、麻类连作或邻作，导致田间菌核量增加，初侵染概率增大，发病加重。

（3）田间管理因素。包括耕翻不够或未耕翻，菌核不能被埋入土壤3cm以下，不能阻止其萌发形成子囊盘；施用氮肥过多；大豆生长繁茂，茎秆软弱、倒伏；播种过密等。

3．防治

（1）预防。精选种子，剔除菌核；轮作换茬，与麦类、玉米等禾本科作物及非寄主作物实行3年以上轮作，注意不要与向日葵、油菜等十字花科蔬菜、小豆、绿豆、菜豆等豆科作物进行连作或邻作；采取耕翻、中耕培土等措施深埋菌核，防止萌发和侵染；在无病田选种；注意田间排水及作物施肥，降低田间湿度和氮肥用量。

（2）田间防治。一般在发病初期防治一次，7~10天后再防一次，喷药时要注意均匀。可使用50%速克灵、25%咪鲜胺类、菌核净等药剂对水喷雾。

（三）大豆根腐病

1．症状

幼苗期：在茎基部产生褐色点状病斑，后扩大为棱形、长条形或不规则形大斑，病重时病斑呈红褐色或黑褐色，根部病斑初期呈点状，扩大后为红褐色或黑褐色条状不规则病斑，重病株主根和须根腐烂，造成秃根，病株发育不良，矮瘦，叶小色淡，严重时干枯而死；成株期：病株根部产生不规则褐斑，病部不生须根，地上部瘦小，结荚少。

2．发病规律及条件

病菌在土壤中或病株体内越冬，直接侵染植株，或随雨水、灌溉水及人、畜、农机具携带传播。土壤温度低、湿度大，播种过早、过深，土质黏重通透性差，连作地块均有利于病害发生。

3．防治

（1）与禾本科植物进行2年以上轮作。

（2）大力推广种子包衣技术及拌种技术。

（3）采取适时晚播、控制播深、中耕培土、合理深松、排除田间积水等农艺措施，减轻危害。

（四）大豆蚜虫

1．形态特征

有翅胎生蚜长卵圆形，长1.4mm左右，黄色或黄绿色，触角约与身体等长，淡黑色，分6节，腹管圆筒形，黑褐色，有轮纹，尾片圆锥形，黑色，中部略收缩，有2~4对毛；无翅胎生蚜卵圆形，长1.6mm左右，淡黄色至黄绿色，触角比身体短，腹管长圆筒形，基部较宽，黑色，尾片圆锥形近中部收缩，尾部有3~4对毛。

2．发生规律及条件

一般在5月末、6月初有翅蚜迁飞到大豆田危害幼苗，形成危害源，6月上旬开始，至7月下旬达到高峰，7月底至8月间，由于大豆植株生长点停止生长，气温较高或雨量较大，天敌数量增加等因素的影响，蚜虫种群数量开始消退。但近些年蚜虫发生期明显拖后近1个月左右。大豆蚜发生与气候条件密切相关，4月下旬到5月中旬如果雨水充沛，越冬寄主生长茂盛则有利于越冬蚜虫孵化和成活，繁殖量加大；在盛发期气温高，湿度适中则有利于发生危害，但高温高湿会造成大豆蚜大量死亡。异色瓢虫、七星瓢虫、十三星瓢虫、龟纹瓢虫等天敌数量增加对大豆蚜有抑制作用。

3．防治

要搞好田间发生程度调查，适时防治，当田间点片发生，并有5%~10%植株卷叶，或有蚜株率超过

50%，百株蚜量达到 1 500 头以上，并且田间天敌数量较少，气温较高时应进行防治。

（1）大豆种子包衣可对前期蚜有一定的防治作用。

（2）可应用 40% 乐果或氧化乐果、大功臣、辉丰快克等药剂进行喷雾防治。

（3）6 月中下旬大豆封垄前适时铲蹚培土、灌溉或地面施药，可控制扩散。

（五）大豆食心虫

1. 形态特征

黄褐色至暗褐色小蛾子，成虫体长 5~6mm，翅展 12~15mm。前翅近长方形，外缘近顶角处稍向内凹，前翅前缘有 10 余条黑紫色短斜线与黄褐色相间浅纹，外缘内侧中央灰色，有 3 条纵列紫褐色点；幼虫初孵时乳白色，老熟时红色，头部黄褐色至暗褐色；卵褐色，长 8~10mm。

2. 发生规律及条件

7 月上中旬越冬幼虫向地表转移做茧化蛹，7 月底始见成虫，8 月中旬为盛发期，成虫交尾后在嫩荚上产卵，孵化后蛀入豆荚，9 月幼虫脱荚入土越冬。7 月上中旬及 9 月是大豆食心虫发生的关键时期，降雨均匀、土壤湿润有利于幼虫转移、化蛹及幼虫入土越冬。干旱少雨则对其不利；8 月如连降大暴雨，则影响幼虫存活和产卵；8、9 月气温低，大豆贪青晚熟，豆荚内幼虫发育迟缓，当年达不到老熟，脱荚量少，越冬死亡率大。

3. 防治

（1）农业措施。合理选择豆荚绒毛少的品种打乱产卵习性，或通过熟期选择错过幼虫为害盛期；耕翻豆茬地，增加中耕次数，及时耕翻豆茬麦茬地；实行轮作。

（2）田间防治。可采用敌敌畏熏蒸，即每亩用 80% 敌敌畏乳油 100~150mL，将高粱秆或玉米秆切成 20cm 左右，一端去皮，吸足药液，将药棍的另一端插在豆田，每垄插一行，相隔 4~5m（注意：与高粱田距离要在 20m 以上）；封垄不好、便于叶面施药的地块，可在蛾量高峰期用菊酯类等药剂喷雾防治。

## 二、水稻病虫害与防治

（一）水稻稻瘟病

1. 症状

水稻稻瘟病因其危害时期和部位不同分为苗瘟、叶瘟、节瘟、穗颈瘟、谷粒瘟五种，佳木斯以后四种为主。

（1）叶瘟。常见类型可分为普通型和急性型。

①普通型。即慢性型病斑。是常见的典型病斑，初期为褐色或暗绿色小点，逐渐扩大为梭型病斑，病斑中央灰白色，边缘褐色，其外常有淡黄色晕圈，病斑两端常有向叶脉延伸的坏死线，背面有灰白色霉层。

②急性型。即急性型病斑。病斑为圆形或椭圆形，暗绿色，正反面都有霉层，是病害大流行的征兆。

（2）节瘟。多在抽穗后发生，初在节部产生褐色小点，逐步环形扩大，节部变黑，向内凹陷，易折断，严重时造成白穗。

（3）穗颈瘟。发生于穗颈上，初期为淡褐色病斑，边缘有水渍状褪色现象，向上扩展，长达 2~3cm 的长斑，发病早的可造成白穗，发病晚的成熟度下降，秕粒增加，穗部枝梗和小枝梗也可受害，变为灰白色。

（4）谷粒瘟。发生在稻粒颖壳和护颖部位，有梭形和不规则形褐色病斑，是受侵染较迟造成的，也是第二年的最初菌源之一。

2. 发生条件

（1）种植品种抗病性差则发病重。

（2）氮肥特别是氨态氮施用过多、过晚，长期深水灌溉或冷水串灌，则容易造成植株徒长，组织柔嫩，发育迟缓，抗性降低，有利于病菌侵染。

（3）7月中下旬至8月初多雨、寡照、高湿则有利于病害发生和流行。当气温在24~28℃，相对湿度在92%以上时，植株体表面保持6~10h水膜时最容易感病。如果孕穗末期至抽穗始期多雨、寡照、湿度大，夜间气温最低达18℃以下，并持续5~7天，将导致水稻抗病性下降，极易造成穗颈瘟大流行。

3. 防治

（1）选用抗病品种。

（2）及时处理发病稻草，不要用感病稻草垫房、垫池埂及入水口。

（3）在培育壮秧的前提下，尽量早插秧，多施基肥，早追肥，严格控制氮肥施用量，分蘖末期进行排水晒田，孕穗至抽穗期要做到浅灌，并采取提高水温的方法进行灌溉。

（4）选择药剂科学防治：要结合田间病情调查进行叶瘟防治，如有急性型病斑应立即进行喷药，根据病情发展在10天以后再喷一次；无论叶瘟发生轻重，必须进行穗颈瘟预防，一般在水稻孕穗末期至抽穗始期进行，最好在齐穗期再喷一次。药剂主要有咪鲜胺类、富士一号、三环唑、春雷霉素等药剂。

（二）水稻立枯病、青枯病

1. 症状

水稻立枯病是一种真菌性病害，一般是在水稻一叶一心至二叶一心期发病，表现为病苗心叶枯黄，茎基部变褐色，根部也逐渐变成黄褐色，种子与茎基部产生霉层，因腐烂导致茎与根脱离，易折断而不易拔起，田间呈一簇一簇发生；青枯病是一种生理性病害，多发生在水稻三叶期，病苗因失水导致叶片卷曲青枯，心叶卷筒状，叶片卷成针状，叶色发青，最后呈褐色萎蔫而枯死，田间表现为成片发生，茎基部无病斑，可连根拔起。

2. 发病条件

（1）种子质量差，发芽及生活力降低，抗病力差。

（2）床土黏重、偏碱。

（3）播种过早、过密，覆土过厚。

（4）水分及通风管理不当，床温过高。

（5）育苗期间持续低温后突然高温，雨后暴晴，温差大。

3. 防治

（1）床土配制。选择地势高、地面平坦的园田或旱田做苗床，床土选择有机质含量高、肥沃、疏松、偏酸性土壤。

（2）床土消毒。用青枯灵、立枯净、克枯星、病枯净等药剂浇灌苗床。还可选用壮秧剂一次完成消毒、调酸、施肥及化控壮苗等多项技术环节。

（3）苗床管理。育苗期间以御寒保温为主，1.5~2叶期进行通风炼苗，床温控制在20~25℃；3~4叶期床温不得高于30℃，防止秧苗徒长。

（4）药剂防治。发病初期用35%青枯灵10g对水喷30m² 苗床；50%立枯净可湿性粉剂1.5g/m² 对水2~3kg喷施苗床。也可施用3.2%克枯星、3%病枯净防治。

（三）水稻恶苗病

1. 症状

水稻恶苗病又称公稻子，从苗期至抽穗期均可发病，秧苗发病表现为徒长，比健苗高1/3，植株细弱，叶片和叶鞘狭长，全株呈黄绿色，根系发育不好，病苗多在移栽前死亡，在枯死苗上有淡红色或白色粉霉。本田一般在移栽后一个月左右出现病株，症状与苗期相似，病株分蘖少，节间显著伸长，节部常常露出叶鞘外，剑叶叶片开张角度大，下部几个茎节有许多倒生的不定根；拨开病茎有时可见节的上下组织呈褐色，茎上有暗褐色条斑,有白色丝状菌丝体。

2. 发病规律及条件

带菌种子是主要初侵染源,病株上的分生孢子也具有越冬能力。带病种子播种后引起秧苗感病,健康种子可由分生孢子萌发从芽鞘侵入而引起幼苗发病,感病或枯死病株表面产生的分生孢子也可借风、水传播造成再侵染,水稻开花时,分生孢子侵染花器造成秕谷或畸形,侵入颖或种皮组织内而使种子带菌。脱谷时病部分生孢子会飘落黏附在种子上进行越冬。

(1)种子带菌。

(2)种子或秧苗受伤容易造成病菌侵入。

(3)催芽温度过高,催芽过长,种植过密。土温在 30~35℃时最易引起发病。

3. 防治

(1)建立无病种子田。

(2)拔除病株。

(3)防止苗床干旱、龟裂造成根系损伤,拔秧时避免造成秧苗损伤,避免高温下插秧。

(4)种子消毒。25% 咪鲜胺类 25mL 加 0.15% 天然芸薹素 20mL 加 100kg 水混配,可浸 100kg 水稻种,10~15℃ 5~7 天或 16~20℃ 3~4 天或 20~25℃ 2~3 天,每天搅拌 3 次,取出直接催芽;25% 咪鲜胺类浸种 72h。

(四)水稻鞘腐病

1. 症状

在孕穗期发生于剑叶上,初为暗褐色小斑,后扩大为虎斑状大型褐纹,边缘暗褐色或黑色,中间颜色较淡。严重时遍布整个剑叶叶鞘,包在鞘内的幼穗部分或全部枯死,成为"死胎"枯孕穗;稍轻的则呈"包颈"半抽穗。潮湿时斑面上呈现薄层粉霉,剥开剑叶叶鞘,则见其内长有菌丝体及粉霉,均为本病病症。本病症状易同纹枯病混淆,但纹枯病病斑边缘清晰,且病部不限于剑叶叶鞘,病症主要为菌丝体形成馒头状菌核。

2. 发生条件

(1)品种间存在抗性差异。

(2)孕穗期温度可以满足该病发生,若降雨多且量大或雾大的天气有利发病。

(3)氮肥过多、过迟发病加重。

(4)分生孢子可借助气流、虫媒进行再侵染。

3. 防治

(1)精选种子剔除受伤种子,选择抗性品种。

(2)建立无病种子田。

(3)清除、烧毁带病稻草和残体,消灭菌源。

(4)加强肥水管理,实行配方施肥,勿偏施、迟施氮肥;合理排灌,适时晒田,保证植株生长健壮,后期不贪青,提高水稻抗病能力。

(5)搞好药剂防治,使用 25% 咪鲜胺类、50% 多菌灵、70% 甲基托布津等药剂进行喷雾。在抽穗前5~7 天及抽穗后各喷一次。

(五)细菌性褐斑病

1. 症状

水稻细菌性褐斑病危害叶片、叶鞘、茎、节、穗、枝梗和谷粒。叶片染病,初为褐色水浸状小斑,后扩大为纺锤形或不规则形赤褐色条斑,边缘出现黄晕,病斑中心灰褐色,病斑常融合成大条斑,使叶片局部坏死，不见菌脓。叶鞘受害，多发生在幼穗抽出前的穗苞上，病斑赤褐，短条状，后融合成水渍状不规则大斑，后期中央灰褐色，组织坏死。剥开叶鞘，茎上有黑褐色条斑，剑叶发病严重时抽不出穗。穗轴、颖壳等受害，产生近圆形褐色小斑，严重时整个颖壳变褐，并深入米粒。谷粒病斑易与水稻胡麻叶斑病混淆，镜检可见切口处有大量菌脓溢出。

2. 发生规律及条件

病菌在种子和病组织中越冬。带病种子播后可导致幼苗发病，病菌可从伤口、水孔、气孔侵入，也可随灌溉水、雨水传播。一般在7月初即可见病斑，7、8月冷凉多雨和强风条件发病重。氮肥施用过多、深水灌溉、酸性土壤、杂草繁茂的地块，发病相对较重。

3. 防治

（1）重病区注意选用抗病品种，淘汰易感病品种，剔除带病种子。

（2）及时处理带病稻草，进行稻种消毒，杜绝病菌来源。稻种消毒方法同水稻白叶枯病防治。

（3）加强肥水管理不要过量追施氮肥，合理灌溉，及时排出田中暴雨积水，适时浅水灌溉。

（4）药剂防治：在水稻孕穗期、初穗期、齐穗期施药防治，每公顷用2%加收米1 200mL + 25%施保克900mL或2%加收米1 200mL + 50%多菌灵1 200mL，对水300mL茎叶喷雾。

（六）水稻纹枯病

1. 症状

水稻纹枯病又称云纹病，苗期至穗期都可发病，一般在分蘖期开始至抽穗前后最重。主要危害叶鞘和叶片。叶鞘染病在近水面处产生暗绿色水浸状小斑，后渐扩大呈椭圆形或云纹形，中部呈灰绿或灰褐色，湿度低时中部呈淡黄或灰白色，中部组织破坏呈半透明状，边缘暗褐。发病严重时数个病斑融合形成大病斑，呈不规则状云纹斑，常致叶片发黄枯死。叶片染病病斑也呈云纹状，边缘褪黄，发病快时病斑呈污绿色，叶片很快腐烂，茎秆受害症状似叶片，后期呈黄褐色，易折。穗颈部受害初为污绿色，后变灰褐，常不能抽穗，抽穗的秕谷较多，千粒重下降。湿度大时，病部长出白色网状菌丝，后汇聚成白色菌丝团，形成菌核，菌核深褐色，易脱落。高温条件下病斑上产生一层白色粉霉层即病菌的担子和担孢子。

2. 发病规律及条件

病菌主要以菌核在土壤中越冬，也能以菌丝体在病残体上或在田间杂草等其他寄主上越冬。春灌时菌核飘浮于水面与其他杂物混在一起，插秧后菌核黏附于稻株近水面的叶鞘上，条件适宜生出菌丝侵入叶鞘组织为害。水稻拔节期病情开始加重，病害向横向、纵向扩展，抽穗前以叶鞘为害为主，抽穗后向叶片、穗颈部扩展。早期落入水中菌核也可引发稻株再侵染。水稻纹枯病适宜在高温、高湿条件下发生和流行。生长中后期湿度大、气温高，病情迅速扩展。气温20℃以上，相对湿度大于90%，纹枯病开始发生，气温在28~32℃，遇连续降雨，病害发展迅速。长期深灌，偏施、迟施氮肥，水稻郁闭、徒长促进纹枯病发生和蔓延。

3. 防治

（1）选用抗病品种。

（2）打捞菌核，减少菌源。

（3）加强栽培管理。施足基肥，追肥早施，采取配方施肥，不可偏施氮肥，应增施磷钾肥保证水稻前期不披叶，中期不徒长，后期不贪青；灌水要做到分蘖浅水，适当排水晒田。

（4）药剂防治。可采用甲基托布津、多菌灵防治，或施用井岗霉素等抗菌素防治。

（七）水稻白叶枯病

**1. 症状**

水稻白叶枯病又称白叶瘟、过火风、茅草瘟。整个生育期均可受害，主要表现在叶片上，而在生长中、后期表现明显，各个器官均可染病，叶片最易染病。其症状因病菌侵入部位、品种抗病性、环境条件有较大差异，而以叶枯型最为常见，发病先从叶尖或叶缘开始，先出现暗绿色水浸状线状斑，很快沿线状斑形成黄白色病斑，然后沿叶缘两侧或中肋扩展，变成黄褐色，最后呈枯白色，病斑边缘界限明显。在抗病品种上病斑边缘呈不规则波纹状。感病品种上病叶灰绿色，失水快，内卷呈青枯状，多表现在叶片上部。

**2. 发病规律及条件**

新发区以带菌种子为主，老稻区以带病稻草和残留田间的病株稻桩为主要初侵染源。李氏禾等田边杂草也能传病。细菌在种子内越冬，播后由叶片水孔、伤口侵入，形成中心病株，病菌借风雨、露水、灌水等因素传播。病菌借灌溉水、风雨传播距离较远，低洼积水、雨涝以及串灌、漫灌可引起连片发病；晨露未干病田操作则可造成带菌扩散；高温高湿、多露、台风、暴雨有利于病害流行，稻区长期积水、氮肥过多、生长过旺、土壤酸性都有利于病害发生。水稻在幼穗分化期和孕期易感病。

**3. 诊断**

可采取以下简易方法进行初步诊断。

（1）取新鲜病叶，剪去两端，将下端插入水中，1~2h 后，如上端剪口处有黄色菌脓溢出，可以初步诊断为白叶枯病。也可取病健相间的叶片组织放在载玻片上，滴一滴水，盖上盖片在显微镜下观察，如有乳白色菌脓溢出即为白叶枯病。

（2）受白叶枯病危害的稻叶病组织中的淀粉含量较高，可以用淀粉遇碘变蓝色的规律来识别病叶。取病叶 1~2 片、健康叶 1~2 片，均剪去两端，插入碘溶液中，过 30min 观察，如果健康叶呈红褐色，病叶呈蓝紫色，病叶可以初步诊断是白叶枯病。

（3）取病叶剪去一小段基部，插在红墨水中（稀释 1~3 倍），放置 1h，健部染红，病部仍为绿色或黄色，可初步断定为白叶枯病。

**4. 预防及防治**

（1）加强产地检疫，严禁从发病区引种，规范流通领域植物检疫执法，从根本上堵塞漏洞。

（2）严重感病地块要采取果断措施，就地烧毁稻草、稻糠等病残体，确保病菌不外传、不扩散。

（3）换茬。发病地块至少应在 5~8 年内改种旱田作物。

（4）选用抗病品种。病害常发田、低洼易涝田要选用抗病品种。

（5）种子消毒。用 1% 中生菌素 50 倍液，浸种 12h。

（6）培育无病壮秧。选好秧田位置，搞好水层管理，严防淹苗。在移栽前 7~10 天，用 1% 中生菌素 300~500 倍液均匀喷雾。

（7）大田施药。水稻拔节后，对感病品种要早检查，若发现发病中心，应及时施药防治，大风雨后受淹稻田要喷药保护，所用药剂同秧田。每公顷用 20% 叶青双粉剂 1 500g（或 2% 菌克毒克水剂 1 500mL 或 25.9% 植保灵水剂 1 500mL）+5% 井岗霉素 125g+ 磷酸二氢钾 1 500g，对水 800kg 喷雾，发病严重的田块，7 天以后再防治一次。

（八）水稻潜叶蝇

**1. 形态特征**

成虫是一种灰黑色小型蝇子。体长 2~3mm，复眼黑褐色，触角黑色 3 节，翅淡黑色透明，停息时翅重叠在背面，在阳光下有金属绿色光泽；幼虫体长 3mm，圆筒形，稍扁平，乳白色或黄色，头尾两端较细；

蛹长 3mm 左右，黄褐色或褐色。

2. 发生规律及条件

在我省 1 年发生 4~5 代，往往世代重叠，以成虫越冬。危害水稻基本上以第 2 代为主，其他世代则均繁殖于稻田附近的灌排渠系内的杂草上。成虫喜低温，气温 5℃ 以上开始活动，当气温达 11~13℃ 时最为活跃，30℃ 以上则影响其正常活动。在深灌的条件下，成虫喜在下垂或平伏水面的叶尖部位产卵；在浅灌条件下，卵产在叶片基部。产卵均在白天，每天产卵多次，每次产卵 3~5 粒，每叶卵数为 3~10 粒。每只雌虫一生平均产卵 220 粒，卵散产。幼虫孵化后用口咬破叶面，侵入叶组织内部取食叶肉。浮于水面上的叶片，侵入率可达 90% 以上。幼虫还能转株为害，侵入后 1~6 天转株的多。转株过程中常落入水中死亡。幼虫老熟后，在潜道中化蛹。幼虫为害盛期在 6 月上、中旬，幼虫期 13~15 天。

3. 防治

（1）浅水灌溉。在产卵盛期保持水层 4~5cm，促使叶片直立，减少落卵率和幼虫量，降低转株危害概率。

（2）清除杂草。在秋末或春初清除灌排渠及池埂上的杂草，以减少虫源，降低危害。

（3）药剂防治。在起秧前用 10% 吡虫啉类喷施苗床，做到带药下田；当田间卵量增加，孵化率达到 20% 时进行喷药防治。

（九）水稻负泥虫

1. 形态特征

小型甲虫，体长 4~5mm 左右，头小黑色，复眼黑色，前胸背板黄褐色，鞘翅青蓝色，有金属光泽，每个鞘翅上有 11 条纵列刻点，体腹面黑色。卵椭圆形，初产时淡黄色，几天后变黑褐色，近孵化时变黑色，表面有刻点，在叶表面排列成条状卵块。幼虫半梨形，体长 5mm 左右，头部黑色，体灰黄色，肛门开口向背部，排泄粪便堆积在背部呈泥丸状。

2. 发生规律及条件

一年一代，5 月下旬始见，聚集在畦畔杂草上，秧苗露出水面后成虫即转至嫩叶上为害，沿着叶脉纵向啃食形成丝状甚至咬成光茬，并在叶片上产卵，7~10 天后孵化出幼虫继续为害，幼虫为害盛期在 6 月下旬至 7 月上旬，约 15 天左右。发生期间多雨，气温偏低则有利于为害，冬季温暖则有利于成虫越冬，第二年虫量大、为害重；靠近成虫越冬场所、灌排渠道及杂草茂密的地方，该害虫发生早、发生重。

3. 防治

（1）清除害虫越冬场所的杂草，减少虫源。

（2）适期插秧，不宜过早插秧，以免稻苗过早受害。

（3）经常对稻苗进行虫情调查，一旦发现成虫为害应立即用药剂防治，常用药剂有敌敌畏、敌百虫。在清晨露水未干时进行施药，稻田水层保持 4~5cm 左右，并将排水口堵住以保证药效。

## 三、玉米病虫害与防治

（一）玉米丝黑穗病

1. 症状

玉米生长前期表现为病株节间缩短，较健株低矮，茎秆基部膨大，下粗上细，叶片簇生，叶色暗绿，稍硬而上挺，有时分蘖稍有增多，或病株向一侧弯曲。抽穗抽雄后症状最为典型和明显，常表现为果穗较短小，基部大而顶端小，不吐花丝，除包叶外，整个果穗变成一个大的黑粉包，包叶不易破裂，黑粉不外露；雄穗整株受害变成一个大粉包的情况很少，大多数受害雄穗只是个别小穗变成黑粉包，而穗形不变。病株大多矮化，有的只有健株的 1/4~1/3，营养器官一般不生黑粉，偶尔在剑叶肋生条状黑粉堆。

2. 发生规律及条件

厚垣孢子散落在土壤中越冬，有些落在粪肥或黏附在种子表面越冬，土壤带菌是最重要的初侵染源，其次是粪肥，再次是种子。病菌可存活 2~3 年。属系统性病害，玉米播种后厚垣孢子产生侵染丝侵入玉米幼苗，菌丝进入生长点随植株生长，系统蔓延至雌穗和雄穗，形成黑粉，玉米 3 叶期前为病菌主要侵入时期，4~5 叶以后侵入较少。在玉米 3 叶期以前，土壤温度 21~28℃，湿度在中度偏旱时最有利于病菌侵入。

3. 防治

（1）种植抗病品种。

（2）及时摘除病瘤或拔除病株，收获后清洁田园，减少初侵染源，重病区避免连作，实行轮作。

（3）精耕细作，适期播种，促使种子发芽早，出土快，减少发病。

（4）药剂防治，选用种子量 0.4% 的立克秀、0.5% 的 15% 粉锈宁、0.8% 的 50% 敌克松、0.2% 的 50% 福美双、0.3% 的 12.5% 烯唑醇（速保利）等药剂进行药剂拌种；用种衣剂进行种子包衣。

（二）玉米大斑病

1. 症状

玉米大斑病主要为害叶片，严重时也为害叶鞘和苞叶，玉米抽穗期发病最重。由植株下部叶片先开始发病，向上扩展。叶片受害初期产生灰绿色或水浸状小斑点，后沿叶脉向两端扩大，病斑长梭形，灰褐色或黄褐色，长 5~10cm，宽 1cm 左右，有的病斑更大，或几个病斑连接成大型不规则形斑，严重时叶片枯焦。多雨潮湿天气，病斑上可密生灰黑色霉层。此外，还有一种发生在抗病品种上的病斑，沿叶脉扩展，表现为褐色坏死条纹，周围有黄色或淡褐色褪绿圈，不产生孢子或极少产生孢子。

2. 发生规律及条件

病菌以田间地表和玉米秸垛内残留的病叶组织中的菌丝体及附着的分生孢子的方式越冬，成为第二年发病的初侵染来源。而埋在地下 10cm 深的病叶上的菌丝体越冬后全部死亡。越冬菌源产生孢子随雨水飞溅或气流传播到玉米叶片上萌发入侵。潮湿气候条件下，病斑上可产生大量分生孢子，随气流传播，进行多次再侵染，造成病害流行。

（1）品种抗病性是影响大斑病流行的重要因素，近些年由于感病玉米杂交种的大面积种植，造成大斑病在一些地方流行，损失严重。

（2）玉米连茬地及离村庄近的地块，由于越冬菌源量多，初侵染发生的早而多，再侵染频繁，易造成流行。

（3）气候条件也是病害发生轻重的重要因素，气温 20~25℃，相对湿度 90% 以上，对孢子形成、萌发、侵染有利，所以，中温、高湿的气候条件利于大斑病流行。在北方玉米产区，6~7 月降雨量均超过 80mm，雨日较多，加之 8 月雨量适中，病情发展严重。

3. 防治

（1）选用抗病品种。

（2）实行轮作，避免玉米连作。

（3）减少菌源。在玉米收获后彻底清除田间秸秆，并集中烧毁，或彻底深翻，将秸秆埋入土中，加速病菌分解。用玉米秸秆做堆肥时必须经高温发酵杀死病菌；秋季深翻土壤，深翻病残株，消灭菌源；作燃料用的玉米秸秆应在开春后及早处理完，并可兼治玉米螟；病残体作堆肥要充分腐熟，秸秆肥最好不要在玉米地施用。

（4）适时早播，提早抽雄，错过夏季 7~8 月的多雨天气，对避病和增产具有明显作用，可减轻危害，还要注意合理灌溉及田间排水，保持适宜湿度。

（5）喷药防治。在玉米抽雄前后，田间病株率达 70% 以上，病叶率 20% 时开始喷药。主要药剂有

50%多菌灵可湿性粉剂、50%敌菌灵可湿性粉剂、90%代森锰锌均加水500倍,或40%克瘟散乳油800倍喷雾。每亩用药液50~75kg,隔7~10天喷药一次,共防治2~3次。特别要搞好自交系、制种玉米等高价值玉米田的防治工作。

（三）玉米烂心病

1. 症状

玉米烂心病整个生育期都可发病。苗期发病重,病苗心叶产生明脉,沿脉褪绿皱缩,心叶扭曲畸型,褪绿成浅黄色,叶片上有明显虫食微痕,严重时吃成圆孔,有时叶脉上产生浅黄色坏死斑,植株矮化,不及健株一半。轻病株雄穗发育不良,散粉少,雌穗稍矮,花丝少,籽粒减少,病株根系少而短,不及健株一半。

2. 发生原因

该病害主要是由斑须蝽象成虫刺吸玉米苗茎叶传进病毒,病毒大量繁殖引起。斑须蝽象成虫体长8~13.5mm,宽约6mm,椭圆形,黄褐或紫色,体被白绒毛和黑色小刻点,触角黑白相间;喙细长,紧贴于头部腹面,小盾片末端钝而光滑,黄白色,翅革片淡红褐色至暗红褐色,翅膜面部分淡褐色,翅端长于腹部。足及腹下淡黄色,散布零星小黑点。卵圆筒形,成块状排列整齐,若虫体型与成虫相似,略圆,初龄若虫背面黑褐或黄色部分较多,外观鲜艳,毛较多。以成虫在杂草地越冬,一般每年发生1~2代,属蝽科,食性较杂,为害蔬菜、禾谷类、大豆、玉米等作物,有臭味,俗名臭大姐。早春、越冬代成虫在杂草中活动;4月末至5月初成虫开始迁移到近处蔬菜地危害,特别对藜科波莱危害最重,5月末至6月上、中旬迁到玉米田进行转株危害,成虫能多次交尾,多次产卵,产卵期较长,卵多产在叶背。若虫和成虫均以刺吸式口器吸食寄主植物的汁液,特别喜欢嫩叶、嫩芽、嫩茎。温度在20℃左右,相对湿度60%~70%,成虫最活跃,产卵高峰,危害比较严重。

3. 防治

（1）选用抗病品种。

（2）实行测土配方施肥,氮、磷、钾与微量元素配合施用。每公顷应用玉米专用肥做底肥375~450kg;叶面喷洒微量元素硼、锌,配液浓度0.3%,每公顷喷300kg药液。

（3）药剂防治。要选用组合配方,用杀虫剂消灭斑须蝽成虫,用菌克毒克防治传入玉米茎叶中的病毒。应用40%通杀敌或30%速克毙每亩30mL对水30mL;2%菌克毒克每亩80mL加倍威助剂每亩10mL;用小叶敌每亩50mL,三剂混合后进行喷洒,严重地块连续喷2~3次,间隔期在6~7天。

（四）玉米螟

1. 形态特征

（1）成虫。中、小型黄色蛾子,雄蛾体长13~14mm左右,翅色较暗,呈黄褐色,前翅内横线为暗褐色波纹状,外横线暗褐色,呈锯齿状,外侧黄褐色,中室中央及端部各有深褐色斑。雌蛾体色较浅,前翅鲜黄色,线纹淡褐,外横线呈锯齿状。

（2）卵。卵块较小,常20~60粒呈鱼鳞状排列,卵粒扁平、椭圆形,初乳白色,卵中心有一黑点为幼虫头部。

（3）幼虫。共5龄,初孵时乳白色半透明,成熟幼虫体背灰褐色或淡红褐色,背中线明显,中后胸背面有4个毛片,腹部每节有毛片两排,前排4个较大,后排2个较小,体长20~30mm。腹足钩为三序缺环。

2. 发生规律及条件

玉米螟在我市一年只发生1代。以幼虫在寄主茎秆和根茬内越冬。老熟幼虫耐寒性强,在30~40℃仍能存活。越冬幼虫在6月中旬到7月中旬先后化蛹,7月上旬开始出蛾,陆续延至8月中旬止。出蛾2天后即可产卵。发生数量与越冬基数、化蛹羽化进度及寄生率、田间落卵量有关,而从气象条件看,5、6、7月气温及降雨对其影响较大，一般 5 月低温少雨，6、7 月气温及降雨正常，对其发生有利。5 月气温偏高，可使化蛹羽化进度提前，导致幼虫死亡率增加，5、6 月雨水过多则使化蛹羽化期间寄生率增加，6、7 月严重干旱则不利于玉米螟羽化、产卵及幼虫孵化和存活。

3. 防治

（1）防治时期预测。玉米单株从抽雄到雄穗抽出 1/2 是防治的最佳时期，全田发育进程应在田间 5% 植株进入抽穗始期至 40% 植株达到抽穗 1/2 以上为最佳始期，大约 5~7 天。

（2）利用玉米螟的趋光性，采用高压汞灯诱杀螟蛾。

（3）利用白浆菌封垛封杀螟蛾，或于玉米心叶期施于心叶内防治。

（4）释放赤眼蜂在田间杀玉米螟卵。在 7 月上、中旬玉米螟产卵期，即 7 月 10~20 日期间，每亩地分为 2 次释放赤眼蜂 3 万头。

（5）喷洒生物农药 Bt 乳剂或撒施 Bt 颗粒剂。每亩用 Bt 乳剂 150~200mL，拌煤渣或细沙 3~6kg 制成颗粒剂，在 7 月上、中旬玉米植株大喇叭口期，每株撒施颗粒剂 1~2g 毒杀幼虫。

（五）东北大黑鳃金龟子

1. 形态特征

成虫体长 16~21mm，黑褐色，有光泽，臀板显露，顶端中间有凹陷。卵椭圆形，后变球形，白色有光泽。五龄到六龄幼虫体长 35~45mm，肛腹片上无刺毛列，有钩状刚毛群。蛹长 21~24mm，初期白色后变红褐色。

2. 发生规律及条件

2~3 年完成一个世代，以成虫（金龟子）和幼虫（蛴螬）在土中越冬。每年的 6 月上、中旬是成虫出土活动盛期，为害盛期在 6 月中、下旬，7 月上、中旬为产卵盛期。幼虫共 3 龄，一般于 8 月底至 9 月下旬进入 3 龄幼虫并越冬。到第二年春天越冬幼虫活动，7 月中、下旬化蛹，蛹期平均 21.5 天，羽化的成虫当年不出土，直到翌年的 5 月下旬才开始出土活动。

（1）非耕地虫口密度明显高于耕地。非耕地一般土壤保水性好，空气充足，含有较丰富的有机质，而且土层稳定，这种生态环境条件适宜于东北大黑鳃金龟子成虫产卵、孵化和幼虫的生长发育。

（2）大豆茬、甜菜茬虫口密度大。东北大黑鳃金龟子成虫喜食大豆、甜菜，因此，大豆、甜菜地便成了东北大黑鳃金龟子取食、产卵和幼虫生活的场所。

（3）背风向阳岗地虫量高于迎风背阳地，阳坡岗地不仅土壤含水量适宜，而且土温较高，有利于卵的胚胎发育和幼虫的生长发育。

（4）土壤结构疏松，有机质多，保水性能好的地块有利于发生，一般淤泥土的虫量高于壤土，而砂土地发生较少。牲畜粪、腐烂的有机物有招引成虫产卵的作用，施用未腐熟的农家肥一般发生较重。

3. 防治

（1）秋冬整地。对于蛴螬发生严重的地块，在深秋或初冬翻耕土地，不仅能直接消灭一部分蛴螬，并能将大量蛴螬暴露于地表，使其被冻死、风干或被天敌啄食、寄生等，一般可压低虫量 15%~30%，明显减轻第二年的为害。

（2）合理安排茬口。前茬为豆类、花生、甘薯和玉米的地块，常会引起蛴螬的严重为害，这与蛴螬成虫的取食与活动有关。

（3）施用腐熟厩肥。金龟子及其他一些蔬菜害虫，如菠菜潜叶蝇、种蝇等，对未腐熟的厩肥有强烈趋性，常将卵产于其内，如施入田中，则带入大量虫源。而腐熟的有机肥可改良土壤的透水、通气性状，提供土壤微生物活动的良好条件，使根系发育快，苗齐苗壮，增强作物的抗虫性，并且由于蛴螬不喜食腐熟的有机肥，也可减轻其对作物的为害。

（4）合理施用化肥。碳酸氢铵、腐植酸铵、氨水、氨化过磷酸钙等化学肥料，散发出氨气对蛴螬等地下害虫具有一定的驱避作用。

（5）药剂防治。选用50％辛硫磷乳油1 000倍液喷洒或灌杀；用50％辛硫磷乳油0.5L，拌种250~300kg进行防治。

## 四、小麦病虫害与防治

### （一）小麦腥黑穗病

#### 1. 症状

病菌在麦苗出土前侵入芽鞘，菌丝体随寄主生长而发展，抽穗前无明显症状，一般病株较健株稍矮，分蘖增多，矮化程度及分蘖状况因品种而异；开花时菌丝体侵入穗部破坏花器，形成黑粉；抽穗后病穗比健穗短而宽，直立，颜色较健穗深，病粒外包有灰褐色膜，里面充满黑粉，自然情况下很少破裂，但用手挤压易破裂，散出有鱼腥味的黑粉。

#### 2. 发生规律及条件

厚垣孢子在种子表面或混入粪肥、土壤内越冬，以种子传播为主，只能侵染未出土的幼芽。侵染的最适温度为9~12℃，最低温度为5℃。因此，冬小麦迟播或春小麦晚播，土温低，播种深，出土慢，对病菌侵染有利；土壤持水量在40％以下对孢子萌发较为有利，土壤干燥或过湿均不利于孢子萌发。

#### 3. 检验方法

（1）田间检验。在抽穗前如果发现株高很矮或分蘖特别多的情况，应在田间做好标记，在腊熟期如穗上有菌瘿，将菌株拔下带到室内检验。

（2）肉眼检查。将平均样品1 000g置于长孔规格筛（1.75mm×20mm），或孔径套筛（1.5mm，2.5mm）过筛，仔细检查有无黑粉病粒、菌瘿或病组织碎块。挑取可疑组织，在显微镜下检查鉴定，同时在筛下物或筛上物内挑取可疑感染黑穗病的禾本科杂草种子进行镜检鉴定。

（3）洗涤检验。称取检验样品50g倒入三角瓶内，加100mL灭菌水，振荡器振荡5min，取悬浮液10~15mL注入到离心管内，1 000r/min离心5min，倾去上清液，重新离心一次，将上清液倒掉，加入数滴希尔浮载液（或无菌水），将沉淀重新悬浮起来，使总容积为1mL，每份样检5个玻片，镜检观察。

#### 4. 防治

（1）按照植物检疫操作规程繁育种子，及时进行产地调查和检疫，严禁调运带病种子，防止小麦腥黑穗病传播、扩散。

（2）搞好轮作，适时浅播，促进快出苗。

（3）进行种子处理。用种子量0.2％的40％拌种双拌种，防治小麦腥、散黑穗病；或用种子量0.3％的50％福美双拌种，防治小麦腥黑穗病，兼防根腐病。

### （二）小麦赤霉病

#### 1. 症状

赤霉病从小麦幼苗期就可发病，引起苗枯、基枯和穗枯，其中，以穗枯最为普遍和严重。麦收后，病害还可引起堆积的麦垛和晾晒的麦粒霉烂。

穗腐是由小麦扬花期病菌入侵引起，起初在小麦穗上出现水渍状病斑，以后麦穗枯黄；气候潮湿时，病穗上产生粉红色霉层，此病流行时，田间可见明显的红色麦穗。病菌为害穗颈时，穗颈变褐。

苗枯是由种子带病或土里的病残体带菌引起，轻则病苗长势弱，重则死苗，病苗没有穗腐时的粉红色霉层，只是根部变褐。苗腐发生不普遍。

2. 发生规律及条件

病菌主要以菌丝体和子囊壳在土表的麦株残体及其他植物残体上越冬，主要部位在小麦颖壳、麦秆节部。春季温度回升，越冬病菌开始形成子囊壳。小麦抽穗前后，子囊壳形成达到高峰，产生的孢子逐渐成熟并向空中释放，是引起穗枯的主要菌源。孢子的释放和空气中孢子的数量与降雨有很大的关系。阴雨天多，空气湿度高，子囊壳吸水膨胀，大量释放孢子。小麦抽穗扬花期病菌侵染是引发病害大流行的关键，后期分生孢子再侵染，对穗枯流行作用不大。小麦抽穗扬花期温暖多雨，空气中就会产生大量的赤霉病孢子，麦穗长时间湿润，则有利于病菌侵染，病害加重，反之则轻。阴雨错过了小麦抽穗扬花期，病害不会大发生、大流行。因此，凡是造成田间湿度增高的环境条件都会加重赤霉病危害。地势低洼，土质黏重，排水不良，造成麦田湿度高；氮肥施用过多，小麦长得过于茂密，通风不良或小麦密植也会造成田间湿度大，导致病害加重。

3. 防治

（1）选用抗病品种。

（2）拣起毁存于土表的作物残体。

（3）加强麦田肥水管理施足基肥、看苗施肥、增施磷钾肥，可提高植株的抗病力。做好清沟排渍工作，降低麦田田间湿度，创造有利于小麦植株生长而不利于发病的环境条件，可有效减轻小麦赤霉病发生。

（4）适期早播。早生快发促早熟，避开病菌侵染的高峰期，也可起到防病作用。

（5）药剂防治。用多菌灵、甲基托布津在小麦初花至盛花期喷雾。

（三）黏虫

1. 形态特征

（1）成虫。中型蛾子，体长 17~20mm，体色淡黄或黄褐色。前翅中央近前缘处有 2 个淡黄色圆斑，外侧圆斑较大，其下方有 1 个小白点，白点两侧各有 1 个黑点。由翅尖向斜后方有 1 暗色条纹。

（2）幼虫。老熟幼虫体长 35~40mm，头部棕褐色，正面有"八"字形黑褐色纹，头壳两侧具网状纹。体色变化较大，有淡绿、黄褐、黑褐至深黑，大发生时呈黑色。体表有多条纵线，背中线白色，边缘有细黑线，身体两侧各有两条颜色较浅但极为明显的宽纵带，上面一条常呈红褐色，下面一条颜色极浅，通常呈黄褐色或黄白色，两条纵带的上下两边缘均饰有灰白色细线。身体腹面多呈污黄色。腹足外侧有黑褐色斑。

（3）卵。馒头形，直径 0.5mm 左右。初产时白色，后变黄色，孵化前为灰黑色，排列成链状卵块。

（4）蛹。红褐色，体长约 19mm，腹部第 5、第 6、第 7 节背面近前缘处有横列的马蹄形刻点，尾足有 1 对粗大的刺，两侧各有短而弯曲的细刺 2 对。

2. 发生规律及条件

黏虫是具有远距离迁飞危害能力的"暴发性"害虫，我省黏虫虫源主要来自江淮流域，在该地区发生的一代成虫羽化后，通常于 5 月下旬至 6 月中旬迁入产卵，6 月上、中旬田间出现 2 代幼虫，6 月中、下旬大部分幼虫进入 3 龄期；黏虫迁入后白天潜伏于作物或杂草丛中，黄昏时开始活动，具有趋光性和假死习性，5~6 龄进入暴食期。为害植物种类很多，主要危害禾谷类作物，大发生年份也危害亚麻、甜菜、番茄、豆类等作物。

（1）虫源基数的大小和质量黏虫具有远距离迁飞危害的特征，从虫源基地迁来的蛾量及其产卵潜力的大小，直接影响下代的发生量大小。

（2）气候条件。黏虫不耐 0℃ 以下低温和 35℃ 以上高温，各虫态适宜温度在 15~25℃，适宜的相对湿度为 85% 以上。中温高湿条件成虫产卵量大，卵的孵化率和幼虫成活率高，有利于黏虫大发生。干旱，尤其是高温干旱对黏虫发生不利，长期降雨尤其是暴雨对黏虫发生也起较大的抑制作用。

（3）农业因素。水肥条件好，生长繁茂的小麦、水稻、谷子田内湿度大，温度上升亦迟缓，有利于黏虫大发生。高粱地内杂草丛生，不仅为黏虫提供了食源和早期栖息环境，而且使农田小气候湿度适宜，利于黏虫发生；虫源基地小麦等黏虫喜食作物种植面积的大小，影响迁飞数量的多少。所以，如果迁入蛾子数量大，且具有适合其发生的气候条件或农田小气候环境，就会造成黏虫大暴发。

### 3. 防治

搞好田间调查，6月上、中旬以查卵为主，6月中、下旬以查幼虫为主，每米垄长有卵0.5块或有幼虫10头以上时应进行防治，防治最佳时期在幼虫3龄左右。

（1）采卵诱卵。将稻草切成50cm长，每3根扎成一把，每隔20步插一把，每公顷插40~50把。这一方法对玉米、高粱较为有效。

（2）人工捕杀及中耕除草。在幼虫发生期进行。

（3）应用大功臣、辉丰快克，或氧化乐果等药剂进行防治。

## 五、甜菜病虫害与防治

### （一）甜菜立枯病

#### 1. 症状

又叫黑脚病、猝倒病，是由多种病菌引起，而我省主要以丝核菌及镰刀菌为主。从种子在土中发芽开始到长出2~4对真叶期间均可发生，3~4对真叶之后病害逐渐停止扩展。一般发病症状是，最初在幼根和近表土上下的子叶下轴出现水浸状浅褐色病痕，严重时可扩展达整个子叶下轴根部。发病组织往往变细，产生缩缢病状，整个根部和子叶下轴变黑腐烂，植株倒伏死亡。发病轻微的幼苗，病菌只侵入幼苗的表皮或初生皮层，后经幼根皮层脱落，幼苗仍可恢复正常，不致大量死亡。丝核菌危害大部分在出土后才有症状，表现为子叶下轴到根部呈淡褐色，逐渐变细，出土前很少腐烂；镰刀菌危害则引起幼苗猝倒，病组织呈褐色至黑褐色。得病甜菜在生长中期往往形成叉根。

#### 2. 发生规律及条件

土壤带菌和种子带菌是病菌传播的主要方式。这些病菌以不同方式在土壤或死掉的病残体上越冬，第二年春暖之后借助雨水、风力等条件或以种子为媒介进行传播。一般在土壤温度较低、湿度较大的条件下发病较重。土壤排水不良的下湿地，土质黏重或土壤结构不良的地块容易引发病害发生。

#### 3. 防治

（1）合理轮作。一般要安排禾本科作物作为前茬，避免重迎茬，尽量不用菜茬、豆茬做前茬。

（2）合理施肥。增施磷肥和硼肥，促进幼苗强壮，提高抗病性。

（3）整地保墒。应在上茬收获后及时进行秋翻整地，保持土壤墒情，结合施入有机肥，为下一年播种创造良好的条件。

（4）适宜播种。播种时间不宜过早，一般在4月15日以后，播种不宜过深，以3cm左右为宜。

（5）种子消毒。用60%多福合剂按种子量的0.8%拌种；种子100kg，对水80~100L，加50%福美双可湿性粉剂或35%甲基硫环磷乳油2kg，在播种前一天闷种，24h即可播种。应用种子包衣技术。

### （二）甜菜根腐病

#### 1. 症状

甜菜根腐病是甜菜块根生育期间受几种真菌或细菌侵染后引起腐烂的一类根病的总称。主要有5种。

（1）镰刀菌根腐病。又称镰刀菌萎蔫病，主要侵染根体或根尾，患病处常呈褐色干腐，发生纵、横裂缝；被害的维管变褐色，木质化，病菌从主根或侧根、支根入侵，经过薄壁组织进入导管，造成导管褐变或硬化，块根呈黑褐色干腐状，根内出现空腔。发病轻的生长缓慢，叶丛萎蔫，严重的块根溃烂，叶丛干枯或死亡。

（2）丝核菌根腐病。又称根颈腐烂病，菌丝无色，主丝与侧丝的分枝处缩缢，后变为淡褐色，呈直角分枝，互相集结成菌核。根尾先发病，初现褐色斑点，逐渐扩展腐烂，凹陷 0.5~1cm，后在病斑上形成裂痕，从下向上扩展到根头。病组织呈褐色或黑色，严重的整个根部腐烂，有时病部可见稠密的褐色菌丝。

（3）蛇眼菌黑腐病根体或根冠处出现黑色云纹状斑块，略凹陷，从根内向外腐烂。表皮烂穿后出现裂口，除导管外全都变黑。

（4）白绢型根腐病。根头先染病，后从根头开始向下蔓延，病组织开始变软凹陷，呈水渍状腐烂，外表皮或根冠土表处长出白色绢丝状菌丝体，后期其上长出油菜籽大小的深褐色小菌核。

（5）细菌性尾腐根腐病。细菌从根尾、根梢侵入，病组织变为暗灰色至铅黑色水浸状软腐，由下向上扩展，造成全根烂腐，常溢有黏液，散出腐败酸臭味。

2. 发病规律及条件

引起甜菜根腐病的几种真菌主要以菌丝、菌核或厚垣孢子在土壤、病残体上越冬；细菌在土壤及病残体中越冬，翌年借耕作、雨水、灌溉水传播。主要从根部伤口或其他损伤处侵入。6 月中、下旬开始发病，7 月中旬至 8 月中旬进入发病盛期。该病发生情况与甜菜生育状况和环境条件关系密切，在田间生育不良的根、畸形根、虫伤根、人为造成的伤根均有利于病菌侵入。

（1）7~8 月降雨多、土壤水分过大，有利于病菌传播。

（2）土质黏重板结，通气性差，植株呼吸受阻，生育不良，导致发病加重；土壤干旱，侧根及根毛易断或旱死，有利于镰刀菌侵入。

（3）低洼地块，春季土壤温度低，甜菜生长缓慢，植株根系的细胞渗透压在低温中影响水分通过，造成细胞原生质被破坏，根系生长缓慢或停滞或损伤，而导致发病。

（4）轮作年限短，土壤中菌源多，发病重。

（5）地下害虫为害造成根部伤口，有利于病菌从伤口侵入。

（6）品种间有明显抗病差异。

3. 防治

甜菜根腐病是土壤传染病害，主要在不良土壤及不适宜的气象条件下发生。因此，采取预防为主，综合防治措施才能避免或减轻根腐病的发生。

（1）选用抗根腐病品种。

（2）精选土地。选择地下水位低、排水良好、土壤肥沃的平岗地、平川地种植甜菜，避免在低洼湿地和前茬用过普施特、豆磺隆等药剂的地块种植。

（3）合理轮作。采用 4~5 年轮作制，促进地力恢复；甜菜应以小麦、玉米、土豆等茬为主，大豆茬应注意药害。

（4）深耕深松。土壤通过秋翻、耙压、平整、开沟、施肥、起垄等田间作业，能打破犁低层，加深耕层，提高地温，增强透气、透水性能，改善土壤结构及营养状况，促进根系良好发育，减少病菌侵入。

（5）适时播种，加强田间管理。要适时早播种，适时早疏苗、定苗，实行三铲三蹚以上，改善土壤温湿度，增加土壤透气性，促进甜菜快速生长。

（6）药剂防治。育苗移栽时用敌克松和五氯硝基苯进行土壤消毒；在甜菜根腐病初发期，用 50% 土菌消可湿性粉剂 1 000 倍液喷洒，可收到好的效果。

（三）甜菜褐斑病

1. 症状

主要发生在甜菜植株的叶片及叶柄上。最初在叶片上出现褐色或紫褐色小圆点，并逐渐扩大为直径 3~4mm 的病斑。病斑外缘呈红褐色。后期褐斑中央出现灰白色霉层，天气潮湿时更明显；病斑中央薄而易碎。发病后期病斑逐渐连片，导致叶片干枯死亡。病斑先在外层叶片发生，逐渐向内层扩展。由于受害叶片不断死亡，加速新叶生成，导致根头增大加长，形状如菠萝。叶柄受侵染时，出现梭形病斑。

**2. 发病规律及条件**

甜菜褐斑病的发生和流行受气象条件、致病菌数量及甜菜自身抗病性的制约。

（1）适宜发病的气候条件。当平均气温在 15℃ 以上，连续两天以上降雨，相对湿度超过 70% 时，地表病叶便会产生孢子。之后若再次降雨，10~15 天后就会出现第一批病斑。东北产区首批病斑一般出现在 7 月上、中旬。如果每 10 天平均气温在 19~25℃，最低平均气温 13℃ 以上，至少有 1~2 次降雨，每次雨量在 20mm 以上时，病害就会迅速扩展。

（2）越冬致病菌的数量。多年种甜菜的老区，田间越冬致病菌丝团多，一般发病较重；新地块发病轻。在重、迎茬地块或靠近上年发病地块种甜菜时发病重。

（3）甜菜品种的抗病性。一般国外非抗性品种易感病，而且发病重；而我国育成的多倍体品种甜研 301、302 等甜研系列品种抗病性强、发病轻。

（4）植株的不同生长阶段。苗期及新叶基本不感病；一般长出 15 片真叶后易感病。

**3. 防治**

甜菜褐斑病是由多种发病因子引起的流行性病害，所以，单一防治措施难以有效控制，应采取选用抗病品种、栽培技术和药剂防治相结合的综合防治办法，才能取得效果。

（1）采用抗病性品种。甜研 301、302、303 或 201、202 等甜研系列品种对褐斑病表现出较强的抗性。通常比一般品种抗性高出 1 级、产糖量高 10% 以上。

（2）严格实行 4 年以上轮作。甜菜地绝不可重、迎茬，而且地块要远离上年甜菜地块（500~1 000m），以免病菌传播。

（3）彻底清理田间病残茎叶。收获后，发病地块的甜菜茎叶要彻底清除，并实行秋翻地，减少病源。

（4）药剂防治。目前，防治甜菜褐斑病效果较好的农药有以下几种。

① 50% 甲基托布津可湿性粉剂 1 000 倍液。

② 70% 甲基托布津可湿性粉剂 1 500~2 000 倍液。

③ 50% 多菌灵可湿性粉剂 1 000 倍液。

④ 40% 灭病威或 40% 白霜净（即 20% 多菌灵 + 20% 硫黄）胶悬剂，每亩 50~60mL，即 600~800 倍液。

⑤ 20% 三苯基醋酸锡（毒菌锡）1 000~1 500 倍液。

⑥ 75% 百菌清可湿性粉剂 250~400 倍液。

药剂配制的方法。将称好重量的药剂先加少量水调成糊状，之后加足水充分搅拌成所需浓度，每亩用药液 40~50kg。当田间首批病斑出现时即应喷第一次药，以后每隔 15 天左右喷一次。发病严重地块应喷药 3~4 次。如果喷药当天遇雨，应视情况补喷。

**（四）甜菜跳甲**

**1. 形态特征**

成虫体长 2.2mm，长圆形，黑色，有青铜光泽，前胸背板和鞘翅上有许多小黑点，排列成行。触角基部及胫节、跗节为黄褐色。

（1）卵。椭圆形，淡黄色，略有透明，长 0.4~0.5mm。

（2）幼虫。体长 4~5mm，略呈筒形，尾端细。

（3）蛹。椭圆形，浅黄绿色，长 23mm。

**2. 发生规律及条件**

以越冬成虫在春夏之交咬食甜菜子叶、第一对真叶及生长点，叶片出现许多孔洞，大发生时将幼苗全部食光，造成田间缺苗，或毁种。甜菜跳甲一年发生 1 代，以成虫在藜科和蓼科草丛中越冬，第二年春季气温升高时成虫开始活动，在东北地区，一般 4 月下旬越冬成虫开始取食藜科杂草，5 月上旬甜菜幼苗出土后，大量成虫迁移到甜菜地里，5月上、中旬为危害盛期，大量成虫咬食甜菜子叶和幼嫩真叶，使甜菜叶片出现圆形或不规则形孔洞。5月下旬逐渐减少，6月基本不再为害。成虫喜在藜科和蓼科植物上产卵，一般成虫羽化后，在8月末取食藜科和蓼科植物，并准备越冬。

（1）天气高温、干旱，成虫活跃，取食量大，危害严重。

（2）田间藜科、蓼科等野生杂草多，有利于甜菜跳甲取食和越冬，为下一年提供大量虫源。靠近荒地格子的地块，也因越冬成虫多而受害严重。

3. 防治

（1）清除越冬成虫。秋末或春初及时铲除田边杂草，消灭虫源，减轻受害。

（2）种子处理。播种前，按种子50kg、水50L、35%甲基硫环磷乳油1.0kg的比例闷种24h，之后正常播种。进行种子包衣。

（3）田间防治。未采取预防措施的地块，应在5月上旬害虫迁入时及时调查及喷施35%甲基硫环磷、甲基异硫磷等药剂进行防治。

（五）甘蓝夜盗

1. 形态特征

（1）成虫。灰褐色中型蛾子，体长18~25mm，前翅边缘有许多条不规则的黑色曲线，中部有灰白色肾形纹和大小不等的圆形斑。

（2）卵。半球形馒头状，侧面有许多横竖隆起的棱，构成方形小格，初时黄白色，孵化前变黑。

（3）幼虫。体色多为灰褐色，但变化较大，各腹节背面有倒"八"字形黑色条纹，老熟幼虫体长约40mm。

（4）蛹。纺锤形，赤褐色，长20mm左右，腹部末端生2根粗刺，端部膨大。

2. 发生规律及条件

甘蓝夜蛾在我国甜菜产区1年发生2代。以蛹在甜菜、白菜、甘蓝地块的5~15cm深土层中越冬。第1代幼虫发生盛期是6月下旬至7月上旬，第2代发生盛期为8月下旬至9月上旬。一般第2代幼虫发生量及危害均大于第1代。初孵幼虫聚集在卵块周围取食叶肉；1~3龄幼虫昼夜取食；4~5龄幼虫白天潜伏地表残枝、土块下，夜间爬出取食。取食量随幼虫龄期增长而增多，5~6龄为暴食期，取食量占总取食量的80%以上。老熟6龄幼虫一般在7~12cm土层中化蛹，第1代化蛹期在7月中旬，第2代为9~10月上旬，以蛹越冬。第2年5月下旬气温升高时，越冬蛹开始羽化。

（1）温度。卵发育最适温度为23.5~26.5℃，最高温度为30℃，最低温度为11.5℃。适温下卵期4~6天。幼虫发育最适温度为20~24.5℃，上下限分别为30.6℃和16℃，蛹发育最适温度为20~24℃，蛹期一般为10天。

（2）湿度。一般日平均气温在18~25℃，相对湿度在70%~80%对其发育最为有利，温湿度过高或过低对其发育都有不利影响。土壤温湿度直接影响蛹的发育和成虫羽化，高温低湿造成虫体发育不健全，形成"束翅蛾"。

3. 防治

（1）做好虫情预测。调查第1代越冬蛹的密度，每平方米达到0.5头或成虫发生期每台诱蛾器旬诱蛾数达300头以上时，幼虫可能大发生，应及早做好灭虫准备。

（2）药剂防治。当田间90%以上的卵孵化，幼虫多数为2~3龄时，是喷药的适宜时期。可采用下列药剂防治：2.5%敌杀死（溴氰菊酯）2 000~4 000倍液；20%除虫菊酯或20%杀灭菌酯2 000~4 000倍液；速灭杀丁2 000~3 000倍液；50%辛硫磷乳油800~1 200倍液；90%敌百虫700~1 000倍液；5%来福灵乳油每亩 15~20mL，对水 50kg；2.5% 敌百虫粉剂喷撒，亩用量 1.5~2kg。以上药剂均应选无风或微风天气的下午 3 时以后喷洒，每亩用药液量为 50kg。

## 六、马铃薯病虫害与防治

### （一）马铃薯晚疫病

**1. 症状**

马铃薯叶、茎和块茎均可受害。病害首先发生在植株下部或中部叶片，然后逐渐向上发展，叶部染病，先在叶尖或叶缘呈水浸状绿褐色斑点，病斑周围有浅绿色晕圈。气候潮湿病斑则迅速扩大，叶背病斑边缘产生一圈白色霉状物，严重时病斑扩展到主脉和叶柄，叶片萎蔫下垂。天气干燥时病斑干枯变褐，边缘不产生白霉。在开花初期叶缘上产生褐斑，严重时使叶片卷缩；茎部或叶柄染病，初呈稍凹陷的褐色条纹，气候潮湿时亦可产生白霉；块茎染病，初呈褐色或紫褐色大病斑，表面稍凹陷，切开可见 0.5~1cm 的一层褐色坏死组织。

**2. 发生规律及条件**

晚疫病病菌为严格的寄生菌，只能在活体植株或块茎上存活，以带菌种薯为初侵染来源。一般在 7 月中旬以后在田间出现中心病株，当环境潮湿多雨时中心病株病斑上产生的孢子囊借气流、雨溅传播，向本株的其他部位或周围植株重复侵染，在适宜条件下经多次重复侵染引致全田发病。病株上病斑产生的孢子囊一部分落到地表，随雨水或灌溉水渗入土壤后，萌发侵入薯块，引起薯块发病，储藏期间可继续危害，其菌丝体在轻病病薯内越冬，成为第二年的初侵染源。

（1）气候条件是马铃薯晚疫病发生和流行的决定因素，一般白天平均气温在 25℃ 左右，夜间在 10℃ 左右，连续多日阴雨、多雾、多露天气，有利于暴发和大流行；空气湿度在 75% 以下的晴燥天气，病害发生就会受到抑制，病情减轻。

（2）除品种间抗病性差异之外，马铃薯的不同部位和不同时期感染晚疫病的差异也较大，马铃薯芽期最感病，以后抗病能力逐渐加强，直到现蕾期抗病力又开始下降，到花期最易感病，田间病害流行大多从这一时期开始。叶片着生部位也影响发病，顶叶最抗病，中部次之，底叶最容易感病。

（3）带菌种薯是主要初侵染来源。

（4）重迎茬土壤中和病残体上越冬的病原菌，第二年会继续侵染马铃薯。

（5）地势低洼、排水不良、土壤黏重的地块有利于晚疫病发生和流行。

（6）偏施氮肥，密度偏大，整地质量差，铲蹚不及时，草荒严重，秧苗长势弱，不及时预防也是马铃薯晚疫病发生流行的原因之一。

**3. 防治**

（1）选用脱毒抗病品种如早大白、尤金 88-5、东农 303 等优良品种。

（2）播前淘汰病薯。

（3）种薯消毒。将切刀用 50% 福尔马林或 5% 来苏尔浸泡消毒，切好的种薯用种薯处理剂拌种消毒灭菌，宜选用整薯作种薯，减少传染机会。

（4）适时早播。适当提早播种，并选用早熟品种，使马铃薯在晚疫病流行前接近成熟，从而避免马铃薯严重减产。

（5）加厚培土层，防止块茎露出，有利于阻止植株上落入地面的病菌侵入块茎，同时促进多层结薯，增加产量。

（6）加强田间管理。进行秋翻整地，整平耙细；增施腐熟的农家肥、磷钾肥，少施氮肥；及时铲蹚、深松、灭草，在收获前 1~2 周割除地上部茎叶或用灭生性除草剂（农达、克无踪、草甘磷）杀灭秧苗，并将植株运出田外。

（7）药剂防治。选用 25% 甲霜灵 600 倍液、10% 科佳悬浮剂 2 000 倍液、大生 M-45 可湿性粉剂

600~800 倍液等药剂进行叶面喷雾，隔 5~7 天一次，2~3 次可控制病害发生。

（二）马铃薯早疫病

1. 症状

一般比晚疫病早，但发病速度缓慢，主要为害叶片。病斑圆形或近圆形，直径 34mm，褐色或黑褐色，有同心轮纹，边缘明显，色泽较深，周缘有黄晕。为害严重时，病斑相互连结成片，引起局部或整个叶片枯死。茎部病斑同叶部病斑基本相似，但呈长圆形或梭形；薯块形成暗褐色圆形病斑或不规则形病斑，稍凹陷，病斑下面组织干腐变褐。

2. 发病规律及条件

病菌存于植物残体、病薯、土壤或其他茄科寄主植物上，直接通过叶片表皮侵入，只为害茄科蔬菜作物。病菌较易侵染较老的叶片，初次侵染最早发生在老叶上。

（1）在遇到小到中雨，或连续相对湿度高于 70% 时，有利于病害发生。

（2）管理粗放、肥力不足、植株衰弱，易引起发病。

（3）花后易受再侵染，未成熟的块茎表面易受侵染，而成熟块茎抗病。

3. 防治

（1）选用抗病品种。

（2）建立无病种薯田。精选无病种薯，以整薯播种为佳；切块播种应严格做好切刀消毒；植株生长期间，发现病薯连根拔除，不让病株结带菌薯块，混入健薯中去；收获后低温贮藏，供播种使用。

（3）严格处理种薯。可采用温汤浸种，先将种薯在 40~50℃ 温水中预浸 1min，再在 60℃ 温水中浸 15min，水量应为种薯量的 4 倍，浸种过程中，水温不能低于 50℃。也可进行药剂消毒，用福尔马林 200 倍液浸种 5min，再将种薯捞出，堆成堆，用塑料薄膜盖严，闷种 2h，然后摊开晾干，以备播种。

（4）药物防治。田间发生早疫病中心病株或少量疫病病斑，即可开始喷洒药物。选用 1∶1∶200 倍波尔多波、硫酸铜 1 000 倍液、40% 多菌灵 800 倍液、50% 福美双 500 倍液、50% 百菌清 600~800 倍波、25% 叶枯灵 250~400 倍液等药剂，每隔 7~10 天一遍，连喷 2~3 次。

（5）加强田间管理。易选择高燥沙性强的地块种植；马铃薯生长期间，要加强田间管理，尤其在夏秋高温多雨季节，应注意开沟排水，沥尽暗水，降低田间湿度，抑止病害发生；结合中耕除草进行高培土，可阻止病菌深入地下，降低薯块发病率，干旱时要及时灌溉，以小水隔沟浇灌为宜，可防止病害发生蔓延；合理施肥，增施磷、钾肥。

（三）马铃薯环腐病

1. 症状

该病是一种危害输导组织的细菌性病害，主要引起地上部茎叶萎蔫，地下部沿块茎维管束环产生环状腐烂，薯皮不易区分病健部。病薯仅脐部皱缩凹陷变褐，薯块横切面可看到维管束环变成黄褐色，有时有轻度腐烂，用手挤压有黄色菌脓溢出，无气味。多不结薯，或少而小，易烂掉。早期病苗出土晚，生长缓慢，植株瘦弱，叶片卷曲发黄，自下往上逐渐萎蔫枯死，此类病株多数不结薯，或也少而小，易烂掉。晚期病苗开花后显病，顶部叶片变小，叶片脱水变色，有 12 个枝条或全部枝条萎蔫下垂，变枯黄，能结薯，但所结薯多在地里腐烂。

2. 发病规律及条件

马铃薯环腐病由马铃薯环腐细菌引起。病菌主要潜伏在薯块内越冬，带菌种薯是该病主要侵染源。该病菌不能在土壤中长期生存，土壤带菌传病可能性不大。病菌只能从伤口侵入，带菌种薯贮藏期的碰伤和播种前切块时的伤口是主要传播途径。带菌切块播后萌发，种薯内细菌随养分和水分的流动沿维管束向上进入新芽，再进入茎、叶柄和叶中，造成上部萎蔫，进而扩展到新形成的薯块维管束组织中，形成环腐状。

同时，地下部的病菌也顺着维管束侵入匍匐茎，再扩展到新形成的薯块的维管束组织中，造成环腐。

环腐病的发生与土温关系密切，一般25℃左右为发病最适温度，16℃以下症状出现较少，当土温超过31℃时，病害发生受到抑制。贮藏期的温度对发病也有一定影响，在高温（20℃以上）条件下贮藏比低温（1~3℃）条件下贮藏发病率要高得多。播种期、收获期与发病也有明显关系，播种早发病重，收获早发病轻。夏播因播种晚，收获期早，一般发病轻。

3. 防治措施

应采用以控制种薯传病和选用抗病品种为主的综合防治措施。

（1）选用抗病品种。

（2）建立无病留种田。精选种薯，严格拔除病株，单收藏，专作留种用。

（3）选小而整的种薯播种。选择质量5 075g健壮的小种薯播种，出苗率高，生长整齐，防病、抗旱、增产。为获得大量小整薯，可适时采取晚播、夏播留种，以及芽栽和顶芽播种等方法。

（4）晾种、选种。秋季收获后将薯块堆放在地上，覆一薄层秸秆（草）进行晾种，注意夜间防冻，待天冷时入窖。春播前67天在室内晾种，结合切种进行挑选，除去病薯，亦可利用高温诱发病薯发生明显症状，以此汰除病薯。

（5）切片消毒与药剂浸种。切块播种时，切刀先用75%酒精消毒。播种前每100kg种薯用75%敌克松可溶性粉剂280g加适量干细土拌种，或用36%甲基托布津悬浮剂800倍液浸种薯，或用50%甲基托布津可湿性粉剂500倍液浸种薯，均有一定防治效果。

（四）马铃薯二十八星瓢虫

1. 形态特征

成虫体呈半球形，红褐色，全体密生黄褐色细毛，每一鞘翅上有14个黑斑。

（1）卵。炮弹形，初产淡黄色，后变黄褐色。

（2）幼虫。老熟幼虫淡黄色，纺锤形，背面隆起，体背各节生有整齐的枝刺，前胸及腹部第8~9节各有枝刺4根，其余各节为6根。

（3）蛹。淡黄色，椭圆形，尾端包着末龄幼虫的蜕皮，背面有淡黑色斑纹。二十八星瓢虫成虫体略小，前胸背板多具6个黑点，两鞘翅合缝处黑斑不相连，鞘翅基部第二列的4个黑斑基本在一条线上，幼虫体节枝刺毛为白色。马铃薯瓢虫成虫体略大，前胸背板中央有一个大的黑色剑状斑纹，两鞘翅合缝处有1~2对黑斑相连，鞘翅基部第二列的4个黑斑不在一条线上，幼虫体节枝刺均为黑色。

2. 发生规律及条件

马铃薯瓢虫在我省一年发生1代。以成虫群集在背风向阳的山洞、石缝、树洞、树皮缝、墙缝及篱笆下、土穴等缝隙中和山坡、丘陵坡地土内越冬。第二年5、6月出蛰，先在附近杂草上栖息，再逐渐迁移到马铃薯、茄子上繁殖为害。成虫产卵期很长，卵多产在叶背，常20~30粒直立成块。一般在6月下旬至7月上旬是第一代幼虫为害盛期，7月中、下旬为化蛹羽化盛期，经5~7天羽化成成虫。从9月中、下旬迁移越冬。以散居为主，偶有群集现象。越冬代成虫产卵期长，故世代重叠。成虫具假死性，有一定趋光性，畏强光。卵多产在叶背，也有少量产在茎、嫩梢上。幼虫的扩散能力较弱，同一卵块孵出的幼虫，一般在本株及周围相连的植株上为害。发生适温是22~28℃，相对湿度76%~84%。另外，如果缺少马铃薯作食料，则很难顺利完成生活史，因此，二十八星瓢虫的发生与马铃薯的栽培情况关系密切。

3. 防治

（1）整地与处理残株。及时清除田间野生茄科类植物及杂草；作物收获后，在残株上有瓢虫潜伏，结合处理残株并进行耕地，可消灭趋于缝隙中的虫体。

（2）捕杀成虫。在成虫发生期间，利用其假死性进行药水盆捕杀，中午时间效果较好。

（3）采卵块。鉴于瓢虫的卵呈块状，每块数十粒，所以，及时进行人工采卵是一种有效的防治方法。在产卵盛期进行人工采集卵块烧掉，每隔3~5天采一次。

（4）药剂防治。在越冬代成虫发生期和1代幼虫孵化盛期防治效果较好，可选用4 000倍液的杀灭菊酯，1 000倍液的敌敌畏（低温期）或常用的1 000~1 500倍液马拉硫磷喷雾。

## 七、蔬菜病虫害与防治

（一）白菜病毒病

1. 症状

发病症状随病原病毒的种群或株系、白菜品种以及环境条件的不同而有所差异，主要表现为叶面皱缩，凹凸不平，畸形，花叶，变脆，心叶扭曲，叶脉透明，浓绿相间，叶片常向一侧弯曲。有时叶脉上产生坏死褐斑，株形矮缩；有时叶片上密生黑褐色小环斑；有的叶片上呈现大小不等的黄褐色环斑，叶球内部叶片常生有灰色斑点。有病叶球不耐贮藏，病株根系不发达，须根少，根内变浅褐色，严重病株不能结球。

2. 发病规律及条件

病毒在贮藏的十字花科蔬菜种株上越冬，也可在菠菜等宿根作物及田边多年生杂草上越冬，成为次年初侵染源。春季以后主要靠蚜虫把病毒从越冬种株上传到春种甘蓝、萝卜和小白菜等十字花科蔬菜上，再从夏季甘蓝、白菜等传到秋白菜和萝卜上。

（1）7月下旬至8月上旬高温干旱，不利于白菜正常发育，抗病力降低，或苗期有小雨，天气闷热，蚜虫繁殖量大时，有利于病害发生。

（2）十字花科蔬菜互为邻作，或靠近毒源植物较多的村边地，病害往往较重。

（3）土质疏松，有机质含量高，苗期雨水充足，有利于植株健壮生长，抗病力增强，对病害发生较为不利。

（4）偏施氮肥会导致病害加重。

（5）播种过早，苗期缺水，根系发育受抑制，次生根伸展缓慢，影响水分吸收，植株易感病。

（二）白菜霜霉病

1. 症状

主要危害叶片，其次为茎、花梗和种荚，叶片发病时，初期在叶片正面产生淡绿色病斑，病斑逐渐扩大，由淡绿色转为黄色至黄褐色，并受叶脉限制而呈多角形或不规则形，叶片背面病斑产生白霉，潮湿情况下叶背病斑布满白霉；进入包心期，如条件适合发病，叶片上病斑增多，互相连结，叶片变黄枯干。病害由外叶向内叶发展，严重时不能包叶。花梗受害后，稍弯曲或畸形肿大，病部有时也有白霜状霉；花器被害呈肥大畸形，花瓣变为绿色，经久不凋，种荚淡黄色，瘦瘪。

2. 发病规律及条件

病菌主要以卵孢子随病残体在土壤中越冬，也可以菌丝体在采种母株上越冬。次年侵染小白菜、小箩卜、油菜等春菜或种株产生孢子囊，借风、雨重复侵染。

（1）气候条件。气温稍低，昼暖夜凉，温差较大，多雨高湿或雾大雾重条件有利于发病。一般病害发生和流行平均气温在16℃左右。田间小气候处于高湿条件，虽然无雨病情也会发展。

（2）栽培条件。土壤连作、播种过密、包心期追肥不及时、偏施氮肥等有利于病害发生。

（3）品种抗性。叶型直立型品种、圆球形品种、青帮型品种发病较轻，柔嫩多汁型品种发病较重。

3. 防治

（1）选用抗病品种。

（2）合理轮作。应与非十字花科作物进行隔年轮作，降低菌源基数。

（3）精选种子。选用无病种株留种，或设留种田。

（4）田间防治。在发病前预防，可选用1.5%多抗霉素200倍液、70%代森锰锌600倍液、50%大生700~800倍液、77%可杀得粉剂600倍液（兼治细菌性角斑病）、64%杀毒矾可湿性粉剂、70%百德富可湿性粉剂600倍液、80%山德生可湿性粉剂等进行喷雾。

在发病初期或盛期，选用72%克露可湿性粉剂800~1 000倍、52.5%抑快净粒剂2 000~2 500倍、64%安克锰锌可湿性粉剂1 000倍液、50%安克可湿性粉剂3 000倍液、58%金雷多米尔锰锌可湿性粉剂800倍液、72.2%霜霉威盐酸盐水剂（普力克、霜霉威等）800倍液，每7~10天进行叶面喷雾，连续2~3次。

连栋大棚保护地预防霜霉病，可选用45%百菌清烟剂标准棚每棚100g傍晚闭棚后熏烟，看烟后闭棚，至次日早晨通风，隔7天熏一次，视病情连续熏3~6次。

（三）黄瓜霜霉病

1. 症状

主要危害叶片，有时也危害茎。苗期与成株期均可发病，表现为子叶初呈褪绿色黄斑，扩大后呈黄褐色，在潮湿情况下受害子叶反面可产生疏松的灰黑色或紫黑色霉层；成株期发病一般由下部叶片开始发生，叶背面出现浅绿色水浸状斑点，受叶脉所限，病斑常呈现多角形，在清晨露水未干时尤其明显。后期全叶片卷缩枯干，湿度高时叶背面形成浅灰色霉层。

2. 发病规律及条件

病菌以菌丝体在种株或病残体组织中越冬，也可以卵孢子在土壤中越冬，卵孢子萌发产生芽管或产生孢子囊及游动孢子侵入寄主进行初侵染。

（1）气象条件。多雨、多雾、多露和昼夜温差大，阴、晴交错等气象条件有利于病害发生及流行。在满足湿度的前提下，气温达到10℃即可发病。一般在6月中旬开始发病，6月下旬至7月上旬为盛发期。

（2）栽培条件。地势低洼、排水不良、土壤板结、通风不好等环境条件对病害发生非常有利，施肥不足，特别是缺乏基肥和磷、钾肥的地块容易感病。保护地栽培往往由于昼夜温差管理困难，浇水、通风换气等措施不当，容易造成内部温度过高，叶片保持水珠时间长，发生程度明显偏重。

（3）品种抗性。一般晚熟品种较早熟品种抗病，同一植株中，幼苗期两片子叶较敏感，成株期顶部嫩叶较底部老叶抗病。

3. 防治

（1）选择抗病性品种。

（2）加强栽培管理。露地栽培应尽量远离温室、塑料大棚的地块；可与番茄、辣椒、葱等矮棵作物套种；保护地黄瓜应在生长前期尽量少浇水，勤松土，促进根系发育，根据气温及湿度情况适当通风，降低温差，减少结露量。

（3）田间防治。发生普遍时，通过高温闷棚控制病情曼延，一般棚内温度上升到45℃闷棚2h。

保护地可采用烟雾法或粉尘法进行防治，防治均匀，减少用工，效果明显，可用喷雾法在发现中心病株后进行防治；在发病前可选用1.5%多抗霉素、70%代森锰锌、50%大生、77%可杀得粉剂、64%杀毒矾可湿性粉剂等进行喷雾预防。在发病初期或盛期，可选用72%克露可湿性粉剂800~1 000倍、58%金雷多米尔锰锌可湿性粉剂800倍液、72.2%普力克（霜霉威）水剂800倍液，每7~10天进行叶面喷雾，连续2~3次，具有防治作用。

（四）黄瓜黑星病

1. 症状

整个生育期均可发生，其中，嫩叶、嫩茎及幼瓜易感病，真叶较子叶敏感。子叶受害，产生黄白色近圆形斑，发展后引致全叶干枯；嫩茎发病，初呈现水渍状暗绿色梭形斑，后变暗色，凹陷龟裂，湿度大时病斑上长出灰黑色霉层（分生孢子梗和分生孢子）；生长点附近嫩茎被害，上部干枯，下部往往丛生腋芽；成株期叶片被害，出现褪绿的近圆形小斑点，直径在 1~2mm，干枯后呈黄白色，容易穿孔，孔的边缘不整齐略皱，且具黄晕，穿孔后的病斑呈星纺状；叶柄、瓜蔓被害，病部中间凹陷，形成疮痂状病斑，表面生灰黑色霉层；卷须受害，多变褐色而腐烂；生长点发病，经两三天烂掉形成秃桩。病瓜向病斑内侧弯曲，病斑初流半透明胶状物，后变成琥珀色，渐扩大为暗绿色凹陷斑，表面长出灰黑色霉层，病部呈疮痂状，并停止生长，形成畸形瓜。

### 2. 发病规律及条件

病菌以菌丝体在田间的病残体或土中越冬，也可以菌丝潜伏在种子内越冬，成为翌年初侵染源。黄瓜种子带菌率随品种、地点的差异而有别，最高可达 37%，种子各部位以种皮带菌率为高；带到定植温室的病苗也是重要初侵染源之一。对于一些距离较远的地区，带菌种子是唯一侵染源。病菌随种子、风雨、气流、灌溉及农事过程等传播。发病时期在 6 月中旬至 7 月上旬。该病属于低温、耐弱光、高湿病害，发病最适温度为 17℃，相对湿度在 92% 以上，但在 9~30℃、相对湿度 85% 以上均可发病；一般最低温度超过 10℃，相对湿度从下午 4 时到次日 10 时均高于 90%，棚顶及植株叶面结露，是棚内该病发生和流行的重要条件；黄瓜品种间抗性存在差异。

### 3. 防治

（1）加强检疫。选用无病种子，严禁在病区繁种或从病区调种，从无病地留种。采用冰冻滤纸法检验种子是否带菌。带病种子进行消毒，可采用温汤浸种法，即 50℃温水浸种 30min，或 55~60℃恒温浸种 15min，取出冷却后催芽播种，也可用 0.4% 的 50% 多菌灵或克菌丹可湿性粉剂拌种。

（2）选用抗病品种。

（3）加强栽培管理。覆盖地膜，采用滴灌等技术，轮作。施足充分腐熟肥作基肥，适时追肥，合理灌水，尤其定植后至结瓜期控制浇水。

（4）药剂防治。采用农抗 120 或农抗武夷菌素等生物药剂及粉锈宁、硫黄悬浮剂等药剂进行防治；保护地可进行熏蒸消毒温室的方法进行防治，如使用硫黄烟剂、百菌清烟剂等。

### （五）小菜蛾

#### 1. 形态特征

（1）成虫。灰褐色，体小，体长约 6~7mm，前翅细长，缘毛较长，静止时两翅并拢，呈屋脊状。

（2）幼虫。头尾细尖，纺锤形，黄绿色，体长约 10mm。

（3）卵。淡黄色，椭圆形，扁平，长约 0.5mm，宽约 0.3mm。

（4）蛹。包在灰白色丝状茧中。

#### 2. 发生规律及条件

每年发生 3~4 代，以蛹越冬。成虫在 5 月中旬出现，喜在甘蓝、白菜等十字花科蔬菜上产卵，卵多产在叶背凹处，卵期 3~11 天，幼虫期 12~27 天。由于小菜蛾世代重叠，从 6 月上旬一直为害到 8 月末。

（1）空气相对湿度对其生长、发育影响较小，但暴雨或雷雨冲刷对产卵不利。

（2）小菜蛾发育适温在 20~30℃，春秋两季气温条件对其发生比较有利，为害重。

（3）十字花科蔬菜面积大，天敌数量少，则发生为害重。

#### 3. 防治

小菜蛾是我国目前抗药性特别严重的一种害虫，它对菊酯类、有机磷类及氨基酸酯类农药等均已产生不同程度的抗药性，因此，应注意轮换交替用药。目前，可选用 5% 锐劲特乳油、20% 天网乳油、37% 杀虫先锋乳油等药剂进行防治，蔬菜用药后，一般需隔 15~17 天后才能上市。

（六）菜粉蝶

1. 形态特征

（1）成虫。中型白色蝴蝶，体长 12~20mm，翅展 45~55mm，体黑色，前后翅均粉白色。前翅基部灰黑色，顶端有三角形黑斑，在翅中外方有 2 个黑色圆斑，后翅有 1 个黑斑点。

（2）卵。瓶状，顶端稍尖，黄色，直立在叶片背面，单产，表面有纵横隆起的纹。

（3）幼虫。全身青绿色，表面密生粗而短的毛，每个腹节有 5 条横向皱纹。老熟幼虫体长 28~35mm。

（4）蛹。纺锤形，前端尖细，中间膨大，有棱角状突起。

2. 发生规律及条件

我省每年发生 3~4 代，以滞育蛹在菜田附近的墙壁、篱笆、风障、树干及砖石、土块和杂草、残枝落叶间越冬。成虫出现时间大约在 4 月末至 5 月上旬。成虫产卵有选择性，喜欢在含芥子油糖苷的十字花科蔬菜上产卵，喜食花蜜。成虫夜间栖息在生长茂密的植物上，白天露水干后活动，以晴朗无风的中午最活跃，常在蜜源植物和产卵寄主之间来回飞翔。卵多散产在叶片上，每一雌虫可产卵 10 余粒至 100 多粒，卵发育起点温度为 8~13℃。幼虫多在清晨孵化，初孵幼虫先吃卵壳再食叶肉，幼虫共 5 龄。适于阴凉的气候条件，生长发育最适宜温度为 16~31℃，相对湿度为 60%~80%，不耐高温。平均温度在 30℃以上，卵孵化率大约在 47.9% 左右，气温超过 32℃，幼虫个体发育受阻；成虫产卵适温为 25~28℃。高温不利于其生存，暴雨袭击会导致低龄幼虫死亡。

3. 防治

（1）收获后及时清洁田园，集中处理残株落叶、深翻菜地，减少虫源。

（2）避免十字花科蔬菜连作，宜与非十字花科蔬菜轮作。

（3）采用生物防治。保护利用天敌，少用广谱和残效期长的农药，放宽防治指标，避免杀伤天敌。用苏云金杆菌浮剂、Bt 乳剂、虫螨克等药剂在卵孵化盛期、气温 20℃以上开始喷药，7 天后再喷 1 次。

（4）药剂防治。选用植物性杀虫剂、昆虫生长调节剂等高效及对环境、天敌安全的药剂，但昆虫生长调节剂药效较缓慢，故施药适期应比一般有机磷、菊酯类农药提早 3 天左右；还可应用辛硫磷乳油、敌敌畏乳油、氰戊菊酯（速灭杀丁）乳油、溴氰菊酯（敌杀死）乳油喷雾防治。使用化学农药应注意保护天敌，并注意各种药剂轮换交替使用，延缓产生抗药性。

# 第二节　农田草害与防除

## 一、农田杂草及综合防除概述

（一）杂草的概念

杂草就是目的作物以外，妨碍和干扰人类生产和生活环境的各种植物类群。主要为草本植物，也包括部分小灌木、蕨类及藻类。全世界约有杂草 30 000 种，与农业生产有关的主要有 1 800 种。我国约有杂草 119 科 1 200 种，其中，农田杂草约 580 种。除可按植物学方法分类外，还可按其对水分的适应性分为水生、沼生、湿生和旱生，按化学防除的需要分为禾草、莎草和阔叶草，还可根据杂草的营养类型、生长习性和繁殖方式等进行分类。

（二）为害特点

在长期自然选择中，杂草逐步形成了传播方式多样，繁殖与再生力强，生活周期一般都比作物短，成熟的种子随熟随落，抗逆性强，光合作用效益高等生物学特性。其危害表现为，与作物争夺养料、水分、阳光和空间；妨碍田间通风透光，改变或恶化适应作物正常生长、发育的局部气候、生活环境；有些杂草是病虫寄主，促进病虫害发生；一些寄生性杂草能够直接从作物体内吸收养分，从而降低作物产量和品质；某些杂草的种子或花粉含有毒素，能使人畜中毒。

杂草与作物的竞争是农业生产中的普遍现象，也是杂草为害的最主要形式。据研究每米行长有稗草1~500株，可造成大豆减产，稗草42株减产101%，110株减产45%，250株减产50%；当行距70cm每平方米有苣荬菜78株和96株时，大豆分别减产49%和87%，而且对大豆发芽率、幼苗生长速度及百粒重均有不同程度的影响。

人类通过农事活动引起环境因素发生改变，是农田杂草群落及其分布与种群密度的变化的直接动力，诸如耕作、轮作、翻耕机械及收获机械的使用，致使多年生杂草再生器官被分成有生命力的小段，杂草种子随收割作业被分散到各处，杂草种子混杂于作物及其产品中频繁调运而四处传播，延迟收获造成一些杂草种子成熟并落入土壤中，除草剂应用不合理造成优势种类此消彼长、抗性增强和新型组合的不断出现等。最终结果是数量减少，优势种群减弱，但杂草种群密度增加，个体生长势明显增强，一些新型杂草甚至超级杂草出现，或因习性改变造成新的迁移和危害。

（三）农田杂草综合治理措施

农田杂草综合治理，就是以"预防为主、综合防治"为目标，造就一个有利于农作物生长、发育，有利于保护自然环境资源、优化其他环境要素的生态环境，因地制宜地构筑以化学防除为主体、多种措施相配套的综合防除体系，在经济阈值以内最大限度地降低农田杂草基数、规模和危害。农田杂草综合治理措施多种多样，包括农业、机械、物理、生物、化学措施等，这里仅就农业、机械、化学措施作以简要介绍。

1. 农业措施

（1）轮作灭草。不同作物常有自己的伴生或寄生杂草，如稗草、异型莎草等湿生型杂草与水稻所需要的生境相似，成为水稻伴生杂草，野燕麦与小麦生物学特性相似，因此，成为麦田主要杂草。利用轮作倒茬，可以改变生境，降低危害。

（2）精选种子。作物种子是传播杂草种子的重要载体之一，这一途径往往由人为长距离调运所造成。通过对种子进行播前精选，剔除混杂在作物种子中的杂草种子，将大大控制杂草种子人为传播的可能性，是一种经济、有效的方法。

（3）腐熟厩肥。厩肥是主要有机肥料，包括牲畜过腹的圈粪肥、杂草或秸秆沤制的堆肥、饲料残渣及粮油加工的下脚料等，其中，程度不同地带有一些杂草种子，通过高温腐熟可以杀死杂草种子。

（4）清理周境。农田周边杂草的种子、根茎每年以1~3m的速度向田间推进，几年内就会布满全田。必须常年清除田边、沟边、路边杂草。

（5）诱杀杂草。如稻田整地之前先上水，诱发杂草萌发，待大量杂草出土时进行整地，可有效予以消灭。

2. 机械措施

利用各种农业机械，在不同季节进行作业，可以消灭不同时期的杂草。

（1）深翻。机械深翻整地对防除问荆、苣荬菜、刺儿菜、芦苇、小叶樟等多年生杂草效果明显。主要采取伏耕和秋耕。6~8月进行伏耕，将杂草埋入土壤中，尤其对根茎繁殖的杂草根茎切断并翻出地面，使其失去发芽能力而死亡。这一方式主要应用于小麦、大麦、玉米等地块。9~10月进行秋耕，消灭春、秋季出土的残草、越冬杂草和多年生杂草，应在收获后、杂草种子成熟之前突击进行。

（2）深松。深松不会打破杂草在土壤中的分布，可以切断多年生杂草的营养器官。缺点是不能翻埋杂草，因而表层杂草容易萌发和为害。

（3）中耕培土。中耕作物一般在生育期进行，中耕 2~3 次，或根据化学除草效果确定中耕次数，可有效地把一年生杂草消灭在结实之前，减少田间落种量，降低次年发生基数，还可以切断多年生杂草根茎，削弱积蓄养分的能力。

3. 化学除草

化学除草技术起自 20 世纪 40 年代，是现代农业技术上的一大革新。除草剂研究、应用和发展的主要原因，就是由于杂草危害严重，作物损失巨大，而使用除草剂防除杂草效果显著，省时省工，经济效益高。目前，除草剂的种类已达近千种，这些除草剂已制成数千种不同剂型，用于不同的作物。免耕、少耕法也因化学除草的发展而逐渐推广应用。我国从 50 年代开始使用 2.4-D 进行麦田化学除草，60 年代 2.4-D、敌稗等在水稻田大面积应用。除草剂已成为现代农业生产中不可缺少的重要组成部分。

## 二、化学除草技术

（一）水稻化学除草

1. 水稻育秧田化学除草

（1）封闭除草。目前，常用药剂有：一是丁扑乳油或丁扑粉剂：苗床播种覆土后，将药剂配成药液或毒土均匀喷在苗床上。二是去草胺加扑草净。三是杀草丹混扑草净。成本稍高但安全性好于去草胺。

（2）苗期茎叶处理。在水稻一叶一心期用敌稗进行茎叶处理。

2. 水稻插秧田化学除草

（1）插前封闭除草。

①选用恶草灵在插前 2~3 天水整地后，趁混水未清立即施药，施药时保持水层 3~5cm，2~3 天后换新水插秧。

②丁草胺插前、插后两次施药：在插前 2~3 天、插后 10~15 天进行。

③稻思达插前、插后两次施药：插秧前 3~4 天耕地后耢平前，将药剂溶于少量水溶解后，再对水泼浇于稻田；插秧后 7~15 天混防阔叶杂草除草剂用毒土法施用，保水 3~5cm，保持 5~6 天。

（2）插后茎叶处理。

前期：即稗草 1.5 叶期选用丁草胺、阿罗津、稻思达与下列药剂之一混用：草克星、太阳星、农得时、威农、莎多伏、金秋等。

① 60% 丁草胺（去草胺）每公顷 1.5~1.8L 混 10% 草克星或 15% 太阳星 150~225g，或混 10% 农得时 225~300g，或混 30% 威农 150g，或混 10% 金秋 225~300g，或混 20% 莎多伏 150~225g，于插秧后 5~10 天、稗草 1.5 叶前采用毒土、毒肥法施用，保水 3~5cmm，保持 3~5 天，适合于老稻区田块平整，栽培水平高，苗壮，秧苗返青快的地块，丁草胺在低温条件下，水深淹没水稻心叶时有药害。

②阿罗津在插秧后 5~10 天、稗草 1.5 叶期前采用毒土、毒肥法施用，保水 3~5cm，保持 4~6 天，阿罗津对水层要求严格，一定要保持水层，缺水时缓慢补水。

③稻思达在插秧后 5~7 天、稗草 1.5 叶期前采用毒土、毒肥法施用，保水 35cm，保持 3~5 天。

中期：即稗草 2~4 叶选用杀草丹、禾大壮与下列药剂之一混用；草克星、太阳星、农得时、莎多伏、金秋等。

①杀草丹插后 7~12 天、稗草 2 叶期前施用，保水 3~5cm，保持 5~6 天。

②禾大壮在插前 10~15 天、稗草 4 叶前施用，保水 5cm 左右，保持 5~6 天。

后期：即稗草 4 叶期以后，用二氯喹啉酸与其他药剂混用（混用药剂同丁草胺）进行茎叶处理。注意：

二氯喹啉酸属激素类药剂，喷施必须均匀，避免重复喷药，以防抑制水稻生长。

3. 水稻直播田化学除草

直播田由于种子播于地表，且稗草与水稻出土时间接近，因此，在药剂选择上应选用选择性、内吸性药剂品种，如禾大壮、二氯喹啉酸药剂，丁草胺、去草胺、阿罗津、恶草灵等不宜用于直播田。禾大壮或二氯喹啉酸可与草克星、太阳星、农得时、莎多伏、威农、金秋等混用。此外，二氯喹啉酸对二叶期之前稻苗有药害，因此，必须在水稻二叶期以后施用。

（二）大豆化学除草

我市大豆田化学除草通常采用播后苗前土壤处理及茎叶处理施药方式。

1. 播后苗前土壤处理

一般在大豆播种前3~5天进行，每公顷喷液量：机引喷雾机为200~300kg，人工背负式喷雾器300~500kg。可选用乙草胺、都尔、普施特、赛克（甲草嗪）、广灭灵等药剂单用。也可选用88%或90%乙草胺（禾耐斯）每公顷1.5~2.2L加70%赛克300~600g；88%或90%乙草胺（禾耐斯）每公顷1.5~1.9L加48%广灭灵0.75~1L；72%都尔每公顷1.5~2.5L加48%广灭灵0.75~1L；72%都尔每公顷1.5~2.5L加70%赛克300~600g；88%或90%乙草胺（禾耐斯）每公顷1.6~2.5L加80%阔草清60g等配方。

土壤处理需要注意普施特、豆磺隆等一些长残效除草剂残留问题，避免造成对后茬作物的为害；土壤处理受土壤类型、质地及水分影响较大，土质黏重，有机质含量高的地块药量要适当提高；降雨量少，土壤水分含量低，则除草效果差；赛克、乙草胺、2.4-D易淋溶造成药害，因此，在低洼地和土壤湿度大的地块容易发生药害。

2. 苗后茎叶处理

施药时期应在杂草基本出齐，禾本科杂草一般在2~4叶期左右，阔叶杂草一般在5~10cm高时进行。应避免在中午、高温天气或大风天施药，干旱或低温会降低药效。

可选择精禾草克、拿捕净、精稳杀得、高效盖草能、威霸单用防除禾本科杂草；选用苯达松、虎威、杂草焚等单用防除阔叶杂草；选择12.5%拿捕净每公顷1.25~1.5L加24%克阔乐0.35~0.4L；10.8%高效盖草能每公顷450~525mL加24%克阔乐400~500mL；10.8%高效盖草能每公顷450~525mL加48%苯达松2.5~3.5L；10.8%高效盖草能每公顷450~525mL加21.4%杂草焚1~1.25L；10.8%高效盖草能每公顷450~525mL加44%克莠灵1.5~2.0L；15%精稳杀得每公顷0.75~1.0L加25%虎威1.0~1.5L等配方。

3. 大豆田"三菜"防除技术

（1）鸭跖草。

①大豆田化学除草可在秋季施药或春季播前施药或播后苗前施药，施药后最好浅混土或起垄种大豆，施后培土2cm。可用的药剂有75%宝收每公顷25~30g；90%禾耐斯（乙草胺）每公顷2 000~2 500mL；96%金都尔每公顷1 500~2 250mL；72%异丙草胺每公顷3 000~3 750mL；50%乐丰宝每公顷4 320~5 400mL；48%广灭灵每公顷1 500~2 000mL；5%普施特每公顷1 500mL（拱土期施药最好）；80%阔草清每公顷60~75g；50%速收每公顷150~180g。

②大豆苗后真叶期到1片复叶期，鸭跖草3叶期以前施药，25%氟磺胺草醚每公顷900~1 000mL+48%广灭灵（异恶草松）1 000mL+药笑宝或信得宝，（用喷液量的1%）；48%排草丹（灭草松）每公顷1500mL+48%广灭灵（异恶草松）1 000mL+药笑宝或信得宝等（用喷液量的1%）；18%耕田易每公顷2.5~2.8L+药笑宝或信得宝（用喷液量的1%）。

③大豆2片复叶期，防治4~5叶有分枝的大龄鸭跖草，应采用2次施药，考虑到对大豆的安全性，第一遍选用排草丹+广灭灵（异恶草松）或氟磺胺草醚+广灭灵（异恶草松），间隔期5~7天用第二遍除草剂，

可选用排草丹，加除草剂喷雾助剂药笑宝或信得宝。

（2）苣荬菜、刺儿菜、大刺儿菜（大蓟）。苣荬菜为多年生草本植物，以种子和根茎进行繁殖。繁殖能力强，根系深达地下50cm，侧根可达1~1.5m。根细嫩易被断成许多小段，即使是1cm长，也能长成一个新的植株。刺儿菜、大刺儿菜为多年生草本，主要靠根茎繁殖，根系极发达，深入地下达2~3m，根上生有大量的芽。苣荬菜、刺儿菜、大刺儿菜耐干旱、抗盐碱、抗药性强，防治困难，已成为大豆、玉米、小麦、油菜田难治杂草。

①苗前土壤处理。48%广灭灵（异恶草松）每公顷2 000~2 500mL（最好拱土期施药）；80%阔草清每公顷60~75g；70%大豆欢每公顷2.7~4.5L；72%2，4-滴丁酯每公顷750mL+48%广灭灵（异恶草松）1 000mL。

②大豆苗后2片复叶期。48%排草丹（灭草松）每公顷3 000mL；25%氟磺胺草醚每公顷1 500mL；48%排草丹（排草丹）每公顷1 500mL；48%广灭灵（异恶草松）每公顷1 000mL+25%氟磺胺草醚1 200mL；48%广灭灵（异恶草松）每公顷1 000mL+48%排草丹（灭草松）1 200mL+药笑宝或信得宝或快得7（用喷液量的1%）；48%广灭灵（异恶草松）每公顷1 000mL+25%氟磺胺草醚1 000mL+药笑宝或信得宝或快得7（用喷液量的1%）。

（三）玉米田化学除草

1. 土壤处理

玉米播后苗前土壤处理可以选择都尔、普乐宝、乙草胺、宝收、阿特拉津、阔草清、赛克（甲草嗪）、2.4-D丁酯等，混配剂有乙莠合剂、玉丰、安威等。

阿特拉津（莠去津）属长残效除草剂，有效成分每公顷超过2 000g时，第二年不能种植水稻、大豆、小麦、甜菜、蔬菜等作物，有机质含量超过3%的土壤，使用阿特拉津有效成分每公顷超过2 000g，对下茬作物均有药害，因此，不宜单做土壤处理，赛克、安威在有机质含量低于2%的土壤中不宜使用。

（1）72%都尔乳油。防除对象：稗草、马唐、狗尾草、金狗尾草、牛筋草、千金子、早熟禾、野黍、画眉草、鸭跖草、菟丝子、繁缕、反枝苋、凹头苋、藜、小藜、马齿苋、荠等。播后即施药。单用：公顷2 250~3 750mL。混用：都尔每公顷1 500~2 000mL加赛克（甲草嗪）400~500g（560~700g），或加宝收15~20g，或加阔草清48~60g，或加阿特拉津1 500mL。

（2）乙草胺（禾耐斯）。防除对象：稗草、马唐、狗尾草、牛筋草、菟丝子、苋、藜、马齿苋、春蓼等一年生禾本科杂草和阔叶草。单用：每公顷2 250~3 000mL（禾耐斯1 500~1 800mL），在作物播种后杂草出土前均匀喷雾于土壤表面。混用：乙草胺（禾耐斯）每公顷2 250mL（1 500mL）加宝收15~20g，或加阿特拉津1 500mL，或加2.4-D丁酯1 050~1 500mL，或加赛克（甲草嗪）400~500g（560~700g），或加阔草清48~60g。

（3）40%玉丰悬浮剂（为普乐宝与阿特拉津混剂）。防除对象：稗草、马唐、狗尾草、金狗尾草、牛筋草、千金子、早熟禾、菟丝子、反枝苋、藜、苋、看麦娘、马齿苋、柳叶刺蓼、酸模叶蓼、节蓼、扁蓄、卷茎蓼、铁苋菜、狼巴草、香薷、水棘针、鼬瓣花等，播前或播后苗前施用，也可秋施。

（4）40%乙莠悬乳剂（乙阿合剂）。防除对象：稗草、马唐、看麦娘、藜、蓼、鸭跖草、菟丝子、莎草等一年生禾本科杂草和阔叶草，对某些多年生杂草也有一定效果。一般在播后3~5天杂草幼苗未出土前施用。

（5）40%阿特拉津胶悬剂。防除对象：野燕麦、稗草、马唐、狗尾草、牛筋草、看麦娘、蓼、苋、鸭跖草、反枝苋、柳叶刺蓼、酸模叶蓼、扁蓄、卷茎蓼、狼巴草等一年生禾本科杂草和阔叶草。单用：每公顷2 250~3 000mL，对水450~600kg，在播后苗前喷于土壤表面。混用：阿特拉津每公顷1 500mL加乙草胺（禾耐斯）1 500~2 250mL（1 200~1 500mL），或加都尔（普乐宝）1 500~2 000mL。

注意：阿特拉津属长残效除草剂，单用限制于玉米区；玉米套种大豆地块不宜使用该药剂；施药前整地要平。

（6）50% 安威乳油。防除对象：稗草、马唐、狗尾草、牛筋草、蓼、苋、马齿苋、菟丝子、春蓼、扁蓄、苦荬菜、苣荬菜、繁缕、荞麦蔓、香薷等一年生单、双子叶杂草和部分多年生杂草。一般在玉米播后苗前 3~5 天，杂草尚未出土前施用，每公顷 3 750~4 500mL，对水 450~600kg 在土表均匀喷雾。

（7）72%2.4-D 丁酯。防除对象：蓼、藜、反枝苋、铁苋菜、问荆、刺菜、苍耳、苘麻、马齿苋等。单用：每公顷 1 000~1 500mL。混用：2.4-D 丁酯每公顷 1 000~1 500mL 加都尔（普乐宝）1 500~2 000mL，或加乙草胺（禾耐斯）2 250mL（1 500mL）。

2. 茎叶处理

（1）4% 玉农乐悬浮剂。是玉米田专用的一次性茎叶处理剂，在玉米苗后 3~5 叶期施用。防除对象：稗草、野燕麦、狗尾草、金狗尾草、马唐、牛筋草、野黍、蓼、藜、苋、鸭跖草、刺菜、龙葵、苍耳、苣荬菜等一年生、多年生杂草及莎草科杂草。单用：每公顷 1 000~1 500mL。混用：4% 玉农乐悬浮剂每公顷 750~1 200mL 加40% 阿特拉津胶悬剂 1 200mL。

注意：①玉农乐在制种玉米田及甜玉米田不宜使用；②玉农乐与2.4-D 丁酯混用时不能在玉米拔节期使用；③喷药机械在使用前后要清洗干净；④施用前 7 天不宜使用有机磷制剂。

（2）48% 百草敌水剂。防除对象：藜、小藜、地肤、猪毛菜、香薷、水棘针、卷茎蓼、柳叶刺蓼、酸模叶蓼、荠菜、遏蓝菜、繁缕、苍耳、反枝苋、苘麻、刺菜、苣荬菜、蒲公英、独行菜、田旋花等阔叶草。单用：在玉米 3~4 叶期，阔叶草 2~4 叶期施用，每公顷 300~450mL。混用：48% 百草敌水剂每公顷 300~450mL 加阿特拉津 1 500mL。

# 第三节　农田灭鼠

鼠类是啮齿类动物的通称，是哺乳类动物的一大类群，约占现有哺乳动物的 40% 左右。我们通常所说的老鼠，是指对人类有害的啮齿动物类或其他鼠形动物类群。

## 一、鼠害的严重性

鼠害是人类共同面对的重大问题之一。据联合国粮农组织资料，1985 年全世界老鼠对农业造成为害达170 亿美元，相当于 25 个最贫困国家的国民总产值的总和。70 年代以来，中国农田鼠害也十分严重，1983年发生面积达 3.6 亿亩，占全国总耕地 14.75 亿亩的 24.4%，占全国粮食耕种面积（包括复耕）17.1 亿亩的21.04%，涉及 29 个省、区、直辖市，其中，严重的省 18 个。严重的地方，密度均在 10%~20%。而据我省 1985 年调查估计，全省农田害鼠 3 亿~4 亿只，家栖害鼠 1 亿只左右，每年损失粮食 20 亿千克左右。

老鼠除为害农田外，也为害牧区、林区，据陕、甘、宁、青、新、蒙、冀、吉、川等 9 省区 1981—1985 年统计，5 年累积草原发生鼠害 13.6 亿亩，损失牧草 340 亿千克，折合人民币 30 亿元，据黑龙江、辽宁、内蒙古自治区、甘肃等省区不完全统计，1983 年林区鼠害发生面积 600 多万亩，一般树木被害率 20%~40%，死亡率 20% 以上。

害鼠不仅为害各种农作物及野生植物，损害衣物、家具、建筑物，更主要的是，它能传播多种疾病，给人类健康构成严重威胁。目前，已经知道的，老鼠可以传播 57 种疾病，其中，细菌性疾病 14 种，病毒性疾病 31 种，立克次氏体病 5 种，寄生虫病 7 种。几乎所有常见的农林害鼠都可以传播疾病。常见的鼠传疾病有：钩端螺旋体病、流行性出血热、鼠疫、斑疹伤寒、鼠咬热、蜱传立克次氏病、沙门氏病、炭疽病、狂犬病、森林脑热、恙虫病等。

除害鼠自身原因之外，防治不成规模、防范意识不强也是鼠害灾情逐年加重的重要原因之一。从我市看，每年农户自觉投饵或器械灭鼠面积不足 10 万亩次，仅占害鼠发生面积的 10% 左右，而且往往是一家一户，远未形成统防统治、群防群治、联防联治的立体防控网络。

## 二、农村常见害鼠

农村害鼠可以分为家栖鼠类和野栖鼠类。家栖鼠类主要有褐家鼠、小家鼠和黄胸鼠，其中，褐家鼠和小家鼠分布于全国各地，黄胸鼠主要分布于我国南方各省。野栖鼠主要有黑线姬鼠、大仓鼠、黑线仓鼠、达乌尔黄鼠、东北鼢鼠、岩松鼠、花鼠、长爪沙鼠等。一年中鼠类有两个活动高峰：一是在出蛰后不久出洞觅食，时间大约在 4 月中旬至 5 月中旬；二是入秋后作物成熟时，出洞取食入洞，活动频繁。所以，这两个时期是投饵灭鼠的最关键时期。

## 三、鼠害防治

鼠害防治实际上包含防鼠和灭鼠两个概念。防鼠就是采取控制、改造或破坏鼠类的栖息环境和条件的措施，阻止鼠类繁殖能力，降低种群数量，间接达到治理鼠害的目的；灭鼠就是采取杀死鼠类的各种措施，直接达到杀灭老鼠，降低发生种类和基数的目的。

（一）预防

通过破坏害鼠的适宜生存条件和环境，使其繁殖和生长受到抑制，增加死亡率。

1. 建房防鼠

主要预防家栖鼠类。包括用砖做墙基，缝隙不应超过 1cm，铺设 5cm 以上的水泥地面，或用石灰、黏土等按一定比例混合夯实做地面，应采用石墙、砖墙并用水泥抹缝，土墙极易被害鼠掏洞，低部应该用砖石做地基，并至少高出地面 50cm。此外，门窗、房顶、各种管道等处是害鼠最易侵入的地方，必须进行必要的密封处理。

2. 食源防鼠

家庭存放的粮食应装在有盖的缸、铁筒或水泥柜内最为安全。用木器存放底部应用铁皮加固，室内食品不要随意存放，应保存在密封防鼠的器皿中。

3. 环境卫生

要保持环境整齐清洁，清除和改变鼠类隐藏条件。衣柜、衣箱、桌子等要经常检查，及时发现害鼠踪迹并采取措施进行消灭。及时堵住鼠洞。

（二）防治

1. 物理防治

又叫器械防治。就是利用各种捕鼠器械捕捉消灭害鼠。在室内、仓库等建筑内比较常用，不适于大面积或害鼠密度较高的情况下灭鼠。灭鼠器械也是鼠情监测的重要工具。灭鼠器械主要包括捕鼠夹、捕鼠笼、捕鼠箱、捕鼠钩、杆套、电子灭鼠等。其他还包括碗扣、压鼠、滚筒诱淹等简易方法。

2. 生物防治

就是利用天敌、病原微生物以及微生物毒素杀灭害鼠。利用猫、狗等进行捕食；利用病原微生物以及微生物代谢产物进行灭菌。目前，一些产品已经在我国推广使用。

3. 化学防治

（1）防治时期。应实施春秋两季灭鼠。春季灭鼠在 4~5 月、秋季灭鼠在 10~11 月进行。我省应主要以春季灭鼠为主，这时鼠类食源少，可以最大限度地发挥投饵效果，有利于春播保苗。鼠密度大时，农田、村屯都要开展统一灭鼠。密度小时，可选出重点地区、重点地块，进行重点防治。在灭鼠时，为防止野鼠进入村屯，应采取先农田，后村屯的顺序进行统一灭鼠。大规模灭鼠后还要及时调查灭鼠效果，如鼠密度超过 3%，则需要进行二次灭鼠工作。

（2）鼠药选择。灭鼠药分两大类：一类为急性灭鼠药，另一类为慢性灭鼠药。急性灭鼠药如氟乙酰胺、毒鼠强、鼠立死等属国家禁用的剧毒药，他们对害鼠作用速度快，但对人、家禽、牲畜极不安全，易造成2 次中毒甚至 3 次中毒，又没有特效解毒剂，中毒后死亡率极高。因此，在选择灭鼠药时切忌购买这类急性灭鼠药，以免发生人畜中毒死亡事故。灭鼠一般采用安全、高效的慢性灭鼠药，如杀鼠迷、敌鼠钠盐、溴敌隆等。这类灭鼠药虽然较安全，也必须防止人畜误食中毒。通常可用小麦、稻谷、碎玉米等原粮作诱饵。不宜用熟食做诱饵，更不能用饼干、方便面等，以免被人误食。毒饵必须选用一般食品不用的深蓝或黑色作为警告色。灭鼠可选用成品毒饵。若自己用原粮配制，则可用植物油为黏着剂。鼠药浓度是杀鼠醚 0.037 5%，敌鼠钠盐 0.025%，溴敌隆 0.005%。黏和剂用量是 3%~4%。为提高诱鼠力，可加 5% 左右的糖或 0.05% 的食盐，亦可加 0.1% 的味精或 2% 的白酒。

（3）具体方法。

①生活区灭鼠。在居室内和周围，毒饵可沿墙根放置，或投于鼠洞口及鼠类活动场所，室外可沿田埂等处布放。洞口内投饵，普遍用于野鼠和家鼠。将毒饵投在鼠洞 0.1~0.3m 内，野鼠每个洞口投放饵料50~100 粒左右，家鼠 100~150 粒左右。对褐家鼠和黄胸鼠，每隔 3~5m 放置毒鼠醚和敌鼠钠盐毒饵，应投药5~7 个晚上；溴敌隆毒饵可间断投饵，仅在第 1 和第 4 晚投饵 2 次，必要时第 8 晚再补一次。投饵次日应注意检查前一晚消耗情况，并补充消耗的量，吃完处加倍，吃过但未消耗尽的要补至原量。

②田间灭鼠。按鼠迹投饵，一般每公顷投放 3kg，此方法容易造成家禽、家畜及鸟类误食中毒；等距离投饵，在灭鼠地块按行列排成 5~10 的棋盘状，在行列交会点投放 5 克毒饵，行列密度因害鼠密度而定；封锁带式投饵，害鼠在田间的分布，以田埂为多，根据这一特点，毒饵应等距离投放在田埂上；均匀投饵，主要用于草原和森林，将毒饵均匀撒在害鼠经常出没的地方，每公顷投放 1~2kg，以平均每平方米 5 粒为宜，间隔投放；条状投放，类似于作物条播，即在灭鼠地块每隔一定距离呈条状投放毒饵，这种方法适用于害鼠密度较大的地区、草原或春耕之前，操作简便，投饵工具简单，时效性强，灭鼠效果也较好；饱和式投饵，比较适合慢性抗凝血剂等类型鼠药慢性毒力强于急性毒力、杀灭率高于急性药剂的特性，采取多次投饵来提高防治效果。方法是将单位面积的总投饵量分 3 次投放，第一次占总量的 1/2，间隔不超过 48h，连续进行第二三次投放。补投毒饵的原则是，前一次被吃掉多少就补多少，全部被吃光则加倍补投。最后检查如果地面尚有毒饵，则说明害鼠已基本被消灭；一次性投饵，适用于稻田、旱田耕作区；实行少放多堆的方法，一般每公顷投饵量 2 000~3 000g，每米一堆，每堆 3~5g 次性投放。

# 第五章　土壤与肥料技术

## 第一节　土壤

### 一、土壤分布

佳木斯市位于黑龙江省东部，黑龙江、松花江和乌苏里江的冲积平原上，俗称三江平原。地域辽阔，土壤有水平地带性分布，也有中、微域分布。

（一）土壤分布与地貌

土壤分布与地貌类型关系密切。按地貌差异我市划分为低山区，丘陵漫岗区、平原区及低湿地等 4 个地貌类型。

1. 低山区

主要分布在汤原、桦南等县。海拔高度为 650 200m。土壤类型主要是暗棕壤，母质多为残积物或母岩。自然植被为针阔混交林，林下灌草丛生；适宜耕种地段已垦为农田，余者为荒山或林地。

2. 丘陵漫岗区

主要分布在汤原县及佳木斯市郊区。海拔高度为 200 120m，山前漫坡漫岗地的土壤类型主要是白浆土，母质为黏土沉积物，平原中的漫坡漫岗地的土壤类型主要是黑土，母质有黏质的，亦有砂质的沉积物，自然植被为"五花草塘"是我市主要农业土壤。

3. 平原区

主要分布在桦川、富锦、同江、抚远等县。海拔高度为 12 065m，地势低平，土壤类型主要是草甸土，母质为沉积物或冲积物。自然植被为湿生植物，以小叶樟为主，是我市粮豆主产区。

4. 低湿地

主要分布在富锦、同江及抚远等县境内的低洼地，沿江两岸和山区的沟谷地带。海拔高度为 65~40m，土壤类型主要是沼泽土或泥炭土。母质为洪积冲积沉积物。自然植被为喜湿植物，如小叶樟、芦苇及苔草等，该土大部分尚未利用。

（二）土壤水平分布

我市土壤由西南向东北呈水平分布，排列的顺序是暗棕壤土、白浆土、黑土、草甸土、沼泽土、泥炭土。水稻土则分布在相关的土类上。

我市东南、西南和西部三面环山，地形部位最高，主要土壤类型是暗棕壤，往下坡度渐缓，土层逐渐加厚，质地变细，土壤保水蓄水能力增强，成土过程由暗棕壤化过程附加有草甸化过程及白浆化过程。土壤由典型暗棕壤过渡到草甸暗棕壤及白浆化暗棕壤，进一步过渡到白浆土。白浆土主要分布在山前台地上，按其附加成土过程又出现了草甸化白浆土和潜育化白浆土。这两个亚类与草甸土呈复区分布。

丘陵的漫坡漫岗地，分布的土壤是黑土，按附加成土过程出现了典型黑土、草甸黑土、白浆化黑土及暗棕壤型黑土。暗棕壤型黑土分布在草甸暗棕壤与黑土之间的过渡地带，典型黑土分布在波状起伏漫岗地的中、上部；草甸黑土分布在波状起伏漫岗地的中、下部位；白浆化黑土分布在台地边缘和平地中高岗地形部位上，是白浆土与黑土的过渡土壤。到低平原区土壤类型主要是草甸土及沼泽土，山间沟谷和江河两岸也有草甸土及沼泽土分布，泥炭土则分布在长期或季节性积水的低洼地或山间谷地。

### （三）中域性土壤分布

中域性土壤分布是指在地形条件影响下，地带性土壤（亚类）与相联系的非地带性土壤（亚类）有规律地、依次更替的土壤组合。我市常见的如桦南县腰营子南山，从山顶到谷底，依次出现暗棕壤—白浆土—黑土—草甸土。

### （四）微域性土壤分布

微域性土壤分布是指在局部较小地形影响下，短距离内土种，甚至是土类、亚类的重复出现，又依次更替的现象。这种分布在我市尤为普遍。

## 二、土壤类型

根据土壤分类原则和依据，将佳木斯市土壤划分为7个土类、25个亚类、33个土属及70个土种。其中，主要类型有以下几种。

### （一）黑土

1. 分布

黑土是在草本植物作用下发育而成的地带性草原土壤，主要分布在富锦、桦川、桦南、汤原、同江及佳木斯市郊区等县。黑土所处地形大部分受到大、小河流及其支流的切割，地势呈波状起伏，形成低缓丘陵，当地群众称之为漫岗地，相对高度约5~10m，坡度为2~3度，最大不超6度。

黑土面积为4 912 283亩，占市属土壤面积的18.9%，其中，耕地面积为3 521 602亩，占市耕地总面积的22.0%。是我市主要农业用地的高产稳产区，垦殖率为71.1%。

2. 分类

根据成土条件、成土过程及次要成土过程的差异，将我市黑土划分为4个亚类，12个土属，26个土种。4个亚类分别是：黑土、白浆化黑土、暗棕壤化黑土、草甸黑土。

3. 黑土的理化性质

表土层有机质为3.11%，全氮为0.17%，全磷为0.15%，全钾为2.94%。锌、铜、锰含量较多，而硼低于有效临界值，质地为重壤土，下层为黏土。土壤容重为1.08g/cm³，总孔隙度为57.25%。

4. 生产性能

黑土具有良好的物理性质和化学性质，黑土层深厚，生产潜力很高，适宜各种作物生长，垦殖率最高，多为高产稳产农田。但黑土区春季融雪和夏、秋雨水过于集中，土壤黏重，水分不能顺土层迅速下渗，形成地表径流，引起波状起伏台地的斜坡地上土壤侵蚀，出现黑黄土和破皮黄土，使土壤心土外露。特别是开垦已久的黑土，由于施入的农肥数量少，质量差，耕作管理不善，使土壤有机质含量明显下降。为保证黑土肥力，应增施农肥，补施氮、磷、钾化肥，做到用养结合，培肥地力，注意抗春旱和搞好排水，防止秋涝。

### （二）草甸土

1. 分布

草甸土是非地带性土壤。在我市各县均有分布，面积为11 540 631亩，占市属土壤面积的44.5%，其中，耕地为7 008 000亩（15亩=1hm²。全书同），占市属总耕地面积的43.8%，无论草甸土的总面积还是耕地面积均居首位，潜在肥力很高，是我市重要农业生产用地。

2. 分类

根据成土条件、成土过程及次要成土过程的差异，我市草甸土划分为5个亚类，8个土属，23个土种。佳木斯市草甸土根据附加成土过程，分为草甸土、白浆化草甸土、沼泽化草甸土、泛滥地草甸土及碳酸盐草甸土等5个亚类，续分为8个土属，23个土种。

3. 草甸土理化性状

表层土壤质地为重壤土至轻黏土，土壤容重为1.22~1.45g/cm³，总孔隙度为48%~54%，下层为46%~52%，土壤三相比为49:33:16。土壤全氮0.322%，全磷为0.123%，全钾为2%，碱解氮249（mg/kg），速磷为11（mg/kg），速钾为250（mg/kg），土壤有机质为6.09%。锌、铜、锰、硼的含量均高于有效临界值。除速磷较低外，均为中等或较高水平。

4. 生产性能

典型草甸土养分含量丰富，基础肥力高，但土壤质地黏重，通透性差，地下水位较浅，土壤过湿冷浆，养分不易释放，潜在肥力不易发挥。在生产上应采用浅翻深松，增施农家肥料，做好雨季的排涝工作。

（三）白浆土

1. 分布

白浆土曾叫灰化土，生草灰化土或狼屎泥，是一种滞水潴育性的半水成土壤。白浆土在我市各县（区）均有分布，主要集中在抚远、桦南、富锦等县。全市白浆土面积为4 325 335亩，占市属土壤面积的16.7%。其中，耕地面积2 160 000亩，占市总耕地面积的13.5%，是我市主要农业用地。

2. 分类

根据成土条件，成土过程，尤其是附加成土过程的不同，将白浆土划分为3个亚类、3个土属、8个土种。白浆土、草甸白浆土、潜育白浆土。

3. 草甸白浆土

（1）分布。草甸白浆土分布在佳木斯市各县的低阶地或台地下部平缓处。自然植被以杂草类为主，并有少量柞树。草甸化过程有一定发展，属于白浆土向草甸土过渡类型。

（2）草甸白浆土的理化性状。草甸白浆土表层有机质为4.22%，全氮量为0.21%，全磷量为0.12%，全钾量为2.65%，土壤锌、铜、锰含量丰富，硼低于有效临界值，总孔隙度为57.6%，质地表层为重壤土，而底土为轻壤土。

（3）生产性能。草甸白浆土的理化性状与典型白浆土相似。腐殖质集中在表层，耕地有机质约为4%左右，表层以下小于1%。土壤质地黏重，通透性差，冷浆易涝等问题依然存在。如水源充足可发展水田，因此，水田产量高，经济效益显著。

（4）土属划分。草甸白浆土续分为黏底草甸白浆土1个土属，3个土种。一个土属为黏底草甸白浆土；3个土种分别为薄层黏底草甸白浆土、中层黏底草甸白浆土、厚层黏底草甸白浆土。

薄层黏底草甸白浆土。

①分布概况。薄层黏底草甸白浆土主要分布在桦川、同江等县，多与草甸土呈复区分布。

②理化特性。薄层黏底草甸白浆土质地为中壤至重壤土，容重为1.52g/cm³，总孔隙度为42.6%。耕层有机质为2.36%，全氮为0.13%，碱解氮为125（mg/kg），速磷为15（mg/kg），速钾为88（mg/kg）。按省养分分级标准土壤全氮、碱解氮含量为中等水平，有机质，速效磷及速效钾含量为低水平，而且土壤养分多集中在耕层，白浆层瘠薄，向下急剧下降，有机质只有0.51%，全氮0.05%，全磷0.07%，只有全钾

变化不大，在 1.71% 左右。

③生产特性和改良利用措施。薄层黏底草甸白浆土的耕层物理性较好，黏朽化不严重，旱田宜加深耕层，消除障碍土层的（白浆层）不良影响。在加深耕层的同时，因土壤本身肥力不高应适当增加优质农家肥料，熟化与培肥土壤。薄层黏底草甸白浆土的白浆层不透水，如有水源条件可种植水稻，其经济效益高于旱田。

中层黏底草甸白浆土。

①分布概况。中层黏底草甸白浆土在各县（区）均有分布，主要集中在富锦、同江、抚远等县的地形稍高的平坦地上。母质为洪积沉积物。

②理化特性。中层黏底草甸白浆土容重为 1.01g/cm³，总孔隙度为 61.9%，质地较黏，白浆层通透性差。耕层有机质含量为 5.36%，全氮为 0.29%，碱解氮为 194（mg/kg），速磷为 17（mg/kg），速钾含量为 182（mg/kg）。5~10cm 土壤机械组成，1.0~0.25 为 1%，0.25~0.05 为 15%，0.05~0.01 为 30%，0.01~0.005 为 8%，0.005~0.001 为 18%，<0.001 为 28%，物理黏粒占 54%，土壤质地为重壤土。按全省养分分级标准，土壤有机质、全氮、碱解氮及速效钾含量较高，而土壤速效磷为低水平。总的来看，养分含量好于薄层黏底草甸白浆土。

③生产特性和改良利用措施。中层黏底白浆化草甸土的养分含量同薄层黏底白浆化草甸土相似，土壤质地表层较紧，而白浆层养分下降，通透性较差。该土种可种稻。

厚层黏底白浆化草甸土。

①分布概况。厚层黏底白浆化草甸土分布在汤原、同江的开阔低平地上，和草甸土呈复区分布，是草甸土向白浆土过渡类型土壤，母质为冲积沉积物。

②理化特性。厚层黏底白浆化草甸土质地为壤土，下层较紧实，土壤容重为 1.29g/cm³，总孔隙度为 51.3%，土体上松下实。耕地有机质为 4.22%，全氮为 0.24%，碱解氮为 158（mg/kg），速磷为 45（mg/kg），速钾为 204（mg/kg）。根据全省土壤养分分级标准，土壤全氮、碱解氮、速磷及速钾含量较高，有机质含量为中等水平。土壤微量元素硼的含量低于有效临界值，锌、铜稍高于有效临界值。

③生产特性和改利良用措施。厚层黏底白浆化草甸土养分含量一般，但地下水位近地表，土壤含水量大，易涝、冷浆养分释放慢，作物易贪青晚熟，易受早霜危害。其改良利用措施同薄层黏底白浆化草甸土。该土种稻易收到良好的经济效益。

（四）水稻土

1. 分布

水稻土是人们长期在淹水条件下栽培水稻发育而成的农业土壤。由于我市栽培水稻年限较短，对土壤影响程度较小，仍保留原土壤结构和性状。面积为 4 069 000 亩，占市属土壤总面积的 15.7%，占市属总耕地面积的 25.4%。

2. 水稻土的形成及其分类

我市栽培水稻的土壤有白浆土、黑土、草甸土及零星的沼泽土。栽培水稻后土壤表层有灰色化过程及不明显的鳝血层，表层以下仍保留原土体构型。因此，在水稻土命名上采用保留原土壤名称的连续命名法，即白浆土型水稻土、黑土型水稻土，草甸土型水稻土及沼泽土型水稻土。我市水稻土划分为 4 个亚类，4 个土属。

3. 土属描述

（1）黑土型水稻土。

①分布概况。黑土型水稻土分布在郊区、富锦、桦川、桦南、汤原及同江等县（区）。

②剖面形态。黑土型水稻土除表层有灰色化作用和不太明显的鳝血层外，表层以下仍保持原黑土剖面特征。

耕作层（AP）：0~16cm，暗棕色，无结构，轻黏土，湿润，较紧，有少量锈斑，根量多，剖面层次过渡明显。

犁底层（P）：16~25cm，棕色，块状结构，湿润，较紧，有锈纹和胶膜，根量多。

过渡层（AB）：25~65cm，棕灰色，轻黏土，粒状结构，湿润，较紧实，有较多的锈斑，根量较多，层次过渡明显。

淀积层（Bg）：65~98cm，棕色，块状结构，轻黏土，紧实，潮湿，有大量锈斑。

③理化特性。黑土型水稻土质地较黏，以轻黏至中黏土为主，各层容重为 1.29~1.54g/cm³，孔隙度为 41.39%~51.32%，较紧实，通透性差。土壤三相比为 49：41：10。耕层有机质含量为 3.37%，全氮为 0.18%，碱解氮为 129m，速效磷为 20（mg/kg），速效钾为 156（mg/kg）。土壤微量元素锌、铜含量稍高于有效临界值，而硼低于有效临界值。

（2）草甸土型水稻土。

①分布概况。草甸土型水稻土。分布在郊区、富锦、桦川、桦南、汤原及同江等县（区）。

②剖面形态。草甸土型水稻土分 3 个层次，耕作层，有灰色化作用，不明显的鳝血层，下部土层基本保持草甸土的形态特征。

耕作层（AP）：0~38cm，黑灰色，重壤土，结构不明显，湿，较疏松，根系很多，剖面层次过渡不明显。

犁底层（P）：38~75cm，浅灰色，中壤土，团粒，较疏松，湿，有锈斑，剖面层次过渡不明显。

锈色斑纹层（Bg 或 Cw）：75cm，棕黄色，中壤土，粒状结构，较疏松，湿，锈纹锈斑，剖面层次过渡比较明显。

③理化特性。草甸土型水稻土的质地为中壤土，容重为 0.76g/cm³，总孔隙度为 68.8%，较疏松，土壤三相比为 31：67：2，液相值高，气相值过低。土壤有机质为 8.26%，全氮为 0.45%，全磷为 0.38%，碱解氮为 197（mg/kg），速效磷为 18（mg/kg），速钾为 183（mg/kg）。按省土壤养分分级标准，有机质、全氮及全磷极高，碱解氮及速效钾较高，而速效磷为低水平。土壤微量元素铁、锰含量丰富，锌、铜、硼稍高于有效临界值。

（3）白浆土型水稻土。

①分布概况。白浆土型水稻土分布在郊区、桦川、汤原及同江等县（市）。

②剖面形态。白浆土型水稻土有耕作层，暗灰色，具有不明显的鳝血层；白浆层，呈灰白色；淀积层为灰棕色，质地较黏。

耕作层（AP）：0~24cm，暗灰色，粒状结构，重壤土，较紧，有锈斑，根系多，剖面层次过渡明显。

白浆层（Aw）：24~35cm，灰白色，块状结构，黏土，紧，剖面层次过渡明显。

淀积层（Bc）：35~95cm，灰棕色，块状结构，黏土，剖面层次过渡很明显。

③理化性征。白浆土型水稻土质地黏，物理黏粒为 44.1%，为重壤土，容重 1.42g/cm³，总孔隙度为 46.4%，土质较紧，土壤三相比为 54：42：4。土壤有机质含量平均为 3.54%，全氮为 0.19%，全磷为 0.06%，全钾为 1.45%，碱解氮为 140（mg/kg），速磷为 19（mg/kg），速钾为 185（mg/kg）。按省养分分级标准划分，土壤碱解氮及速钾较高，有机质和全氮为中等，全磷及速磷均为低水平。土壤微量元素含量硼为 0.63（mg/kg），锌为 0.92（mg/kg），铜为 2.56（mg/kg），锰为 71.5（mg/kg），铁为 39.86（mg/kg）。

④生产特性和改良利用措施。白浆土种稻可扬长避短，使白浆层成为托水层，产量高经济效益好，生产上仍需增施磷肥和钾肥。

# 第二节　有机肥料

## 一、有机肥料概述

有机肥料系指在各地区的农场、农村生产过程中采取广泛就地取材积攒家畜粪尿、人粪尿、栽培绿肥作物及利用各种有机物质堆制成的各类肥料，又称农家肥料。

（一）有机肥料的特点

来源广、用量大；含养分全，含有氮、磷、钾大量元素，微量元素以及微生物等，也含丰富的有机质、腐殖质、胡敏酸、维生素、生长素、抗生素、激素等故称全肥；大部分属迟效性养分，呈有机态，需经微生物分解转化后才被植物吸收利用，故称迟效性肥料。

（二）有机肥料的作用

### 1. 在作物营养中的作用

它含有的无机态元素和微量元素，可直接为作物吸收利用，含丰富的有机质，又是作物养料的来源。在我国磷、钾矿产资源不足的情况下，有机肥料是一个潜在的重要磷、钾营养元素的来源。有机肥料中的磷、钾不易被土壤固定，对植物有效性高，所以，有机肥料是一种营养完全的肥料。

从生物学观点分析，植物对过磷酸钙的吸收、富集，然后退回土壤的循环效果比氮高得多。另外，秸秆作燃料消耗的部分磷、钾仍然保留在灰分中，再次用作肥料，仍有很高的肥效。中国农业科学院农业资源与农业区划研究所土壤肥料研究所在一些缺磷、缺钾的土壤上试验证明：单施氮肥与厩肥，作物也能高产，并不表现出缺锌、缺钾的症状。因此，充分利用生物磷、钾资源，能够缓解氮、磷及氮、钾失调的矛盾，有利于增产。还可以给每亩土壤增加纯锌0.1~0.5kg，纯硼0.01~0.5kg；纯锰0.1~0.25kg，对供应微量元素有一定的作用。粪肥中的葡萄糖、氨基酸、核酸和核苷酸等还能直接被水稻吸收利用。

另外，有机肥料转化为腐殖酸后，对作物生育有刺激作用，有机质分解后释放出来的$CO_2$，可供给植物碳素营养，其氨基酸、酰胺、磷脂等又是氮、磷的来源。

猪粪中的蛋白酶、尿酶、蔗糖酶以及脱氢酶等比一般土壤高十几倍到几百倍，能更新和提高土壤肥力，有机肥料可以供给土壤微生物的碳源，提高土壤的生物活性，促进土壤中植物养料的迅速吸收。

### 2. 改良土壤性质

有机肥料的施用可以增加土壤有机质，从而在改良土壤的物理、化学和生物性质，降解污染物质以及供给植物的营养方面均能起到良好效果。增加有机质含量能提高微生物活跃性，提高土壤的速效养分氮、磷、钾及微量元素的含量和有效性。

有机肥料的改土作用，主要是促成水稳性团粒结构，从而改变了土壤固相物质和土粒的排列与孔隙的分布，使三相比协调，增强土壤的抗逆性，特别是在底土裸露的壤土，将粪肥与化肥混合施用，能够显著地改善土壤结构状况，而有利于增产。有机肥料既有提高土壤对酸碱的缓冲能力和保肥、供肥能力，又能增加土壤的持水量，提高土壤的蓄水、保墒和供水性能，达到以肥调水，以土蓄水和以肥节水的良好效果。在干旱半干旱地区，尤其是黑龙江省一些砂质土壤和冷浆黏质土，具有特别重要意义。

另外，有机肥料还能固定放射性元素锶及某些重金属元素，使之难以溶解，在被核化学污染的土壤上，有机肥料对净化土壤也有一定的作用。

### 3. 提高化肥肥效

据中国农业科学院农业资源与农业区划研究所土壤肥料研究所资料，增施有机肥料可以降低化肥用量30%，能使氮肥的效果提高一倍。在等氮量的情况下，产量最高者为有机、无机各1/2的处理，并且初步认为有机、无机氮量比1：（0.4~1.1）为宜。有机肥与氮肥配合施用，土壤中氨基酸的酸量通常较多，因为氮肥能促进有机肥料的分解，分解产生的有机酸可与化肥中的氨化合，形成氨基酸，避免硝化作用，从而提高氮肥的利用率。厩肥中的有机酸，如草酸、乳酸、酒石酸等都是络合剂，当有机酸与Ca离子、Mg离子、Fe离子、Al离子形成稳定性的络合物以后，可以减少磷酸的固定。有机肥与磷肥混合施用，还能增加磷的溶解度，提高溶液中磷酸二钙的活度，有利于作物对磷的吸收。

### 4. 改善农产品品质，降低成本

大量施用有机肥料可以改善农作物产品品质，特别是烤烟和瓜类的品质。中国农业科学院农业资源与农业区划研究所土壤肥料研究所的试验结果证明，有机肥与氮肥配合施用后，小麦的蛋白质含量提高约1%，面筋提高3.3%，籽粒氮提高0.19%。在蔬菜方面，大量施用氮肥时硝酸盐的含量增加50%~70%，烂菜率提高20%~30%，而在配合施用有机肥料时，白菜、菠菜的可食部分硝酸盐可由1 000（mg/kg）降至600（mg/kg），亚硝酸盐下降到0.5（mg/kg），维生素C含量可由18mg/100g，提高到21mg/100g。

因此，在化肥供应不足或资金有困难时，应该充分发挥劳动力充足的优势，大力开辟有机肥料来源，力争减少化肥用量，实现增产增收。目前，施用有机肥料的主要问题在于它的数量大，贮存与施用不便。堆积方法粗放，质量低，今后应该从改进积肥方法和施肥习惯入手，在提高有机肥质量的基础上力争减少用量，以解决有的地区长期以来粪肥不足的困难。

## 二、有机肥料种类

有机肥料种类较多，一般常见的有：人粪尿；家畜粪尿及厩肥；土粪；堆、沤肥；草炭；炕洞土；家畜粪类；饼肥；血粉、油角、沟泥土；城市垃圾物；绿肥作物、秸秆等。

### （一）人粪尿

人粪尿含肥分较高，是由于食物的质量较高，故人粪中肥料成分的平均含量也较高。腐熟较快，一般含氮多而磷钾较少，但含养分丰富，是一种高氮的速效性肥料。所以，常把它当作氮肥施用。

#### 1. 人粪的成分

有机物：包括纤维素、半纤维素、脂肪酸、未消化蛋白、分解蛋白、氨基酸、丁酸、粪胆质色素及少量卵黄素，粪质、磷酸脂、草酸钙、及各类酶和微生物25 000~23 000个，干物质占15%~35%，水分77.2%；无机物：包括硝酸盐、氯化物、$H_2S$、总灰分占6%。

#### 2. 人尿的成分

人尿的组成简单，所含磷钾是水溶性无机物状态，含氮是尿素形态。组成成分：含尿素态N 85%~88%，铵态氮占4.3%。

#### 3. 人粪尿的合理施用与肥效

人粪尿对一般作物均有良好的肥效，尤其是对叶菜类，纤维作物（麻类），桑茶等作物效果显著。不宜施用的作物如烟草，因含Cl会使烟草的叶茎粗大，降低燃烧性能。在马铃薯、甜菜、甘薯施用过少时会降低淀粉和糖分的含量。

粪尿虽属有机肥料，但含有机质较少，矿化分解快，不能增加土壤中的有机物质，对提高土壤水稳性团粒结构不利。一般土壤尤其是在轻质土壤上，若长期施粪尿结果会产生土壤胶粒分散作用，破坏土壤结构性。因人粪尿含$NH_4^+$、$Na^+$和负价离子较多，严重时会使旱田土壤板结，水稻田产生土粒悬浮和悬秧，在多雨地区施用，也引起土壤酸化趋势。因此，提倡在施堆肥的基础上，施用人粪尿为宜。人粪尿是以N为主的速效性有机肥料，多用于追肥、种肥，很少用来做大田基肥。

#### 4. 施用方法

旱田：条施、穴施、施后盖严土。

水稻田：撒施，深施。

玉米也可用腐熟的人粪浇施追肥。黑龙江省普遍采用人粪尿掺入吸收性较强的物质堆放，腐熟后做种肥。如人工埯种、玉米抓把粪等。不论采用任何方法施用时，切忌用人粪尿与碱性物质或碱性肥混合接触与施用，以防氮素损失。用人尿浸种，出苗早，苗健壮，浇鲜尿的比浇陈尿的小麦明显增产。

（二）家畜粪尿和厩肥

家畜粪尿是指猪、马、羊、牛的排泄物质。厩肥是指养畜的粪尿和各种垫圈材料以及饲料的残屑物等经混合堆制而成的肥料。养畜积肥以养猪为主，理由是猪繁殖快饲养量大，适于圈养，粪肥质量好，积肥量多。如养 8 个月可排粪 900kg、尿 1 250kg。这些粪尿中含有 N 素 8.7~10.2kg，$P_2O_5$ 4.8~5.75kg，$K_2O$ 8.5~9.8kg。一头猪一年排 2 000kg 粪尿。

1. 家畜粪

（1）家畜粪的成分。畜粪是饲料经过家畜的消化后，没有被吸收部分而排出体外的固体废弃物。成分复杂，其中，主要是纤维素、半纤维素、木质素、蛋白质及其分解产物，脂肪类、有机酸、酶及各种无机盐类。尿是饲料中的营养成分被家畜消化吸收，进入血液，经新陈代谢后，以液体排出的部分。尿的成分较简单，主要是溶解于水的尿素，尿酸，马尿酸以及钾、钠、钙、镁等无机盐类。由于家畜种类、年令，饲料和饲养管理方法不同，其粪尿的数量和成分差异很大。家畜粪中有机质较多占 15%~30%，其中，N、P 含量大于 K，家畜尿中含 N、K 较多，缺磷，但猪尿除外。对各种家畜粪尿中养分比较，羊粪中含 N、P、K 量最高，猪马次之，牛粪最次。

（2）家畜粪的合理施用与肥效。

①猪粪肥效与合理施用。一般猪粪的氮素含量是牛粪的一倍，磷、钾含量也多于牛粪和马粪，只是猪粪中的钙、镁含量低于其他粪肥，有机质含量不高，含量小于马、羊。含有 Cu 10（mg/kg），Mo 19（mg/kg），Mn 36（mg/kg），Zn 15（mg/kg）（中国科学院分析）。猪粪 C、N 比较低，且含有大量的氨化细菌，较易腐熟，肥效快。腐熟后能形成大量的腐殖质和蜡质，有机质有利于土壤结构形成增加保肥保水性能。蜡质可防止土壤毛管水的蒸发，具有抗旱保墒性能。猪粪阳离子交换量较高，粪劲柔和后劲长。适合各类土壤与作物尤其是排水良好的土壤肥效更好，称它为温性肥料。

②牛粪的肥效和合理施用。牛是反刍动物，粪质细密，又因牛饮水多，粪中含水多，通气性差，C、N 比较大（一般 21.5∶1），分解腐熟缓慢，发酵温度低故称冷性肥料；由于养分量低，尤其是 N 素肥量很低，分解腐熟缓慢，粪质差，所以，在东北地区，如黑龙江省的农民对牛粪不欢迎。如果将新鲜牛粪略加风干，或掺入碎干秸秆，或加入速效氮肥调节 C、N 比，或加入 3%~5% 含量的钙镁磷肥或磷矿粉混合堆沤，可加快分解成优质肥料。用于改良含有机质少的轻质土壤效果良好。必要时也可以作温床酿热物。

③马粪的肥效和合理施用。马粪较粗松，含纤维素量多，疏松多孔，易通气，水分散失快，含水分少且含有较多的高温纤维素分解细菌，发热腐熟较快，温度较高，故称热性肥料。多用作茄果类、蔬菜早春育苗，在苗床下层铺垫温床酿热物，也常用于改良质地黏重土壤。

④羊粪的肥效和合理施用。羊饮水少，饲料又经反刍，故粪质细密干燥，肥分浓度在家畜粪中养分最高，含有机质、全 N、Ca、Mg 等更高，羊粪在打碎及洒水堆积时，发热快，温度高，也是热性肥料。羊粪发酵速度快，同猪、牛粪混合堆积，可以缓和羊粪的燥性，达到肥劲平稳，适合于各种土壤。

2. 家畜尿

家畜尿液成分复杂分解缓慢，施用后须经分解转换成碳酸铵 $(NH_4)_2CO_3$ 后才能被土壤吸收、作物利用。马尿酸在 24 天只能分解全 N 的 23%，马尿和羊尿含尿素较多，所以，腐熟的快，稍经腐熟即可以施用。猪尿含尿素不及马、羊尿，但其他形态 N 化物含量多，也能分解。家畜尿呈碱性反应，与人尿不同，因为家畜的消化力强，草中的有机质经消化后其中的矿物质是以 $K_2CO_3$ 和有机酸钾排出体外，它们是属于强碱弱酸盐类，故碱性反应。

3. 厩肥

（1）猪厩肥。腐熟程度高的，宜用于生长期短的早熟作物，不然易在分解过程中与幼苗争夺水分，腐熟程度低的一般适用于晚熟作物，因可不断的分解释放养分供作物吸收。

①秋施基肥方法。秋翻地时先把粪扬铺均匀后翻入土中 2 500~3 000kg/ 亩。

②春施基肥方法。春季播种之前整地，春耙地之前把粪扬到地面耙入。例如，前茬玉米或谷子播种小麦春耙前扬盖头粪。

③分层施肥。可采取秋翻、秋耙两次施肥，更有利于作物养分的吸收和根系的生长。

④条施与穴施。多在粪量不足集中使用，是局部基肥施用的方法，宽行距栽培作物可以采用，要求粪肥充分腐熟。追肥：经腐熟好的猪圈粪，宜做追肥。例如：玉米生长中期可刨掩穴施称为施青肥，施用量适当即可。

（2）马厩肥。马粪尿腐熟分解快，是发热量大的热性肥料，一般不采用单独施用。主要施用方法：

①温床的热源材料。

②高温造肥的热源材料。（因为它可使一些含 C、N 值大的秸秆腐熟，减少马粪的 N 损失）

③可作基肥、追肥。适用于各类土壤与作物（施用中注意的问题同猪厩粪）。

（3）牛厩肥。

①含水量大不易腐熟。施用前应适当翻捣，达到腐熟施用为宜。

②含养分量较低，腐熟分解缓慢。只适合作基肥，同时提倡同热性肥料混合施用。施用的具体方法及注意的问题与猪厩粪相似。

（4）羊厩粪的肥分量高于其他家畜粪尿，适合于各种土壤和作物，可作基肥、种肥施用（方法与注意事项同猪粪尿）。

### （三）绿肥

绿肥是将绿色青嫩的植物，在一定的生育时期直接翻压到地里或收割下来经过堆沤后用来作为肥料用的常称之绿肥。一般多为豆料植物，也有少数是属十字花科和禾本科植物，一般含氮（N）素和有机质，营养比较丰富。

#### 1. 绿肥的作用

（1）增加土壤养分含量。

①提高生物的固氮量。因氮素是动、植物生存不可缺少的养分元素之一，由于大气中的氮素多以气态氮存在，$1hm^2$ 陆地面积上空约有 7.8 万吨素。栽培的绿色植物一般多属于豆科，它可借用根瘤菌的作用来固定空气中的氮素。

②根系强大主根入土深达 1~2m，可充分吸取土壤下层养分，使绿肥作物根深叶茂增加鲜草产量，翻压入土，可增加耕层的养分含量。

③在绿肥的作用下可增强植物利用土壤中一些难溶性养分。绿肥生育盛期翻入土中分解后产生大量的有机酸类，同时根所分泌的 $H_2CO_3$ 能加速土中难溶性养分的溶解度有利于作物吸收利用，特别是有利于土壤中磷的释放作用。在不施磷肥的地块上种植绿肥后土壤含磷量有所增高，全磷量可增加 0.01%，速效磷量可增加 0.2%~0.5%。

④绿肥含有大量的 N、P、K 养分。含氮最多，其次是钾，再其次是磷。

（2）栽培绿肥可改良土壤。

绿肥含有机质丰富约 15% 左右，产鲜草 1 000 余 kg/ 亩，可增加有机质的含量能改良土壤结构和质地性质，由于根系穿插土体可改善土壤物理性状通气性，渗透性等。在盐碱地可增加地面覆盖度，抑制反盐，翻入土中增加养分含量，改善土壤物理性状，促进脱盐降低含盐量，由 70% 降到 30%，可缓冲土壤 pH 值，由 8.0 降到 7.5。在白浆土上栽培绿肥，改土效果较好，其 pH 值由 5.5 提高到 6.5。

（3）减少土壤侵蚀，水土流失，抑制田间杂草。

（4）绿肥可促进畜牧业的发展。

2. 绿肥的种类

（1）草木樨。草木樨是豆科草本植物，有一年生，二年生的，有黄花、白花之分。

①一年生黄花草木樨。特点：优质高产抗逆性强，属豆科绿肥速生早发，出苗整齐，株高可达 1m，可产鲜草 1 250kg/667m²，鲜根 150kg/667m²，在花期翻入土中。生育期 100 天，用肥期只有 60 天。含 N 量：干草 2.6%，干根 2.6%；含磷量：干草 0.415%，干根 0.056%。绿肥作物根茬肥效也很高，据调查根茬肥用后，平均增产 10.9%，并有 2~3 年后效。

②二年生白花草木樨。特点。

第一，属二年生草本豆科植物，栽培面积最大。黑龙江省主要栽培二年生的白花草木樨。它的特性是抗逆性强、耐瘠薄、耐干旱、耐低湿、耐盐碱等，适应性较强。根粗壮发达，主根长 2~3m，侧根多，主要分布在 0~40cm 的土层内。根系生大量鸡冠形根瘤。茎圆，中空，高达 1~2m。叶为羽状复叶，有三小叶，中小叶有短柄，叶片边缘有齿。总状花序，由 40~80 个蝶形小花组成，白花。夹角倒卵形，略扁平、黄褐色，耐寒能力强：一般种子在 3~4℃开始发芽，在 30℃可安全过冬。耐旱能力：在 10cm 土层中含水量为 4.2% 时，草木樨真叶 3~4 个，根深可达 20~30cm，尚可以成活。耐荫湿，草木樨能在作物行间种植生长。耐碱性，一般在土壤含盐量 0.3% 以下时能正常生长。

第二，植株繁茂，根系发达，鲜草产量高，春播秋翻，鲜草可达 1 500~2 900kg/667m²，鲜根 490~590kg/667m²。

第三，在施磷肥条件下鲜草重可提高 50%，同时提高氮、磷含量和有机质含量 15%~19%。亩产纯有机质 250kg，相当于低质粪肥 250kg，含氮：干草 2.753%，干根 0.857%；含磷：干草 0.47%，干根 0.59%。

第四，种子繁殖数高。因籽粒很小，播种量 1~2kg/亩，1 粒种子可繁殖 23 粒。留种田亩收种子 73~100kg，可供 50 亩地的用种量。

第五，固 N 能力强。根瘤固定空气游离 N 8.5kg/667m²，相当于 $NH_4NO_3$ 25kg。

第六，草木樨有保持水土，固土防坡作用，肥力后效期长，翻入土中可增产粮食 20~50kg/667m²。

（2）油菜。油菜根系对土壤难溶性磷有较强的吸收力，因为根系能分泌有机酸，能溶解土壤中难溶的磷素，增加土内磷的有效性，对后作有明显的增产作用，而且对土壤磷素含量有所增加。油菜含 N 3.5%，P 1.54%，K 2.69%，亩产种子量 25~50kg，含油量 30% 以上。油菜种子繁殖倍数高于其他豆科绿肥 29 倍以上。油菜是肥茬，能培肥地力，使后作增产。油菜收获后失落的种子任其自然生长，秋季可翻压做绿肥。油菜的根、茎、叶、花和角壳等都含有丰富的氮、磷、钾，在生长阶段有大量落花落叶，收获后残根秸秆还田，能提高土壤肥力，改善土壤结构。

（3）秣食豆。属一年生豆科作物，是肥、饲兼用作物，它是黑龙江省种植面积较大的绿肥作物。对温度和湿度要求严格、属喜湿爱温作物。具有耐旱，耐贫瘠的特征。生育特点：叶繁茂，根瘤多，比大豆多一倍，株高 1m 左右，鲜草重 1 250~1 500kg/667m²。养分含量：干草含 N 2.672%、P 1.981%，干根含 N 0.455%，P 0.176%。

（四）农作物秸秆

1. 秸秆直接还田的作用

（1）改善土壤的结构。在一定程度上，水稳性团聚体随土壤中多糖类含量的提高而增加土壤中的多糖微生物合成的产物，而新鲜有机质则是微生物合成多糖所必须的碳源。另外，微生物分解秸秆时，也可摄取土壤氮素，形成作为多糖类成分之一的氨基酸，秸秆直接还田有利于新鲜腐殖质在土体外部形成，可以随即与土粒结合，促成土壤团粒结构，从而避免了腐熟后施用时，腐殖质可能由于干燥变性而失效的特点。

（2）对养分的影响。秸秆直接还田促进土壤中植物养料的转化，因秸秆直接还田后加强了土壤微生物的活动，有助于土壤中难溶性磷、钾养料的释放，提高土壤的有效肥力。对氮素的影响主要是对土壤中氮素的生物固定。由于新鲜秸秆施入土壤后，一方面为好气或嫌气性自生固氮菌提供碳源而促进固氮作用，另一方面，它还能供给土壤微生物碳源，能使较多地吸收土壤中的速效氮素繁殖合成细菌体，从而把氮素养料保存下来，这些氮素大部分较易转化为有效态，可供当季作物利用；其固定氮量的大小和再释放的迟早与秸秆的 C、N 比、施用量、可分解强度等有密切关系，一般用量多的、C、N 比高的固氮量较大，再释放有效氮的时间也比较迟，反之则少，而且较早，一般残体分解强度大的，初期固定量及后期释放量均较多，因氮的生物固定一般会影响作物的初期生长，但它可以减少氮素的损失，以及作物生长的中后期可能出现的脱肥现象。

实验证明。每氧化 1.0g 碳所释放的能量可供固氮微生物固定 0~40mg 氮素。施用秸秆也有利于豆科作物的共生固氮作用。如在大豆和豌豆地块中，施用秸秆后（玉米、谷子秸秆），每百株根瘤数和根瘤的重量都有所增加而且可增产 10% 左右，秸秆中的养分经过矿化作用，也有固定磷的现象，呈现出土壤中速效性磷减少，所以，秸秆还田最好结合施入一定量的磷肥效果良好。

（3）秸秆还田能为土壤增加较稳定的腐殖质。

（4）秸秆还田对土壤微生物的影响。由于秸秆还田增加了土壤中有机能源，而使微生物数量激增，尤其是所施入的秸秆周围如果接连三年施用秸秆，土壤微生物总数可达 64.9×105 个 /g 土，而不施用为 54.9×105 个 /g 土（细菌和放线菌）。另外也能使土壤的生化活动强度有显著提高，在秸秆附近 2cm 内的土壤呼吸强度比 10cm 外的高 99%~139%，同时，接触转化酶以及尿酶的活性分别提高 33%。这时对有机质所含养分的释放，尤其是对老化腐殖质中的养分释放起到良好的作用。施用秸秆又可减轻作物病害，如：小麦秆、稻秆等，均可防止甘薯的黑斑病，效果达 77.9%，也能减轻禾本科作物的根腐病，这是与秸秆腐解时，能减少兼性寄生真菌有关系。

2. 秸秆还田技术

（1）施用量和耕埋深度。实行全部秸秆还田，有的农场在联合收割机收获麦穗或玉米果穗后，立即用重耙或园盘耙纵横地耙两遍，切碎秸秆，然后耕埋，使秸秆全部翻入土中，深度 17~22cm，也可在拖拉机前焊设助埯器，然后立即翻压，秸秆耕埋后要及时耕地，既有利于保墒，又能使秸秆与土壤紧密结合，以利分解。

（2）秸秆还田时期及方法。旱地争取边收，边耕埋，特别是玉米秆，因初收获时秸秆含水较多，及时耕埋有利于腐解。麦草在夏闲地要尽早耕翻。水田宜在插秧前 7~15 天施用。间隔时间的长短与用量有关，用时多的间隔要长些，反之短些。通常是在脱粒后，将稻草切成 10~20cm 撒在田面，同时施用适量的石灰（酸性土地区每亩 30~35kg），浸泡 3~4 天再耕翻，5~6 天后耙平，随即栽秧。

（3）配合施用其他肥料。以玉米秆等还田时每亩应施 15kg 碳铵，也可配合施用过磷酸钙，此外，秸秆在土壤中腐解时，不像堆肥那样能产生高温，秸秆上的病菌可能通过土壤传播，例如，大、小麦的赤霉病、根腐病，玉米的黑穗病和大、小麦锈斑病，大豆的叶斑病等。因此，带有病菌和害虫的秸秆不宜直接还田，防止病虫害蔓延。

秸秆还田是培肥地力、增强农作物后劲的一项重要措施。目前，全国各地尤其是黑龙江省不少市、县推广面积大、速度快，培肥地力和增产效果显著。

3. 秸秆还田技术要点

小麦秸秆粉碎还田、玉米根茬粉碎还田、机械作业一次完成，第一年还田地块施入 5~7kg 氮肥。玉米秸秆粉碎还田，提倡按 1:2:7 的比例，将人粪尿、畜禽粪和先粉碎好的秸秆（长度 7cm）进行湿拌。浇水足量拌匀。然后再用格莚与马粪作热源点，把拌好的秸秆，一层层堆积，当堆内温度达 65℃ 左右，开始倒粪使其均匀成堆，每隔 6~7 天倒 1 次，共倒 3 次，备用还田。

稻草造肥还田，把格莚和马粪做热源点，温度保持在 40℃ 以上，然后按 7:1:2 比例的稻草、人粪尿、畜禽粪备好原料，加入适量的水混合堆积，当堆内温度达 65℃ 左右开始倒堆，一般可倒 3~5 次。腐熟稻草标准是稻草变成黑褐色，带有黑色溶液，有氨臭气味散出，即可施入。

（五）泥炭与腐殖酸类肥料

1. 泥炭

泥炭又叫草炭、草煤、泥煤、草筏子等,佳木斯市分布较广,蕴藏丰富。它含有丰富有机质和多种营养元素。经过堆积用作肥料的称之泥炭肥料。

泥炭的成分和性质。

①富含有机质和腐殖酸。泥炭中有机质含量约 40%~70%,个别高达 80%~90%,最低 30%。泥炭中腐殖酸含量为 20%~40%,其中,以褐腐酸居多,黄腐酸次之。泥炭含有大量有机质和腐殖酸,是优质有机肥料,施用后能改良土壤,供给养分,促进作物生长。

②全氮量高,速效氮及磷钾含量较低。含氮量一般为 1.5%~2.5%,个别可达 2.8% 以上,但多为有机态氮,转化的速度很慢,速效氮的数量很少。所以,单施泥炭肥效不显著。各种泥炭中磷、钾的含量不高,如全磷量($P_2O_5$)为 0.1%~0.3%,全钾量($K_2O$)0.3%~0.5%。施用时应配合施用速效氮、磷、钾肥料。

③酸度较大。泥炭多呈酸性属微酸性反应。腐殖酸量黑龙江省为 20%~40%,少数可达 50%,低者为 10% 以下。故在酸性土壤区施用泥炭时应配合施用石灰。

④具有较强的吸水性和吸氨能力。泥炭含有大量的腐殖酸,它是吸收性能很强的有机胶体,有较强的吸收能力。一般风干泥炭能吸收 300%~600% 的水分,吸收氨量可达 0.5%~3.0%,所以,泥炭是垫圈保肥的好材料。

（2）泥炭在农业上的利用。不同的泥炭应采取不同的处理和施用方法。低位草炭(分解程度高,近于中性,腐殖质养分物质丰富)可在风干后作肥料,也可与其他肥料配合施用。高位和中位草炭因含有大量有机质,草根层分解的不好可先垫圈,堆制后再做肥料施用。可分为下面几种施用方法。

①泥炭垫圈。泥炭用作垫圈材料可以充分吸收粪尿和氨,制成质量较高的圈肥,并能改善牲畜的卫生条件。垫圈用的泥炭应风干打破,含水量以在 30% 左右为宜,不宜过干或过湿,过干则泥炭碎屑容易飞扬,过湿则吸水,吸氨能力降低。

②泥炭堆肥。将泥炭与人粪尿及其他有机物质混合制成堆肥时,其中,所含有机态氮可转化为可溶性氮,并能保存人粪尿中的氮以及其他营养元素,减少养分的损失,制作泥炭堆肥宜用分解程度较高的低位泥炭,同时还应加入占泥炭重量 50%~100% 的其他新鲜有机质,如秸秆、人畜粪尿、青草等。

③制造混成复合肥料。泥炭中含有大量腐殖酸,但含速效养分较少。将泥炭与碳铵、氨水、磷肥或微量元素等制成粒状或粉状混成复合肥料,可以减少氨的挥发损失,避免磷和其他微量元素在土壤中的固定,提高化肥的利用率和肥效。此外,泥炭还可以制作营养钵或用于菌肥的载菌体。

④直接施用。泥炭直接施用时,应采挖分解较好,养分较多,酸性小的泥炭,避免施用在冷凉,低温黏重的土壤上。可作基肥,用量 500kg/667m²。施用前泥炭处理:将泥炭粉碎、风干翻耕到土中,施后镇压,以防跑墒,影响出苗。小麦、水稻、玉米、高粱、土豆可以增产 12%~20%。

制成颗粒肥混合施用,用泥炭 50kg(含腐殖酸 30%~35%),pH 值为 6~6.5,然后加入面碱($Na_2CO_3$)200g,混合后在室内封闭加温,保持 50~60℃,两天后再以 35kg 混合好的泥炭和 15kg 过磷酸钙混合,继续堆积 7 天制成颗粒肥,亩用量 50kg,增产率 11.8%。

⑤做泥炭营养钵。优点:苗期管理方便,早出苗,移栽成活率高,有利定苗、定植,有促进作物早熟丰产作用,有保水保肥能力,形成通气透水条件,便于根系发育。

⑥作菌肥载体和腐殖酸肥的原料。a.菌肥载体:泥炭风干粉碎,调整酸度可以接种制成菌肥。根瘤菌固 N 菌,磷细菌等。b.因泥炭中含有大量的腐殖酸,所以,是腐殖酸肥料的好材料。

2. 腐殖酸肥料

腐殖酸类肥料是腐殖酸铵、腐殖酸磷,腐殖酸钠等肥料的总称。它是采用含有腐殖酸的草炭、褐煤、风化煤等作主要原料,分别配成 N、P、K 等营养元素制成各种腐殖酸肥料,简称腐肥。

（1）腐肥主要功能及作用。

①改良土壤结构提高肥力（低产地、盐碱地、瘠薄地、洼湿地）。

a. 促进土壤结构的形成，改善孔隙状况。腐殖酸肥中的腐殖酸是一种有机胶体物质，在石灰性土壤中能与 $Ca^{2+}$ 离子结合，形成絮状凝胶。具有较强的黏结力，可把分散的土粒胶结成为水稳程度较高的团粒。同时可促进微生物的活动，一些酶菌，产生的菌丝体，细菌所分泌的黏液，都可促进土壤团粒的形成，使土壤疏松多孔，水、肥、气、热协调，土壤容重降低，总孔隙度增加。据试验：用腐殖酸钠处理土壤，可使土中 >0.25mm 直径的团粒增加 8.5%~20.5%。

b. 提高土壤阳离子吸收性能，增加土壤的保肥供肥的能力。因腐殖酸的分子结构中具有较多的羟基（—COOH）、酚羟基等功能团，具有良好的离子代换性，一般代换量可达 200~500mg/100g 土，要大于矿物胶体的 10~20 倍，所以，施入腐殖酸肥能使土壤阳离子代换增加，显著的提高土壤的保肥、供肥能力。

c. 能使土壤缓冲性能增加，改良酸性土。由于腐殖酸是弱有机酸。腐殖酸同腐殖酸盐类形成了一个缓冲系统，可以调节和稳定土壤的 pH 值，减少土壤酸碱度的急剧变化。同时，腐殖酸具有很高的阳离子代换量，对一些阳离子的吸收能力较强。这样可减轻酸碱的危害。在酸性强的土壤中施入腐殖酸肥料，它可以吸收或络合游离的 Fe、Al 离子，Fe、Al 减少可降低危害，减轻对土壤中磷的固定。

d. 可增加土壤有益微生物的活动。主要是腐殖酸类肥提供了微生物生命活动所需的 C 源和 N 源及磷源等条件而促进繁殖。例如，据试验：施用腐殖酸肥后可增加放线菌、纤维分解菌、氨化细菌等微生物的数量，其中，纤维素分解菌可增 1 倍，氨化细菌增加 1~2 倍。国外资料报溢：施腐殖酸肥后土壤自生固 N 菌可增加 2 倍以上。

②增加作物营养和化肥的增效作用。腐殖酸肥是一种有机复合肥，本身可提供速效性和迟效性 N、P、K 养分，又能保氮、磷、活化钾及微量元素。为作物增产提供丰富的养料来源。

a. 增加化肥的肥效。各种含 N 腐殖酸肥与等 N 量的同种 N 素化肥混合，腐殖酸肥和化肥的肥效都有显著的提高。提高化肥效果的原因：一是增加对氮素养分的吸收，减少损失；二是腐肥可提高植物细胞膜和原生质的渗透性，加速养分进入。

b. 可调节消除因施氮肥量过多、方法不当产生的不良影响。含腐殖酸的原料煤或腐铵，若同磷混合制成腐磷肥或腐铵磷肥后，可使无机 N 肥的肥效由暴、猛、短变成缓、稳、长。同时可以提高磷肥的利用率，尤其是对水溶性和枸溶性磷肥效果更为显著，过磷酸钙的当年利用率 10%~20%，但与腐殖酸肥混合后利用率可提高一倍以上。

c. 腐殖酸肥料本身的营养作用。它本身含有速效性的 N、P 和迟效性的 N、P 成分。一般作腐殖酸肥料的原料含氮 1.5%~5.0%，磷 0.6%~1.0%，钾 0.3%~0.5%，再加上 S、Ca、Mg、Fe、Mn 都是供给植物所需的成分。

d. 腐殖酸肥料对作物生长发育的刺激作用。一是加强作物体内多种酶的活性，促进作物的呼吸作用；二是增加植物对水分，养分的吸收能力；三是提高 C、N 营养水平，加速物质在体内的运转，增强新陈代谢，加速生长发育，同时有利于提早成熟。具体表现是能提早发芽，提高种子发芽率，用一定浓度的腐殖酸钠等肥料液浸种，小麦、水稻、玉米及其他菜种比用水浸的提前出芽 4~72h。出苗率提高 10%~25%；四是能促进根部的吸收能力。用腐殖酸肥浸根或蘸根等，发根快，次生根多，根量增加，可以加强细胞膜与原生质的渗透性和增加 N、P 养分的吸收量，增强繁殖器官的发育，促进小麦、玉米等提前开花，提高受粉率，增加粒数与粒重。

（2）腐殖酸肥的施用条件与技术。腐殖酸肥不同于普通的无机化肥或有机肥料，它兼有无机化肥和有机肥料的某些特点，提高肥效重要的关键是掌握好施用的条件，提高施用技术。

①施用条件。土壤条件，在瘠薄地、盐碱地、酸性土、黏重土、板结地施用效果好。作物种类，蔬菜作物菠菜、芹菜、甜菜、萝卜施用效果好。小麦、玉米、谷子、油菜、豆类效果明显。如果水分充足，灌溉更好，肥效可以提高。不宜在强光下或过湿阴天喷施，一般在午后 3 时后喷用为宜。

②施用技术。

a. 基肥、种肥、追肥、浸种、蘸根、叶面喷施都有良好的增产效果。作基肥，应集中施和深施，避免分散施用或表层施用，一般改良盐碱地和低产地块可全面撒施。做基肥时可与各种有机肥相配合。腐铵肥，有机肥为 2∶1。

b. 作种肥。沙与土圈粪混合作盆钵育苗，做种肥最好和细土混合施用，免除接触种子危害，影响发芽与根的发育，在秧田施用可与土混合拌匀施用，达到土肥相融。浸种时，浓度要求 0.01%~0.05%。

c. 追肥。适宜早施，可和速效性化肥配合灌浇水更好。喷施浓度为 0.005%~0.1%，一般用 0.01%~0.05% 为宜，喷雾量 60kg/667m$^2$。喷雾时间：在开花灌浆繁殖器官发育时喷施效果良好（1~2 次）。

d. 浸根。秧令在 15 天以下在育苗地放水后，配成 0.005%~0.05% 浓度浸泡 10~20h，即可插秧。

（六）菌肥

菌肥是人们利用土壤中有益微生物制成的生物肥料，菌肥的性质与粪肥和化肥不同，不含有大量的营养元素，而是通过微生物的生命活动，发挥土壤潜在肥力的作用，改善植物的营养条件，获得增产。我国菌肥的使用，在几千年前就曾用客土法接种根瘤菌，所以，历史悠久，解放后，根瘤菌肥料在我国逐步大量生产和推广使用。农业上所使用的菌肥包括各种根瘤菌、自生固氮菌、硅酸盐细菌、综合细菌、抗生菌等，已成为我国农业现代化生产中增产的一项措施。

1. 菌肥的种类

它是通过微生物生命活动产物来改善作物生活中的养分条件，从而发挥土壤的潜在力，刺激农作物生长发育抵抗病菌的危害，提高农作物的产量。因此，菌肥与其他有机肥料和无机肥料不同，它本身不能直接提供植物所需的养料，菌肥要求必须有足够数量的有效微生物，同时配合有机、无机肥料共同使用为宜，改善微生物的活动环境条件，也要调查作物与微生物之间的相互关系，目的是促进有益微生物大量繁殖，以发挥菌肥肥效和增产作用。

根据微生物与作物营养的关系，可把菌肥大致分成五类。

（1）固氮作用的菌肥。

①根瘤菌肥料。花生根瘤菌、大豆根瘤菌、紫云英根瘤菌、苕子根瘤菌。

②固 N 菌肥料。园褐固 N 菌。

③固 N 蓝藻、鱼腥藻、念珠藻等。

（2）分解土壤有机质的菌肥。

①有机磷细菌肥料。解磷大芽孢杆菌、解磷极毛杆菌。

②综合细菌肥料。A、M、细菌肥料。

（3）分解土壤中难溶性矿物质的菌肥。

①硅酸盐磷细菌肥料。硅酸盐细菌、钾细菌。

②无机磷细菌肥料。838 磷细菌、黑曲霉、氧化硫杆菌。

（4）有抗病与刺激生长作用的菌肥。

①抗生细菌肥料 5406 放线菌等。

② G$_4$ 放线菌（剂）。

目前，我国常用的菌肥有根瘤菌、固 N 菌、磷细菌、5406 抗生细菌。

2. 菌肥的作用

不同种类作用不同，各种不同菌类的作用综合归纳如下几点。

（1）分解作用。

（2）促生抗生作用。

（3）固氮作用。

3. 施用菌肥注意事项

（1）菌肥是靠生活着的微生物生命活动而发挥增产作用，因此，应保证菌肥中含有足够数量的有效微生物。

（2）菌肥有效期约为 1~3 个月，常温存放不超过半年。使用前应存放在阴凉处，保持一定温度，严防暴晒。存放时防止阳光直射，作种肥、追肥或基肥施用后应立即覆土。干燥、生霉、变酸、发臭的菌剂不能使用。已拌种的种子最好在当天一次播完，已开封使用的菌剂也应在当天用完。

（3）创造适宜于有益微生物生长的环境条件。菌肥的菌种能大量繁殖成为优势种，因此，必须重视施用时的土壤环境（pH 值、水分、通气性、温度等）与养分条件（有机质、大量元素、微量元素）的改善。施用有机肥料能提高菌肥的效果，因微生物在生命活动过程中都必须消耗能量；而有机质则是微生物能量的重要来源，同时经分解后，又能改善微生物的营养条件。

（4）菌肥不能和化学肥料或有杀菌作用的农药混合施用，以免引起抑制作用。用农药处理的种子，菌剂应接种于种子附近的土壤中。

# 第三节　无机肥料

肥料种类很多，按肥料的成分和性质，目前，常用的各种肥料可分为有机肥料（农家肥料）和无机肥料（化学肥料）两大类。经过化学工业制造合成，以及工业的副产品或者用开采的自然矿石经过简单的加工处理而制成的肥料统称为化学肥料，又叫无机肥料。

## 一、无机肥料的分类

化学肥料的种类和品种很多，不同的化肥类型和品种在土壤中的变化及其发挥肥效的条件各不相同。为了便于了解其特性，掌握施用技术，常依其特点进行分类。

（一）无机肥料按所含营养元素分类

1. 氮肥（按形态分类）

（1）铵态氮肥——碳酸氢铵、硫酸铵、氨水等。

（2）硝态氮肥——硝酸铵、硝酸钙等。

（3）酰铵态氮肥——尿素、石灰氮等。

2. 磷肥（按溶解性分）

（1）水溶性磷肥——过磷酸钙、重过磷酸钙等。

（2）弱酸性磷肥——钙镁磷肥、钢碴磷肥、脱氟磷肥等。

（3）难溶性磷肥——磷矿粉、磷灰土、磷灰石、骨粉等。

3. 钾肥

氯化钾、硫酸钾、草木灰、钾盐矿（天然钾质肥料）、窑灰钾肥（钾钙肥、钾镁肥）。

4. 复合肥

磷酸铵（二元复合肥）、氮、磷、钾三元复合肥及多元复合肥等。

5. 微量元素肥料

硼肥、钼肥及铁肥、锰肥、锌肥等。

（二）按化学性质分类

1. 酸性肥料

（1）生理酸性肥料——氯化铵、硫酸铵等。

（2）化学酸性肥料——过磷酸钙、重过磷酸钙等。

2. 碱性肥料

（1）生理碱性肥料——硝酸钙等。

（2）化学碱性肥料——氨水等。

3. 中性肥料——尿素等

## 二、无机肥料的特点

无机肥料与有机肥料（指农家肥料）相比较，有以下一些特点。

（一）有效成分含量高，成分单纯

化肥中的有效成分，是以其中所含有的有效元素或这种元素氧化物的重量百分比来表示的。例如，碳酸氢铵含氮约17%，虽是含氮量较低的氮肥品种，但仍较人粪尿的含氮多达20倍以上，亩施用0.5kg碳酸氢铵约相当于人粪尿12.5~15kg，0.5kg过磷酸钙含磷16%~20%，相当于厩肥30~40kg（厩肥含磷酸量0.2%~0.5%）。因此，作物要得到同等数量的某种养分，施用化学肥料的数可比施用农家肥的数量少得多。

（二）肥效快、有效期短

除少数矿质化肥难溶于水外，无机肥料大多溶于水。施入土壤或喷施于作物叶面，能够很快被作物吸收利用，肥效快而显著，在夏季一般3天左右即可发挥作用。

（三）有两种酸碱反应

1. 化学酸碱反应，系指当肥料溶于水中之后的酸碱反应

2. 生理酸、碱反应

（1）生理酸性指植物吸收肥料中的阳离子，所吸收的阳离子从根胶体上代换下来较多的$H^+$使土壤溶液酸度增高。

（2）生理碱性指植物吸收肥料中的阴离子多于阳离子而从根胶体上代换下的$HCO_3$多与阳离子形成重碳酸盐，当水解后产生$OH^+$增高土壤溶液中的碱性。

（四）一般不含有机物

（五）便于贮运和施用

固体化学肥料一般为粉状或粒状，有效成分含量高、用量少、体积小而疏松，便于运输、保管、施用。

## 三、无机氮肥

常用的氮肥品种主要有铵态、硝态和酰胺态3种类型。

（一）铵态氮肥

铵态氮肥包括碳酸氢铵、硫酸铵、氯化铵、液铵、氨水等。这些肥料中的氮素都是以铵离子或氨的形式存在，它们的共同特点是。

（1）肥效快，易被作物吸收，供肥及时。

（2）易溶于水，作物能直接吸收利用，但不同盐类在同一温度下其溶解度不同。

（3）遇到碱性物质，易分解放出氨使 N 损失。

（4）施入土壤后，铵离子能与土壤胶体吸附的阳离子进行交换而被土壤胶体吸附，所以，不易随水流失，肥效较硝态氮持久，可做基肥。

（5）在通气良好的情况下，经过硝化作用可以转化为硝态氮，增加氮素在土壤中的移动性，便于作物吸收，但也易流失。由于铵态氮易被土壤胶粒吸附，所以，铵态氮不易流失，肥效持续期铵态氮＞硝态氮，$NH_4$ 转化为硝态氮之前移动性小，因此，要尽力适当深施覆土。

（二）硝态氮肥

硝态氮肥包括硝酸钠、硝酸钙等。这些肥料中的氮素以硝酸根（$NO_3$）的形式存在。硝酸铵兼是铵态氮和硝态氮，但性质接近硝态氮肥，所以，常把它归入硝态氮肥类，它们的共同特点。

（1）易溶于水，是速效性养分，各种硝态氮肥的溶解度都很大，吸湿性强。

（2）硝态氮施入土壤后，能溶于土壤溶液中，并随土壤溶液的运动而移动，土壤蒸发时也可随水向上移动，灌溉或降雨时，易淋溶至土壤深层，灌溉时应加以注意。

（3）在一定条件下，硝态氮素可经反硝化作用转化为游离的分子态氮素（$N_2$）和各种氧化氮气体（NO、$NO_2$）而损失，反硝化经常发生在水田中，在通气不良的旱地中有时也可能发生。

（4）大多数硝态氮肥受热时能分解放出氧气，易燃易爆。在贮存、运输中应注意安全。硝态铵遇热易分解（一般120℃开始分解），受高温时产生大量气体发生爆炸，产生大量氧，引起激烈燃烧。

（三）酰胺态氮肥

凡含有酰胺基（—$CONH_2$）或在分解过程中产生酰胺基的氮肥，称为酰胺态氮肥。如尿素、石灰氮肥等。

尿素〔$CO(NH_2)_2$〕的化学名称为脲或碳酸二酰胺，是化学合成的有机酰胺态氮素化肥，含 N 量为44%~46%，是固体氮肥中含氮量最高的优质肥料。尿素是化学中性、生理中性肥料，为白色针状或棱柱状结晶或粒状，易溶于水，以分子态存在于溶液中，在20℃时溶解度为105。水溶液呈中性反应，在常温下（10~20℃）吸湿性不大，但超过20℃、相对湿度80%以上时，吸湿性增强。因此，要贮藏在阴冷、干燥处，目前，生产的尿素多加入疏水物质（如石腊），制成颗粒，吸湿性大为减低。

（四）氮肥的合理施用

（1）根据作物的营养特点和不同生育阶段对氮肥的要求而施入氮素肥料。

（2）氮肥深施。氮肥深施就是将碳铵等肥料开沟或挖穴施入耕层，深度6~9cm覆土，不论对于旱地或水田都是保肥增效的关键措施。旱地深施可防止硝化淋失和反硝化脱氮损失。

深层施肥可促进根系发育，扩大营养面积，提高根系活力，促使根系深扎，因而吸收养分较多，有利增产。

（3）集中施肥。集中施用，用量少，效果大。"施肥一大片，不如一条线"。

（4）因作物施肥。不同作物对氮素的需要不同。一般叶菜类、茶叶、桑等以叶为收获对象的作物，需氮肥较多，而豆科作物，一般只需要在生长初期（根瘤尚未起作用时）施用少量氮肥，同种作物有耐肥品种与不耐肥品种，需氮量也不相同。

（5）因土施肥。在施用氮肥时，必须充分考虑土壤供肥与保肥的特性。

①在前劲足、后劲差的土壤上，有机氮矿质化快，施入速效氮肥见效快而持续时间短，土壤稳肥性低，经常要防止后期脱肥。

②前劲小而后劲大的土壤，大部分有机质含量高、土质黏重，对施入化学氮肥的吸附和微生物固定作用较强，因而施肥后见效慢而持续时间长，应注意看作物、看肥料、看天气施肥的方式和前期营养的供应，并加以补充。

③土壤肥力前后劲平稳，土壤稳肥性较高，要按作物生长的需要施用肥料。

（6）氮肥和其他肥料配合施用。氮与磷营养元素在作物生理功能上是相辅相承的，具有相互制约的作用。氮、磷、钾和谐则根深叶茂。如果氮多磷少，或氮少磷多，则都将事倍功半。

## 四、无机态磷肥

### （一）水溶性磷肥

水溶性磷肥包括普通磷酸钙、重过磷酸钙等。能溶于水，易被作物吸收。水溶性磷酸盐的肥效很迅速，但它在土壤中很不稳定，在各种因素作用下易转化为弱酸溶性磷酸盐，甚至进一步转变为难溶性磷酸盐，降低肥效。

### （二）弱酸溶性磷肥

弱酸溶性磷肥又称柠檬溶液磷肥或枸溶性磷肥，是指能溶于中性柠檬酸铵，微碱性柠檬酸铵或能溶于2%柠檬酸溶液中的磷肥。

钙镁磷肥、沉淀磷肥、钢碴磷肥、脱氟磷肥等磷肥均不溶于水，但所含磷素能为作物根分泌的弱酸溶解，也能逐步被土壤中的其他弱酸溶解，供作物利用。弱酸溶性磷肥的主要成分是磷酸氢钙，也称磷酸二钙，此外，在性质上也属于弱酸溶性磷酸盐一类。

弱酸溶性磷肥，在土壤中移动性差，不易流失，肥效比水溶性磷肥缓慢，但肥效持续时间较长，这类磷肥都有较好的物理性质，不吸湿，不结块。

在土壤酸性条件下，弱酸溶性磷肥能逐步转化为水溶性磷酸盐，从而提高了磷肥的有效性。但石灰性土壤中，则与土壤中的钙结合向难溶性磷酸盐的方向转化，使磷的有效性逐步下降。

### （三）难溶性磷肥

是指所含的磷酸盐不溶于水，也不溶于弱酸，只能溶于强酸，该种磷肥称之难溶性磷肥，也称酸性磷肥。成分复杂，主要含磷酸三钙及含氟的磷酸钙。有的磷矿粉各含不同成分：如含氟、氯、钙、镁、硅、铁、铝、羧基锰、锶等。一般全磷量为10%~25%属难溶性的，其中，只有3%~5%可溶于弱酸中，即枸溶性磷。如磷矿粉、骨粉和矿质海鸟粪等。这类磷肥中的磷大多数作物不能直接吸收利用，只有少量吸磷能力强的作物如荞麦、油菜及绿肥等可以直接利用。难溶性磷一般当季肥效差，而后效较长。

### （四）磷肥施用技术

#### 1. 氮、磷肥配合施用

氮、磷肥配合施用是提高磷肥肥效的重要措施之一，特别在中、下等肥力的土壤上增产幅度更大。因为在土壤氮、磷都缺的情况下，单施氮肥，会使作物根系发育不好，苗弱、叶色暗绿无光泽；单施磷肥，又会加速土壤中氮素的消耗，引起氮、磷比例更加失调；而氮肥配合施用，互相促进，可以加强作物对氮、磷养分的吸收，提高化肥的利用率，增产效果显著。

#### 2. 不同土壤采用的 N：P 比例

黑龙江省试验：白浆土、碳酸盐黑钙土、北部开垦不久的黑土 N：P=1：1 或 1：1.5，个别作物甜菜、大豆多年来未施磷肥的土壤1：2，黑土、黑黄土、沿江两岸的冲积土、施用较多有机肥的地块为 2：1。三江平原草甸土、黑土 N：P=1：1 或 2：1。土壤 N、P 供应水平偏低时，可增施有机肥作基肥而以速效性氮和水溶性的磷作种肥以满足整个生育阶段的养分需要。

酸性土壤、缺乏微量元素土壤上应施石灰、微量元素。在缺磷少钾的土壤上应配合钾肥施用，N：P：K 可按 2：1：1 以提高作物的经济性状。

3. 施用磷肥技术要点

磷肥要早施、集中施、深浅结合施用。

施用磷肥要早的原因是：磷素营养的临界期一般在苗期，作物早期的磷素营养，对幼嫩组织中的蛋白质的形成有显著促进作用；而且磷在作物体内的转化和再利用率较氮、钾、镁、钙等元素高。

磷肥适于集中施和深浅相结合的原因是：磷在土壤中不仅容易被固定，而且移动性小，把磷肥集中施在作物根部附近，可以增加磷肥和根系接触的机会。它有利于作物吸收，又减少了杂草的消耗，从而可以提高磷肥的利用率。集中施肥的方法有：拌种、条施、穴施、蘸秧根、塞秧根、球肥塞施等。

4. 磷肥和有机肥混合堆沤施用

磷肥与质量较高的厩肥或堆肥混合堆沤后施用，可减少磷的固定，提高肥效。

5. 根外追肥（叶面喷肥）

将水溶性磷肥的过磷酸钙配制成溶液，喷施在作物茎叶上，它既可以防止磷在土壤中的固定，又能通过气孔或角质层，特别是在根系吸收有困难的情况下供作物吸收利用，是一种经济施用水溶性磷肥的有效方法。

## 五、主要钾肥的种类和性质

钾肥的资源主要是天然的钾盐矿和含有钾素的工农业废弃物。前者是工业制造钾肥的主要原料，后者可直接利用。

（一）氯化钾

1. 性质

氯化钾是白色结晶，由卤水结晶制得的氯化钾呈黄色小结晶，有吸湿性，久贮易结块。含钾50%~60%，易溶于水，是速效性肥料。

氯化钾是化学中性、生理酸性肥料。施入土壤后，钾呈离子状态存在，既能被作物直接吸收利用，也能与土壤胶体的阴离子进行交换。钾被吸附后，在土壤的移动性小，氯离子就残留在土壤溶液中，在中性土壤和石灰性土壤上，氯与钙反应生成氯化钙。

这里应提出，长期施氯化钾在中性土壤中，土壤钙会逐渐减少，可使土壤板结。由于受作物选择吸收所造成的生理酸性的影响，还能使缓冲性小的土壤逐渐变酸。因氯化钾易溶于水，在灌溉条件下，能随水流失。在这类土壤上施用氯化钾时，需配施石灰质肥料，防止土壤酸化。

在石灰性土壤中，由于大量碳酸钙的存在，可中和由于施用氯化钾所造成的酸度，并释放出有效$Ca^{2+}$，则不致于引起土壤酸化，施在酸性土壤上，能生成盐酸，增强土壤酸性；并有可能加强土壤活性铁、铝的毒害作用。所以，在酸性土壤上施用氯化钾，应配合施用石灰和有机肥料。

2. 施用方法

（1）可做基肥。早期施入，使 CI 淋沉下层，如有灌溉条件更好，基肥用量 7.5~20kg/667m²；

（2）氯化钾可做追肥施用，但不宜做种肥。一般 5~10kg/667m²；

（3）不宜在烟草等忌氯作物上施用。由于氯化钾含有氯离子对忌氯作物的产量和品质也有不良影响。必须施用时应及早施入，并利用灌溉水把氯离子淋洗出去，忌氯的作物施用原理与 $NH_4CI$ 相同。

（二）硫酸钾

1. 硫酸钾的性质

硫酸钾是白色或黄色结晶，含有氧化钾 48%~52%，吸湿性小，不易结块，易溶于水。和氯化钾一样也是化学中性、生理酸性肥料。

2.施用方法

一般大田作物都适用，尤其是对那些忌氯喜钾的作物更为适用。硫酸钾适宜做基肥、追肥。这是因为钾在土壤中的移动性小，所以，一般都来做基肥或早期追肥，效果良好。但做基肥时应当深施，可减少土壤干湿交替对 $K^+$ 造成的晶格固定和流失；而追肥应当施在作物的生育前期，可采用条或穴施的集中施肥法，要施在根系密集地方的湿土层之中。如果在砂土地上施用硫酸钾最好采用基肥与追肥相结合分别施入效果良好。一般施用量为 $10\sim15kg/667m^2$，如果是块根茎作物可适当增加，同时应当深施。施用时一定不能直接与作物根茎、叶接触，避免危害，但要将肥料施在根系密集处，在酸性土壤上施用应配合石灰施用。在中性与石灰性土壤上应配合有机肥料施用，在还原性较强的土壤上，易产生硫化氢的毒害。肥效不及氯化钾。

## 六、微量元素

作物为了正常生长发育，需要微量元素。缺少了任何一种微量元素，都会影响作物的正常生长和产量。严重时，作物往往不能生长以至死亡。各种必需养分是同等重要和不可代替的。

土壤中微量元素的含量，按其数量来说，足够作物长期利用，无需施用微量元素肥料。但是微量元素存在的形态会受土壤条件影响转变为作物不易吸收利用的状态，于是就出现了微量元素的缺素症。因此，关键不在于土壤中的绝对含量，而在于微量元素的有效性。

（一）微量元素的特点和出现缺乏的条件

微量元素只需少量就足以满足作物正常生长的需要。但各种微量元素从缺乏到过量之间的临界范围是很窄的。稍有缺乏或过量就可能对作物导致严重的危害，有些时候，还会引起人、畜的某些疾病。因此，施用微量元素肥料应十分慎重。

微量元素在植物体内，多数是酶和一些维生素的组成成分，其生理上有很强的专一性。大多数微量元素被作物吸收和利用后，在体内不能转移和被再利用，所以，微量元素的缺乏现象常常首先表现在新生的组织上。这是鉴别微量元素与大量元素缺素症的重要标志差别。

土壤中微量元素不足不仅与土壤类型及成土母质有关，而更重要的是受土壤环境的影响。土壤酸碱度是影响微量元素有效性的重要因素。土壤 pH 值高常引起缺铁、缺锌等现象，在华北地区常见，例如，华北石灰性土壤上种植的果树常有缺铁、缺锌等症状，而对其他微量元素的缺素症则不常见。酸性土壤上常出现缺钼症状。如果在酸性土上施用过量石灰，造成局部的土壤碱性，也有可能出现诱发性的缺铁、缺锌等现象。土壤的淋溶作用也是导致微量元素缺乏的另一个重要因素。土壤淋溶带走数量较多的微量元素，而淋溶又和土壤质地、气候条件有密切的联系。质地愈粗、降水量和强度都大时，养分的淋溶常是惊人的。

在复种指数或产量水平较高的情况下，只重视大量施用三要素化肥，而忽视了微量元素养分的补充，尤其是含有各种微量元素的有机肥料施用量也减少时，就有可能促使某些微量元素的缺乏。

因此，注意改良土壤条件，增加土壤覆盖，适当补充养分，是防止微量元素养分缺乏的重要措施。

（二）微量元素肥料的种类

微量元素肥料有硼肥、锰肥、铜肥、锌肥、钼肥、铁肥等。

（三）微量元素肥料施用技术

施用微量元素肥料的方法很多，可做基肥、种肥或追肥，可施入土壤，也可直接用于植物体的某个部分。例如，种子处理和根外喷施等。

1.土壤施肥

为节约肥料和提高肥效常采用条施或穴施，但用这种办法，微量元素肥料的利用率较低。利用工业上含微量元素的废弃物做肥料时，多采用此种方法。土壤施用微量元素肥料后，一般可3~4年施用一次。

许多微量元素从缺乏到过量间的浓度范围相当狭窄，因此，放入土壤的微量元素肥料必须均匀，或施用含微量元素的大量元素肥料。如含硼过磷酸钙，含某种微肥的复合肥料等。也可把微肥元素肥料混拌在有机肥料中施用。

2. 植物体施用

是微量元素肥料最常用的施用办法。它包括种子处理（拌种、浸种），蘸秧根和根外喷施。

（1）拌种。用少量温水将微量元素肥料（以下简称微肥）溶解，配成较高浓度的溶液，喷洒在种子上，边喷边搅拌，使种子蘸有一层微肥溶液，阴干后播种。拌种所用肥料虽比浸种多，但种子吸水比浸种少，比较安全。拌种时微肥用量一般为每0.5千克种子用1~3g，最好能预先做预备试验，确定最适用量。

（2）浸种。种子吸收含有微肥的水溶液，肥料随水进入种皮。微肥浸种常用的浓度是0.01%~0.1%，时间一般为12~24h。

（3）蘸秧根。这是对水稻及其他移植作物的特殊施肥方法，操作简便，效果良好。用于蘸秧根的肥料应没有损害幼根的有害物质。酸碱性不可太强。

（4）根外喷施。根外喷施是经济、有效施用微肥的方法。其用量只相当于土壤施肥用量的1/10~1/5。常用的浓度为0.01%~0.1%，具体用量应随作物种类、植株大小而定。叶片及背面的气孔都能吸收肥料溶液，因此，喷施时以两面均蘸湿为好。为了提高喷施的效果，一般宜在无风的下午到黄昏前喷施，可防止肥料溶液很快变干。有时还可用"湿润剂"降低溶液的表面张力，增大溶液与叶片的接触面积，以提高喷施效果。

直接向植物施肥能节约肥料，肥效迅速，也能避免土壤条件对肥效的影响。其效果往往不低于向土壤施肥。但因所施肥料用量较小，一般只能满足作物前期生长的需要，而不能满足整个生长过程的需要。如将种子处理与根外喷施相结合，或基肥与后期喷施相结合，就能获得满意的效果。

一般对含微量元素的工业废渣或含有微量元素的大量元素肥料采用土壤施肥的方法做基肥。它能保证较长时期内供作物利用。种子处理则能防止发生"缺乏症状"。根外追肥可在发生缺乏症状以后，起到矫正和补救缺少某种养分作用。应该指出，上述各种方法，总是表现为侧重于某一方面，有不足的一面。因此，如能把一些方法结合在一起，相互取长补短，定能发挥良好的肥效。

（四）施用微量元素肥料应注意的问题

（1）注意施用均匀和浓度。

（2）注意改善土壤环境。可采取增施有机肥料，适量施用石灰等措施进行改善。

（3）注意与大量元素肥料配合施用。微量元素和氮、磷、钾三要素等，虽然都是同等重要，不可代替的营养元素，但在生产中作物对大量元素的需要更为迫切，需要的量也远比微量元素多。微量元素肥料只有在满足了作物对大量元素需要的前提下，才会表现出明显的增产效果。企图减少大量元素肥料的用量，以微肥代替是错误的。

（4）注意各种作物对微量元素的反应。各种作物对微量元素的反应不同。栽培大田作物时常施用有机肥料或进行轮作倒茬，故在一般产量水平下，不易出现微量元素缺乏症。但对果树，多年固定生长在同一地块上，每年消耗大量土壤中的各种养分，就易于出现微量元素缺乏症状，并对产量有一定的影响。所以，对果树应优先考虑施用微肥问题。具体施用何种微量元素则应根据作物需肥特点、土壤类型、土壤条件等区别对待。为了避免作物中毒和防止土壤污染，施用前必须预先摸清土壤中微量元素养分丰缺的情况，进行必要的营养诊断和田间试验。总之，一切工作要通过科学试验的结果来确定，切不可生搬硬套。

# 第四节 复合肥

## 一、复合肥的概念与表示方法

### （一）复合肥的概念

在一种化学肥料中含有氮、磷、钾3种营养元素中任何两种或两种以上的叫做复合肥料。复合肥料按其制造方法可分为化合物和混合物两种类型。凡经化学反应制成的复合肥料，称为化合复合肥料。而经机械混合而成的复合肥料，称为混合复合肥料。但是，二者是很难截然分开的。许多复合肥料常以化合复合肥料与单元肥料混合而成。复合肥料按氮、磷、钾三要素的不同组合，分为二元复合肥料和三元复合肥料。

### （二）复合肥的表示方法

复合肥料中的有效成分，一般习惯用 N、$P_2O_5$、$K_2O$ 相应的百分含量来表示。如 20-20-0 是表示该肥料中含氮、磷各 20%，不含钾，是氮磷复合肥料；10-10-10 是表示肥料中含氮、磷、钾各占有 10%，是三元复合肥料。如果是 20-20-15 $B_2$，即表示此种复合肥料中除含有不同数量的氮、磷、钾养分外，还含有有效硼 2%，是含硼的复合肥料。又如，10-1-0 $Z_{n1.5}$，是表示复合肥料中含有效锌 1.5%。含其他微量元素成分时，表示方法相同。

## 二、复合肥的优点与缺点

### （一）复合肥的优点

#### 1. 养分全面，含量高

复合肥料中所含养分种类多，比较完全，含量也高。每一颗复合肥料所含养分都分布均匀。它能同时供给作物多种养分，使之获得最好的营养，能充分发挥营养元素之间的相互促进作用。复合肥料养分释放均衡，肥效平稳，供肥时间较长，有良好的肥效。

#### 2. 物理性状较好

复合肥料的颗粒一般比较坚实，无尘、均匀、吸湿性小，便于贮存和施用。复合肥料适合于机械化施用或人工撒施。

#### 3. 副成分少，对土壤性质不良影响小

单质肥料一般总是含有大量副成分。例如，硫酸铵只含氮 20% 左右，而其中含有大量副成分的硫，除少数缺硫土壤需要它以外，把它们施入土壤，实际上是一种浪费。而复合肥料所含养分则几乎全部或大部分是作物所需要的，施用复合肥料既可免除某些物质资源的浪费，又可避免某些副成分对土壤性质的不利影响。

#### 4. 配比多样化便于选择

混成复合肥料中各种养分的配比可以按照要求进行调节。配比多样化便于挑选。施用时，可按作物种类和土壤中养分的状况挑选适宜的类型。

#### 5. 降低生产成本，节约开支

据统计，生产一吨 20-20-0 的硝酸磷肥比生产同样成分的硝酸铵和过磷酸钙可降低成本 10% 左右。0.5kg 磷酸铵可相当于 0.45kg 硫酸铵和 1.25kg 过磷酸钙的肥分，而在体积上却缩小约 3/4，可节省运输费用和包装材料等。施用复合肥料既能节约许多项目的开支，又可提高劳动生产率。

（二）复合肥料的缺点

一是许多作物在生育阶段对养分种类、数量都有不同的要求，各地区土壤肥沃度水平以及养分释放的状况差异也很大，因此，养分比例相对固定的化合复合肥料难以同样满足各类土壤和各种作物的要求。二是各种养分在土壤中运动的规律各不相同，如氮肥的移动性比磷、钾肥移动性大，而后效却远不如磷、钾肥长。因此，复合肥料在养分所处位置和释放速度等方面很难完全符合作物某一时期对养分的特殊要求。

### 三、施用复合肥料应注意的问题

复合肥料使用不当就不能充分发挥其优越性，甚至还造成养分的浪费。应重视下面几个问题。

（一）因土因作物选择复合肥料的品种

我国土地辽阔，作物种类繁多，只有针对土壤、作物的养分供需特点选择适宜的复合肥料的品种，才能充分发挥其肥效。如一般的大田作物可选用氮、磷复合肥料，豆科作物应选用磷、钾复合肥料，某些经济作物则可选用与当地土壤、气候条件相适应的三元或多元复合肥料。

（二）复合肥料应与单质肥料配合施用

化合复合肥料的成分是固定的，要更好地发挥其增产效果，应配合各单质肥料，以调节不同生育期中作物对养分的不同需要。一般应将复合肥料用于作物营养生长的初期做基肥，单质肥料做追肥施于需肥关键时期，以争取高产。用做基肥的宜选低氮高磷钾的复合肥料品种，把单质氮肥做为调节养分的部分，灵活掌握。

（三）针对肥料特点，采取相应的施肥方法

复合肥料中含各种养分的比例和形态不同，应区别对待。例如，对含铵态氮的复合肥料，应深施覆土，减少养分损失；对含磷、钾养分的复合肥料，应集中施用，施于根系附近，既避免养分被固定，又便于作物吸收利用；对价格昂贵的磷酸二氢钾，一般不应作基肥，而适宜作根外追肥或用以浸种。

复合肥料通常是颗粒状的，施用时充分利用机械化施肥条件，以节省劳力和提高肥效。

# 第五节　绿色食品肥料

## 一、绿色食品肥料的概念及选择

（一）绿色食品肥料的概念

绿色食品肥料是指用于提供、保持或改善植物营养和土壤物理、化学性能以及生物活性、提高农产品质量，或改善农产品品质，或增强植物抗逆性的有机、无机、微生物及其混合物质。

（二）绿色食品肥料的应用种类

目前，绿色食品生产肥料开发的种类有以下 6 种。

（1）有机肥料。是以大量生物物质、动植物残体、排泄物、生物废物等物质为原料，加工制成的商品肥料。

（2）腐殖酸类肥料。用泥炭、风化煤等制成的含腐殖酸类物质的肥料。

（3）微生物肥料。指用特定微生物菌种培养具有活性的微生物制剂，包括各种类型根瘤菌肥料、固氮微生物肥料、解磷化物微生物肥料、硅酸盐细菌肥料、复合微生物肥料。

（4）半有机肥料。指用有机和无机物质混合制成的肥料。

（5）无机矿质肥料。指用矿物处理制成，养分呈无机盐形式的肥料。

（6）叶面肥料。指喷施于植物叶片并能被其吸收利用的肥料，包括氨基酸叶面肥、微量元素叶面肥。该类产品中不得添加化学合成的植物生长调节剂。

（三）绿色食品的肥料选择

正确的选用绿色食品肥料，可提高土壤肥力和改良土壤，提高作物品质，增加单位产量；如不能正确加以选择使用，可能对土壤产生化学、生物和物理 3 方面污染；会加速农业种植区域水体富营养化，造成水质污染，破坏生态平衡；还会污染大气，还可能直接对食物造成生物和化学污染。由此可见，选用绿色食品肥料的正确与否直接影响绿色食品产地的环境质量，绿色食品的产量和质量，这是绿色食品种植业生产中不容忽视的环节。选择绿色食品生产肥料，要根据绿色食品特定的生产操作规程及产品质量的要求，以能促进作物生长，提高产量和质量，有利于改良土壤和提高土壤肥力，不造成对作物和环境的污染为目的。其具体要求是。

（1）充分地开发和利用本区域、本单位的有机肥源。合理循环使用有机物质，创造一个农业生态系统的良性养分循环条件，充分利用田间植物残余物、植株（绿肥、秸秆）、动物的粪尿、厩肥及土壤中有益微生物群进行养分转化，不断增加土壤中有机质含量，提高土壤肥力。

（2）经济、合理地施用肥料。按照绿色食品质量要求，根据气候、土壤条件以及作物生长需要，正确选用肥料种类、品种，确定施肥时间和方法，以求以较低的投入获得最佳的经济效益。

（3）生产要以有机肥为基础，作物残体如各种秸秆应直接或过腹或与动物粪尿配合制成优质厩肥还田。施用有机肥时，要经无害化处理，如高温堆制、沼气发酵、多次翻捣、过筛去杂物等，以减少有机肥可能出现的副作用。

（4）绿色食品生产要控制化学合成肥料，特别是氮肥的使用。AA 级绿色食品生产中除可使用微量元素和硫酸钾、煅烧磷酸盐外，不允许使用其他化学肥料。A 级绿色食品生产过程中，允许限量使用部分化学合成肥料，但禁止使用硝态氮肥。化肥施用时必须与有机肥按氮含量 1∶1 的比例配合施用，使用时间必须在作物收获前 30 天施用。

## 二、绿色食品肥料的使用

绿色食品肥料使用必须满足作物对营养元素的需要，使足够数量的有机物返回土壤，以保持或增加土壤肥力及土壤活性，所有有机或无机肥料，尤其是富含氮的肥料应对环境和作物不产生不良后果方可使用。

（一）有机肥料

有机肥料不仅含有植物所需的大量营养元素，而且还含有多种微量元素、氨基酸等，它是一种完全肥料，长期施用有机肥，可增加土壤微生物数量，提高土壤有机质含量，改善土壤的物理、化学和生物学特征，增强土壤保水、保肥和通透性能，是改良土壤、培肥地力所不可缺少的物质。因此，绿色食品生产应以有机肥为主，可以采用开发利用城市有机能源、开发绿肥、推行秸秆还田等措施，扩大有机肥源。开发绿色食品专用肥料，主要强调农家肥的无害化处理的开发利用。对绿色食品肥料所说的农家肥，必须进一步明确认识，必须经过高温发酵、灭菌处理的农家肥才能使用，如果没有经过处理施用则比施用其他肥料的损害更为严重。

商品有机肥是指用大量动植物残体，排泄物及其他生物为原料加工合成的肥料。

（二）绿肥

绿肥是专门种植做肥料的作物，通常是一些生长迅速，容易腐烂的植物。绿肥同有机肥一样，可为植物提供全面的养分。由于我国土壤有机质含量低，农村原料缺乏和畜牧业比例小，有机肥料严重不足，绿肥作为有机肥的补充显得更加重要。绿肥除了直接翻压作为有机肥外，还可作为饲草。这样，既促进了畜牧业的发展，又通过过腹还田逐步实现了绿色食品生产过程中的封闭或半封闭的物质循环。绿肥还可以活化土壤中的磷素，提高作物对磷肥的吸收和利用，减少无机磷肥的投入，降低生产成本。

（三）叶面肥

在一般根系吸收土壤有效养分过程和原理的基础上，对叶面吸收营养物质的过程、机理以及叶面肥的增产、增质作用进行分析表明，在作物生长初期与后期根部吸收能力较弱时，对作物喷施叶面肥，可及时补充营养，大大提高产量。

叶面肥具有利用率高且用量少、见效快的特点，是绿色食品生产肥源的必要补充。

（四）有机复混肥

复混肥是指在氮、磷、钾 3 种养分中，至少含有两种养分，并标明含量的由化学方法或掺混方法制成的肥料。其中，包括复合肥料、掺混肥料和有机无机复混肥料。复合肥就是在氮、磷、钾 3 种养分中，至少有两种养分标明量的，仅由化学方法制成的肥料；掺混肥就是氮、磷、钾 3 种养分中，至少有两种养分标明量的，仅由干混方法制成的肥料；有机无机复混肥料，就是含有一定量有机质的复混肥料。

绿色食品复混肥必须符合 NY/T3942000 绿色食品肥料使用准则。规定不能使用硝态氮肥，并且要求肥料中有机氮和无机氮之比不超过 1∶1，外观上和营养成分含量方面都要达到标准。

目前，随着生物肥料的迅速发展，生物有机复混肥在绿色食品生产中使用较多。生物有机复混肥具有减少化肥用量，提高化肥利用率，改善作物品质，降低生产成本和保护生态环境的作用。其特点是化肥、生物肥和有机肥三肥合一，具有有机肥的长效性、化肥的速效性和生物肥的增效性。

（五）微生物肥

微生物肥具有无毒、无害、无污染环境的特点，并通过自身的作用为作物提供一定的营养，从而减少化肥的施用量，调节植物生长，减轻病虫害，增强抗逆性，改善作物品质，改良土壤，保护生态环境，有利于可持续发展。从发展持续农业、有机农业、生态农业的角度出发，从减少化肥和农药的使用，减少和降低环境污染出发，随着生物技术和高新技术的渗透，微生物肥料应该有良好的生产应用前景。

在绿色食品生产过程中，要按照质量要求，根据本地区气候、土壤条件及适宜生长作物，正确选用肥料种类、品种、规定施肥时间和方法，遵照《绿色食品使用肥料准则》进行科学施肥。

在 AA 级绿色食品生产过程中，除可使用 $C_u$、$F_e$、$M_n$、B、$M_o$ 等微量元素及硫酸钾、煅烧磷酸盐外，不准使用其他化学肥料。只能用含氮丰富、腐熟的、经无害化处理的人畜粪尿调节碳氮比，不能使用尿素。

在 A 级绿色食品生产过程中，可以限量使用限定的化学合成肥料，但禁止使用硝态氮肥，也不能使用城市垃圾和污泥。在采用秸秆还田时，除使用人粪尿外，还允许用少量氮素来调节碳氮比。

# 第六章　农业环境保护技术

## 第一节　农业环境与农业环境污染

### 一、环境

环境一词其含义和内容都非常丰富，是近年来广泛使用的一个名词或术语。《中华人民共和国环境保护法》中对环境的定义为："本法所称环境，是指影响人类生存和发展的各种天然的和经过人工改造的自然因素的总体，包括大气、水、海洋、土地、矿藏、森林、草原、野生生物、自然遗迹、人文遗迹、自然保护区、风景名胜区、城市和乡村等"。环境既包括自然环境，也包括生活环境。自然环境是指各种天然的和经人工改造过的自然因素。大到大气圈、水圈、土圈、岩石圈和生物圈；小到花草树木、鸟兽虫鱼。生活环境是以人为主体的与人类生产、生活密切相关的各种生态因素，即环境条件，包括气候条件（如水、气、热、风等）、土壤条件（如土壤的理化、生物性状）、地理条件（如地势、地形、地质等）和人为条件（如耕种、引种、栽培等）的综合体。可见，生活环境中也包括自然环境的某些因素，自然环境是一切生物界赖以生存和活动的场所。自然环境与生活环境之间的关系非常密切，它们共同组成了人类的环境。

### 二、农业环境

农业环境是指以农业生物（包括农作物、畜禽和鱼类等）为中心的周围事物的总和，包括大气、水体、土地、光、热以及农业生产者劳动和生活的场所（农区、林区、牧区等），农业环境要素对农产品生产数量和质量起着决定性作用。它是农业生产的物质基础，也是人类生存环境的一个重要组成部分。

### 三、农业环境污染与危害

由于工农业生产、生活活动及大自然的变化，向农业环境排入有害物质，从而影响或改变了农业环境的质量，并破坏了生态平衡，使生活在这一环境的农业生物和人类直接或间接受到不利的影响，统称为农业环境污染。农业环境遭受污染必然会带来一系列的农业环境问题，进而直接影响到人们的健康。其中，自然的因素包括地质变化、洪水、火山喷发、地面径流等，使某些有害物质进入水体和土壤；人为的污染包括工业生产及人的生活活动的排放物——"三废"进入农业环境，还有便是农业生产本身由于不合理地施用化肥、农药，污水灌溉等也会造成农业环境的污染。

（1）农药污染。农药是人为投放到环境中数量最大的有毒物质。人类的一些疾病甚至癌症都是农药引发的。长期生活在高残留农药环境中的生物极易诱发基因突变，使生物物种退化甚至衰竭死亡，造成生态系统平衡的失调以至崩溃。农药通过食物链的传递与富集，使人类遭受高剂量农药的危害。农药对环境的污染以及对人类健康的影响已成为全球关注的世界性公害之一。

（2）过量施用化肥对土壤和农产品质量的污染。过量施用氮肥使蔬菜体内的硝酸盐积累，人食用硝酸盐超标的产品后硝态氮在人体消化道内转化为毒性很大的亚硝酸盐，尤其是婴儿更容易中毒。受害较轻的，产生皮肤发红等症状；受害严重时，甚至可造成婴儿窒息死亡。成年人长期饮用含硝酸盐过高的水或通过食物摄入较多的硝酸盐，会出现视觉、听觉缓慢，迟钝等多种毒害症状，甚至产生致癌作用。

化肥对提高农业产量有着重要作用，然而不合理地长期过量施用化肥，会造成土壤理化性质恶化，肥力下降，土壤板结，肥效降低，反过来又促使施肥量增加，使农产品的成本增加，并污染环境。

（3）地膜对土壤的危害。农用塑料地膜虽然在作物增产中起了很大作用，但也对环境带来了一系列不利的影响，成为困扰农业可持续发展的重要问题。由于废的残膜不易分解，积留在农田不易清除，日积月累，造成农田土壤污染。土壤积累过多的残膜可严重影响作物根系的生长发育、水肥的运移，致使作物减产。受残膜污染的农田，由于残膜盖苗和压苗使作物不出苗率显著增加。造成作物不出苗和死苗的原因就是种子播在残膜上吸不到足够的养分而不能出土；同时种子萌发后，幼苗的根系穿不透残膜，缺乏养分而干枯死亡。残留地膜不仅影响作物根系的生长发育，使其根扎不深，易倒伏，而且还影响叶宽、茎粗以及株高等，使产量大幅下降。残膜碎片进入水体，不仅影响景观，还可能带来排灌设施运行困难；残膜随作物秸秆和饲草进入农家，牛羊等牲畜误食后，会导致胃肠功能失调，严重时厌食、进食困难，甚至死亡。有些地方还将残膜碎片焚烧，产生有害气体再次污染大气环境，危害人体健康。农田中部分残膜被风吹到田边、地角、水沟中，有的挂在树枝上，由此又造成"白色污染"。

（4）重金属污染的防治。土壤一旦遭受重金属污染，恢复起来很难，因此，要以防为主，防治结合，严格控制和消除污染源。对于已经污染的土壤，要采取一切措施，阻止重金属进入食物链，影响人体健康。

（5）有机物、酸、碱及无机盐污染防治。由于这类污染物来自工业"三废"和城市生活垃圾、生活污水的不合理排放，因此，严格按照国家有关法律、法规，及时处理工业"三废"和生活垃圾、生活污水，做到达标排放，控制污染物进入农业环境才是最根本的解决办法。在农业生产中，特别是无公害农产品生产过程中，禁止进行污水灌溉和使用农用污泥，也是保护农业环境和农产品质量的重要措施。

（6）畜禽粪便、生活垃圾对环境的污染。由于农村缺乏统一的规划和管理，对人畜粪便和生活垃圾又没有任何处理和综合利用的能力，乱堆乱放，成为各种病原微生物孳生和繁殖地，从而对环境构成病原体型污染。

（7）森林、草原植被破坏，盲目垦荒，湿地面积缩减从而造成土壤沙化、退化，风蚀加重。耕地资源减少是近年来较为突出的环境问题，对农业环境及农业生产所带来的负面影响也较大。

## 四、农业环境保护与生态农业建设

（1）农业环境也是人类的生存环境。农业环境的污染直接和间接地对人、畜健康产生种种危害。由于环境污染对人体健康的种种危害具有隐蔽性、累积性和长期性的特点，所以，没有引起人们的普遍重视。因此，要提高认识，在今后的农业生产中，不能只追求经济效益，而忽视环境问题。

农业环境保护就是研究农业环境质量及其对人类和各种生物影响的科学，也就是在当前环境污染与破坏日趋严重的情况下，研究和认识自然资源的存在状况及其规律，如何使农业生态环境不受破坏，农业生产资源不受损害，合理开发和保护自然资源，并以经济有效的措施保护农业环境，以达到提高农业生产水平，保护人类健康，促进整个生态系统可持续稳定发展的目的。

农业环境遭受污染，制约着农业由数量型向质量效益型转变，对农业可持续发展和人体健康构成了威胁。因此，我们应当采取措施，积极预防农业环境被污染和破坏，对于已经污染的农田，应当尽快恢复其良好的生态环境，促进农业可持续发展。只要采取相应措施加以防范，完全可以杜绝和减轻农业环境污染，为人类健康和农业发展创造一个良好的生态环境。

（2）发展生态农业。现代农业生产由于过度依赖化学肥料、化学农药等现代商品，通常也把这种农业称为"石油农业"。由于现代农业存在着种种弊端和对环境、对人类健康的严重影响，为了保护生态环境与合理利用自然资源，人们不得不寻求农业持续稳定发展的新出路。世界各国针对现代农业存在的问题和对农业发展形势的预测，提出了各种农业生产方式，以替代和改进现代农业生产方式。生态农业就是其中最具代表性和发展前途的新型农业生产方式，但各国对生态农业的解释各不相同。

在我国，不少专家、学者遵照环境与经济协调发展、可持续发展的指导思想，根据我国的农业资源特点及农业在国民经济中的作用地位相结合后提出了"中国生态农业"的概念。即中国生态农业是一个"按照生态学原理和生态经济规律，因地制宜地设计、组装、调整和管理农业生产和农村经济的系统工程体系"。它要求把发展粮食与多种经济作物生产相结合，发展种植业与林、牧、副、渔业相结合，发展大农业与第二、第三产业相结合，利用传统农业精华和现代科技成果，通过人工设计生态工程，协调发展与环境之间、资源利用和保护之间的矛盾，形成生态上与经济上两个良性循环，经济、生态、社会效益的统一。由此可以看出，只有保护农业生态系统平衡，才能发挥农业生态系统的综合功能，才能促进农业生产向高水平发展。

（3）开发绿色食品。绿色食品是指经专门机构认定，许可使用绿色食品标志的无污染的安全、优质、营养食品。由于与环境保护有关的事物国际上通常冠之以"绿色"，为了更加突出这类食品出自最佳生态环境，因此，定名为绿色食品，此类食品并非都是绿颜色的。其中的无污染与安全是绿色食品品质的核心。它是在具有良好的水、土、气等生态环境的产地基础上生产的。绿色食品分为 A 级和 AA 级绿色食品。AA 级绿色食品系指在生态环境质量符合规定标准的产地，生产过程中不使用任何有害化学合成物质，按特定的生产操作规程生产、加工，产品质量及包装经检测、检查符合特定标准，并经专门机构认定，许可使用 AA 级绿色食品标志的产品。A 级绿色食品指在生态环境质量符合规定标准的产地，生产过程中允许限量使用限定的化学合成物质，按特定的生产操作规程生产、加工，产品质量及包装经检测、检查符合特定标准，并经专门机构认可，许可使用 A 级绿色食品标志的产品。只有大力发展绿色食品并充分满足市场的需要，才能保证人们不受到来自食品的污染，真正截断食物链中的污染源。因此，绿色食品的生产，是保障人体健康的基础和前提。

# 第二节　农业环境污染与防治

农业环境与人类生存的大环境是紧密相连，不可分割的。自然环境，特别是大气、水体、土壤环境的污染、恶化给农业生态环境带来极大的破坏。另外，由于现代农业生产过度滥用化肥、农药，也直接对自然环境及农业生态环境带来严重污染，并造成农产品对人类食品安全的极大威胁。因此，必须坚持科学的发展观，走可持续发展的道路，必须重视对农业生态环境的保护。

## 一、化学肥料污染与控制

"有收没收在于水，收多收少在于肥"，增施肥料是农业生产中必不可少的增产措施，尤其是增施化肥，见效快，效果大。资料表明，在增产诸因素中，化肥的增产效果是极为明显的。一般可达 40% 左右。但是，随着工业化的不断发展，施肥量不断增加，加之施用不当，环境污染问题也随之发生，它将严重威胁生态平衡和人类身体的健康。可惜的是这一点至今并未引起人们的注意，对于施肥与作物品质，环境污染的研究做得很少。

### 1. 化肥对土壤和环境的影响

由于化肥原料、矿石本身的杂质以及化肥生产过程中常常含有不等量的副成分，或者说杂质，它们是重金属元素、有毒有机化合物以及放射性物质，施入土壤后会发生一定程度的积累，形成土壤的潜在污染。化肥对土壤和环境的影响，除了化肥中所含的重金属元素、放射性元素的影响外，化肥施用通过反馈过程对土壤环境以及水、气环境也发生深远的影响。这些影响主要是土壤的性质变化，水环境的富营养化，以及土壤气体对大气圈的影响。

（1）化肥的重金属元素污染。化肥中报道最多的污染物质就是重金属元素的污染。农业环境中的重金属达到一定浓度时，能以直接影响农业的产量或品质的形式影响农业生产，或以残留在农产品中的形式影响人体健康。重金属的污染途径主要是通过植物赖以生长发育的土壤进入植物体内。然而，重金属在土壤中的存在、移动和转化情况十分复杂，各种形态、价态的重金属，对作物的影响很不一致。磷肥中含有较多的有害重金属，其中砷的污染较严重。氮、钾肥料中重金属含量较低，但我国也没有较有说服力的资料。对复合肥我国也缺乏研究，其中的重金属元素主要来源于作为原料的肥料及加工流程中所带入。除了某些施磷肥较大的经济作物外，施用我国生产的磷肥基本上是可靠的。但是，肥料中铬（Cr）、铅（Pb）元素以及砷（As）元素含量较高，且土壤的环境容量（Cr、Pb）又较低，会在土壤中较快积累，从而影响作物品质和人畜健康。

（2）施用化肥对土壤性质的影响。长期施用化肥对土壤的酸度有较大影响。过磷酸钙、硫酸铵、氯化铵、甚至氯化钾都属生理酸性肥料，即植物吸收肥料中养分离子后土壤$H^+$增多，但受土壤性质和耕作制度的影响，许多耕地土壤的酸化与生理酸性肥料的长期施用有关。为了保证作物高产而投入大量化肥，尤其是氮肥，从而加快了土壤中有机碳的消耗。随着化肥用量的逐年增加，土壤有机碳、氮的消减已成为全球性问题。在我国，无论是旱地还是水田都普通存在着有机质减少的现象。

长期过量的单纯施用氮肥，不仅使土壤胶体分散，土壤结构破坏，土壤板结，而且直接影响农作物产量和品质。氮素是植物蛋白质形成的主要组成部分，适量的氮肥可以提高作物产量和品质，但氮的不足或过量将影响作物品质，降低蛋白质的生物学价值。此外，氮肥用量与作物维生素$B_2$含量有一定的关系。氮肥的不足或过量都可以影响维生素$B_2$含量下降，只有适量的氮肥可以使作物维生素$B_2$含量比以前提高。维生素$B_2$可以有效地阻止食物中亚硝胺的合成，起到防癌的作用，所以，合理的适量施用氮肥，非常重要。

（3）化肥对农产品的污染。化肥引起农产品污染主要是蔬菜的硝酸盐污染。作物通过根部从土壤中吸收的氮素，大多是硝态氮，硝酸根离子进入植物体内后迅速被同化利用，所以，积累的浓度不高。但是过量施用氮肥，植物体内的硝态盐含量就迅速增加，而含高浓度硝酸盐的植物，被人畜食用后，就会发生毒害。特别是由硝酸盐产生的亚硝酸盐，其生物毒性要比硝酸盐大5~10倍。所以，硝酸盐问题是当前环境科学上一个重要问题。硝酸盐的积累因不同作物种类、不同器官部位，不同生长阶段而有差导。受硝酸盐污染的蔬菜主要是叶菜类和根菜类。尤其是菠菜、莴苣、芹菜等食用叶柄的蔬菜，硝态氮含量高。从器官部位说，一般是茎部比叶部多，叶部比花多，叶柄比叶片多，籽实、薯类等贮藏器官中含硝态氮较低。

（4）化肥施用造成水体富营养化。水体富营养化的原因很多，但化学氮肥是水体污染的主要来源。化学氮肥对水体环境的影响主要是氮肥淋失所引起。有专家研究表明。水稻田中$NH_4^+-N$淋失量在10%~80%，随施肥量的增加淋失量也增大，大量氮肥和钾肥以径流流失为主。磷素易被土壤固定，淋失较少。近十几年来，我国河流、湖泊中$NH_4^+-N$、$NO_2^--N$、$NO_3^--N$浓度不断升高，有些已严重超标。据调查，我国饮用水有60%的水源总N超标。世界卫生组织规定，饮用水中$NO_3^--N$低于11.3mg/L为安全水质，11.3~22.6mg/L为欠佳水质，高于22.6mg/L为不安全水质，超过45mg/L为极限浓度。当饮用水中$NO_3^--N$含量为40~50mg/L时，就会发生血红素失常病，危及人类生命。可见，化肥淋失引起的水环境问题是十分严重的。此外，水体富营养化后，会造成藻类过量繁殖，由于藻类及其他浮游生物的呼吸及遗体分解消耗了大量的溶解氮，使水体混浊发臭，鱼类因缺氧死亡，也影响人类的生活。

2. 化肥对土壤与环境污染的控制

化学肥料的发展，是农业现代化的重要标志之一，但随之而发生的环境问题，也为世界许多科学家所重视。对世界农业来说，禁止使用化肥是不可能的，问题在于如何认识它，掌握它，扬长避短，充分发挥其增产增效的作用，控制其污染环境危害人类的一面。因此，科学施肥显得更为重要，这也是广大土壤农化工作者、环境科学工作者共同的任务。

（1）调整肥料结构、改进农产品品质。长期使用单一化肥，会出现养分失调，影响到作物品质、产量，甚至关系到人畜健康。因些，科学施肥、平衡施肥是很迫切而重要的，而且施肥目的也不能仅限于提高产量，应把提高品质，保护人、畜健康作为重要原则。肥料结构不平衡，是造成肥效当季利用率低的主要原因之一。在我国的化肥施用的结构上，普遍存在着氮肥过多，或是说缺磷少钾的不合理现象。化肥的合理结构，还包含与适量的微量元素的平衡。也就是说，土壤养分不足或过多时，都将影响作物产量和品质。平衡施肥需要在测土的基础上按作物需肥规律与需要特性科学配方施肥,并不是仅靠化肥的配置结构所能奏效的。现在农民施肥中普遍存在偏施氮肥,造成肥效降低,化肥用量增加。施肥的目的应优先考虑提高作物品质,而不仅仅是增加产量,起码不能降低品质。这样把施肥与作物品质、人类健康紧密结合起来,才是科学施肥的新方向。

(2)合理的有机、无机肥相结合。有机肥料虽然养分低、肥效慢,但养分全,肥效持久,能改良土壤,提高作物品质,增强作物的抗逆能力,同时还能补充土壤的磷、钾和优质氮源,比如植物可直接利用的氨基酸。具有化肥不可比拟的优点,而且肥源广、成本低。因此,应纠正"重化肥,轻有机肥"的思想,恢复和加强行之有效的传统的有机农业措施,如种绿肥,豆科牧草,秸秆还田等。在有机肥基础上科学配方,合理增施化肥,实行有机、无机相结合,既可充分发挥化肥效益,又可提高作物品质,增加土壤有机质,培肥地力,防止单一过量使用化肥的危害。

## 二、农药污染与防治

农药是现代农业生产的基本生产资料,在防治病虫草害中起着极为重要的作用。农药又是在农业生产中大量使用的一类化学物质,无论用什么方式施药,都是将农药投入到环境中。随着农药使用时间的延长,范围的扩大,以及使用量的增加,农药对环境的污染问题,已非常突出。

### 1. 农药对环境的污染

(1)农药对土壤的污染。化学农药在环境中运动的最终归宿是土壤。农药污染土壤的方式有直接污染和间接污染两种。直接污染土壤:一是以拌种、浸种和封闭除草等形式直接将农药施入土壤;二是向作物喷施农药时,农药直接落到地面上或附着在作物上,经风吹雨淋落入土壤中。另外,便是间接方式对土壤的污染:大气中悬浮的农药颗粒或以气态形式存在的农药经雨水溶解和淋失,最后落到地面上;死亡动植物残体或灌溉污水将农药带入土壤。

农药对土壤的污染程度,与农药的理化性状、用药方法、施药次数、作物种类、栽培技术、土质状况、管理水平等有密切关系。一般农药对土壤的污染程度决定于农药的使用次数、用量和农药化学性质的稳定性。用药次数多,用药量大,稳定性高的农药,在土壤中残留时间长,对土壤污染严重;反之,用药次数少,稳定性差的农药,污染程度轻。

不同土壤对农药的残留影响不同。农药在黏质土壤里比在沙质土壤里残留时间长;在腐殖质和其他有机质含量高的土壤里,由于对农药吸附力强,残留时间长;潮湿的土壤中,农药的分解比较快,残留时间短。土壤的 pH 值由于可以改变某些农药的带电性,因而也能影响到土壤对农药的吸附作用,在含金属离子多,pH 值比较高的土壤中一般分解比较快;在含金属离子少,酸性的环境中相对比较慢,农药残留时间长。

不同性质的化学农药的残留毒性也不同。有机氯农药因其性质比较稳定,且脂溶性大,易在生物体脂肪中积累,在土壤中一般分解也比较困难;而有机磷农药的稳定性可用有机磷在土壤中的半衰期(有机磷化合物减少一半所需要的时间)表示。农药在土壤中转移,主要决定于农药本身的性质和土壤条件。

(2)农药对生态系统的污染和对生物多样性的影响。农药进入农业环境以后,不是静止不变的,而是以它特有的迁移和代谢规律参与到农业生态系统的物质循环中。在循环过程中,不仅是简单的空间位置转移,而且在数量、形态、毒性和活性等方面也发生着一系列变化,对生物和周围环境产生影响。

农药对植物的影响。一是田间施用的农药能够渗到作物的根、茎中和籽实中,由于作物对农药的吸收富集和通过食物链的传递,使许多农、畜(禽)产品中农药残留量过高。二是化学除草剂的长期、单一施用,人为地致使某类植物灭绝或是使其基因型发生改变,从而影响到植物种群数量和多样性。

农药对动物的影响。长期大量的使用化学杀虫剂,杀害了许多无害的昆虫,尤其是杀死了害虫的天敌,这就对昆虫的种群数量的生态系统产生了很大影响。一些害虫消灭了,一些原来为害不大的次要害虫上升为主要害虫;同一种农药的长期使用,容易导致一些害虫产生抗药性,甚至有的诱发出了新的害虫。另外,通过食物链可引起农药对水生动物的污染。当然，鱼体中的农药来源，除了食物链外，还可以通过它的呼吸作用而吸收累积。不同的农药对水生生物的毒性差异很大。据试验表明，有机磷农药对淡水鱼的毒性较小，有机氯农药对淡水鱼有显著毒性，氨基甲酸酯类杀虫剂对淡水鱼几乎无毒。禽鸟主要是通过取食含有被农药污染的农作物种子、昆虫、粮食和水生生物而受到污染的。

（3）农药对食物的污染及对人类健康的影响。农药对人类的影响有直接和间接两种情况，主要是直接影响。直接影响是指在使用农药过程中，由于不按农药安全使用标准或不符合安全操作规则而造成的急性中毒事件。间接毒害，是指农副产品中残留的农药，通过人体长期吸收、积累、而造成的慢性中毒。其次是农药对食品的污染。主要是有机氯农药由于其残留期长，可进入植物体内及食物链中，由此引起粮、油、菜、肉、水果、蛋等产品污染。农药通过食品进入人体，在人体脂肪、人乳和血液中普遍都能检出有机氯农药。有机氯农药脂溶性高，易于在人体脂肪、肝脏内积累，对人的分泌系统、免疫功能、生殖机能等造成广泛影响。有机磷农药具有神经毒性，慢性中毒时，会引起疲倦、头痛、食欲不振和肝肾损害，严重时导致神经功能紊乱。此外，氨基甲酸酯农药有致癌、致畸和诱变作用。所以说，农药对人体健康的影响不容忽视。

2. 农药对环境污染的控制

（1）采取综合防治措施以减少农药的施入量。综合防治是以生态学为基础的一种较新的方式。是一种把所有可利用的方法综合到一项统一的规划中的害虫治理方法。综合防治要从农田生态系统的总体观念出发，以预防为主，本着安全、有效、经济、简便的原则，有机地协调使用农业的、生物的、物理的和化学的防治措施以及其他有效的生态学手段，把病、虫、杂草的发生数量控制在经济允许水平以下，达到高产、低成本、少公害或无公害的目的。其中，生物防治是其重要组成部分。综合防治包括以下措施。一是农业防治，是利用耕作和栽培等一整套农业生产技术，改善农业生态环境条件，避免或减少病、虫、草害的发生，达到增产增收的目的。二是植物检疫，是根据国际和国家法律制定的防止危险性病、虫、杂草蔓延传播的法律性措施。它的主要工作是防止危险性病、虫、杂草由国内外或由一个地区向另一地区传出传入。对已经传入的要采取限制、封锁和消灭等措施，保护农业生产安全。三是物理防治，是利用各种物理因素、机械设备和现代工具来防治病、虫、草害。一般具有经济、方便、有效、不污染环境等优点，是综合防治中一个很重要的辅助措施。四是生物防治，是利用有益昆虫和微生物防治农、林病虫草害的一种方法。例如，保护利用自然界原有的病虫天敌，促使其迅速繁殖，控制病虫害为害；人工饲养、繁殖、释放补充农业生态系统中害虫天敌的种群数量和种类，达到控制害虫的目的；通过害虫天敌和有益微生物的移植或引进，将一个地区的天敌迁移到另一个地区，使之在新的环境中定居下来，发挥天敌控制害虫的作用。五是化学防治，由于化学农药具有广谱、快速、效果好、使用方便、成本较低等优点，化学防治目前仍然是各地防治农作物病虫害的主要方法。但要把化学农药对农业生态系统的污染和破坏作用降低到最小限度，并尽快地生产和推广高效低残留农药，减少农药对环境的污染。

（2）安全合理的使用农药。只有安全合理地使用农药，才能彻底防治病虫草害、保护人畜安全、防止环境污染。首先要对症下药，农药的使用种类和剂量因防治对象不同应有所不同。其次是适时、适量用药，应在害虫发育中抵抗力量弱的时间和害虫发育阶段中接触药剂最多的时间施用农药。同时，根据不同作物、不同生育期和不同的药剂选择最佳的使用技术和剂量；最后就是农药的使用要因地制宜，根据农药的有效成分、理化性状、病虫草的发生规律、天气变化等确定科学的使用技术。

（3）采用合理耕作制度，消除农药污染。农作物种类不同则对各种农药的吸收率也不同。在农药残留较重的地块，在一定时间内不宜种植易吸收农药的作物，以减少因药害而带来的经济损失。此外，在不同土壤耕作条件下，农药在土壤中的残留情况也不相同。如有机氯农药污染较重的地块采用水旱轮作的方式，可减轻土壤污染程度。

（4）制定农产品的允许残留量标准。国家规定的食品中农药残留限量具有法律作用，如果超出了残留限量规定，就不能作为商品销售、食用和对外贸易。

（5）积极发展、开发新农药。高效、低毒、低残留农药是农药新品种的主要发展方向。其次就是积极研制和生产特异性农药，这类农药对害虫的作用不是直接毒杀致死，而是使其在生理上产生某些特异性反应，最终达到防治的目的。最后就是加强微生物农药的研制和推广。

## 三、水体污染与防除

水是一种宝贵的自然资源，它是人类生存所必需的，是农业的命脉。地球表面约有 70% 被海水覆盖，而淡水只占全球总水量的 3%，可供人类直接利用的淡水资源是十分有限的，且在地球上的淡水资源分布是不均匀的，如果对水资源开发利用过度或不合理，就会造成水资源的危机。

水是植物体的最大的组成部分，含水量通常为其鲜重的 80% 以上。"有收无收在于水"，充分说明水在农业生产中的重要性。水是作物制造养分的原料，绿色植物在光合作用中制造碳水化合物时，水是不可缺少的成分。植物体内的养料必须依靠水分来输送。施到地里的肥料，必须首先溶解在水中变成土壤溶液，才能被作物根部吸收并输送到其他部位。叶片制造的有机物也要以水溶液状态，借助体内输导系统，才能输送到消费和贮藏器官中。水受到污染后，有害物质超过一定限度时将会给农作物及农田环境带来危害，甚至影响到人体健康。

**1. 水污染对环境的影响**

（1）水污染。水体受到人类和自然因素的影响，使水的理化性能、化学成分、生物组成等情况产生了恶化，称为水污染。最突出的是由于人类的活动或其他活动产生了废水和废物，这些物质未经处理或未经很好地处理进入水体，其含量超过了水体的自然净化能力，导致水体的质量下降，从而降低了水体的使用价值，这种现象称为水体污染。

造成水体污染的原因可分为天然污染源和人为污染源；按污染源释放的有害物种类可分为物理性（如热和放射性物质）污染源、化学性（无机物和有机物）污染源、生物性（如细菌、病毒）污染源。另外按污染源分布和排放特征可分为点污染源、面污染源和扩散污染源。点污染源是指工业生产过程产生的废水和城市生活污水，一般都是集中从排污口排入水体；面污染源是相对点污染源而言，主要指农田灌溉形成的径流和地面水径流；扩散污染源是指随大气扩散的有毒、有害污染物通过重力沉降或降水过程污染水体的途径，如酸雨、黑雪等。

（2）水体的"富营养化"。水体富营养化是水中生物营养物、或植物营养物积累过多而引起的水质污染现象。它对生产、生活有很大的影响。植物营养物主要指氮和磷，从农作物生长角度看，它们是重要的肥料，但过多的植物营养物进入水体将恶化水体质量，影响渔业发展，危害人体健康，产生"富营养化"。

"富营养化"是湖泊分类与演化的概念。湖泊学家一致认为，富营养化是水体衰老的一种表现。随着水体植物营养物含量的增加，将导致水生生物主要是各种藻类大量繁殖。藻类占据湖泊中越来越大的空间，有时甚至有填满湖泊的危险，这样便使鱼类生活的空间越来越缩小。随着水体富营养化的发展，藻类种类数逐渐减小，而个体数迅速增加，藻类过度旺盛的生长繁殖将造成水中溶解氧的急剧变化。藻类的呼吸作用和死亡藻类的分解作用耗氧，能在一定时间内使水体处于严重缺氧状态，从而严重影响鱼类的生存，问题严重时，常使鱼类大量死亡。

（3）水污染对土壤的影响。灌溉水受到污染后，有几十种离子态有害物质，其中，主要有 10 多种对农业生产影响较大。离子态物质随灌溉水进入土壤后主要造成 3 方面影响：一是直接被作物根系吸收，危害作物；二是随着地表水的蒸发与蒸腾，盐类积聚于表层，盐化土壤；三是在水的下渗过程中，影响地下水。所以说，离子态污水灌溉土壤不仅是单纯的迁移和积累对作物和环境的影响，它还将引起土壤理化性状发生一系列变化。

①提高土壤含盐量。大多数灌溉水中的离子态有害物质总量是不会立即危害作物的，但能导致土壤积盐。

②提高土壤溶液渗透压。渗透压是影响水透过半透性膜的扩散率时的负压。土壤溶液渗透压增加后，

会加大作物吸水的阻力，妨碍作物吸水，引起作物减产。

③恶化土壤物理性质。长期灌溉含离子态物质高的水，特别是碱性水将会影响土壤的结构，引起土壤高度分散，土壤颗粒进行重新排列，黏粒下移，堵塞土壤孔隙。

④耗氧有机物的土壤效应。污水灌溉对土壤有机质和氮素物质，对土壤孔隙状况变化，对土壤微生物和酶均有较大的影响

⑤对土壤微生物、土壤酶的影响。当土壤中重金属含量超过一定浓度后，对土壤中的微生物产生毒害，抑制微生物、脲酶、碱性磷酸酶、蛋白酶活性。

（4）水污染对作物的影响。

①离子态物质的作物效应。盐、碱离子态物质随灌溉水进入土壤后，会提高土壤溶液的渗透压，影响作物根吸水，遭受盐害的作物常出现斑状缺苗、生长矮小和叶体失绿等现象。

②耗氧有机污染物的作物效应。对生育的影响：污灌明显地影响作物的生育进程。这种影响具有双重性：既有有利的一面，也有不利的一面。对作物产量的影响：由于水质不同，作物类型的不同，污灌对作物产量的影响也不同。对作物品质的影响：对表观品质的影响，表现为增加出糙率、死米率和碎米率，降低净谷率。好米率初期增加，长期污灌则可能下降。

③重金属的作物效应。农作物除在各器官积累重金属外，还在形态特征上、生长发育上、产量上均表现出受害症状，常常可以从具体表现特征来判断作物受重金属危害的状况。

a. 金属汞（Hg）。Hg对水稻和小麦的毒害主要表现在根部。根系的生长受抑制，呈褐色，数量减少，干物重下降。地上部分生长也受抑制，有效分蘖降低。叶片浓绿，呈现贪青、晚熟。严重受害时，叶片发黄，以致整株植物枯萎。

b. 金属镉（Cd）。低浓度Cd对植物生长略有刺激作用。浓度过高时植物受害。水稻受害后叶片失绿，叶尖干枯，叶片出现褐色斑点与条纹。小麦受Cd危害后，叶色发黄，出现灼烧状枯斑。叶脉发白，分蘖减少，生长迟缓。严重受害时不开花结实，直至植株死亡。

c. 铅（Pb）。低浓度时对作物危害的症状不明显，当土壤含铅量大于1 000mg/kg时，秧苗叶面出现条状褐斑，苗身矮小。分蘖苗减少，根系短而少，当土壤含铅量为4 000mg/kg时，秧苗的叶尖及叶缘均呈褐色斑块，最后枯萎致死。

d. 重金属铬（Cr）。小麦遭受Cr的毒害后，开始叶鞘出现褐斑，叶片上有缺绿斑点或铁锈黄斑，整个叶片呈黄绿色。经镜检可见叶脉周围的薄壁细胞受到破坏，根部变细，呈黄褐色，最后植株严重枯萎致死。受害较轻时症状不明显，仅生长发育受到抑制。

e. 类金属砷（As）。砷对农作物的营养生长具有明显的抑制作用，表现为生长不良、植株低矮，分蘖减少、叶色浓绿。水稻受害后根系生长受抑制，呈铁黄色、抽穗期延迟，不结实率增加。严重则致死。

（5）水污染对人体的影响。离子态有害物质和耗氧有机物对人体健康无直接影响，其效应是通过对土壤环境和作物生长、产量的影响而体现的。

①酚。酚主要作用于神经系统，引起头晕、贫血，从而使肝、肾和心脏等内脏器官遭受损失。不过酚类化合物的毒性首先表现于水体中各种生物，如鱼类、贝壳类、海带、微生物等都可中毒而影响生长和繁殖。

②多氯联苯。多氯联苯虽然并不直接用作农药，但它在自然界的习性与滴滴涕类似，是水质和土壤的重污染物质。1968年初，日本九州发现了一种奇特的病症。症状是眼皮发肿，手掌出汗，全身起红疙瘩，严重者呕吐恶心，肝功能下降，全身肌肉疼痛，咳嗽不止。到七八月份，患者达5 000多人，其中，有16人死亡。经调查，原系九州大牟田市一家食用油工厂在生产米糠油时，在脱臭过程中使用了多氯联苯作载热体，因管理不善使多氯联苯混入米糠油中，造成食物中毒，即当时轰动世界的"米糠油事件"。

③有机磷农药。有机磷农药的主要危害是其急性中毒作用。急性中毒可导致中枢神经系统功能失常，出现诸如共济失调、震颤、思睡、神经错乱、抑郁、记忆力减退和语言失常等症状。它对酶系统亦有作用，特别是对胆碱脂酶活性有抑制作用。有机磷的慢性接触对视觉机能有损害，对生殖功能亦有影响。

④有机汞农药。著名的日本水俣病就是由有机汞引起的，有机汞蒸气即使吸入少量也是有毒的。种子消毒用的二甲基汞盐和二乙基汞盐等，在处理时很容易侵入中枢神经，引起视觉障碍，运动失调，四肢麻木等中毒症状。甲基汞还有致畸性，影响母体中胎儿的正常发育。

⑤有机氯农药。有机氯化合物微溶于水，而易溶于脂肪，蓄积性很强，在水生生物中经过食物链逐步富集，在体内含量可达到水中的几十万倍，最终可进入人体。在人体则蓄积于脂肪器官，如肝、肾、肠及各种腺体内，可引起白血病、癌症等。对鱼类和水鸟则可影响生长和繁殖，甚至中毒死亡，已有明显的事例。目前，对 DDT、六六六等农药已明令禁止使用，但世界上的残留量不能立即消除，有机氯农药虽可在日光照射下迅速地分解，但它对人和动物的毒性剧烈，残留期数日内仍可发生毒害作用。

⑥重金属。

a. 汞（Hg）。汞在人体中蓄积于肾、肝、脑中，主要毒害神经系统，破坏蛋白质、核酸，出现手足麻痹、神经紊乱等症状。

b. 镉（Cd）。在饮用水中浓度超过 0.1mg/L 时，就会产生蓄积作用，引起贫血，新陈代射不良，肝病变以至死亡。在肾脏内蓄积引起病变后，会使钙的吸收失调，进一步引起骨病变，发生骨软化和骨折。日本发生的"骨疼病"公害就是镉中毒引起的，也正是在此之后才开始了对镉毒性的重视。

c. 铬（Cr）。六价铬有强氧化性，对皮肤、黏膜有剧烈腐蚀性，经口摄入可发生胃肠黏膜炎。摄入量达到 2.5mg/kg 体重时，可发生毒物性肾炎及尿毒症致死。重铬酸盐即通称红矾，一直作为毒物对待。近来研究认为吸收铬对人还有致癌性。

d. 铅（Pb）。铅的毒性影响神经系统、骨骼和血液，可造成贫血、神经炎、肾炎等症状。

e. 砷（As）。砷是传统的剧毒物，俗称砒霜即三氧化二砷。成年人口服 100~130mg 可致死，长期饮用 0.2mg/L 以上含砷的水会慢性中毒。慢性中毒表现为肝、肾炎症、神经麻痹和皮肤溃疡。近年来发现其有致癌作用。

### 2. 水污染的控制与治理

控制水体污染物排放量及减少污染源排放的废水量等，是控制水体污染的基本途径。例如：一是改革生产工艺，尽量改用不用水或少用水，尽量不用或少用易产生污染的原料、设备及生产工艺，如采用无水印染工艺，可消除印染废水的排放，采用无氰电镀工艺使废水中不含氰，和争取"零"排放等。二是重复利用废水，尽量采用重复用水及循环用水系统，使废水排放量减至最小。如利用轻度污染的废水作为锅炉的水力排渣用水或作为炼焦炉的熄焦用水等。三是回收有用物质，尽量使流失至废水中的原料和成品水分离，就地回收。这样做既可减少生产成本，增加经济效益，又可大大降低废水浓度，减轻污水处理负担。

污水的排放是不可避免的，对污水的处理技术也不断地发展。根据所采取的自然科学的原理和方法，可以分为物理法、化学法、物理化学法和生物法（又称生物化学法）。

物理法主要是利用物理作用，在处理过程中不改变污染物的化学性质。属于物理法的有格栅、过滤、离心、沉淀、隔油、气浮、蒸发和结晶等。

化学处理法是利用化学作用以除去水中的污染物。这时常加入化学药剂，或使不同种类的污水混合，促使污染物混凝、沉淀、氧化还原和络合等。

生物处理主要是利用微生物分解有机污染物以净化污水。

活性污泥法由于具有净化效率很高等优点，所以，目前应用最广。

生物处理（又称生化处理）的优点是。

①效率高。

②适用范围广。

③可处理的水量大，技术方法成熟。

## 四、大气污染与对农业的影响

### 1. 大气污染及污染源

大气污染通常是指由于人类活动和自然过程引起某种物质进入大气中，呈现出足够的浓度，达到了足够的时间并因此危害了人体的舒适、健康和福利或危害了环境的现象。大气污染达到一定程度时，不仅直接影响人体的健康，而且使农业生产受到损失，农业歉收。另外，植物体内如果积累了污染物，通过食物链被人（畜）食用后，直接或间接地影响人（畜）的健康。

（1）按污染物的化学性质及存在状况，大气污染可分为。

①还原型大气污染（煤炭型）。这种大气污染常发生在以使用煤炭为主，同时也使用石油的地区，它的主要污染物是$SO_2$、CO和颗粒物。在低温、高湿度的阴天，风速很小，并伴有逆温存在的情况下，一次污染物受阻，容易在低空聚积，生成还原性烟雾。

②氧化型大气污染（汽车尾气型）。这种类型的污染多发生在以使用石油为燃料的地区，污染物的主要来源是汽车排气、氮氧化物和碳氢化合物。这些大气污染在阳光照射下能引起光化学反应，生成臭氧、醛类、过氧乙酰硝酯等二次污染物。这些物质具有较强的氧化性，对人的眼睛和黏膜有强烈的刺激作用。

（2）根据燃料性质和污染物的组成，大气污染可分为。

①煤炭型大气污染。煤炭型污染的主要污染物是由煤炭燃烧时放出的烟气、粉尘、$SO_2$等构成的一次污染物。以及由这些污染物发生化学反应而生成的硫酸、硫酸盐类气溶胶等二次污染物。造成这类污染的污染源主要是工业企业烟气排放物；其次是家庭炉灶等取暖设备的烟气排放。

②石油型大气污染。石油型污染的主要污染物来自汽车排气、石油及石油化工厂的排放。主要污染物是$NO_2$、烯烃、链状烷烃、醇、羰基化合物等，以及它们在大气中形成的臭氧、各种自由基及反应生成的一系列中间产物与最终产物。

③混合型大气污染。混合型污染的主要污染物来自以煤炭为燃料的污染源排放，以石油为燃料的污染源排放，以及从工厂企业排出的各种化学物质等。

④特殊型大气污染。特殊型污染是指有关工厂企业排放的特殊气体所造成的污染。这类污染常限于局部范围之内。如生产磷肥的工厂企业排放的特殊气体所造成的氟污染，氯碱工厂周围形成的氯气污染等。

### 2. 大气中主要污染物

排入大气的污染物种类很多，据不完全统计，目前，被人们注意到或已经对环境和人类产生危害的大气污染物大约有100种。其中，影响范围广、对人类环境威胁较大、具有普遍性的污染物，有颗粒物、二氧化硫、氮氧化物、一氧化碳、碳氢化合物、氟化物及光化学氧化剂等。

（1）颗粒物。颗粒物是除气体之外的包含于大气中的固体和液体物质。

①总悬浮颗粒物（TSP）。指分散在大气中的各种颗粒物的总称，其粒径绝大多数小于$100\mu g$，是指用标准大容量颗粒采样器（流量在$1.1\sim1.7m^3/min$）连续采集24h，在滤膜上所收集到的颗粒物的总质量，单位是$mg/m^3$或$\mu g/m^3$。是目前大气质量评价中的一个重要污染指标。

②飘尘。指粒径小于$10\mu g$，能在大气中长期飘浮的悬浮颗粒物质，包括煤烟、烟气和雾等。由于飘尘粒径小，能被人直接吸入呼吸道内造成危害。又由于它能在大气中长期飘浮，易将污染物带到很远的地方，导致污染范围扩大，同时在大气中还可以为化学反应提供载体。故飘尘是从事环境科学工作者所关注的研究对象之一。

③降尘。指粒径大于$10\mu g$，靠重力作用能在短时间内沉降到地面的颗粒物。它反映颗粒物的自然沉降量，用每个月沉降于单位面积上颗粒物的重量来表示，即$t/(km^2 \cdot 月)$。它主要产生于固体破碎、燃烧产物的颗粒结块及研磨粉碎的细碎物质。

（2）含硫化合物。硫常以二氧化硫和硫化氢的形式进入大气，也有一部分以亚硫酸及硫酸（盐）微粒形式进入大气。人为排放硫的主要形式是$SO_2$。$SO_2$是一种无色、具有刺激性气味的不可燃气体，是一种分布广、危害大的主要大气污染物。$SO_2$刺激眼睛，损伤器官，引起呼吸道疾病，直至死亡。$SO_2$和飘尘具有协同效应，两者结合起来对人体危害作用增加3~4倍，所以，空气质量标准中采用"$SO_2$浓度与微粒尝试的乘积"标准。

$SO_2$在大气中不稳定，最多只能存在1~2天。相对湿度比较大且有催化剂存在时，可发生催化氧化反应，生成$SO_3$，从而生成毒性比$SO_2$大10倍的硫酸或硫酸盐，硫酸盐在大气中可存留1周以上，能飘移至100km以外或被雨水冲刷，造成远离污染源以外的区域性污染；抵达地面，则造成土壤、水体酸化，影响植物、水生生物的生长，给人类生产和生活造成危害。所以，$SO_2$是形成酸雨的主要因素。

由天然源排入大气的硫化氢，很快氧化为$SO_2$，这是大气中$SO_2$的另一个来源。

（3）碳氧化合物。碳氧化合物主要是CO和$CO_2$。$CO_2$是大气中的正常组成成分，CO则是大气中很普遍的排放量极大的污染物。CO是无色、无味、无嗅的有毒气体。主要来源于燃料的燃烧和加工、汽车排气。CO化学性质稳定，在大气中不易与其他物质发生化学反应，可以在大气中停留较长时间。一般城市空气中的CO水平对植物及有关的微生物均无害，但对人类则有害，因为它能与血红蛋白作用生成羧基血红素。实验证明，一氧化碳与血红蛋白的结合能力比氧与血红蛋白的结合能力大200~300倍，因此，它能使血液携带氧的能力降低而引起缺氧，使人窒息。$CO_2$是一种无毒气体，对人体无显著危害作用。主要来源于生物呼吸和矿物燃料的燃烧。在大气污染问题中，$CO_2$之所以引起人们普遍关注，原因在于它能引起环境的演变，如使全球气温逐渐升高（温室效应）、气候发生变化等。

（4）氮氧化物。氮氧化物是NO、$NO_2$、$N_2O$、$NO_3$、$N_2O_4$、$N_2O_5$等的总称，其中，主要的是NO、$NO_2$、$N_2O$。$N_2O$是生物固氮的副产物，主要是自然源，故通常所指的氮氧化物，主要是NO和$NO_2$的混合物，用$NO_x$表示。

$N_2O$俗称笑气，是一种温室气体，具有温室效应。

NO毒性不太大，与一氧化碳类似，可使人窒息。NO进入大气后可被缓慢地氧化成$NO_2$，$NO_2$的毒性约为NO的5倍。$NO_x$对环境的损害作用极大，它既是形成酸雨的主要物质之一，又是形成光化学烟雾的引发剂和消耗臭氧的重要因子。

（5）碳氢化合物。碳氢化合物包括烷烃、烯烃和芳烃等复杂多样的含碳和氢的化合物。大气中碳氢化合物主要是甲烷，约占70%。大部分的碳氢化合物来源于植物的分解，人类排放的量虽然小，却很重要，碳氢化合物的人为来源主要是石油燃料的不充分燃烧过程和蒸发过程，其中，汽车排放量占有相当的比重。

（6）含卤素化合物。大气中以气态存在的含卤素化合物主要是卤代烃以及其他含氯、溴化合物及氟化物。

①卤代烃。大气中卤代烃包括卤代脂肪和卤代芳烃。其中，一些高级的卤代烃，如有机氯农药及多氯联苯（PCB）等以气溶胶形式存在。广泛用于制冷、喷雾剂等。CFC也具有温室效应，更引人注目的是其破坏臭氧层的作用。

②其他含氯化合物。大气中含氯的无机物主要是氯气（$Cl_2$）和氯化氢（HCl）。氯气主要由化工厂、塑料厂、自来水净化厂等产生，火山活动也排放一定量的$Cl_2$。氯化氢主要来自盐酸制造、焚烧等。氯化氢在空气中可形成盐酸雾，除硫酸和硝酸外，盐酸也是构成酸雨的成分。

③含氟废气。主要是指含HF和$SIF_4$的废气。主要来源于炼铝工业、钢铁工业以及磷肥和氟塑料生产等化工过程。氟化氢是无色，有强烈刺激性和腐蚀性的有毒气体，极易溶于水，还能溶于醇和醚，四氟化硅是无色的窒息性气体，遇水分解为硅酸和氟硅酸。氟化氢对人的呼吸器官和眼结膜有强烈的刺激性，长期吸入低浓度的HF会引起慢性中毒。目前，在氟污染地区氟对人体健康的危害通常以植物为中间介质，即植物吸收大气中的氟并在体内积累，然后通过食物链进入人体产生危害，是典型的引起牙齿酸蚀的"斑釉齿症"和使骨骼中钙的代谢紊乱的"氟沉着症"。

（7）氧化剂。大气中一类氧化力特别强的氧化剂，如臭氧、过氧化物、过氧乙酰硝酸酯（PAN）等统称为氧化剂。它们是二次污染物。大气中臭氧浓度平均为（0.01~0.03）*$10^6$mg/m³，当发生光化学烟雾时，它的浓度可达（0.2~0.5）*106mg/m³，会危害人的健康和生物生存。$O_3$ 主要伤害人的气管及肺部，以及对脑组织也有一定影响。但低浓度臭氧可杀灭某些病菌或原生动物，如链球杆菌在臭氧为 0.025*106mg/m³，相对湿度为60%~80%时，经30min，30%死亡。过氧乙酰硝酸酯（PAN）和过氧苯酰硝酸酯（PBN）的化学式分别为 $CH.COOONO.C_6H_5COOONO_2$。它们强烈刺激眼睛，使之发生炎症，流泪不止。

（8）光化学烟雾。汽车、工厂等排入大气中的氮氧化物，碳氢化合物等一次污染物，在太阳紫外线的作用下发生光学反应，生成浅蓝色的混合物（一次污染物和二次污染物）的污染烟雾现象称为化学烟雾。光化学烟雾的表现特征是烟雾弥漫，大气能见度低。一般发生在大气相对湿度较低，气温为24~32℃的夏季晴天。

光化学烟雾成分、发生机制都很复杂，其危害非常大。烟雾中的甲醛、丙烯醛、PAN、$O_3$ 等，能刺激人眼和上呼吸道，诱发各种炎症。臭氧还能伤害植物，使叶片上出现褐色斑点。PAN 则能使叶背面呈银灰色或古铜色，影响植物的生长，降低它抵抗病虫的能力。此外，PAN 和 $O_3$ 还能使橡胶制品老化，染料褪色、并对油漆、涂料、纺织纤维、尼龙制品等造成损害。

（9）酸雨。酸雨是指pH值小于5.6的雨、雪或其他降水，是大气污染的一种表现。由于人类活动的影响，大气中含有大量 $SO_2$ 或 $NO_x$ 酸性氧化物，通过一系列化学反应转化成硫酸和硝酸，随着雨水的降落而沉降到地面，故称酸雨。天然降水中由于溶解了 $CO_2$ 而呈现弱酸性，一般正常雨水的pH值为5.6。一般认为是大气中的污染物使降水pH值降低到5.6以下的，所以，酸雨是大气污染的后果之一。我国是一个燃煤大国，又处于经济迅速发展的时期，所以，酸雨问题日益突出，目前，我国与日本已成为步北欧、北美后的世界第三大酸雨区。

### 3. 大气污染物的扩散

大气中各种迁移转化过程造成的大气污染物在时间上、空间上的再分布称为大气扩散。大气污染物的扩散是污染物的发生到产生环境效应之间必经的环节，大气污染物扩散有利于减轻局部地区大气污染，但同时也使影响范围扩大，并使转化为二次污染物的可能性增大，影响大气污染物扩散的因素主要是气象因素和地理因素。

### 4. 大气污染物对环境的影响

大气是一切生物生存的最重要的环境要素。随着人为活动的增强，大气质量发生了很大改变，大气污染越来越严重。混进了许多有毒有害物质的大气不但危害人体健康，影响动植物生活，损害各种各样的材料、制品，而且对全球气候的改变也产生了极大的影响。

（1）大气中主要污染物对农业的影响。当大气污染物达到一定浓度时，会危及农业生产，造成农作物、果树、蔬菜等生产的损失。有时这种危害不表现为直接的形式，而是污染物在植物体内积累，动物摄入了这样的植物饮料后，发生病害或使污染物进入食物链并得以富集，最终危害人类。大气污染对农业的危害首先表现在植物生产上。对植物生长危害较大的大气污染物主要是二氧化硫、氟化物和光化学烟雾。

①二氧化硫。二氧化硫对植物的危害，首先从叶背气孔周围细胞开始，逐渐扩散到海绵和栅栏组织细胞，使叶绿素破坏，组织脱水坏死，形成许多点状、块状或条状褪色斑点，受害部位与健康组织之间界限分明。二氧化硫伤害的植物，初期主要在叶脉间出现白色伤斑，轻者只在叶背气孔附近，重者则从叶背到叶脉间出现伤斑，这是二氧化硫危害的主要特征，后期叶脉也褪成白色，叶片脱水，逐渐枯萎。不同植物受二氧化硫危害的程度是有差异的。对二氧化硫反应敏感的植物有大麦、小麦、棉花、落叶松等。麦类的麦芒对二氧化硫极为敏感，在叶片仅出现轻微伤害时，麦芒的前半部就褪色、干枯，出现白尖，这一特点可用于大气二氧化硫污染的生物监测。对二氧化硫有抗性的植物有玉米、马铃薯、黄瓜、洋葱等。

②氮氧化物。氮氧化物对植物的毒性较其他大气污染物要弱，一般不会产生急性伤害，而慢性伤害能抵制植物的生长。危害症状表现为在叶脉间或叶缘出现形状不规则的水渍斑，逐渐坏死，而后干燥变成白色、黄色或黄褐色斑点，逐步扩展到整个叶片。植物受二氧化氮危害的程度与光照强度有关，在弱光条件下植

物体内酶的活性受到抑制，进入植物体内的硝酸盐不能顺利地被还原为氨而积累起来，达到一定程度后即产生毒害作用。所以，在弱光照天气，植物对二氧化氮的敏感程度提高，阴天植物受害程度常常较晴天成倍地增加。对氮氧化物敏感的植物有扁豆、番茄、芥菜、烟草、向日葵等；抗性植物有柑橘、黑麦等。

③氟化物。大气中的氟化物主要是氟化氢和四氟化硅。它们对植物的危害症状表现为从气孔或水孔进入植物体内，但不损害气孔附近的细胞，而是顺着导管向叶片尖端和边缘部分移动，在那里积累到足够的浓度，并与叶片内钙质反应，生成难溶性氟化钙沉淀于局部，从而干扰酶的催化活性，阻碍代谢机制，破坏叶绿素和原生质，使得遭受破坏的叶肉因失水干燥变成褐色。当植物在叶尖、叶缘出现症状时，受害几小时便出现萎缩现象，同时绿色消褪，变成黄褐色，二三天后变成深褐色。较低浓度的氟化物就能对植物造成危害，同时它能在植物体内积累，故其危害程度并不是与浓度和时间的乘积成正比，而是时间起着主要作用。在有限浓度内，接触时间越长，氟化物积累越多，受害就越重。对氟化物敏感的植物有玉米、苹果、葡萄、杏等；具抗性的植物有棉花、番茄、烟草、扁豆、松树等。

④光化学烟雾。光化学烟雾中对植物有害的成分主要是臭氧、过氧乙酰硝酸酯（PAN）等。臭氧对植物的危害主要是从叶背气孔侵入，通过周边细胞，海绵细胞间隙，到达栅栏组织，使其首先受害，然后再侵害海绵细胞，形成透过叶片的密集的红棕色、紫色、褐色或黄褐色的细小坏死斑点。同时，组织机能衰退，生长受阻，发芽和开花受到抑制，并发生早期落叶、落果现象。对臭氧敏感的植物的有烟草、番茄、马铃薯、花生、大麦、小麦、苹果、葡萄等。其中，烟草对臭氧最为敏感，常被用于臭氧大气污染的生物监测。对臭氧有抗性的植物有胡椒、银杏、甜菜、松柏等。过氧乙酰硝酸酯（PAN）是光化学烟雾的剧毒成分，对植物的毒性很强。它在中午强光照射反应强烈，夜间作用降低。PAN危害植物的症状表现为叶子背面海绵细胞或下表皮细胞原生质被破坏，使叶背面逐渐变成银灰色或古铜色，而叶子下面却无受害症状。PAN还能够促进植物整株老化，抵制植物生长发育。对PAN敏感的植物有番茄、扁豆、莴苣、芥菜、芹菜、马铃薯等；对PAN抗性强的植物有玉米、棉花、黄瓜、洋葱等。

（2）大气污染对人体健康的影响。大气中有害物质主要通过下述途径侵入人体造成危害：第一，通过人的直接呼吸而进入人体；第二，附着在食物上或溶于水，随饮水、饮食而侵入人体；第三，通过接触或刺激皮肤而进入到人体，尤其是脂溶性物质更易从皮肤渗入人体。大气污染对人体的影响，首先是感觉上受到影响，随后在生理上显示出可逆性反应，再进一步就出现急性危害的症状。大气污染对人的危害大致可以分急性中毒、慢性中毒、致癌三种。

### 5. 大气污染防治技术

（1）颗粒污染物的治理技术。从废气中将颗粒物分离出来并加以捕集、回收的过程称为除尘。实现上述过程的设备装置称为除尘器。依照除尘器工作原理可将其分为机械式除尘器、过滤式除尘器、湿式除尘器、静电除尘器等四类。

①机械式除尘器。机械式除尘器是通过质量力的作用达到除尘目的的除尘装置。质量力包括重力、惯性力和离心力，主要除尘器形式为重力沉降室、惯性除尘器和旋风除尘器等。

②过滤式除尘器。过滤式除尘是使含尘气体通过多孔滤料，把气体中的尘粒截住留下来，使气体得到净化的方法。按滤尘方式有内部过滤与外部过滤之分。内部过滤是把松散多孔的滤料填充在框架内作为过滤层，尘料是在滤层内部被捕集，如颗粒过滤器就属于这类过滤器。外部过滤是用纤维织物、滤纸等作为滤料，通过滤料的表面捕集尘粒，故称为外部过滤。这种除尘方式的最典型的装置是袋式除尘器，它是过滤式除尘器中应用最广泛的一种。过滤式除尘在冶金、水泥、陶瓷、化工、机械制造等工业和燃煤锅炉烟气净化中得到广泛应用。

③湿式除尘器。湿式除尘也称为洗涤除尘。该方法是用液体（一般为水）洗涤含尘气体，使尘粒与液膜、液滴或雾沫碰撞而被吸附，聚集变大，尘粒随液体排出，气体得到净化。由于洗涤液对多种气态污染物具有吸收作用，因此，它既能净化气体中的固体颗粒物，同时又能脱除气体中的气态有害物质，这是其他类

型除尘器所无法做到的。某些洗涤器也可以单独充当吸收器使用。湿式除尘器种类很多，主要有各种形式的喷淋塔、离心喷淋洗涤除尘器和文丘里式洗涤器等。湿式除尘器结构简单，造价低，除尘效率高，在处理高温、易燃、易爆气体时安全性好，在除尘的同时还可去除气体中的有害物。湿式除尘器的不足是用水量大，易产生腐蚀性液体，产生的废液或泥浆需进行处理，并可能造成二次污染。在寒冷季节，易结冰。

④静电除尘器。静电除尘是利用高压电场产生的静电力（库仑力）的作用实现固体粒子或液体粒子与气体流分离的方法。静电除尘是一种高效除尘器，对细微粉尘及雾状液滴捕集性能优异，捕集粒径范围在0.01~100μM。粉尘粒径大于0.1时，除尘效率达99%以上，对于小于0.1μM的粉尘粒子，仍有较高的去除效率。由于静电除尘器的气流通过阻力小，又由于所消耗的电能是通过静电力直接作用于尘粒上，因此，能耗低。静电除尘器处理气量大，又可应用于高温、高压的场合，因此，被广泛用于工业除尘。静电除尘器的主要缺点是设备庞大，占地面积大，因此，一次性投资费用高。目前，静电除尘器在冶金、化工、水泥、建材、火力发电、纺织等工业部门得到广泛应用。

上述各种除尘设备原理不同，性能各异，使用时应根据实际需要加以选择或配合使用，主要考虑因素为尘粒的浓度、直径、腐蚀性等，以及排放标准和经济成本。

（2）气态污染物的治理技术。工农业生产、交通运输和人类生活活动中所排放的有害气态物质种类繁多，依据这些物质不同的化学性质和物理性质，需采用不同的技术方法进行治理。

①$SO_2$废气治理技术。在工业上已应用的脱除$SO_2$的方法主要为湿法，即用液体吸收剂洗涤烟气，吸收所含的$SO_2$；其次为干法，即用吸附剂或催化剂脱除废气中的$SO_2$。

②$NO_X$废气治理技术。

a.吸收法。目前，常用的吸收剂有碱液、稀硝酸液和浓硫酸等。常用的碱液有氢氧化钠、碳酸钠、氨水等。碱液吸收设备简单、操作容易、投资少，但吸收效率较低，特别是对NO吸收效果差，只能消除$NO_2$所形成的黄烟，达不到去除所有$NO_X$的目的。用"漂白"的稀硝酸吸收硝酸尾气中的$NO_X$，不仅可以净化排气，而且可以回收$NO_X$用于制硝酸，但此法只能应用于硝酸的生产过程中，应用范围有限。

b.吸附法。用吸附法吸附$NO_X$已有工业规模的生产装置。可以采用的吸附剂为活性炭与沸石分子筛。活性炭对低浓度$NO_X$具有很高的吸附能力，并且经解吸后可回收浓度高的$NO_X$，但由于温度高时，活性炭具有燃烧的可能，给吸附和再生造成困难，限制了该法的使用。

③汽车尾气治理技术。汽车发动机排放的废气中含有CO、碳氢化合物、$NO_X$、醛、有机铅化合物、无机铅、苯丙〔a〕芘等多种有害物。控制汽车尾气中有害物排放浓度的方法有两种：一种方法是改进发动机的燃烧方式，使污染物的产生量减少，称为机内净化；另一种方法是利用装置在发动机外部的净化设备，对排出的废气进行净化治理，这种方法称为机外净化。从发展角度说，机内净化是解决问题的根本途径，也是今后应重点研究的方向。机外净化采用的主要方法是催化净化法。

④大气污染综合防治技术。目前，我国城市和区域大气污染仍然十分严重，而形成这种状况的原因是能耗大，能源结构不合理，污染源的不断增加，来源复杂以及污染物种类繁多等多种因素。因此，只靠单项治理或末端治理措施解决不了大气污染问题，必须从城市和区域的整体出发，统一规划并综合运用各种手段及措施，才有可能有效地控制大气污染。

a.制定综合防治规划，实现"一控双达标"。所谓大气污染综合防治规划是指从区域（或城市）大气环境整体出发，针对该地域内的大气污染问题（如污染类型、程度、范围等），根据对大气环境质量的要求，以综合治理大气环境质量为目标，抓住主要问题，综合运用各种措施，组合、优化确定大气污染防治方案。

b.调整工业结构，推行清洁生产。工业结构是工业系统内部各部门、各行业间的比例关系，是经济结构的主体，主要包括工业部门结构、行业结构、产品结构、原料结构、规模结构等。工业部门不同，产品不同，生产规模不同，则单位产值（或产品）污染物的产生量、性质和种类也不同。因此，在经济目标一定的前提下，通过调整工业结构可以降低污染物排放量。

c.改善能源结构，大力节约能源。目前，我国城市空气质量仍处于较重的污染水平，这主要是由于能源仍以煤为主，且能耗大浪费严重，而汽车尾气的污染又日益突出。因此，要有效地解决城市大气污染问题，必须要调整能源结构并大力节能，可采取如下一些措施。一是采取集中供热。根据热源不同，城市集中供热可分为热电厂集中供热系统和锅炉房集中供热系统两种。集中供热比分散供热可节约30%~35%的燃煤，且便于提高除尘效率和采取脱硫措施，减少烟尘和 $SO_2$ 的排放量。在有条件的城市进行规划、建设和改造，特别是在新建工业居民小区等的建设中都应积极发展集中供热。二是城市煤气化。气态燃料是清洁燃料，燃烧完全，使用方便，是节约能源和减轻大气污染的较好燃料形式。天然燃气（如天然气、液化石油气等）和燃料气化气（如油制气、煤制气等）均可作为城市煤气的气源，因此，在城市中应因地制宜广开气源，大力发展和普及城市煤气，这也是当前和今后解决煤烟型大气污染的有效措施。三是普及民用型煤。烧型煤比烧散煤可节煤20%，可减少烟尘排放量50%~60%，在型煤中加入固硫剂还可减少 $SO_2$ 排放量30%~50%，因此，普及民用型煤是解决分散的生活面源以及解决小城镇煤烟型大气污染的可靠的有效措施。四是积极开发清洁能源。在大力节能的同时，各类城市要积极开发清洁能源，除大力普及和推广城市煤气外，还应因地制宜地开发水电、地热、风能、海洋能、核电以及充分利用太阳能等。

d.综合防治汽车尾气。随着经济持续地高速发展，我国汽车的持有量急剧增加，特别是在大城市，表现得更为明显。一是加强立法和管理。首先应建立、健全机动车污染防治的法规体系并严格执行。另外应完善相应的配套管理措施，如健全车辆淘汰报废制度，杜绝超期服役车和病残车的污染。二是技术措施。在机动车的生产与使用中达到节能、降耗、减少污染物的排出量，大力发展环保汽车。环保汽车概念是针对污染严重的传统汽车而言，从燃料、发动机结构、净化措施乃至车身用材及设计等都应与传统汽车不同，且能适应空气质量要求越来越严格的节能降耗、少污染甚至是零污染的清洁车辆。其中，车用燃料是很关键的一条，因为车用燃料的燃烧是生产污染物的最主要根源。

e.完善城市绿化系统。城市绿化系统是城市生态系统的重要组成部分。完善的城市绿化系统可以调节城市小气候、防风沙、滞尘、降低地面扬尘；可以使空气增湿、降温、缓解"城市热岛"效应；可吸收有害气体和杀菌等。因此，建立完善的城市绿化系统是大气污染综合防治具有长效能和多功能的战略性措施。资料表明，$1m^2$ 林木可以有相当于 $75m^2$ 过滤粉尘的叶面积，其吸附烟灰烟尘的能力相当大。就吸收有害气体来说，阔叶林强于针叶林。垂柳、悬铃木、夹竹桃吸收二氧化硫的能力很强；而泡桐、梧桐、女贞等树木不仅抗氟能力强，吸氟能力也强，禾本科草类也可吸收较多量的氟。由此可见，针对大气污染区的污染特点，结合各种绿色植物的特性，筛选各种对大气污染物有较强的抵抗和吸收能力的绿色植物，努力扩大绿化面积，既能美化居住环境，又能大大减少大气污染的危害。

## 五、农膜污染与防治

### 1.农膜对农田环境的污染

广大城市近郊区和农村广泛使用聚烯烃类塑料薄膜，用于提高农田土壤环境的温度、保持湿度、防除农田杂草和使生产季节提早或推迟，以便能更大效益地进行农田生产。而聚烯烃类农膜以其质轻、透光、保温、保墒性能好，不仅在我国北方，即使在年均气温及温度较高的地方（南方）也被广泛使用。但随着农膜老化、破碎和回收不净，在农田中的残留量很大，被农民称之为"白色污染"。

（1）对作物的影响。由于农田残膜中含有毒性很强的聚氯乙烯，对于作物种子萌芽和种子幼苗生长有损害作用。不利于作物根系的深扎和对土壤水分、养分的吸收，造成弱苗、死苗、倒伏和减产。据调查和田间大量调查试验表明，作物减产幅度随农膜使用年限和残留量的增加而增大。生育期短的蔬菜减产幅度小于生育期长的品种。

（2）残留地膜对土壤物理性状的影响。残留地膜对土壤容重、土壤含水量、土壤孔隙度等都有显著影响，对土壤硬度影响不大。残留地膜可使土壤容重和相对密度增加，土壤含水量和孔隙度减少。废旧地膜集聚在土壤耕作层的表层，能阻碍土壤毛管水和自然水的渗透，并影响土壤的吸湿性。此外，还会使土壤耕性变差，大量农膜残留在土壤中不利于土壤的耕翻。

（3）在其他方面的危害。残留地膜碎片会随农作物的秸秆进入农家，牛羊等家畜误食残膜碎片后，可导致胃肠功能失调，膘情下跌，严重时引起厌食和进食困难，甚至导致死亡。近年来各地牛、马、羊由于误食残膜导致死亡的现象时有发生。

有些地方将残膜碎片焚烧，产生有害气体污染大气环境，造成二次污染。农田中部分残膜被风吹到田边、地角、水沟、池塘、河流中，有的挂在树枝上，由此又造成种种"白色污染"。

2. 塑料薄膜的化学组成、毒性及微生物降解性

（1）组成。塑料薄膜大多是烯烃类的高分子（分子量 104~106）聚合物，除塑料本体组分外，尚含抗氧化剂、紫外稳定剂、阻燃剂和增塑剂等多种添加剂，其中，增塑剂含量及比例仅次于塑料本身，增塑剂类型及品种繁多，大多为疏水油状物（天然或再加工的植物油、有机酸酯和氧代烃类等）。其中，烷基链含碳数不同的各类酞酸酯（PAES）约占 2/3。

（2）毒性。PAES 除主要作增塑剂外，还少量用于香料、涂料、化妆品、油漆等化工生产中，因此，也是环境中常见的有机污染物。我国北京等城市和地区空气、地面水体、土壤中也检出多种 PAES。人食用（PAES）超标的食品后，PAES 转化为酞酸酯后易引起肝肿大，有致畸、致突变倾向。故西方国家已将其列为环境中优先控制的有机污染物。我国环境监测总站提出的 58 种优先控制的有毒有机物中也包括了这种酞酸酯。

（3）微生物的降解性能。研究表明，大多数烯烃类高聚物不易被微生物分解，其耐酸碱腐蚀，在环境中残留性极强。但是聚烯烃（聚乙烯 PE）类塑料经紫外光辐射或热解氧化后，可发生有利中间产物生成和发生生化降解的变化。研究表明，光解或热解后的产物分子量可降至 10 000 以下（$10^4$）（原来塑料薄膜的分子量为 $10^4$~$10^6$），抗张强度明显降低，变脆、易碎，因而表面积增大。

近年来，城市垃圾组成废塑料制品占问题的比例不断增长，如果对这部分废塑料分拣、回收不彻底，与其他成分一直运往农村作为肥料，将对土壤产生不良影响。此外，各类农用塑料薄膜作为大棚、地膜覆盖物被广泛应用，如果管理、回收不善，大量残膜废片散落田间，会造成农田的"白色污染"。

塑料类高分子有机物性质稳定、耐酸碱、不易被微生物所分解，农用塑膜残片进入土壤后，使土壤物理性质变劣，不利于农作物生长。主要原因是：第一，有些塑料制品（聚氯乙烯类）或塑料添加剂中含有有毒、有害成分，接触种子幼苗后，抑制萌发，灼伤芽、苗；第二，由于塑料残片的阻隔，土壤水分运动受阻，孔隙率降低，不利于土壤中空气的循环交换；第三，由于土壤物理性能不良导致农作物扎根困难，吸肥、吸水性能下降而减产。

3. 农田中废塑料制品污染的防治

（1）从价格和经营体制上优化和改善对废塑料制品的回收与管理，淘汰不合格的超薄型膜，并建立生产粒状再生塑料的加工厂，有利于废塑料的循环利用。

（2）研制高控光解和热解等农膜新品种，以代替现用高压农膜，减轻农田残留负担。

（3）尽量使用分子量小、生物毒性低且相对易降解的塑料增塑剂，并加强其生化降解性能和农业环境影响的研究。

（4）建立家用塑料产品的管理和监督体系，防止不合格的伪劣产品在市场上流通。

（5）建立、健全有关法律、法规，加强宣传教育，把治理"白色污染"纳入法制轨道。

# 附录一　农业技术推广专家传略

**潘国君**

男，博士，研究员，1961年5月生，1982年1月毕业于东北农学院农学专业，1987—1988年在日本北海道大学学习。现任黑龙江省农业科学院水稻研究所书记、所长，黑龙江省龙粳高科有限责任公司董事长、总经理，农业部水稻专家指导组副组长、黑龙江省水稻育种学科带头人、栽培首席专家，国家水稻产业技术体系育种与繁育研究室岗位专家、中国水稻种子分会副会长、北方水稻科技协会副理事长、黑龙江省水稻发展战略联盟理事长、黑龙江省作物品种审定委员会水稻专业委员会副主任委员、国家自然科学基金同行评审专家、佳木斯市人大常委会农林委员会委员。曾获国务院和黑龙江省政府特殊津贴、全国五一劳动奖章获得者、全国农业科技推广标兵、佳木斯市十大杰出青年。主要从事水稻常规育种、生物技术育种、优质米品种配套技术研究工作，先后主持国家"九五"到"十二五"攻关项目、国家"863"项目、国家科技支撑项目、农业部重点项目、省重点项目等20余项，育成水稻品种39个，取得获奖成果20余项，其中，国家发明三等奖1项，国家科技进步二等奖1项，省部级奖励10项，省科技进步一等奖2项，省重大经济效益奖1项，发表论文30余篇。

**王谦玉**

男，1962年9月生于黑龙江省富锦市，中共党员，1984年东北农业大学毕业后，分配到黑龙江省农业科学院佳木斯分院工作，东北农业大学推广硕士学位。现为黑龙江省农业科学院佳木斯分院院长、书记。主要从事科研管理及农作物栽培工作，主持参加国家省市各级项目24项，其中，主持"三江平原合丰号高油大豆示范与推广"等项目获省科技进步奖2项、中华农业科技奖1项、省长特别奖1项和佳木斯科技进步奖20项；在《农业科技管理》和《黑龙江农业科学》等刊物上主笔发表"引进国外智力促进科技创新"和"关于农业科技示范园区建设定位的探讨"等论文12篇。佳木斯市人大常委、佳木斯科协常委；中国大豆协会理事；省耕作学会常务理事、作物学会理事、种子协会理事和佳木斯农业技术专家协会副理事长。被省政府授予"十一五"期间黑龙江省科技进步奖和科技创新先进个人、"十一五"农作物新品种示范推广先进个人，"佳木斯有突出贡献专家"和"优秀共产党员标兵"的称号，被省农业科学院评为"科技管理先进工作者"和"先进党务工作者"。

**王　平**

男，1966年出生，籍贯四川，2000年加入中国共产党，1984—1988年在黑龙江八一农垦大学学习，农学学士；1988—2007年在黑龙江省农垦科学院水稻所工作，从事植物保护工作，副所长；2005年在东北农业大学取得农学硕士学位；研究员。2008年1月调入黑龙江省农垦科学院作物所，任所长。享受省政府特殊津贴待遇。中国大豆产业协会理事、黑龙江省耕作学会副理事长、黑龙江省作物学会理事、黑龙江省植病学会理事、垦区植保学会理事。获地市级科技奖励8项，获省部级科技奖励5项，发表论文40余篇，出版著作3部。"寒地稻田稻小球菌核病发生规律及防治技术研究"，2002年获省科技进步三等奖；"寒地水稻病虫害综合控制技术及体系研究"，2006年获省科技进步三等奖；"寒地水稻高产优质技术研究与示范"2009年获黑龙江省科技进步二等奖；"玉米机械化高产栽培技术示范与推广"，2012年分别获得佳木斯市科技进步二等奖。2008年第1期《中国水稻科学》发表"水稻细菌性谷枯病病原菌的分离鉴定"。著作《黑龙江农垦稻作》。多次获优秀共产党员、先进科技工作者、先进工作者等荣誉称号。

**屈淑兰**

女，1959年出生，1981年毕业于佳木斯农校园艺专业，本科学历，共产党员，1982年1月参加工作，现任佳木斯市种子管理处处长，享受研究员级待遇，高级农艺师。主要兼职黑龙江省连续3届农作物品种审定委员会委员，分别兼任小麦专业委员会主任委员，马铃薯、甜菜、油菜专业委员会主任委员，水稻专业委员会主任委员，黑龙江省种子协会常务理事，黑龙江省种子协会水稻分会会长。获得主要科技成果10项，其中，黑龙江省政府科技进步奖2项，一是超高产高油多抗大豆合丰45号选育与推广一等奖，二是抗旱、优质、耐储龙丰苹果推广三等奖；市政府科技奖2项，一是高产、稳产、优质大豆合丰43号选育与推广一等奖，二是高产、早熟、抗病玉米合玉19号选育与推广二等奖；省农委丰收奖6项。在国家级刊物发表学术论文3篇，均为独笔。撰写佳木斯主要农作物品种应用现状及建议、农作物种子质量纠纷田间现场鉴定办法解读、寒地水稻抗旱性研究等文章。2010年被市人事局授予市级重要学科，种子学科带头人。

**史占忠**

男，1960年7月出生，原籍黑龙江肇东市，汉族，中国共产党党员，1979年8月在合江研究所参加工作，黑龙江省委党校毕业，硕士研究生，业务特长作物栽培和农业经济管理。现任佳木斯市农业技术推广总站站长、书记，农业技术推广研究员。历任合江农业科学研究所副所长，佳木斯市种子公司经理。兼任中国农业技术推广协会理事，中国人民大学农业与农村发展学院硕士生校外导师，黑龙江省农业技术推广协会常务理事，黑龙江省农业高级职称评审委员会委员，佳木斯市农业技术专家协会理事长。工作30多年来，认真学习、努力工作、刻苦钻研、团结同志、助人为乐、遵纪守法，有良好的职业道德和个人生活习惯，不赌博、不吸烟、不酗酒。共获得农业科技成果56项，撰写正式发表科技论文和技术性文章57篇，网络发表文章近百篇，参加编辑书籍7部。受到各种政治荣誉奖励45次。国务院特殊津贴专家，黑龙江省政府特殊津贴专家，佳木斯市政府特约研究员。全国农业技术推广"先进个人"；黑龙江省委、省政府粮食生产先进科技工作者；佳木斯市政府职业道德建设"十佳标兵"和农业技术推广"十佳标兵"。佳木斯市第十次党代会代表，佳木斯市第十二届政协委员。

**贲显明**

男，1963年4月24日出生于黑龙江省依兰县，1984年7月毕业于东北农学院园艺系蔬菜专业，大学学历，农学学士学位。1989年8月加入中国共产党，2003年晋升为农业推广研究员。现任佳木斯市农业技术推广总站副站长，历任桦南县孟家岗镇副镇长、市农业局经济作物科副科长、市农业技术推广总站办公室主任、市农委蔬菜生产办公室主任等职。佳木斯市第十二次党代会代表、享受市政府、省特殊津贴专家。市专家协会会员、市级重点学科蔬菜学学科带头人、省园艺学会常务理事、市农业系列中级职称评审委员会农业组长。近5年来，共获成果14项，有一项获得省政府科技进步三等奖，有13项成果分别获省农委、市政府科技进步一、二、三等奖；有17篇论文分别发表在《中国园艺文摘》《中国农业科技通讯》和《北方园艺》等刊物上；有11篇论文分别获市政府和省专业学会一、二、三等奖。《三江平原实用农业技术》一书的副主编。参加编写《新编蔬菜高产技术问答》一书。

**冯雅舒**

女，1955年6月生，1982年1月毕业，获东北农学院学士学位。现任黑龙江省农业科学院水稻所生物技术育种研究室主任，龙科种业集团水稻生物技术研究所所长、研究员。1982年以来，一直从事水稻种子开发和水稻新品种选育工作，先后承担国家科技支撑、省、市、农业科学院各级科研课题20余项，取得获奖成果15项，其中，国家科技进步二等奖1项、省科技进步一等奖2项；发表学术论文10余篇；育成水陆稻5号、6号，龙粳8号、9号、10号、12号、13号、14号、16号、21号、23号、25号、27号、30号、31号、32号、35号、36号、39号、41号，龙联1号，龙粳香1号，龙糯1号，上育418等24个水稻新品种，带领农业科技骨干创建了水稻所种子公司，并摸索出科研单位水稻新品种推广和种子经营新模式。

**张继英**

女，1960年4月出生，1992年加入中国共产党，1982年1月参加工作，毕业于佳木斯农业学校，本科学士学位。业务特长种子管理与种子质量监督。毕业后一直在佳木斯市种子管理处工作。兼职黑龙江省种子协会理事，黑龙江省品种审定委员会经作组成员。享受研究员级待遇高级农艺师。自参加工作以来，积极努力工作。在业务上努力钻研，撰写了检测中心内部质量管理方面的文件达6万余字，并一直在应用和执行。撰写了2个项目可研报告和初步设计，每年组织4次以上质量监督管理活动，为处理种子质量纠纷案件提供多个可靠检验数据，由于监管职能发挥得好，避免了多起种子质量事故的发生。先后获得省市政府科技进步奖11项，在国家二级以上刊物发表文章十余篇，其中，主笔7篇。佳木斯市种子质量管理学科带头人。多次获得优秀工作者等荣誉，2004年获得佳木斯市劳动模范光荣称号。

### 王德亮

男，1964年1月出生，籍贯山东省东阿县，1987年加入中国共产党，1986年参加工作，毕业于黑龙江八一农垦大学农学系，大学本科。毕业以来一直在黑龙江省农垦科学院农作物开发研究所从事大豆育种与栽培研究工作，现为大豆中心主任、研究员。主要兼职国家农作物品种审定委员会委员；黑龙江省作物学会理事；黑龙江省农作物品种审定委员会大豆专业委员会委员；佳木斯市郊区党校聘任终身"客座教授"；黑龙江八一农垦大学硕士生导师。获奖成果4项，其中，获农业部丰收奖二等奖一项，省科技进步三等奖二项。共培育出43个"垦丰"、"垦豆"系列大豆新品种，国审品种2个，省审品种18个，垦审品种23个。重视品种的推广和开发，"高产抗病大豆新品种垦丰22号推广"获全国农牧渔业丰收奖三等奖。1990-2012年，13次获所先进工作者、6次获所优秀共产党员、8次获院先进工作者、9次获院优秀共产党员荣誉称号，2003年获农垦总局优秀共产党员、2005年获农垦总局先进工作者、2012年被黑龙江农垦总局授予优秀科技工作者称号。

### 姚　君

男，1958年出生，1981年毕业于佳木斯农校园艺专业，本科学历。1982年1月参加工作，现任佳木斯市农村农源办公室主任，推广研究员。共获科技进步奖11项，其中，四大作物生产技术规程大面积推广获省科技成果推广计划项目一等奖；水稻盘育苗机械插秧栽培技术获省厅技术进步三等奖；井水种稻综合高产栽培技术获省厅三等奖；大豆精量播种技术获省厅技术进步二等奖；大豆生产技术规程获省厅技术进步三等奖；"荒原开垦种水稻技术"获省厅级技术进步三等奖；"大豆垄三高产栽培技术"获佳木斯市政府科技进步二等奖；"大豆硼钼高效微肥技术"获得佳木斯市政府科技进步三等奖。共撰写科技论文6篇，其中，在省级刊物发表3篇，获奖3篇。佳木斯市政府授予有突出贡献知识分子、佳木斯市科协授予农业科技咨询优秀科技工作者及佳木斯市种子行业学科带头人称号。黑龙江省人民政府授予全省农村能源建设先进工作者，佳木斯市专家协会专家称号。

### 王晓明

男，1962年12月出生，辽宁省西丰县人，1992年4月20日加入中国共产党，1986年8月参加工作，东北农学院土壤农化专业毕业，大学学历，业务特长土壤肥料。一直在佳木斯市农业技术推广总站土肥科从事技术工作，1991年被任命为土肥科科长。社会兼职：市土壤学科带头人，市专家协会会员，省土壤学会理事，市农业中级职称评审委员会评委。四次获得市政府记功奖励。获市政府"金肥杯"竞赛先进个人奖励，并多次获得全省土肥系统先进个人称号。先后主持推广了测土配方施肥应用技术，各种微量元素肥料应用技术，秸秆还田应用技术，生物肥料应用技术等。主持参加的技术研究和推广项目有20项获得各级奖。有4篇论文在《农业与技术》上发表，有1篇论文在《中国园艺文摘》上发表，有1篇论文在《垦殖与稻作》上发表。有3篇论文获市科协优秀论文一二三等奖，在1997年哈尔滨出版社出版的《资源经济学》一书中任副主编。

### 赵广山

男，1969年8月出生于佳木斯市，1996年7月加入中国党员，1990年8月参加工作，1990年7月毕业于沈阳农业大学农学系农学专业，大学本科学历。多年来从事植物检疫、植物保护工作。现任佳木斯市农业技术推广总站植检植保站科长，推广研究员。历任市农业局科教科科员；市种子管理处种子管理科科员；

市种子公司开发科科员。黑龙江省农作物品种审定委员会大豆专业委员会委员，省植保学会会员，市专家协会会员，黑龙江省农业职业技术学院兼职教授，佳木斯市技师学院兼职教授。主持和参加的推广项目先后有 29 项获省政府科学技术奖，省、市科技进步奖，省丰收计划奖。主编的《园林植物保护》著作被选为教科书；参加编写《三江平原农业实用技术》。26 篇论文获优秀论文奖；发表论文 17 篇。2006 年省植检植保先进个人，2007 年市人事局嘉奖。2008—2010 年连续三年获省植保系统先进个人称号。市级有突出贡献知识分子，佳木斯市政府特殊津贴专家。

### 孙胜伟

女，1968 年 8 月出生于黑龙江省富锦市，1991 年 7 月毕业于东北农业大学植物保护系植物保护专业，大学本科学历，农学学士学位。1991 年分配至佳木斯市农业技术推广总站工作至今。2002 年晋升为高级农艺师，2010 年晋升为享受研究员级待遇高级农艺师。几年来，先后在国家级、省级专业技术期刊上发表论文多篇，其中，在《中国科技财富》《世界农业》《中国园艺文摘》等国家级刊物上发表论文 5 篇，均为第一作者；《现代化农业》等省级刊物上发表论文 3 篇，第一作者 2 篇。有 18 项农业科技成果分别在省政府、省农业委员会颁发的奖项中获奖。参加编写《三江平原实用农业技术》一书已由黑龙江科学技术出版社出版发行。黑龙江省农业环保工作先进个人，佳木斯市农业技术专家协会专家，佳木斯市政府特殊津贴专家。

### 戴春红

女，1972 年 3 月出生于黑龙江省佳木斯市，1996 年 7 月毕业于东北农业大学农学系农学专业，大学本科学历，农学学士学位。1996 年分配至佳木斯市农业技术推广总站工作至今。2006 年晋升为高级农艺师，2012 年晋升为农业技术推广研究员。市专家协会会员，市级重点学科蔬菜学学科后备带头人，省级重点学科作物栽培学梯队成员。省白瓜协会理事，黑龙江省中草药协会副秘书长。几年来，先后在国家级、省级专业技术期刊上发表论文 15 篇，其中，在《中国园艺文摘》《中国农业》等国家级刊物上发表论文 8 篇，第一作者 5 篇；在《现代化农业》等省级刊物上发表论文 7 篇，第一作者 3 篇。有 15 项农业科技成果分别获奖，其中，省政府科技进步奖一项，省农业委员会丰收计划奖多项。参加编写《三江平原实用农业技术》一书。

### 申庆龙

男，汉族，1969 年 12 月 3 日山东省成武县人，中共党员，1994 年 7 月毕业于东北农业大学土壤与农业化学专业，大学学历，业务特长农技推广，同年分配到富锦市农业技术推广中心，一直从事农业工作。先后任站员、站长、副主任，2009 年 9 月任富锦市农业技术推广中心主任。主持或负责完成的"大豆大面积高产综合配套技术研究开发与示范"、"大豆窄行密植栽培技术"、"农田鼠害防治技术研究与应用"等 11 个项目分别获得省农业委员会科技进步奖、丰收计划奖和佳木斯市科学技术奖。撰写的"生物有机肥在优质大豆生产中应用效果的研究"和"优质大豆品种在三江平原区适应性研究"在《大豆通报》上发表；参加编写的《三江平原实用农业技术》由黑龙江科学技术出版社出版发行。多次被评为省、市的先进个人。2006 年获扶贫开发工作先进个人，2007 年获市抗旱工作先进个人标兵、农业农村工作先进个人，2008 年获市优秀共产党员，2010 年获省农业技术推广系统先进个人标兵、省农业系统先进工作者荣誉称号。省人大代表。

### 晋宝忠

男，1966 年 6 月出生，籍贯辽宁省宽甸，1988 年 5 月加入中国共产党，1990 年毕业于东北农业大学作物专业，大学学历，农学学士学位。现任佳木斯郊区农业技术推广中心主任，研究员级高级农艺师。1990—2005 年郊区平安乡工作；2005—2009 年郊区莲江口镇副镇长；2009 年至今，佳木斯郊区农业技术推广中心书记、农业局副局长、推广中心主任。主持完成省市课题项目 12 项，其中，主持完成"优质高产青贮玉米"冀玉 9 号"栽培技术示范推广"项目获得黑龙江省农业丰收计划奖一等奖；参加"玉米通透密植栽培集成技术推广"项目获得全国农牧渔业丰收奖农业技术推广成果二等奖；参加"西甜瓜优质安全集成栽培技术推广"项目获得全国农业技术推广成果三等奖；主持完成"东北高寒地区大棚"无核白鸡心葡萄"

栽培技术研究与应用"课题获得佳木斯市政府科技奖一等奖。主持编写《三大农作物栽培技术》发行 2 万册，作为第一作者先后在省级和国家级刊物发表论文 5 篇。在农业战线工作中，曾多次被市、区政府部门授予劳动模范、标兵、先进工作者等荣誉称号。

**国忠宝**

男，1965 年 3 月出生。籍贯辽宁丹东，1997 年 7 月加入中国共产党。1986 年 6 月参加工作，毕业于黑龙江省佳木斯职工大学，土壤农化专业，大专学历。专业特长土肥技术。1986-1989 年郊区敖其镇农业技术推广站站长；1989-1990 年郊区西格木农业技术推广站站长，1990 年至今，佳市郊区农业技术推广中心土肥站站长，副主任，高级农艺师。郊区土肥项目科技带头人，在国家及省级优秀科技刊物上发表"土肥分析与测土配方施肥探讨"等论文 15 篇；主持编写《黑龙江省佳木斯郊区耕地地力评价》一书，已出版发行。主持和参加土肥植保重要课题 25 项，其中，主持的"寒地测土配方施肥技术应用与推广"获得佳木斯市科技进步一等奖，参加的"高巧种衣剂在寒地玉米上的试验与推广"获得佳木斯市科技进步一等奖，获得佳木斯市人民政府科技进步奖及省丰收计划一等奖 12 项，二等奖 3 项，三等奖 3 项。先后获得市级先进工作者，省推广系统先进个人称号，省土肥系统先进个人和郊区政府记大功一次。

**孙忠坤**

男，1970 年 1 月出生。籍贯黑龙江省宝清县，1997 年 7 月加入中国共产党。1986 年 12 月参加工作，毕业于黑龙江省佳木斯农校，农学专业，大学学历。专业特长农业技术推广。1986-1988 年宝清原种场职工；1988-1991 年黑龙江省佳木斯农校带职学习；1991-2001 年佳木斯市郊区松木河乡推广站站员；2001-2009 年四丰乡推广站站员；2009 年至今，任郊区推广中心副主任，高级农艺师。毕业以来一直从事农业技术推广工作，郊区农学项目科技带头人，在国家及省级优秀科技刊物上发表"水稻机插高产栽培技术"等论文 15 篇。获得佳木斯市人民政府科技进步一等奖 2 项，二等奖 2 项；省丰收计划一等奖 12 项；二等奖 3 项；三等奖 3 项。并将此成果应用在农业生产上，对郊区农业生产发展起到了推动作用。先后获得佳木斯市农业技术推广先进工作者，黑龙江省农技推广系统先进个人荣誉称号。

**赵 志**

男，1965 年 12 月 21 日出生，黑龙江省巴彦县人，2000 年 8 月 30 日加入中国共产党，1990 年 7 月参加工作，毕业于沈阳农业大学农学专业，大学本科学历。擅长农作物栽培与育种，现任同江市农业技术推广中心主任、高级农艺师。历任同江市农业技术推广中心推广站技术员，同江市科学技术委员会科员，同江市政府调研室秘书、副主任，同江市劳动和社会保障局副书记。获省农业丰收奖、佳木斯市自然科学技术优秀学术成果奖 2 项，承担的"大豆 45cm 双条密植栽培技术推广"获全国农牧渔业丰收奖一等奖；在专业刊物公开发表论文 3 篇。佳木斯市农业技术专家协会副理事长、农技专家，获省政府粮食生产先进科技工作者，佳木斯市政府农技推广先进个人，省农业技术推广站先进个人等荣誉称号。

**刘东林**

男，1961 年 12 月出生，黑龙江明水县人，中共党员，1984 年 7 月参加工作，毕业于黑龙江省委党校经济管理专业，大学学历。从事农业技术推广工作。现任同江市农业技术推广中心副主任、农技推广研究员。历任同江市金川乡政府副乡长兼推广站站长，同江市农业局副局长兼市推广中心副主任。享受省政府特殊津贴。主要社会兼职有中国土壤学会会员，中国农学会各级会员，佳木斯市专家协会专家。中共佳木斯市党代会代表，同江市党代会代表和政协委员。获得成果奖 50 多项，代表成果"大豆 45cm 双条密植栽培技术推广"获全国农牧渔业丰收奖一等奖。撰写了有较高价值的专业论文 300 多篇，获优秀论文奖 110 多篇，在专业刊物公开发表论文 120 多篇，代表论文"气候变化对同江市农业生产的影响"在《安徽农业科学》公开发表。获省劳动模范、省农业科技先进工作者、省优秀科技工作者、全国农村科普工作先进个人、佳木斯市有突出贡献知识分子、佳木斯市首批市级学科带头人等各种荣誉称号 60 多次。

**徐柏富**

男，1971 年 5 月 16 日出生，黑龙江省富锦市人，2000 年 12 月加入中国共产党，1990 年 7 月参加工作。1992年7月毕业于佳木斯农业学校农学专业，2001年1月毕业于省委党校法律专业，大学学历。从事农技推广工作。现任同江市农业技术推广中心副主任、高级农艺师。历任同江市向阳乡农技推广站技术员、同江市农业技术推广中心站长、副主任、农艺师。负责单位党建工作和常务工作，参与农技推广科技咨询、项目实施等。获省农业丰收奖、佳木斯市自然科学技术优秀学术成果奖10项，公开发表论文3篇，代表论文"果树冻害发生与预防"在《黑龙江农业科学》公开发表。多次被评为省、地、市先进工作者。

**张培育**

男，汉族，1972年11月出生，黑龙江省集贤县人，1992年参加工作，1998年10月加入中国共产党，毕业于黑龙江大学经济管理专业，大学学历。业务特长农业技术推广。2002年至今，任抚远县农业技术推广中心主任，高级农艺师。省农委聘为农业信息专家。佳木斯市农业技术专家协会副理事长。在工作上求真务实，思路清晰，有较强的事业心和责任感，勤政高效，开拓创新，工作开展的井然有序。并于2005年、2008年分别获省农委"丰收计划"一等奖；2010年、2011年获省农委"丰收计划"水稻大棚育苗高产栽培技术一等奖，而且是项目第一完成人；2007年作为副主编参与编写了《三江平原实用农业技术》一书。获2009年度抚远县农业和农村先进个人，2010年度黑龙江省县域优秀农村科技人才称号；被中共黑龙江省委、黑龙江省人民政府授予2011年度全省粮食生产先进科技工作者荣誉称号；被中共抚远县委、县政府授予2011年度全县优秀共产党员荣誉称号。

**华淑英**

女，汉族，1975年10月出生，山东省东阿县人，2003年6月加入中国共产党，1999年参加工作，毕业于东北农业大学植物保护专业，大学学历，业务特长是植物保护，现任抚远县农业技术推广中心副主任，2009年晋升为高级农艺师，2012年省农委聘为农业信息专家。先后撰写了多篇农业科普推广文章在省市刊物发表。其中，"农业生产中的药物防治方法"在《农村实用科技信息》发表；"大豆胞囊线虫的防治方法"在《中国科技财富》发表；"浅议大豆'垄三'高产栽培技术模式"在《中国农业信息》发表。参与《作物遗传育种与种子生产》一书的编写工作。2011年获省农委"丰收计划"水稻大棚育苗高产栽培技术一等奖。2008年、2012年分别被抚远县委、县妇联授予三八红旗手、巾帼岗位建功标兵荣誉称号，2006-2010年连续5年获省、市农技推广、植检植保系统先进个人荣誉称号。2009年度获黑龙江省县域优秀农村科技人才称号，2012年被省总工会授予黑龙江省五一劳动奖章荣誉称号。

**程宝军**

男，1986年参加工作，2006年晋升为国家级推广研究员，中共党员，毕业于北安农业学校土肥专业，专业特长土壤肥料。2004年至今，任桦南县农业技术推广中心主任。桦南县第十五届、第十六届人大常委会委员，佳木斯市第第十四届、第十五届人大代表。几年来，撰写优秀论文15篇，主持并参加10部科技书籍的编写工作，获农业部、省农委和市政府科技进步奖30余项。获国家科技部授予的科技二传手，农业部授予的全国测土配方施肥先进个人，全国粮食生产突出贡献农业科技人员荣誉称号；黑龙江省委省政府授予全省粮食生产先进科技工作者，市委市政府授予促农工作标兵，市政府授予推广系统标兵称号；县委县政府授予十佳公仆，劳动模范称号；享受市政府特殊津贴。

**关宏举**

男，现任桦南县农业技术推广中心推广站站长，推广研究员。1982年东北农学院毕业，1984年从事农业技术推广工作，在近30年来的农业技术推广工作中，在农业科技种田知识的培训和普及上，以及在农业新技术和新产品的试验、示范、推广上做了大量的工作，在实际工作中，能够把理论与实践有机结合起来，深入调查研究，及时发现和解决农业生产中存在的问题。根据实际调查撰写科技论文23篇，在《中国马铃薯》《大豆通报》《特种经济动植物》等刊物上发表论文6篇。主持和参加的课题获省、市科技进步奖和科技改进奖共28项。由于本人努力和勤奋的工作，在2002-2006年连续获得全省推广工作先进个人荣誉称号；多次获得桦南县科技工作先进个人和佳木斯市农业委员会农业技术推广先进个人称号。成为农业技术推广战线的学科带头人。

**韩崇文**

男，自 1982 年一直从事植保技术的科研和推广工作，理论基础深厚，生产实践经验丰富，特别在应对重大病虫监测预警与防控方面具有丰富经验。现任桦南县农业科学技术推广中心副主任，农业推广研究员，省植保学会会员。主持或参与对农业生产安全有重大威胁稻李氏禾、小麦腥黑穗病、水稻白叶枯病等及草地螟、黏虫、稻瘟病、农田草害等重大农业有害生物监测预警与防控技术攻关。获得农业部技术进步三等奖、省科技进步三等奖、佳木斯市科技进步一等奖、二等奖等各类科技奖励 30 项。在国家级和省级学术刊物上发表论文 10 篇。获得农业部、全国农业技术推广服务中心、佳木斯市政府先进个人称号。佳木斯市第六届有突出贡献科技人才，享受省政府特殊津贴专家。

**梁桂荣**

女，1990 年参加工作，中共党员，现任桦南县农业技术推广中心副主任，农业技术推广研究员。连续三届当选为佳木斯市党代会代表。为桦南县农民致富奔小康付出了很多心血，为粮食增产、农民增收、农业增效作出了突出贡献。近几年撰写 6 篇科技论文，均在国家级正式刊物上公开发表；作为副主编和编者参加 8 部技术书籍的编写工作。作为项目参加人获专利 8 项，共获部级丰收计划奖 3 项，省、市科技成果奖 13 项。多次受到部、省、市、县的表彰奖励。获得国家农业部授予的全国测土配方施肥先进个人 2 次，市委市政府授予推广系统先进个人，省科协授予科普之冬先进个人，县委、县政府授予劳动模范，享受市政府特殊津贴专家等荣誉称号 20 项。

**张跃发**

男，1963 年 5 月出生，籍贯黑龙江省兰西县，1985 年 7 月加入中国共产党，1984 年 8 月参加工作，东北农业大学农学专业毕业，大专学历。业务特长作物栽培。2008 年 4 月起任汤原县农业技术推广中心主任、高级农艺师。1984-1993 年汤原县永发农技站站长；1993-2000 年汤原县农业技术推广中心水稻站站长；2000-2005 年汤原县农业委员会生产股工作；2005-2008 年汤原县绿色食品管理办公室主任。努力学习，提高政治思想和业务水平，强化农业技术试验、示范和推广，多次获得省农业委员会玉米、水稻丰收计划一二等奖；在省级、国家级刊物上发表论文多篇，"汤原县水稻品种的更替"一文获得《中国农业》杂志社优秀论文一等奖。2009 年参加的黑龙江省院县共建创新团队项目获得中国农业部、中国农学会优秀创新团队奖，2010 年参加的寒地水稻高产优质技术研究与示范项目获得省科技进步二等奖。多次受到佳木斯市政府和汤原县政府的奖励，2008 年以来连续被授予全省农技推广系统先进个人荣誉称号。

**胡秀芳**

女，1961 年 9 月出生、籍贯黑龙江省汤原县，中共党员，1981 年 8 月参加工作，毕业于东北农业大学，大学学历。业务特长水稻栽培。现任汤原县农业技术推广中心农技办主任，推广研究员。1981-1990 年在汤原县农业科学研究所工作，1990-2000 年任水稻站站长。全省水稻学科带头人，高产创建首席专家。一直从事水稻试验、示范、推广工作。主持水稻旱育希植技术成果被列为"十一五"期间全国重点项目。发表 19 篇论文，"低温冷害对水稻影响研究分析"在《北方水稻》刊物发表。主持参加的丰收计划科技项目有 13 项获省奖励。2010 年授予农业部科技进步院县共建创新团队优秀奖和农业部科技贡献奖，全省农业系统优秀学科带头人、标兵，佳木斯市劳动模范，黑龙江三农十佳人物，全国十佳优秀推广农业技术员；2011 年被市政府授予农业战线先进工作者，授予全省"五一"劳动奖章，授予国务院全国粮食生产突出贡献科技人员，2012 年授予全省劳动模范称号。黑龙江省第十一次党代会代表。

**罗有志**

男，1964 年 1 月 4 日出生，桦川县悦来镇人，2008 年加入中国共产党。1982 年 8 月参加工作，黑龙江省委党校法律本科毕业。现任桦川县农业技术推广中心主任，高级农艺师。一直从事农业技术推广工作，先后在悦来镇农业技术推广站，推广中心植保站工作。历任中心植保站副站长、站长、中心副主任，2013 年 1 月任桦川县农业技术推广中心主任。在工作上，建设高标准示范园区 17 个，在全县实施了标准良田建设工程，测土配方施肥，植保工程，超级稻示范推广，水稻双增二百等项目。大大提高了粮食综合生产能力，粮食产量由 2009 年前的 6 亿千克跃升至 2012 年的 10.5 亿千克，实现了全县人均万斤粮的目标，为我县步入全省产粮大县行列提供了有效的智力支持和科技保障，得到了省市领导的高度赞誉。先后主持推广各项农业新技术十余项，获省农委丰收计划奖 10 余项。发表论文 10 余篇，多次获得县委、县政府的表彰。

### 赵金满

男，1958 年 6 月 25 日出生，桦川县新城镇人，1979 年 8 月参加工作，1979 年 7 月毕业于佳木斯农校农学专业，大专学历，高级农艺师。现任桦川县农业技术推广中心总农艺师。先后在桦川县东方红公社农业技术推广站、县农业科学研究所、桦川县农业技术推广中心推广站、桦川县农业局、桦川县农业技术推广中心工作。历任东方红公社农业技术推广站站长，桦川县农业研究所所长，桦川县农业技术推广中心推广站站长，桦川县农业局生产办主任、科教办主任，桦川县农业技术推广中心副主任、主任。先后兼任黑龙江省农业技术推广协会理事，桦川县第十届政协委员，佳木斯市第十五届人大代表。33 年来获得农业科技成果 35 项，其中，省丰收计划一等奖 5 项、二等奖 1 项、三等奖 2 项；省农业科技进步奖 2 项，一等奖 1 项、二等奖 1 项；国家丰收计划二等奖 1 项。2010 年获省长特别奖、佳木斯市政府特殊津贴。2011 年获省委、省政府粮食生产先进科技工作者称号。引进、示范、推广先进技术超百项，主持推广技术 50 余项。

### 杨忠生

男，1968 年 2 月出生，佳木斯郊区长发镇人，中共党员，1985 年参加工作，研究员级高级农艺师，1988 年 7 月佳木斯农校农学专业中专毕业，2003 年 8 月函授省委党校法律本科毕业，历任桦川县农业技术推广中心推广站副站长、土肥站科员、科技服务部经理、复合肥厂副厂长，办公室主任、站务管理办公室主任，桦川县招商旅游局项目办主任，桦川县技术推广中心副主任。现任桦川县农业技术推广中心副主任。从走上工作岗位的那天起，始终工作在农业技术推广第一线，多年如一日，以良好的职业道德、过硬的业务素质和扎实的工作作风，积极钻研业务，敬业爱岗，不断进取，勤奋努力，始终心系农民、心系农技推广事业、为农民传授农业实用新技术，解决在农民生产中遇到的实际问题，为促进全县粮食丰收、农民增收致富而无私奉献，近 10 年来，先后主持并参加了国家、省、市、县重点科研课题的研究和项目的推广工作，受到各级表彰奖励 50 余项（科技成果 18 项，优秀论文 20 篇，行政奖励 19 项）。

### 井 力

男，1963 年 4 月出生，桦川县悦来镇人，中共党员，1979 年 6 月参加工作，大专学历，高级农艺师，历任桦川县农业科植保站、推广站、县农业技术推广中心环保站、推广站站长，现任桦川县农业技术推广中心副主任。近几年来，积极参加主持国家级标准良田建设项目，院县共建示范区建设项目，超级水稻示范推广项目，水稻节水灌溉项目，测土配方施肥项目等，按农事季节积极撰写生产建议及科技方案，年均下乡指导 100 天，接受农民咨询 2 000 人次，为我县现代农业发展作出了积极贡献。先后受到各级表彰奖励 50 余项（科技成果 25 项，优秀论文 10 篇，行政奖励 17 项）。

### 刘传雪

男，43 岁，中共党员。1993 年于东北农业大学农学专业毕业，硕士学位，一直从事水稻育种科研工作。现任生物技术研究室副主任、研究员。兼任所纪检委员、科研一支部书记、所务委员、学术委员会委员。育成龙粳 14 号、16 号、21 号、23 号、25 号、30 号、31 号、32 号、35 号、36 号、39 号、41 号、龙粳香 1 号、龙联 1 号等 14 个水稻新品种。1999 年至今，主持或参加包括农业部超级稻项目在内的各级课题 60 项；在《中国农业科学》《作物学报》等学术期刊发表论文 24 篇，参加出版专著 3 部。硕士论文为全国首届农业推广硕士 8 篇优秀论文之一，作物领域的唯一一篇。获得科技成果 23 项，其中，省部级科技进步奖 7 项。先后获得院所优秀共产党员、先进科技工作者，佳木斯市直机关优秀公仆，省青年科技奖等荣誉称号。

### 刘乃生

男，1967 年 1 月 7 日生，中共党员，1989 年 7 月毕业于沈阳农业大学土壤与植物营养专业，农学学士学位。毕业之后在黑龙江省农业科学院水稻研究所栽培研究室工作，2002 年晋升为副研究员。2008 年 1 月任植保研究室主任，从事水稻品种资源研究和新品种选育工作。2011年6月评为水稻品种资源研究与创新院学科带头人。2011年11月获东北农业大学农业推广硕士学位，同年晋升为研究员。2002年以来，承担国家、省、市科研项目32项，获奖成果16项，参加了抚远县、桦川县、庆安县、汤原县"院县共建"工作，共发表有价值的论文（著作）14篇，作为主持人育成水稻品种龙粳22，参加水稻新品种龙粳17号、20号、26号、27号、29号、龙糯3号的育成工作，社会效益显著。

**张淑华**

女，1962年11月出生，籍贯黑龙江省木兰县，中共党员，1985年8月参加工作，中国农业科学院在职研究生毕业，硕士学位。一直从事水稻育种和科研管理工作。现任省水稻所科研科科长，研究员。先后承担国家、省、市各级科研课题50项，如国家863、科技支撑、成果转化资金，农业部跨越计划、农技推广体系建设和省攻关等项目。育成"龙粳号"水稻新品种30个，其中，超级稻品种4个。取得获奖成果20项，其中，省部级以上奖励12项，水稻品种龙粳14和龙粳21获省科技进步一等奖，寒地水稻高产优质技术研究与示范、小孢子培养技术在寒地水稻育种中的应用研究获省科技进步二等奖，龙粳3号获省星火二等奖，龙粳8号、龙粳12等获省科技进步三等奖。发表学术论文36篇，"东北三江平原耐低磷胁迫水稻品种特性研究"被评为全国农业推广硕士专业学位优秀论文；参加编（专）著5部。被省农业科学院评为女性科技创新、管理创新先进个人，获佳木斯市直机关"优秀公仆"荣誉称号，获省政府特殊津贴。佳木斯市党代会代表和佳木斯市东风区人大代表。

**蒋佰福**

男，1969年4月出生，山东省沂南县人，1994年加入中国共产党，1995年毕业于黑龙江省八一农垦大学农学专业，副研究员，2009年东北农业大学硕士研究生。1995年7月参加工作，一直从事玉米育种专业，黑龙江省农业科学院佳木斯分院玉米育种研究室主任，课题主持人，参加选育合玉18号、合玉19号两个玉米新品种；主持选育合玉21号、合玉23号两个玉米新品种。3个玉米品种和两个自交系获得农业部新品种保护，获得佳木斯科技进步一等奖一次、二等奖两次；在国家二级农业期刊发表文章10篇；曾获得黑龙江省农业科学院和佳木斯市优秀共产党员称号。

**张敬涛**

男，1964年4月出生，黑龙江省富锦市人，1986年参加中国共产党，1986年参加工作，毕业于黑龙江省佳木斯农校，推广硕士，业务特长大豆育种和作物高产栽培。现任黑龙江省农业科学院佳木斯分院作物工程研究室主任，研究员，中国农学会会员，黑龙江省作物耕作栽培学会理事。主持或参加课题46项，其中，国家、省级课题28项。主持的课题有国家引智项目"半矮秆大豆窄行密植高产栽培技术"、省重点科技攻关项目"窄行密植保护性耕作栽培技术研究"，国家大豆支撑项目"大豆大面积高产综合配套技术研究开发与示范"，国际合作项目"窄行密植大豆超高产栽培技术研究"等。撰写科技论文48篇，代表文章为"半矮秆大豆窄行密植超高产生长发育动态研究"和"半矮秆大豆窄行密植超高产栽培产量及产量结构研究"发表在《大豆科学》上。获国家、省、市等各级奖项共39项；多次荣获黑龙江省农业科学院、佳木斯市机关工委优秀共产党员、先进工作者等称号。

**丁俊杰**

男，出生于1974年6月，籍贯安徽省涡阳县，2003年加入中国共产党，1998年7月参加工作，毕业于东北农业大学，博士学位。业务特长植物保护。黑龙江省农业科学院佳木斯分院研究室主任，副研究员。主要社会兼职农业部佳木斯作物有害生物科学观测实验站站长；黑龙江省大豆病害指定鉴定专家；植物保护专家；马铃薯栽培专家。在大豆病虫害及马铃薯栽培方面进行过深入细致的研究，提出大豆病害可持续防治理念；创立了马铃薯地上垄体栽培模式。主持农业部"948"项目等各级课题19项；获得省、厅、市级奖励33项，其中，"大豆灰斑病灾变规律及可持续防控技术研究"2012年获黑龙江省科技进步3等奖；获得国家专利4项；在《中国农业科学》《作物学报》等学术期刊发表研究论文72篇，其中，主笔论文49篇，署名论文23篇。获得佳木斯市有突出贡献技术专家荣誉称号。

# 附录二　农业技术推广优秀文选

## 北方寒地黑穗醋粟无公害栽培技术

黑穗醋粟又名"黑加仑、黑豆果"。是多年生小灌木，一般寿命可达 15~20 年以上，小浆果黑色，呈穗状集生于叶腋，是一种抗寒性很强的果树。在北方寒地的气候条件下，即使不防寒也不致于完全冻死。黑穗醋粟的插条很容易生根，繁殖非常容易。茎上没有刺，便于管理。开花结果早，定植之后第二年开始结果，第三年开始丰产。果实营养价值高，适于加工制成各种加工品，经济效益高，因此，是北方重要的果树，黑穗醋粟的果汁红色而透明，含糖量 7.17%，含柠檬酸和苹果酸 1.837%，含有大量的维生素 A、维生素 B、维生素 C、维生素 P。维生素 C 含量多是水果中罕见的。每 100 克鲜果中含 98 417mg。用果汁可酿成名酒（紫莓酒、黑加仑酒），以及营养价值极高的黑加仑糖果酱、糕点和清凉饮料等，受到国内外市场欢迎，是北方出口创汇的主要物资之一，采用黑穗醋粟的无公害栽培技术可以有效地解决其在生产中存在的问题，从而达到高产、优质、低消耗、高效益的目的。

### 1　适合于无公害的黑穗醋粟品种

首先要选用抗病、抗寒能力强的品种，如奥依宾、黑金星，早生黑等。

### 2　选地

黑穗醋粟喜光喜温、喜肥沃土壤，因此，应选择土质肥沃的地块。在平地不要选排水不良的沼泽地，在山地选斜坡不超过 10 度的缓坡地带，河边以未被水淹过而开阔的谷地较好，闭塞的河谷地冷空气排不出去，晚霜较重，容易冻坏幼果。建园时还应考虑到所选地块要便于管理，便于机械化作业。

### 3　定植管理

定植时期在早春、晚秋皆可，早春定植在 4 月下旬，土壤已解冻而芽尚未萌动时进行，这时墒情好，有利于苗木成活。但是春栽的苗要比先年秋栽的萌芽迟。晚秋栽的在 10 月中下旬土壤将上冻之前进行，随起苗随定植成活率较高。晚秋栽的苗来年春萌芽早，生长健壮。

秋季灌封冻水后埋土防寒越冬，土厚 20~30cm，压严压实，第二年 4 月中下旬撤土，然后灌一次催芽水。春季定植的苗木灌水 2 天后要松土保墒。定植苗木春季萌芽展叶后，要进行苗木成活情况检查，发现死株及时补栽。

### 4　田间管理

施肥对黑穗醋粟的增产有显著效果，施基肥在秋天及早春进行。一般开沟施而后盖土，施肥沟的位置逐年向外开，沟也加深、加宽，直到全行间都施过肥，结果树施农家肥，亩产 500kg 以上的果园，做到每亩施用农家肥 1 000kg 以上，化肥要及时追施磷酸二铵。用量据苗情酌定。

灌水一般采用沟灌，4 月初灌催芽水，5 月下旬灌坐果水，6 月中旬灌催果水，10 月下旬灌封冻水，灌水必须使根系分布的范围湿透，灌水后将沟耙平保墒。在夏秋雨水多而又容易积水的地方，应施排水沟排水或种植绿肥作物，以后将绿肥翻到土里，增加肥效。

为保证黑穗醋粟株丛健壮生长和结果，在其株丛周围要松土和除杂草。在生育期间翻地二遍，除草多次，秋季结合施基肥进行浅耕，深度为 15~20cm。除草以人工为主必要时可用化学药剂除草，可选用拿扑净、利谷隆或氟乐灵。

## 5　整形修剪

不经整型修剪的株丛，基生枝多，枝条密集分枝少，通风透光不良，结果少、产量低，几年之后株丛衰老。黑穗醋栗的修剪可在落花后的5~7月进行，主要是疏去幼嫩的基生枝，也可以剪去徒长枝，过密的大枝，或病、虫害的枝条等（株丛萌芽不久，大量基生枝伸出土面，消耗营养，造成树冠郁闭，影响通风透光，可将丛内外不必要的基生枝除去）。夏剪之后保留下来的基生枝和骨干枝都长得壮，花芽分化好，来年结果好。也可在萌芽前进行春季修剪，春季修剪可以把受机械伤和受虫害的枝条剪去，而不致影响全株枝条的总数。

## 6　越冬防寒及解除防寒

黑穗醋栗的防寒一般在10月下旬至11月上旬进行，过早枝芽没有经过锻炼，容易受冻，过晚土壤结冻不易取土。防寒之前集中烧掉残枝落叶，先在株丛基部垫土，而后将枝条拢在一起向一侧压倒，再盖上草袋子后盖土。需防寒品种必须全部埋土彻底防寒，不需防寒品种可在基部培土10~20cm。冬季经常检查，填上裂缝勿使透风。

次年春土壤解冻之后去掉防寒土，一般在4月中下旬。撤土时由外向里，把枝条扶起，不要把芽碰掉，把土耙平，株丛中心的土也需除去，以免根部上移。也可直接做出树盘，以利灌水。

在晚霜来临的前一天，全园灌透水来提高局部温度或用烟熏法等避免霜害。预防抽条应选用耐寒品种，在建园时应同时栽植防护林及天然屏障，以防风和积雪，防止冻害。也可用聚乙烯醇3 040倍液喷布枝条表面来抑制蒸腾。

## 7　主要病虫害及防治

黑穗醋栗的病害以白粉病和烂根病较普遍，除了加强管理，培育壮株之外可打药防治。白粉病用1%农抗武夷菌素水剂或农抗120水剂150~200倍液喷雾，隔57天一次，连防3~4次，可选用12.5%特普唑2 000~2 500倍液，可连续喷2~3次，间隔10~15天。烂根病要及时发现，及时拔出，防止蔓延，拔除后用生石灰、硫黄粉对土壤彻底消毒。补苗时，挖原土晾晒，以无菌土栽苗。施基肥进行浅耕，深度为1 520cm。虫害以蚜、螨虫、透羽蛾虫、毒蛾类和天幕毛虫为害较重。透羽蛾为害茎，冬剪时可剪去受害部分，将剪下的被害枝集中烧毁。6月初至8月中旬进行药剂防治。90%敌百虫晶体1 000倍液，20%速灭丁3 000~4 000倍液进行防治。防治蚜、螨虫可在春季芽萌发前用5度石硫合剂喷雾防治，在春季萌芽展叶后用20%三氯杀螨醇1 000~1 500倍液防治。秋季采收后用波美0.5度石硫合剂防治。毒蛾类和天幕毛虫要在发生幼虫2龄前期喷雾敌百虫、敌敌畏等杀虫剂。

## 8　收获

果实的采收，包装和运输是黑穗醋栗生产的一个重要环节，这些工作直接影响着产量、品质和果实的耐贮运能力，所以，只有做好上述工作，才能做到丰产丰收、产量高质量好，提高产品信誉和经济效益。

黑穗醋栗的适时采收期在7月中、下旬，要保证大量的果实在限定的期限内采收完，处理完。否则会出现果实压树或过熟落地。采摘后的果实放入容器要注意遮阴、防雨、应码放在阴凉通风的地方。搬运过程中要注意轻拿轻放，勿压挤尽量减少伤害，否则会因呼吸加强，微生物感染，热量增高而加速成熟或腐烂。遇爆热天气要采用冰枕和机械通风法。

（作者：贲显明，孙胜伟，罗育）

# 佳木斯市耕地土壤退化情况及治理对策

## 1 佳木斯市农业基本情况

佳木斯市地处黑龙江、松花江、乌苏里江汇流的三江平原腹地，是国家重要的商品粮基地。全市版图面积 3.27 万平方千米，总人口 248 万，现辖两个县级市、四县、四区、71 个乡镇、955 个行政村、28.9 万户，111 万农业人口。境内有省属 21 个大型国有农场、2 个劳改农场、2 个森工林业局。年平均气温 3℃，无霜期 140 天，年平均降水量 527mm，年均积温 2 590℃，年均日照时数 2 525h。全市现有林地面积 261 659hm² 森林活立木总蓄积量 2 233 万立方米，森林覆盖率 14.4%。现有湿地自然保护区 9 个，其中，国家级自然保护区 2 个、省级 2 个、市级 5 个，保护区面积 32.9 万公顷，占全市湿地总面积（61.09 万公顷）的 52.8%。除黑、松、乌三大水系外，还有大小河流 130 多条，主要河流堤防总长 1 647km。粮食作物主要以大豆、水稻、玉米、小麦为主，经济作物以蔬菜、甜菜、白瓜、亚麻、瓜果、中草药为主，饲料、饲草作物以青贮玉米及豆科牧草为主，畜产品以生猪、肉牛、肉羊、大鹅为主。富锦、桦南、桦川、汤原被确定为国家级粮食产业工程基地县，富锦、同江、抚远、桦南为国家级农业生态县，富锦市被命名为"中国大豆之乡"和"中国东北大米之乡"，抚远县被命名为"中国鲟鳇鱼之乡"和"中国大马哈鱼之乡"，桦南县被命名为"中国白瓜之乡"。全市耕地面积 1 679.1 万亩。2008 年种植水稻面积 316.9 万亩，大豆 808 万亩，玉米 310.7 万亩，小麦 8.5 万亩，经济作物及杂粮 235 万亩。

## 2 我市耕地土壤有机质现状及退化情况

我市耕地土壤有机质平均含量为 2.98%，比 1982 年第二次土壤普查时的平均含量 4.95% 下降 1.97 个百分点，下降速度高于全省水平。据调查统计：按黑龙江省土壤有机质含量分级标准（一级为有机质含量大于 6%；二级为 46%；三级为 34%；四级为 23%；五级为 12%；六级小于 1%）。全市一级的耕地面积为 176 万亩，占总耕地面积的 11%；二级的耕地面积为 336 万亩，占总耕地面积的 21%；三级的耕地面积为 400 万亩，占总耕地面积的 25%；四级的耕地面积为 368 万亩，总耕地面积的 23%；五级的耕地面积为 240 万亩，总耕地面积的 15%；六级的耕地面积为 80 万亩，总耕地面积的 5%。其中，一级、二级为高产田，面积为 512 万亩，占总耕地面积的 32%，比 1982 年土壤普查时下降了 11.6 个百分点；三级为中低产田，面积为 400 万亩，总耕地面积的 25%，比 1982 年土壤普查时上升了 5.7 个百分点；四级、五级、六级为低产田，面积为 688 万亩，占总耕地面积的 43%，比 1982 年土壤普查时上升了 27.2 个百分点。由此可见，我市耕地土壤退化速度比较快，高产田变中产田，中产田变低产田，面积更大，问题更为严重。

## 3 造成耕地土壤肥力下降及退化的主要原因

一是耕地投入产出严重失衡。全市 1 600 万亩耕地每年产出粮食及秸秆量为 105 亿千克，而每年向耕地投入量化肥量为 3.5 亿千克，农家肥、根茬、秸秆等有机物为 24 亿千克，总和为 27.5 亿千克。全市耕地土壤每年亏空 77.5 亿千克。这是造成耕地土壤有机质下降的主要原因。

二是耕地物理性状变坏。由于长期施用化肥、农药和人为机械的破坏，造成土壤 pH 值下降、土壤容重降低、空隙度变小，耕地蓄水保水能力下降，也造成了部分高产田变成了低产田。这是造成土壤肥力下降土壤退化的次要原因。

## 4 治理措施

### 4.1 增加有机物的投入量

改变目前只重化肥轻视农家肥的现状，向耕地土壤多投入有机物，使我市耕地土壤投入和产出量达到平衡，是解决我市耕地土壤肥力下降的主要措施。向土壤投入的有机物主要有秸秆、农家肥、人畜粪便、泥炭、绿肥等有机物。如果要使我市耕地土壤投入产出达到平衡，每亩投入有机物不少于 1.5t。

## 4.2 农牧结合，种植绿肥，大力发展养畜，秸秆实行过腹还田

草木樨是牲畜的优良饲料，玉米间种草木樨既培肥地力又可使玉米增产，又可喂畜，是一举多得的培肥地力措施。玉米青储、黄储喂畜，可促进畜牧业的发展，为农业提供大量优质肥料。

## 4.3 实行秸秆还田

目前，我市根茬实现了全部还田，但秸秆还只是部分还田，大部分秸秆被浪费。应大力推广秸秆粉碎还田，引进大型秸秆粉碎还田机械，研究引进能使秸秆快速分解的菌剂，加快我市秸秆还田的速度。

## 4.4 制定政策法规引导约束农民向土地增加有机肥投入

制定耕地培肥法规，使土地使用者向土地增加有机投入，对不按规定向土地投入有机肥的收回承包地。

## 4.5 合理耕喧

通过深翻、深松，打破犁底层，增加土壤通透性，改善土壤不良的物理性状。

## 4.6 使用生物农药

生物农药无毒、无残留、无药害，并且对土壤无害。通过推广使用生物农药，减少有毒农药的使用量，减轻对土壤的危害。

## 5 资金投入

在资金投入上，通过建设有机肥、生物肥、生物农药生产基地，增加向耕地投入有机物量，减少化肥、农药用量，提高土壤有机质含量。通过引进大型农业机械设备对土壤深松、深翻，改善土壤物理性状。

建设有机肥、生物肥、生物农药生产基地需要的资金。本着循序渐进的原则，先期投资需 2.2 亿元。

引进大型农业机械设备需要的资金。采取补贴的办法，向购买大型农业机械设备的农户实行补贴。需资金 1.2 亿元。

## 6 全面普及测土配方施肥技术，大力推广应用测土配方肥，生物肥（根瘤菌、土壤磷素活化剂、生物钾肥）及各种微量元素肥料

不论何种作物，实行测土配方施肥是最佳的化肥使用技术，即根据土壤养分状况和作物需肥规律确定施肥量和施肥方法。国家对测土配方施肥工作也非常重视，每年拿出几亿元资金用于测土配方施肥技术的推广应用，我市除东风、向阳、前进区外所有的县（市）、郊区都成为国家测土配方施肥技术应用县，每个县国家给 200 万元资金用于测土配方施肥技术推广工作，主要用于现代化的化验室建设，免费为农民测试土样，进行一些肥料试验等。2008 年省财政又拿出 1 000 万元用于配肥站建设和土壤化验加密。我市的郊区、富锦市获得了配肥站资金的支持，2009 年估计省财政还会拿出 2 000 万元继续对配肥站建设进行资金支持，建立配肥站的目的一是解决测土与施肥的脱节问题，真正实行测土—配方—加工—供肥—服务一条龙配套服务，让农民真正用上配方肥。另一方面是解决在国家不投入测土配方施肥资金时，由农民和配肥站直接建立联系，解决化验费问题。我市各县（市）、郊区配肥站都已建立，2008 年已生产和销售配方肥 1 万多吨，取得了很好的经济效应和社会效益。2009 年将继续推广配方肥。

应用生物肥具有成本低、用量小、增产效果明显、减少化肥用量、无污染等特点，特别在化肥价格上涨和化肥使用过量时，使用生物肥能降低肥料投入成本，释放土壤中固定的营养元素。我市目前主要应用的生物肥有大豆根瘤菌、土壤磷素活化剂、生物钾肥。我市大豆面积较大，应用大豆根瘤菌肥可以减少氮肥用量 1/3，仅此就可减少氮肥用量几万吨，土壤磷素活化剂能释放土壤中被固定的磷，可以解决土壤中磷固定问题，减少磷肥的施用量。应用生物钾肥可以减少钾肥用量 1/3，减少钾肥用量，降低肥料投入成本。

另外，要发挥肥料的最佳效果，必须在施用有机肥的基础上进行科学施肥，必须重视有机肥的施用，我市有机肥用量很低，每亩不足 $0.3m^2$，并且大部分用在经济作物和蔬菜上，大田作物很少施用有机肥，这也是限制我市粮食产量提高的因素之一。因此，各级政府和业务部门一定要重视有机肥的施用工作。国家对施用有机肥培肥地力工作也非常重视，2006 年中央 1 号文件对"沃土工程"计划活动提出了具体要求，2007 年将对"沃土工程"计划活动大量增加资金投入。

（作者：王晓明）

# 稻田新生杂草白花水八角生物学特性研究

在稻田杂草的防除中，由于优良除草剂的不断问世及应用，针对稻田的稗草及部分阔叶杂草都能有效的防除，白花水八角原属黏质沼泽地生长的野生植物。在长期的稻田杂草防除中，稻田杂草也相应地发生了杂草群落的演变。白花水八角浸入了稻田，在稻田杂草群落中我省还是首次发现。为此，我们开展了该草生物学特性的观察试验，并请黑龙江省农业科学院、黑龙江农垦科学院、佳木斯师专、佳木斯农校等有关专家鉴定，确认该草为玄参科，水八角属，白花水八角种（*Grationajapo Rica*）。稻田中过去已有紫花水八角的发生，属稻田杂草，而白花水八角属黏质沼泽地生长的野生植物，稻田尚未见发生。属稻田中新的杂草种类。

## 1  白花水八角的主要形态特征

白花水八角一年生草本，须状根密簇生，茎高30cm左右，直立或上升、肉质中下部有柔弱的分枝。叶茎部半抱茎，长椭圆形至披针形，叶对生，长723mm，宽2~7mm，顶端具尖头，全缘，不明显三出脉。花单生于叶腋，两性花，无柄或近于无柄，小苞叶草质，条状披针形，长4~4.5mm，花萼长3~4mm，5条裂儿达茎部，萼裂片，条状披针形，具膜质的边缘，花冠稍具二唇形，白色，长约5~7mm，花萼筒状较唇部长，长4~4.5mm，上唇顶端纯或微凹，下唇三裂，裂片倒卵形，有时凹头，雄蕊二，位于上唇基部，药室略分离而并行。下唇基部有两枚短棒状退化雄蕊，柱头二浅裂，蒴果球形，成熟棕褐色，直径4~5mm，种子细长略弯，长度在0.14~0.15mm，网状。

## 2  白花水八角的生物学特性

### 2.1  物候期

白花水八角盆栽试验于4月20日在室内进行人工播种，5月初置自然条件下的网室内，5月18日肉眼可见幼苗，6月上旬为出苗盛期，5月末至6月初稻田可见白花水八角幼苗，6月中旬为出苗盛期。分枝期为6月25日至7月15日，此时白花水八角已有7~9片对生叶，并且在叶腋中开花，形成结实器官，在稻田自然条件下，生育时期为80~90天，全生育期可生成18~20片对生叶。

### 2.2  分枝结实性

当白花水八角达5对叶时，从基部第二节叶腋里开白色的小花，依次由下向上开花，并依开花顺序结实，成熟落粒，当白花水八角达7对叶时，在4~8茎节的叶腋中产生分枝，一般可产生2~4个分枝，最高可达7个分枝，分枝大都能结实成熟，每株可产生20~30个蒴果，每果内含250~350粒种子，先结实成熟的先脱落，自然落粒性较强。

### 2.3  传播蔓延

白花水八角从6月初到8月末有80~90天时间与水稻同生，但当水稻成熟时，白花水八角已枯死，种子落入土壤中，成为下年繁殖的主要种源，白花水八角种子较轻，易随风、水漂流、传播、蔓延。

### 2.4  增长量

在白花水八角发生田，定株每5天调查一次，结果表明，从6月26日至7月15日，每5天平均增长2.8cm，从7月16日至7月31日，每5天平均增长6.23cm。

## 3  白花水八角对水稻生育影响

白花水八角繁殖能力强、发生密度大、为害时间长，据调查，随着杂草密度的增加，对水稻的为害加重。试验得出：人工除草区比1 216株/平方米和552株/平方米的白花水八角发生区，株高分别增加9.1cm和5.8cm；叶龄无明显变化；分蘖增加70%和60%；根数多3.1和8.7条；百株地上、地下干重增加，地上17.5g和30.5g，地下1g和3.6g（7月12日调查）。说明白花主角对水稻生育有直接影响。

白花水八角对水稻产量的影响。白花水八角发生区比人工除草区定型株高矮3.7cm，穗长短1.2cm，穗粒数少 9.3 粒，千粒重低 1g，亩产低 107.5kg，减产 25%。

## 4 结语

白花水八角属玄参科，水八角属，白花水八角种（*Gratioljaponica Mig*）的野生植物现已逐渐侵入稻田。

试验结果表明，白药水八角在第三积温带出苗期为 6 月上旬，分枝开花为 6 月下旬至 7 月中旬生育期为 80~90 天。

白花水八角繁殖能力强，发生密度大，为害时间长，对水稻生育有直接影响，减产在 25%。

（作者：赵广山，孙胜伟，孙炀）

# 寒地果园的秋季管理

秋季是果园后期田间管理的关键时期，果树立秋至立冬期主要是果实发育及充分成熟采收期，也是果树营养物质积累和花芽分化的关键期。此期加强管理可增加明年产量，促进花芽分化，提高果树的抗寒能力。

## 1 秋季施肥好处多

秋季给果树施基肥，一般以圈肥、堆肥、厩肥、作物秸秆等迟效性的有机肥料为主，还可以适当配一些氮、磷、钾类化肥以及微量元素肥料，增产增效效果明显。

### 1.1 有利于养分积累

果树从早春萌芽到开花坐果这段时间所消耗的养分，主要是上一年树体内贮存的营养。因此，果实采收后到落叶前这段时间，是积累养分的最好时期，秋施基肥可以增加树体的营养贮备，对壮树高产优质极为重要。

### 1.2 有利于蓄水保墒

秋施基肥可以提高土壤的孔隙，让土壤疏松，有利于果园保墒蓄水，防冬春干旱，还可以提高地温，防止果树根部冻伤冻坏，因此，秋施基肥是防冻增效的关键技术之一。

### 1.3 有利于产量提高

秋施基肥，被误伤的细小树根能很快愈合，还能促发新根。数量和质量相同的肥料，秋季施用较春冬施用能提高坐果率 8%~10%，提高产量 10%~15%。

## 2 走出认识误区，重视秋季修剪

秋季大多数果品相继采摘结束，按照果树学生理规律，应当强化这一时期的综合管理，为下一年果树正常生长发育打好基础。可通过短截、疏枝、回缩枝组、压低枝头、"开天窗"等技术措施，解决群体通风透光条件，将各类徒长枝、病虫枝剪掉，将密挤枝疏除，这对于充实花芽和储备营养，具有重要意义。

实践证明，秋季不进行修剪是生产管理上的一大误区。秋季果树疏枝能够合理调整树体结构，减少枝叶无效消耗，增加有效叶面积，有利于树体养分的积累，从而使果品产量和质量得到提高。

## 3 消灭越冬病源、虫源

### 3.1 秋季采果后喷药

秋季果品采收后，树体有个自然休整阶段，老百姓俗称"歇树"。此时喷药主要是防病防虫，保护叶片，以期利用秋季光、热条件，延长叶片有效期，提高光合利用率，增加营养积累，减少越冬虫源、病源。防治对象主要是梨黑星病、苹果褐斑病、小卷叶蛾以及一些致病细菌和真菌。

### 3.2 诱虫灭杀

入冬前在果树上绑草把或麻袋片，引诱害虫产卵，到深冬后在将草把解下烧掉，可消灭大量害虫和虫卵。

也可采用果树专用诱虫带，果树专用诱虫带对越冬害虫有很强的诱引聚集的作用，一般在 8~10 月害虫越冬之前，把诱虫带绑扎固定在树干第一分支下 5~10cm 处，等到 12 月份至翌年 2 月，害虫进入冬眠后，解除并集中深埋或烧毁。

## 3.3 清园

果树的许多病菌和害虫大部分集中在杂草、病枯枝、落叶、落果里越冬。因此，秋季应及时清除果园中的杂草、落叶、落果、病枯枝，人工摘除病果、腐烂果，并统一带出园外烧毁或深埋，可大大减少越冬病虫。

## 3.4 树干涂白

树干涂白可减少日烧和冻害，延迟果树的萌芽和开花，避免晚霜危害，还可兼治树干病虫害，杀死在树皮缝中越冬的害虫。在涂白剂中加入总量 0.1% 的辛硫磷乳剂效果更佳。涂白时间以两次为好，第一次在落叶后土壤封冻前，第二次在早春。涂白部位以主干为主，骨干枝基部、树干南面和树杈向阳面重点涂，注意不要涂到芽上，以免烧芽。涂白剂要干稀适当，以涂时不流失，干后不翘、不脱落为宜。

## 4 施肥翻树盘

果树能否正常生长发育，首先要看根系的发育状况。就目前而言，不少果园土壤板结，根系正常生长受阻，应当提倡通过施肥，加强深翻，有意将一部分根系斩断，促使诱发新根，强化根系功能。

一般在果树新梢停止生长时进行秋耕，佳木斯市地区在 10 月上旬进行。秋耕一定要打碎土块耙平，秋耕深度以 20~30cm 为宜。

## 5 防秋涝灌冬水

对积水果园，要迅速疏排积水，再将果树根茎部分土壤扒开，迅速通气。灌冬水主要保护根系不受冻害，并稳定土壤温度，保持土壤墒情，既防寒又可做到冻水春用，佳木斯地区一般在 11 月进行。

## 6 防治腐烂病

冬季果树腐烂病也可继续发生，即使在气温最低的一二月份，病斑也在不停扩展。坚持"刮早、刮小、刮了"的原则，及时、彻底地刮除腐烂病病斑是冬季果园病虫害防治的重要工作。一定要把病部的坏组织及相连的 5mm 左右的健皮组织刮净，深达木质部，刮过的部分应及时用石硫合剂等药剂涂抹消毒。

（作者：戴春红，孙胜伟，那思正）

# 高巧牌种衣剂在寒地玉米上的试验与推广

佳木斯市是黑龙江省玉米生产的主产区，2011 年玉米种植面积占旱田总面积的 70% 以上。近年来，随着玉米种植面积的增加，玉米的地下害虫和玉米粗缩病等病虫害增多。气候的干旱，更加大了玉米地下害虫发生的概率，已经成为玉米减产的主要原因之一，并有逐年上升的趋势。

佳木斯市郊区农业技术推广中心的工作技术人员从 2009 年开始进行玉米包衣剂应用试验。试验结果表明，德国拜耳集团拜耳作物科学公司生产的种子包衣剂"高巧"，在寒地玉米上防病虫效果显著，并有明显的增产作用。现将相关技术的试验与推广情况介绍如下。

## 1 试验与方法

### 1.1 试验地点

试验区设在佳木斯市郊区望江镇四合村。试验区土壤类型草甸白浆土，质地砂壤土，有机质含量 4.86%，

pH 值 7.14，耕层约 20cm，肥力中等，前茬作物为玉米，整地方式为秋翻地、秋起垄。

## 1.2　试验设计

供试药剂为：高巧（60% 吡虫啉）悬浮种衣剂拜耳作物科学公司生产；常规种衣剂 3% 克百威颗粒剂，邢台市农药有限公司生产。供试作物为玉米，品种吉单 27。试验设 3 个处理，处理 1 用高巧 20mL 拌 2kg 玉米种子；处理 2 用 3% 克百威颗粒剂 0.5kg 拌 2kg 玉米种子；处理 3 为空白对照。在播种前进行拌种，试验每个处理重复 3 次，共设 9 个小区，每个小区面积 42m²，试验各处理小区按随机区组排列。

## 1.3　施药方式

试验采用人工包衣法，严格按照设计用药量。高巧在寒地玉米上的建议使用方法：寒地玉米高巧拌种具体方法，我们地区属于寒地，土壤较黏重。用塑料容器，塑料工具均匀拌种，注意避免使用铁制容器和工具。将种子搅拌均匀后，时间不易过长，易破坏已形成的药膜，影响其缓释效果。拌种后要阴晾干不可在太阳下直接暴晒，以免太阳直接照射降低药效，达到备播状态。适期播种在 5 月 10 日，采用等距 25cm，人工穴播，每穴两粒。

## 1.4　调查数据计算

按照防治效果（%）=（对照区发病或被害率—处理区发病或被害率）÷ 对照区发病率或被害率 ×100%

## 2　结果与分析

### 2.1　对地下害虫防效率

在玉米 2 叶期进行地下害虫调查，调查结果表明，高巧包衣处理的地下害虫防效率比空白对照偏高。处理 1 地下害虫金针虫的防效率高于空白对照 95.5%；高于处理 2 地下害虫防效率 30.2%。处理 1 地下害虫蛴螬的防效率高于空白对照 93.7%；高于处理 2 地下害虫防效率 31.7%。处理 1 地下害虫地老虎的防效率高于空白对照 98.5%；高于处理 2 地下害虫防效率 31.4%。处理 1 地下害虫蝼蛄的防效率高于空白对照 97.5%；高于处理 2 地下害虫防效率 36%。经调查分析，高巧拌种对金针虫、蛴螬、地老虎、蝼蛄等苗期地下虫害防效达 93.7%~98.5%，起到驱避作用，可做到全生育期不用再施药，一次拌种，可轻松解决蛴螬等地下害虫防治难题，省工、省力又省心，低毒绿色环保。

### 2.2 对出苗期出苗率和根系的影响

在玉米 2 叶期进行出苗率和根系调查，调查结果表明，高巧包衣处理出苗率比空白对照偏高，差异显著。处理 1 出苗率高于空白对照 3%；高于处理 2 出苗率 2%。处理 1 的主根比空白主根长 1.2cm；比处理 2 主根长 1cm。处理 1 侧根数（个）比空白多 4 个；处理 1 侧根数（个）比处理 2 多 2 个；可见 "高巧" 对寒地玉米根系的生长有较好的促进作用，能起到较好的齐苗、壮苗效果。玉米出苗整齐，根系发达，尤其是侧根须根明显增多。

### 2.3　对苗后病虫害防效率

在玉米的 2~7 叶期进行调查，调查结果表明，高巧包衣处理的苗后害虫防效率比空白对照防治效果明显。处理 1 对害虫灰飞虱的防效率高于空白对照 94%；高于处理 2 的防效率 83.9%。处理 1 蚜虫的防效率高于空白对照 90%；高于处理 2 的防效率 84.5%。处理 1 粗缩病的防效率高于空白对照 91.2%；高于处理 2 的防效率 70.9%。处理 1 花叶病毒病防效率高于空白对照 92.3%；高于处理 2 防效率 82.1%。

高巧拌种玉米种防病、防虫、抗旱、增产效果明显。玉米成熟期常规考种，进行产量性状调查，调查项目主要包括株高、穗长、穗粗、穗粒数、百粒重等，实收测产并计算各处理的增产幅度。经对比调查高巧拌种成熟度好、不秃尖，比对照每亩增产 67kg。

## 3　小结与讨论

高巧是目前寒地玉米优良的种衣剂。试验结果表明，高巧包衣玉米对作物安全，对地下害虫防效显著。金针虫的防效率 95.5%；蛴螬的防效率 93.7%；地老虎的防效率 97.5%；蝼蛄的防效率 97.5%。在玉米出苗期可以提高玉米出苗率，根系发达，从而增强玉米抗旱性和抗逆性，叶片浓绿、宽厚，增强光合作用。

高巧拌玉米药效持效期长，试验表明对灰飞虱的防效在94%，对蚜虫的防效在90%，对粗缩病的防效在91.2%，对花叶病毒病防效率在92.3%。可在玉米生产中大面积推广应用。2009-2011年我区累计推广玉米面积5.8万亩。在佳木斯市乃至黑龙江省有着广阔的推广前景，为玉米增产增收提供良好的技术保障。

（作者：董福长）

# 东北玉美人牌甜瓜春大棚栽培技术

"玉美人"甜瓜春大棚栽培在佳木斯地区表现为产量高、品质好，有良好的经济效益。现将其春大棚栽培技术介绍如下。

## 1 选地、施肥、作垄

甜瓜是喜暖怕冷、喜光怕阴、喜旱怕涝的作物，所以，应选择岗地或沙壤土质，阳坡生茬地为好。如果有水源灌溉、交通方便的条件更好。黄泥土、黏土地不太适合。建棚地宽6~8m（用塑料膜8~10m），长度依土地而定，棚向南北走向，以竹林结构为多，也可用钢筋骨架大棚。上冻前，应将瓜地施肥、旋耕、一般亩施优质农家肥3 000~4 000kg，磷酸二铵10kg，硫酸钾15kg，施耕后就可以起垄，垄宽（含步道沟）0.9m。

## 2 育苗

时间选择在3月上中旬进行。采用方法：种子处理有两种，一种是温水浸种，把种子用55℃温水浸泡10~15min，种子入水时应边倒边搅拌。第二种是用甲基托布津或多菌灵500~700倍药液浸泡4h左右，置于25~30℃的地方，1~2天出芽。出芽后播种。用直径8cm、高10cm的营养钵，营养土用50%的腐熟的优质肥，50%的葱蒜地或地土，营养土一定要用500倍30%的过氧乙酸浸泡消毒，7天后播种，盖土0.5cm。最好采用嫁接育苗，砧木用圣砧四号，方法采用顶插十字嫁接法，成活率98%。好处主要是搞病可连作，不用倒茬，高产，耐低温高湿，节省肥料。苗龄约一个月，但要注意砧木种子催芽时间要早于接穗种子3~4天，嫁接时使用砧木真叶达到一叶一心，接穗一心期为好。

## 3 定植

时间在4月中下旬，瓜苗3叶1心时定植。定植前15~30天前先扣大棚，以提高地温。栽植前的下午或傍晚要把苗钵浇透水，以便于带坨下地。培土后坑面呈微凹为好。种植密度以90cm×50cm双株，或90cm×33cm单株适当。由于瓜根再生能力强，所以，栽培时尽量不要伤根。

## 4 整枝、坐瓜

### 4.1 孙蔓四蔓整枝法

主蔓4叶时摘心，同时掐掉一、二叶间子蔓，留三、四叶间子蔓，待子蔓长到4叶1心时摘心，每个孙蔓留2个瓜，每株可留6~8个瓜。

### 4.2 子蔓四蔓整枝法

当主蔓长到6叶时摘心，掐掉一、二叶间的子蔓，留3~6叶间子蔓，每个子蔓留1~2个瓜。

### 4.3 提高大棚甜瓜坐瓜率

改善生态环境。一要排除种植地四周的渍水，促进发根；二要抢晴揭开塑料薄膜，早揭晚盖，既补光又保温；三要在雨天揭开棚膜两头或者大棚基部薄膜补充散射光照，调解瓜安全生长。调节瓜安卡拉生长。在甜瓜已经徒长的瓜田，采用多效唑喷施，每亩用助壮素10mL，对水40~50kg喷施，能显著地抵制瓜蔓生长，促进子房肥大健壮，有利果实膨大。

## 4.4 诱导雌花坐瓜

可采用坐瓜灵或坐果灵等处理雌花,能使坐果率提高到90%以上,即在雌花开化头一天下午或开放当天,用坐瓜灵可湿性粉剂200~400倍液喷洒在瓜胎上,或用10~20倍坐瓜灵溶液涂抹在果柄上。

## 4.5 人工辅助授粉

由于甜瓜是雌雄同株生长,雌花又是两性花,即可采用两种方法人工授粉,一是采摘雄花将其花粉授予雌花的柱头上,每朵雄花可授2~3朵雌花;二是用干毛笔在雌花的柱头上轻轻搅拌一下,授粉时间在每天上午7~9时进行。

## 5 追肥

原则是轻追苗期肥,重追结瓜肥。当瓜长到鸡蛋大时,要追结瓜肥,每亩用磷酸二铵10 kg,钾肥12.5~15kg,注意钾肥一定用硫酸钾,不用氯化钾,以防瓜苦。

## 6 灌水

在瓜膨大期,适当灌水可以提高产量,提升品质,在瓜的数量达到高峰时,白天发现瓜叶打蔫可灌水,采用沟灌方法。

## 7 病虫害防治

为害甜瓜的害虫有蚜虫、红蜘蛛,病害有枯萎病、炭疽病。

(1)蚜虫用10%吡虫啉可湿性粉剂2 500倍液,40%乐果乳油1 000倍液,20%速灭杀丁2 000倍液。

(2)红蜘蛛用20%灭扫剂乳油或73%克螨特乳油1 000倍液。

(3)枯萎病用70%百菌清600倍液或1亿cfn/g康地雷得1 000倍液灌根。

(4)炭疽病用80%代森锰锌500倍液,50%多菌灵500倍液,50%甲基托布津700倍液。

## 8 适时采收

甜瓜成熟后要适时采收,不宜过早或过晚。采收一般以早晨较好,瓜含水量多而重,午后采的瓜轻,含水量少,影响经济效益。一般早熟品种开花后30~35天,果实即可成熟。表观标准为香味浓郁,呈固有色泽。采收时用剪刀将着果侧枝一起剪下,可保持果实新鲜美观。

(作者:王金华)

# 保护地二氧化碳肥料施用技术

二氧化碳是植物进行光合作用的主要原料之一。植物地上部分45%是碳,这些碳素都是植物通过光合作用从大气中取得的。一般植物进行光合作用最适合的二氧化碳浓度为0.1%左右,而大气中$CO_2$二氧化碳的浓度常保持在0.03‰。在相对封闭的保护地条件下,空气不易流通、蔬菜种植密度大,浓度通常不能满足光合作用的需求,在一定程度上限制了蔬菜的优质、高产。因此,在一定范围内适当增施二氧化碳肥料,已经成为提高保护地蔬菜品质、增加产量、增强抗病能力的重要措施之一。

## 1 保护地二氧化碳肥料的施用效果

### 1.1 增加产量

施用二氧化碳肥料后,蔬菜叶片肥厚、叶色浓绿,果菜类坐果率提高,产量显著增加。如番茄增产22%,黄瓜增产22.5%,叶菜类增产20%以上。

## 1.2 改善品质

施用二氧化碳肥料后，蔬菜外观品质好、色泽鲜艳、果肉厚实、耐贮运。

## 1.3 提早成熟，早上市

施用二氧化碳肥料后，开花期、成熟期提前，前期产量增加。据报道，坐瓜前期产量增加30%以上，番茄、青椒可提前上市7~10天，草莓可提前5~7天。

## 1.4 增强抗病力

施用二氧化碳肥料后，植株健壮，抗病力增强，减少农药施用量，降低了生产成本。

## 2 保护地二氧化碳肥料的施用方法

### 2.1 通风换气

通过放风，使新鲜空气进入保护地内，以补充二氧化碳的不足，但只能在保护地内 $CO_2$ 浓度低于300mL/L时才奏效，同时可使 $CO_2$ 浓度增至300mL/L。由于早春及冬季温度低，放风和保温形成矛盾，因此，这种方法在冬季和早春有一定的局限性。

### 2.2 施用有机肥料

有机肥料通过微生物分解可以释放出气体二氧化碳，该种方法成本低、简便易行。每1 000kg有机物经微生物分解后，可释放二氧化碳气体1 500kg，该方法受环境条件的制约，如温度、湿度等，释放量不易控制。该方法是冬季和早春增加设施内二氧化碳度浓度的有效方法。

### 2.3 液化二氧化碳

二氧化碳经压缩后装入钢瓶，可通过塑料管在保护地内施放，使用方便、劳动强度较低，但成本较高。

### 2.4 发生器通过燃烧天然气、丙烷、液化石油、石蜡、沼气、焦碳等物质来释放

作用方便，又能提高保护地内温度，但燃烧过程中会产生 $CO$、$SO_2$ 等有害气体，成本也较高。

### 2.5 化学反应法

用碳酸盐与强酸反应，产生气体。目前，生产上采用碳酸氢铵与硫酸反应，释放二氧化碳，其副产品硫酸铵可作氮肥施用。从目前来看，该方法较为实用，成本较低，也能控制浓度二氧化碳。①施用时间：一般晴天上午日出后半小时，气温高于15℃，密闭棚室，开始施放二氧化碳，密闭2h后，气温升至28℃时放风。在阴天、雨雪天，气温低于15℃时，蔬菜的光合作用不强，可以不施肥料。②施用方法：每50m²使用一个塑料容器，将塑料容器吊在蔬菜作物生长点上方20cm处。在塑料容器内加入稀硫酸溶液，约占容器体积的1/3。根据所挂塑料容器的数量，将称好的碳酸氢铵均匀地分成相应的份数，每一份用纸包好，放入装有稀硫酸的塑料容器中，就会不断地释放出二氧化碳气体。

## 3 注意事项

### 3.1 施用时期与时间

施用时期一般为冬季或早春二氧化碳易亏缺时。施用时间是日出后半小时开始，到通风前2h为止，持续时间至少30min。阴天、雨天由于植株光合作用不强，可不施用。

### 3.2 控制二氧化碳浓度

一般情况下，白天控制二氧化碳浓度在1 000mL/L。但不同蔬菜最佳适宜范围也不相同，如番茄、辣椒为900mL/L，黄瓜、茄子、草莓、莴苣、芹菜为1 500mL/L。如二氧化碳浓度过高，将对蔬菜造成伤害。

### 3.3 控制保护地内温度

当二氧化碳浓度升高时，光合作用的最适叶温也随之升高。因此，当施用肥料二氧化碳后，应推迟放风时间。如当二氧化碳浓度为300mL/L时，番茄光合作用最适叶温为26℃；当二氧化碳浓度为1 000mL/L时，番茄光合作用最适叶温为29℃。

（作者：关宏举）

# 寒地水稻白叶枯病发生与综防技术

桦南县位于黑龙江省东部，北纬 46°37′，属于我国寒带地区，每年水稻种植面积 28 000hm²，年降水量在 550mm 左右，常年 60% 降水主要集中在 7~8 月，年平均气温 2.7℃，土壤以黑土为主，pH 值 6.7~6.8，特殊的生态环境为水稻白叶枯病的发生提供了有利条件。

## 1 发生特点

### 1.1 发病症状

水稻白叶枯病主要侵害叶片，亦可侵害叶鞘，其发病症状因品种、施肥情况、气候条件的不同而不同。在桦南县常见的白叶枯病症状主要表现为普通型和青枯型两种。

#### 1.1.1 普通型典型的叶枯型症状，也称慢性型

开始时先在叶尖或叶缘出现暗绿色水浸状短条病斑，然后沿一侧或两侧，或沿中脉向上、向下扩展蔓延，形成黄褐色长条病斑。发病初期病斑为黄褐色，在潮湿的条件下病部易见蜜黄色珠状菌脓。最后病斑变为灰白色或黄白色，病斑边缘呈不规则波纹状，病部与健康部位界限明显。

#### 1.1.2 青枯型也称急性型，主要在环境条件适宜及品种感病的情况下发生

发病初期叶片上没有明显的病斑边缘，叶片呈开水烫伤状，向内卷曲青枯，病部暗绿色或灰绿色，有蜜黄色珠状菌脓。病部最后变为灰白色。潮湿条件下，病部表面出现淡黄色带黏性露珠状菌脓，干燥后呈小颗粒状，易脱落。

### 1.2 传播途径

病菌主要在稻种、稻草及田边杂草等病残体上越冬。新病区由带菌的种子或病残体初次侵染，老病区由带菌的稻草初次侵染。病菌的远距离传播主要靠种子及病残体的人为调运，如私自从水稻白叶枯病发病区引种和以稻草、稻壳、稻糠等为包装物或饲料等货物的调运，是水稻白叶枯病传播的主要途径。病菌的近距离传播主要靠病残体、土壤、雨水、水流等。发病地块的水稻稻草、稻壳等病残体被带入未感病稻田或其浸出物流入稻田，都可使水稻感病。整地等田间作业将土壤连同根茬一起带往异地，也可传播病菌造成发病。田间发病后病菌通过植株间的摩擦接触和雨水迸溅进行传播，田块间传播主要靠灌溉或雨水水流。第二年这些病残体接触到水之后，会放出大量细菌随水流扩散传播，在水稻抽穗前稻株抗病能力减弱时，形成发病中心，借助灌溉水和风雨传播蔓延。

### 1.3 影响发病的因素

#### 1.3.1 菌源水稻白叶枯病菌，属黄单胞杆菌

菌体短杆状，两端钝圆，大小（1.0~2.0）μm×（0.8~1.0）μm，有 1 根极生鞭毛长约 8.7μm，直径 30nm，革兰氏染色阴性。在琼脂培养基上菌落呈蜜黄色或淡黄色，表面隆起，光滑。病菌可侵染栽培稻、稻李氏禾等。

#### 1.3.2 气候条件

田间气温达到 17℃ 即可开始发病，气温达到 25~30℃ 为发病盛期，潜伏期 7~10 天，再侵染次数增多。发病适宜的相对湿度在 85% 以上，大雾和露水重的天气个别田块发病重，暴风雨天气最利于水稻白叶枯病的发生和流行。

#### 1.3.3 水肥管理

水肥管理与白叶枯病发生的关系十分密切。①大田串灌、漫灌都能直接造成病害传播发生，在水稻抗病能力减弱的孕穗期深灌，发病更严重；②施用氮肥过多、过迟、过于集中，施用磷钾肥比例较小，易引发病害。调查表明：施用 45% 复合肥 300kg/hm² 作底肥并追施尿素 40kg/hm²，比施用磷酸二铵 150kg/hm²、氯化钾 50kg/hm²、尿素 120kg/hm² 作底肥并追施尿素 240kg/hm²，发病率降低 64%，发病时期推后 10

天左右。

### 1.3.4 品种抗病性不同

品种的抗病性明显不同，粳稻比糯稻抗病，窄叶高杆耐肥品种比阔叶矮杆喜肥品种抗病，生育期长的品种比生育期短的品种抗病。对同一品种的不同生育时期而言，孕穗末期和抽穗期最易感病。

### 1.4 发生为害特点

#### 1.4.1 扩展蔓延速度极快

2004 年 8 月 6 日在桦南县发现有白叶枯病发生，当天发病中心仅 2.5m²，1 天后扩展到 15m²，10 天后扩展到享有同一水源的 6 000m² 稻田，同时向相临的地块扩展蔓延，40 天后在最初发病地块下游的近 20hm² 稻田全部发病，只是程度不同。病害在田块间扩散蔓延的途径主要是水流，借着水流极大增加了传播速度。

#### 1.4.2 植株发病

以一带全 1 个叶片发病，会导致整株叶片全部发病，而且症状典型，在田间容易识别。

#### 1.4.3 发生为害后果严重

水稻白叶枯病的为害首先体现在对水稻产量的影响上。一般水稻白叶枯病发病地块可以引起减产 10%~20%，严重的可达 50% 以上。水稻白叶枯病的发生时期越早，对水稻产量的影响越大。

其中：①齐穗以前发病对产量影响最大，减产率高达 53.6%。②齐穗期至乳熟期发病对产量的影响次之，可减产 34.8%~42.3%。③进入蜡熟期后发病，减产 19.7%~29.6%。

除了引起减产以外，水稻白叶枯病还会导致出米率下降，降低稻米品质。发病对水稻授粉没有影响，主要是影响籽粒的灌浆成熟，导致出米率下降。按照一般稻谷出米率为 65% 计算得出：减产 5%，出米率下降 1.7%；减产 10%，出米率下降 3.5%；减产 15% 左右，出米率下降 5% 左右；减产 20%，出米率下降 6.7%~7.0%；减产 30%，出米率下降 11.5%；减产 50%，出米率为 47%，出米率下降 18.6% 左右。同时发现，减产 15%~30%、出米率 55%~60% 的稻谷，大米破碎率较高；减产 40% 甚至 50% 以上的稻谷加工不出完整的大米。

## 2 综合防控技术

### 2.1 做好植物检疫

新稻区发病以种子传播病菌为主，因此，凡是从外地调入的种子必须进行调运检疫，调入的种子必要时进行复检，复检合格后可做种用；当地繁种必须进行产地检疫合格后才可做种用。对于已经发病的田块，应立即封闭进排水口，对发病地块的植株做全面销毁处理，包括稻秆等病残体。

### 2.2 选用抗病品种，实行轮作制度

选用适合当地的 2~3 个主栽抗病品种。目前，适于桦南县的比较抗病的品种主要有垦稻 12、龙粳 12、系选一号等。另外，通过对发病地块进行与旱田作物 1~2 年的轮作，就可以有效控制病害的发生。

### 2.3 实行单排单灌，加强水肥管理

水层管理首先要改以往串灌为单排单灌，达到控制病害蔓延的目的。其次，大田应浅水勤灌，严防串灌、漫灌、深灌，杜绝病田水流入无病田里。

施肥管理方面，大田要施足基肥，及早追肥，巧施穗肥，不偏施氮肥，氮、磷、钾肥及微肥要平衡施用，否则会使稻株贪青徒长，致使抗病力减弱。实践证明，采用富含氮、磷、钾、腐殖酸及硅、硼、铜、锌、铁等多种微量复混的新型有机无机专用肥，既能满足水稻生长的需肥要求，又能使稻苗稳生健长，提高抗逆能力。

### 2.4 抓好药剂防治

药剂预防是控制水稻白叶枯病发生的关键：①种子处理选用 30% 菌逃 WP1 500~2 000 倍液浸种消毒。②在插秧前用 30% 菌逃 WP1 500 倍液叶面喷雾。③抽穗以前（即发病前）用 30% 菌逃 WP 或猛可菌 WP30g/ 亩对水 40~60kg/ 亩均匀喷雾。一旦发现水稻白叶枯病的发病中心，要及时施药控制，用 30% 菌逃

WP 或猛可菌 WP40~50g/ 亩对水 40~60kg/ 亩均匀喷雾，一般 5~7 天施药 1 次，连续施药 2~3 次。为避免水稻产生抗药性，1 种药剂在使用 2~3 次以后应当与不同药剂交替使用，如 2% 宁南霉素水剂、枯草芽孢杆菌、龙克菌等。药剂防治应当遵循"有一点治一片，有一片治全田"的原则，在及时喷药封锁发病中心的基础上，如气候有利于发病，应全田防治，控制病害蔓延。此外，施药应该在露水消退后进行，以免通过操作传播病害。

（作者：韩崇文，程宝军，梁桂荣）

# 稻李氏禾综合防除技术

稻李氏禾，是水田恶性杂草，原生于潮湿的荒地，具有传播途径广、繁殖能力强、为害严重等特点。1984 年在我县水田零星发生，到 1995 年扩展到 5 个乡镇近 8 000hm²，使一些地块造成绝产，严重威胁着我县水稻生产发展。本文根据稻李氏禾发生及为害特点，提出了"以农业措施为基础，化学防除为主导，田内防除与田外防除相结合，达到田间防除控为害、田外防除除隐患"的综合防除指导思想，将各种有效的防除技术综合组装，对稻李氏禾进行综合防除技术。

## 1　稻李氏禾的形态特征

稻李氏禾属水生或湿生多年生草本。具横走的根茎，长达 20~200cm。株高 50~200cm。由基部分枝，叶片繁茂，茎秆纤细，易倾斜或伏地，节上有须根，覆地后可产生分秆。叶线形或披针形，长 9~18cm，宽 0.8~1cm，粗糙。叶鞘粗糙，叶舌短，膜质。圆锥花序开展，常一部分包于鞘内，小穗椭圆形，淡毛色具绿色脉，颖缺如，稃几相等，革质，外稃渐尖，具 5 脉，背及边缘具微刺状纤毛。雄蕊 3，柱头羽裂，种子宽为 1.2~1.5mm，长为 3~4mm，千粒重 2.5~2.8g。常生于河边或湖边。叶片主脉背面及叶缘自 1/3 处到叶片基部、叶鞘、节部以及外稃脉上密部倒生纤毛，极易划破皮肤，故称"拉人草"，种子出苗后 25 叶期叶鞘呈现紫色，稻农也称"紫根草"或"红根草"。

## 2　发生为害特点

2.1　发生特点：稻李氏禾以根茎和种子繁殖。根茎发芽较早，平均气温需稳定通过 8~10℃，当地大约在 5 月上旬，种子发芽气温需稳定到 12℃，当地最早在 5 月下旬出苗，6 月下旬分蘖并拔节，7 月下旬至 8 月上旬开始边抽穗、边开花授粉，授粉 5~7 天种子成熟并脱落，一直到秋霜来临。随着种子在土壤中深度增加逐渐向后推移，种子在土壤中超过 5cm 不能发芽出苗。根茎多集中在 320cm 土层，密度较高时可以纵横交织并可以连土卷起。稻李氏禾幼苗拔节后生长迅速，很快超过水稻株高。

2.2　为害特点

2.2.1　繁殖力强

稻李氏禾繁殖力强，大约每株可产生 8~30 个分蘖，每穗可结 150~1 000 粒种子，一般每穗 500 粒以上，地下根茎每一个节间断开后均可发芽并产生新的植株。

2.2.2　为害严重

稻李氏禾的为害除了与水稻争夺养分以外，更重要的是因稻李氏禾在高于水稻后由于茎基部纤细而倒伏，在稻李氏禾密度每平方米达到 80 株以上可使未成熟水稻倒伏而造成严重减产或绝产。

2.2.3　传播途径广

远距离传播靠人为调运，将混在水稻种子或负着在包装物上的稻李氏禾种子带往异地。近距离传播主要靠水流、风力传播种子，机械作业可以将根茎带往异地。田埂和田外荒地的稻李氏禾是田间发生的主要种子来源。

#### 2.2.4 防除困难

田间防除主要是施药技术要求较高，当时某些药剂对水稻安全性较差不易达到防除的目的。

### 3 综合防除技术

#### 3.1 农业措施

##### 3.1.1 秋翻、春耙捞根茎

通过秋翻，经过严冬可以使30%~40%稻李氏禾根茎丧失生命力。在春天水整地时先用水耙轮耙后捞出根茎。经过捞出根茎后稻李氏禾发生密度可以下降到每平方米1株以下，可以有效控制为害。

##### 3.1.2 人工拔除

经过捞除根茎后残留在田间的稻李氏禾密度较小，一般每平方米不超过1株，稻李氏禾每hm²用工45个。同时为减少人工拔除时伤害稻苗采用旱育稀植。

##### 3.1.3 加强植物检疫控制传播

稻李氏禾远距离传播靠水稻种子及稻草调运等人为活动，在稻李氏禾发生地区对调运水稻种子及其产品进行检疫可有效控制远距离传播。

#### 3.2 化学防除

##### 3.2.1 田外防除

田外防除稻李氏禾主要指田埂和荒地。可以选用防除禾本科杂草的药剂。每公顷用40%农达水剂34.5L，或5%精喹禾灵23L等在稻李氏禾基本出齐且生长茂盛时期进行茎叶处理。施药时必须选气温较高的晴天和清水均匀喷雾，每公顷喷雾量300~450L。田埂施药时采用保护罩等人为控制措施避免水稻等作物受害。

##### 3.2.2 田内防除

田间防除稻李氏禾分根茎繁殖和种子繁殖两种情况。防除由根茎繁殖的稻李氏禾可以选用5%韩乐天EC900~1 050mL，在水稻缓苗后，稻李氏禾基本出齐，3~5叶期，株高15~20cm以下进行茎叶喷雾处理，施药前排干田水，施药后1~2天灌水5cm，保水5~7天，对稻李氏禾的防治效果达95%以上，剩余杂草虽然对水稻生长没有较大影响，但在种子成熟以前需要进行人工拔除，以避免成为次年发生的种源。防除由种子繁殖的稻李氏禾可以选用30%莎稗膦EC11.2L或50%苯噻草胺WP1.2~1.5kg/hm²混用30%苄磺隆WP200~300g采用药肥法，结合追肥在水稻缓苗后施用。施药时稻李氏禾应在1.5~2叶以前，田间水层保持在35cm保水57天后正常管理。

（作者：韩崇文，赵丽红，刘占国）

# 紫苏栽培技术

紫苏为常用中药，以茎、叶及种子供药用，鲜紫苏全草可蒸馏紫苏油，是医药工业的原料。种子出油率达34%~35%，可食用或药用。紫苏便于管理，适合山区贫瘠土地种植，投入少，产出高，产投比为80:1，每公顷纯效益7 000元，全县年播种面积1万亩。其主要栽培技术为。

### 1 留种与采种

选生长健壮、叶片两面均匀呈紫色、无病虫害的植株，作采种母株。在田间增施磷、钾、肥，促其多结果和籽粒饱满充实。于9月下旬至10月上旬，当果穗下部有2/3的果萼变褐色时，及时将成熟的果穗剪下，晒干，脱粒，簸净，贮藏备用。

## 2 选地与整地

紫苏喜温暖湿润气候，适宜高山冷凉区的疏林地带种植，对土壤要求不严，但以疏松、肥沃、排水良好的砂质壤土为好，整地方式：春季顶浆起垄，镇压后待播。

## 3 播种

### 3.1 直播

#### 3.1.1 播期

5月10~15日。

#### 3.1.2 播量

按每亩600g的播种量，将草木灰23kg与种子拌匀，制成种子灰。播后覆盖细肥土，厚度以不见种子为度。保持土壤湿润，10~15天即可出苗。

#### 3.1.3 播种方式

条播：行距65~70cm，机械开沟，人工点葫芦播种。

### 3.2 育苗栽培

#### 3.2.1 整地作床

苗床宽1.0~1.2m，结合整地施腐熟农肥1 500kg/亩，整平耙细，横向开沟，行距10cm，深58cm，浇足底水，均匀播种，播量10~15g/m$^2$（每亩本田需育苗面积810m$^2$，需种子150~200g），覆土厚度0.51cm，播后覆膜，幼苗拱土，立即撤膜。

#### 3.2.2 播种时间

4月10~15日播种，提前10~15天扣小拱棚，以利增温。

#### 3.2.3 温度管理

播后出苗前温度保持25~28℃，出苗后棚内温度超过25℃及时通风，定植前7~10天，大通风炼苗，以提高成活率。

#### 3.2.4 及时间苗

苗高45cm进行间苗，保持秧苗株距35cm，秧苗达到4对真叶时即可定植。

## 4 施肥

结合整地每亩施入腐熟厩肥1 500kg作基肥，不施用化肥。

## 5 田间管理

### 5.1 间苗

苗高57cm时进行间苗，株距810cm，保苗1 518万株/hm$^2$。

### 5.2 中耕除草及追肥

间苗、定苗、封垄前各进行1次中耕除草和追肥。每次每亩喷施500~600倍液的叶面肥80~100kg，共喷三次。

### 5.3 排灌水

播后或定植后，若遇干旱天气，应注意及时浇水保苗。雨季及灌大水后，及时清沟排余水，防止积水烂根。

## 6 病虫害防治

### 6.1 斑枯病

从6月开始发生直至收获前。发病初期叶面出现褐色或黑色小斑点，后扩大成大病斑，干枯后形成孔洞，叶片脱落。

防治方法：合理密植，改善通风透光条件，注意排水，降低田间湿度；或发病初期喷65%代森锌600~800倍液或1：1：200波尔多液，每7天1次，连喷2~3次。在收获前15天内停止喷药。

6.2 菟丝子

菟丝子为寄生性种子植物，缠绕紫苏，吸取营养，造成紫苏茎叶变黄和变红，不能正常开花结实。

防治方法：50% 地乐胺 23kg/hm² 对水 300kg 结合田间封闭除草进行防治。

6.3 锈病叶片发病时，由下而上在叶背上出现黄褐色斑点，后扩大至全株

后期病斑破裂散出橙黄色或锈色的粉末以及发病部位长出黑色粉末状物。严重时叶片枯黄脱落造成绝产。

防治方法：①注意排水，降低田间湿度，可减轻发病。②播前在用火土灰拌种时，加入相当于种子量 0.4% 的 15% 粉锈宁，防治效果显著。③发病时，用 25% 粉锈宁 1 000~1 500 倍液喷全株。

6.4 虫害

银纹夜蛾为害叶片。

防治方法：最佳防治时期为夜蛾三龄以前，即 6 月 20 日左右。防治方法用 5% 高效氯氰菊脂 2 000 倍液喷洒，每公顷用量为 300kg。

（作者：程宝军，梁桂荣，杨顺）

# 水稻分蘖消涨与叶龄进程的调查分析

水稻分蘖期是决定水稻穗数的时期，对产量的影响很大。充分了解和掌握主栽品种的分蘖消涨和相应的叶龄进程，对制定相应的技术措施，采取计划栽培是十分重要的。

## 1 试验调查方法和内容

### 1.1 试验基本情况

汤原县水稻试验站位于汤原县西部，汤旺乡境内，属汤旺河自流灌区，地势平坦，土质肥沃。自 1996 年到 2002 年 7 年间开展了品种比较试验（其中，99 年数据不全，弃之不计），大棚育苗，中苗手工插秧，规格为 90cm×60cm。

### 1.2 调查方法

在常规的调查种记载基础上，进行分蘖消涨和叶龄进程调查，即从 5 月 30 日始，逢 5、10 日进行田间调查，点铅油记录，到出穗止，并抄取相距实验地 500m 远的汤原县水务局水稻试验站的常年观测气象资料中的 5 月下旬到 9 月中旬的每日平均气温值，作为计算各叶所需积温的依据。选取龙粳 8 号和空育 131 两个主栽品种为对象进行调查分析。

## 2 试验调查结果与分析

### 2.1 生育进程分析

对龙粳 8 号和空育 131 两个品种 7 年来的生育进程进行了调查记载，分析试验结果可以看出，两品种从插秧到成熟所需天数与积温有所不同，龙粳 8 号成熟早些，年均熟期在 9 月 8 日；从插秧到成熟需 109 天，2 195.6℃；其中，插秧到齐穗 66 天，1 361.1℃；齐穗到成熟 43 天，834.5℃。而空育 131 熟期较之晚 2 天，平均为 9 月 10 日，从插秧到成熟需 111 天，2 228.7℃；其中，插秧到齐穗 69 天，1 426.9℃；齐穗到成熟 42 天，801.8℃。

调查的两品种各时期所需天数和积温，各年度间的变幅有所不同，具体反映在变异系数上有所不同。从中可以看出，龙粳 8 号比空育 131 变幅大些。从插秧到成熟期所需天数和所需积温以及从插秧到齐穗期所需天数的变幅小，可以作为一项指标来诊断生育进程。从我县积温情况看，两品种熟期略早些，如能将熟期推迟到 9 月 15 日，可增加积温 100℃左右，当年可增产一成。

2.2 分蘖动态分析

从 5 月 30 日起，每逢 5、逢 10 进行调查分蘖动态，结果可以得到以下几点：一是两品种的最高分蘖期均出现在 7 月 15 日。二是有效分蘖终止期，即茎蘖等穗期，比常规栽培后移 8 天左右。龙粳 8 号为 7 月 4 日，空育 131 为 7 月 3 日。三是龙粳 8 号分蘖发生早，增速快，总量多。四是在超稀植栽培情况下，分蘖成穗率较高，达到 88%，两品种无差异。

2.3 叶龄进程分析

用调查分蘖消涨的办法调查水稻叶令进程，结果中可以看出，龙粳 8 号品种在 6 年的调查中，平均为 10.5 叶，最高年份为 2002 年 10.7 叶，最低年份为 1996 年 10.0 叶；空育 131 平均为 10.25 叶，最高年份为 1996 年 12 叶，最低年份为 1998 年为 11 叶。上述结果与品种育成单位的品种介绍相左。一是除空育 131 的最后一片叶外，其他叶片的出叶时间与龙粳 8 号几乎相同。二是出叶速度第 6 叶最慢，为 8 天；7、8 叶快，为 6 天；以后为 7 天。由于出生时间不同，各叶所需积温差异较大，6 叶为 137℃，7 叶为 119℃，8 叶为 123℃，9 叶为 130℃，10 叶为 152℃，11 叶为 163℃。

2.4 产量构成因素分析

通过产量构成的各单因子与产量之间的相关性分析，得出相关系数和回归方程，从中可以看出，两个品种表现不同，龙粳 8 号各产量构成因子与产量之间均呈不显著的正相关，说明该品种在当前栽培条件下尚无重要限制因素，难以确定主攻目标、应当穗数、穗粒数和粒重三项兼顾。而空育 131 除穗数、穗粒数与产量之间呈不明显的正相关外，穗粒数与产量呈极显著的正相关，说明在当前栽培中，应主攻穗粒数，在施肥上应增施穗肥，以此来获得高产。

（作者：李广会）

# 富锦市玉米产量限制因素及高产措施

玉米产业随着畜牧业的大发展和价格的不断提高，发展势头迅猛，前景可观。2011 年富锦市玉米播种面积 162.6 万亩，总产量 $1.06 \times 10^6$ t，大豆、玉米和水稻形成了三足鼎立的局面。随着玉米价格的不断提高，玉米种植面积呈上升趋势。按照国家粮食发展规划和市场行情，在"十二五"期间，富锦市玉米种植面积有望突破 300 万亩，挤进全省玉米生产前三名。从近十年的玉米单产水平来看，富锦市玉米亩产量平均在 560kg 左右，与高产县市或高产地块亩产 800kg 或吨粮田差距很大，增产潜力巨大。为提高富锦市玉米种植水平，本文剖析了影响富锦市玉米产量的主要限制因素，并针对这些限制因子，提出了相应的对策，为玉米的可持续发展提供技术支撑。

## 1 影响玉米产量的主要因素

### 1.1 玉米品种杂乱

目前，富锦市市场上经营的玉米品种繁多，据不完全调查，我市农资市场上玉米品种数量多达 100 余个（包括审定和没有审定品种、一品多名品种、一品多产地和同种异名品种）。加之我市周边的县、镇和农场的玉米新品种，可以说富锦市玉米品种现在是多、杂、乱，五花八门。一方面给农民提供了选择机会，另一方面更使农民对选择品种不知所措。特别是由于种子经营者缺乏技术常识甚至误导，常使农民盲目购种，导致越区种植现象时有发生，结果因倒伏、上不来、水苞米等现象，造成很大的经济损失。同时，目前很多市场上推广的品种没有与之相应的配套栽培技术，农民只是根据经验随意种植，导致有些熟期适宜的、比较好的新品种不能较好地发挥自身产量潜力，达不到高产的效果。

## 1.2 种植密度不合理

富锦玉米种植密度过高，远远超过各品种最适宜密度，目前，我市种植的大多数品种种植密度在每公顷保苗 5.56.5 万株之间，但是近两年在玉米生产中，我们实地调查，全市玉米密度在 7.5 万株 /hm² 左右，更有甚者达到 9 万以上，有个别的早熟品种达到 12 万株 /hm²，远远高于品种要求的密度，造成空秆多、秃尖、穗小、倒伏等现象严重。受传统种植习惯影响，不管什么品种，也不论平展型的品种还是收敛型的品种，全是一个株距播种。

## 1.3 施肥技术不到位

玉米是需肥量较大的作物，但目前佳木斯市农民在玉米施肥上存在着施肥量不足的问题，当前佳木斯市农民玉米田习惯施肥量在 350~450kg，远远不能满足玉米生产发展需要；一是氮、磷、钾搭配不合理，普遍存在偏施氮肥、轻磷肥、忽视钾肥和微肥的现象，倒伏、穗小等现象明显；二是施肥方法不科学，玉米田提倡底肥、种肥和追肥相结合，但部分农户习惯于前期"一炮轰"施肥，往往造成前期生长过旺，中后期脱肥，远远不能满足穗分化和灌浆期等对养分的需求，致使穗小、粒少、抗性差，产量低而不稳，大多数农户虽然做到了"三肥"结合，但是施肥深度浅，底肥破垄夹肥深度不超过 10cm，播种后，前期肥大，后期肥料利用率低，苗差；三是有的农户甚至不施底肥，底肥和种肥一次性随播种随施入，肥施在种下 35cm，肥量大，利用率低；四是根本就没有施有机肥，秸秆还田比例较小，土壤板结。总之，连年的掠夺式生产，使土壤肥力逐年下降。加之肥料施用不合理，不能因土壤、因作物平衡施肥，重用轻养，使得土壤的有机质入不敷出，不仅造成土壤板结，而且有些肥料也难于被玉米所吸收，既浪费了肥源，又造成了环境污染。

## 1.4 玉米螟防治不及时

当前富锦市玉米生产还停留在"一种三铲蹚等收"的局面下，农民封垄后拿遍大草就等收了，对玉米螟不重视，没有采取措施防治，玉米螟为害越来越重，加之这几年受气候条件变暖影响，玉米螟越冬积数大，玉米螟将成为制约玉米产量的首要因素。

## 2 提高玉米产量的主要措施

### 2.1 规范玉米种子市场，加快优质、高产、抗逆、熟期适宜品种的推广力度

严格执行种子企业准入机制，凡是不具备种子法规定的资金和技术实力的企业禁止经营；严格规范种子市场，严禁超范围跨区经营，情节严重者吊销种子经营许可证。

加强种子质量的监督检验机制，确保种子质量，纯度、净度、发芽率和水分一定要达到国家种子质量标准规定的最低标准，尤其是纯度和发芽率。试验表明，纯度每增加 1 个百分点，单位面积产量即可增加12%。同时根据播种方式的差别，适当提高发芽率的最低标准，尤其是机械精量播种，可考虑将种子发芽率的最低标准规定在 90% 以上。

玉米品种的高产、优质、抗逆、熟期适宜性是评价一个玉米品种好坏的重要指标。推广部门要坚持"试验、示范和推广"三步走，认真筛选适合富锦市种植的优质玉米品种，并组装配套相应的高产栽培技术措施，通过电视、网络、宣传单位等形式进行大范围的宣传培训，确保农民不盲目购种。

### 2.2 合理密植，提高玉米产量

合理密植是玉米高产的前提条件，我们要根据品种特性、地力情况、播种时间、栽培方式等确定品种密度，最好采用通透栽培模式，比如玉米 130cm 大垄垄上大行距 85~90cm，小行距 40~45cm 或采用玉米与豆科作物、马铃薯、矮高粱或矮玉米等间作。目前，玉米密植是玉米发展方向，化控技术在所难免。为了合理密植，又为了便于后期的田间管理，在玉米种植方式上，富锦市改 65cm 垄传统玉米清种为在 65cm 垄条件下，种植 12 行玉米，空 2 行，将空垄的玉米苗数加到那 12 垄上，空 2 垄，一是通风好，二是后期机车能进地作业、喷施化控、防玉米螟和喷叶面肥等。采用此种方法亩增产在 30~50kg 之间，增产率在 5%~8%，同时能够降低玉米含水量23%，提高玉米产量和质量。

2.3　实行测土配方全层施肥，秸秆还田等，提高肥料利用率，改良土壤，实现用养结合

2.3.1　增强抗旱抗涝能力

富锦市大田生产现在绝大部分地区依然是以"雨养农业"为主，"靠天吃饭"现象普遍存在，目前，内涝、干旱等自然气候条件已成为影响玉米生产的主要因素，要增强水利设施建设，挖排水沟，打抗旱井，为玉米高产稳产打下良好基础。

2.3.2　增施有机肥、秸秆还田，改良土壤，培肥地力

针对目前富锦市土壤存在的耕层浅、土壤板结、犁底层上移等不良现象，要通过增施有机肥、秸秆还田、隔年深松改土、提高机械作业质量等措施，来改善其土壤条件和耕层结构，培肥地力，以增强抗旱、保墒能力，变中低产田为高产田。

2.3.3　实施测土配方全层施肥

采用测土配方全层施肥技术，根据化验结果、结合田间试验结果和玉米需肥规律，确定合理的施肥配方和施用方法，保证氮、磷、钾肥和微量元素配合使用，达到平衡施肥。同时为保证全生育期玉米生长需要，应做到基肥、种肥与拔节期深追氮肥相结合，基肥要深施土壤 15~20cm，种肥施到种下 5~6cm。玉米专用缓释复合肥的使用要根据玉米不同时期对专用肥中营养比率和数量要求与单质化肥配合使用，并根据土壤肥力施用不同的专用底肥。

2.4　及时防治玉米螟

要及时防治玉米螟，可以采用统防的方法，在冬天把玉米秆或穗轴作为燃料或作为饲料加工粉碎，也可以沤肥；统一在玉米心叶中、末期把颗粒剂撒入玉米喇叭口中防治玉米螟，仅此一项提高玉米产量在 10%~20%。

3　小结

富锦市是国家商品粮主要生产县之一，优越的自然条件和相对先进的种植技术为发展玉米生产奠定了基础。为提高玉米产量，我们要针对这些主要限制因子，积极开展新品种的鉴定和推广工作，实施测土配方分层施肥，秸秆还田，培肥地力，加强基础设施建设、大力推广良种良法配套技术，进行多项实用技术的组装集成，逐步建立富锦市玉米高产栽培技术模式，进一步提高桂木斯市玉米产量，实现玉米产量再登一新台阶。

（作者：张明秀）

# 水稻叶鞘腐败病的发生与综合防治

水稻叶鞘腐败病又叫鞘腐病，是我市水稻的主要病害之一，历年都有不同程度的发生，加上近些年水稻面积逐年增加，加上不利气候条件影响，2007 年我市水稻叶鞘腐败病发生较重，已经由以前的次要病害上升到现在水稻田的主要病害，发生面积达 50 多万亩，此病发生以后，主要引起秕粒率增多，千粒重下降，米质变劣，产量一般减产 10% ~20%，严重可达 50% 左右，若出现枯孕穗则损失更大，甚至颗粒无收。

1　症状

主要为害剑叶叶鞘，且幼苗、叶片和谷粒均可受害。

水稻叶鞘腐败病典型症状发生在稻穗未能全出鞘的剑叶叶鞘上，刚开始为褐色小斑，以后逐渐扩大为不定形状、颜色深浅不同的褐色斑块，边缘暗褐色，中心部淡褐色，最外围褪色呈黄绿色，严重时病斑蔓延到整个叶鞘，但最为常见的症状则是"紫鞘黄叶"。初在剑叶叶鞘上出现针尖大小的紫褐色斑点，以后小斑点密集，布满大半以至整个叶鞘部，使剑叶叶片自尖端向下逐渐发黄，提早枯死，高湿时，病部均可

长出白色粉状物。

## 2 病原

病原菌为半知菌亚门顶柱霉素属，分生孢子梗轮状分枝。主轴和分枝均呈长圆柱状，无色，分生孢子短圆柱形或椭圆形，单胞，无色。病菌发育适温为30℃左右，孢子发芽适温为23~26℃。适宜pH值为3~9，其中，pH值5.5最适。光照对病菌的生长发衣、产生孢子有抑制作用，黑暗时产孢多。30℃潜育期1天，20~28℃为2天，23℃为3天，19℃为4天。病菌在病组织内可存活半年至一年。除侵染水稻外，还能侵染稗草和野生稻等。

## 3 发病规律

主要由种子带菌传播，带病种子可随调运远距传播。病株残体上的病菌，于室内可存活一年，病残体内的菌丝是第二年病菌的主要来源，病菌产生分生孢子，遇伤口即可侵入为害。病菌侵入形成病斑后，在病斑表面形成大量分生孢子，借气流或昆虫传播，水稻的初次侵染源主要来自病种子和病稻草，再次侵染则来自大田中的病稻株和病杂草。

## 4 传播途径

该病种子带菌率59.7%，病菌可侵至颖壳、米粒，病菌在种子上可存活到翌年8、9月；稻草带菌散落场面的存活137天；浸泡田水中存活38天；褐飞虱、蚜虫、叶螨也带菌。侵染方式分3种。一是种子带菌的，种子发芽后病菌从生长点侵入，随稻苗生长而扩展，有系统侵染的特点。二是从伤口侵入。三是从气孔、水孔等侵入。发病后病部形成分生孢子借气流传播，进行再侵染。病菌侵入和在体内扩展最适温度为30℃，低温条件下水稻抽穗慢，病菌侵入机会多；高温时病菌侵染率低，但病菌在体内扩展快，发病重。

## 5 发生因素

### 5.1 气候

病菌生长发育温度为13~37℃，以20~28℃为最适，病菌侵染剑叶鞘的最适宜温度24~25℃，病菌在50℃下5min内死亡。

### 5.2 肥力

偏施氮肥或后期脱肥引起早衰的都会加重发病。

### 5.3 品种

与发病严重程度有关，今年种植水稻品种空育131、龙粳14发病重，其他品种发病轻。

### 5.4 栽培条件

密度过大容易造成行间郁闭，影响通风透光，使水稻植株抗病力减弱。

## 6 防治方法

### 6.1 预防

6.1.1 浸种处理。可选用25%施保克25mL + 0.15%天然芸薹素20mL的温水，浸种100kg，放入已袋装好的种子，上盖塑料布，水温保持11~12℃，浸种时间6~7天，每天翻动种子袋一次，浸好的种子手捻没有硬心。

6.1.2 选用无病种子。建立无病留种田，繁育无病种子做种。

6.1.3 种子消毒。根据该病主要是种子带菌的特点，对种子进行药剂消毒。

6.1.4 灭菌源。对病草、病种要及时处理，防止进入稻田；用做堆肥时要做到充分腐熟后施用。

6.1.5 合理灌溉。适时晒田，要浅水勤灌，促进水稻生育健壮，增加抗病力。

6.1.6 加强肥水管理，避免偏施或迟施氮肥。配施磷、钾肥，合理灌溉，适当增施钾肥，增施硅酸钙可促进生育，减轻为害。

6.1.7 合理密植。插秧时可采用宽窄行方式（12 + 6）×4，有利于田间通风透光，降低田间郁闭程度，降低田间湿度，可降低病原传染的机会。

## 6.2　田间药剂防治

消灭池埂及四周禾本科杂草，减少病原菌来源。在抽穗前及时喷药，可以选用以下几种药剂进行防治。

6.2.1　50%多菌灵可湿性粉剂，每公顷1 500g，加水均匀喷雾。

6.2.2　70%甲基托布津可湿性粉剂，每公顷1 500g，加水均匀喷雾。

6.2.3　36%瘟枯速克可湿性粉剂，每公顷300~500g，对水225~300kg，茎叶均匀喷雾。本品严禁与其他农药及含磷的叶面肥直接混合使用。

6.2.4　2%加收米80mL＋25%施保克60mL/亩，对水15~20L茎叶均匀喷雾。

6.2.5　2%加收米80mL＋50%多菌灵80mL/亩，对水15~20L茎叶均匀喷雾。在水稻孕穗期7月16日、出穗期7月22日、齐穗期7月25日施药防治。

（作者：马琳）

# 寒地水稻低温冷害防御技术研究进展

　　黑龙江省属寒地稻作区，低温冷害发生具有普遍性、多发性和严重性的特点，一直是影响黑龙江省水稻生产的重要因素之一。2002年黑龙江省多地发生低温灾害，受害面积约达$1 \times 10^6 hm^2$，受害区域平均减产30%左右，减收稻谷$1.8 \times 10^6 t$，直接经济损失达16亿元。为了克服低温对水稻的不利影响，使水稻生产达到稳产高产，必须采取有效措施避免或减轻冷害的发生。国内外尤其是黑龙江省对防御低温冷害研究非常重视，研究成果不断投入生产实践，在水稻的生产发展中取得了显著成效。本研究针对现阶段寒地稻作区水稻低温冷害研究现状，从冷害诊断、抗冷品种选育、培肥地力、栽培措施、冷水增温技术、化控技术等方面综述了水稻低温冷害防御技术研究进展，为寒地水稻防御低温冷害发生提供思路和参考依据。

## 1　寒地水稻冷害类型和特征

　　不同低温过程，会导致不同类型的低温冷害。根据水稻植株受害情况，可分为延迟型冷害、障碍型冷害和混合型冷害稻3种类型。延迟型冷害是指生育前期或者结实期低温，导致营养期延迟、结实不充分的冷害，如果营养生长期内遇高温延迟型冷害会得到缓解。障碍型冷害是指水稻幼穗分化或抽穗开花期，结实器官受到障碍而不结实的冷害，它属于生理障碍型冷害，一旦发生将造成严重减产。混合型冷害是指延迟型冷害和障碍型冷害在同一年度中都有发生的冷害。低温冷害多数发生在7月中旬和8月上旬。如果7月份各旬日温变化低于幼穗发育的临界温度17℃就会发生冷害。黑龙江省主要冷害类型为延迟型冷害，其次为混合型冷害。冷害很少以单一形式出现，多半是延迟型和障碍型冷害同时发生。

## 2　寒地水稻低温冷害的诊断

　　冷害对寒地水稻生产危害严重。它的发生不是固定在某一时期或某一温度，表面上没有特别明显的特征，直观感觉不易发现。因此，准确诊断水稻低温冷害发生的时期、类型及可能危害的程度显得十分必要。

　　苗期与分蘖期低温冷害可参用临界温度来进行诊断。苗期的临界下限温度值为日平均13℃，分蘖期的临界下限温度值为日平均15℃。如果该段时间内满足不了上述指标要求，则可认为是发生了冷害。低温冷害的主要表现为延迟型冷害，生长发育拖后。

　　营养生长期的平均温度与抽穗期的早晚关系密切，可用以诊断延迟型冷害发生的程度。该期遇低温将发生延迟型冷害。研究结果表明，黑龙江省6月有效积温每减少10℃，抽穗期延迟1.2天；平均气温每降低1℃，抽穗期延迟3.4天；平均最低气温降低1℃，抽穗期延迟5.1天。

　　幼穗形成期是在抽穗前25天，此期如遇17℃以下低温，会造成障碍型冷害。如果在抽穗后出现畸形粒，或秆和叶鞘捻曲,说明在幼穗发育阶段遇到了严重的低温冷害,这些现象可作为幼穗发育阶段低温冷害的"望诊"特征。

## 3 防御水稻低温冷害的技术措施

### 3.1 选育耐冷早熟高产品种

多年的生产和育种实践表明,培育抗冷品种是解决冷害问题的最有效途径之一。黑龙江省自开展农业良种化工程建设以来,加速了优质、耐冷、抗病、早熟品种的选育推广进程,在减轻低温冷害和稻瘟病危害方面起到了积极作用。不同品种对低温冷害的抵抗力是不同的。如11叶品种龙粳20、龙粳26耐冷性较强,在2009冷害大发生年表现较为突出。对黑龙江省30个主栽品种的耐延迟型冷害鉴定结果表明,苗期耐冷性≤1级的有4个,分别为龙稻4号、龙粳23号、东农426号、东农427号。萌发期与分蘖期耐冷性较强的主栽品种有松粳12号、龙稻6号、绥粳9号、龙粳16号、龙粳18号和龙粳22号。孕穗期耐冷性极强(空壳率不超过10%)的水稻新品种有龙粳21、龙粳25、龙粳26、龙粳30、垦稻12、东农428等。

在易发生冷害地区最安全的生产办法就是降低晚熟品种的种植比例,以早、中熟为主栽品种,品种搭配应考虑熟期和抗冷害的能力。因此,选择耐冷性强的早中熟品种2~3个同时种植,可以保证常温年高产、低温年稳产。这样既利用了品种耐冷性,又利用了不同熟期的水稻品种在一定程度上对冷害的回避作用,特别是对预防障碍型冷害较为有效。黑龙江省根据生产实际,提出在高温年份主栽品种占70%~80%,搭配20%~30%偏晚熟品种(指需≥10℃的活动积温比主栽品种多100℃左右);在常温年,全部种植主栽品种;在低温年,主栽品种占20%~30%,搭配70%~80%早熟品种。根据当地的热量条件,选定本生态区适宜栽培的品种,并根据品种全生育期所需积温合理安排安全播种期、安全抽穗期和安全成熟期,以回避低温冷害。黑龙江积温偏差±300℃,属于积温不稳定型。因此,就要选用在低温早霜年份也能正常成熟的耐低温的早熟高产优质品种。即种植的品种所需积温与当地的无霜期相差10天,所需积温与当地积温相差200℃。

### 3.2 稻田培肥地力

培养提高稻田土壤肥力,避免过分依靠化肥及追肥是抵御低温的基础,高肥力土壤能对气象变动起到一定的缓冲作用。提高土壤肥力的主要途径是改善排水条件,施有机肥,加深耕层。稻田施用腐熟有机肥有利于根层土壤的保温和促进水稻根系的发育,提高稻株的抗寒、抗病性能。在有机肥中,如施用草木灰或秸秆还田,不仅有利于土层保温,还可供应钾营养,有利于水稻植株健壮,提高抗寒和抗病能力。另外施腐殖酸有机肥可提高水温促进生育进程。

深耕也是构成土壤肥力的一个重要因素,特别是在高肥栽培条件下。低温条件下,高产稻田土壤的基本特点是下层土壤结构良好,透水性适中,耕作层深度一般大于15cm,土壤肥沃而且各种养分的供给能力强,土壤中的速效氮特别是氨态氮,始终保持较高的浓度,尤其是在幼穗分化后,与一般稻田有显著区别。高产田的氧化还原电位在最高分蘖期到幼穗分化期最低,其后上升,而普通田抽穗期前后多数是最低的。

### 3.3 栽培措施

#### 3.3.1 适时早播和移栽

低温年适期早播早插是防御低温冷害、增加产量的关键措施之一。调查结果表明,在2002年冷害发生年云山农场5月15日之前插秧的空育131、垦鉴稻6号和绥粳3号品种的结实率与5月15日之后插秧的比较分别高出21.5%、11.1%和29.3%,主要是因为适时早插,生育进程快,在低温来临之前完成减数分裂期。

根据寒地水稻生育期短、活动积温少、农时紧张的特点,选择在当地能安全成熟的品种,安排好插秧期,保障水稻在气温降至13℃时能安全成熟。当日平均气温稳定通过5~6℃时就可以播种;通过12~13℃、地温达14℃时,就可以插秧。黑龙江省适期高产插秧时期在5月15–25日。

#### 3.3.2 大棚旱育壮秧

有研究表明,培育壮苗,提高秧苗素质,可以增加秧苗的抗寒性,减轻苗期低温的危害。生产上利用大棚旱育苗技术,培育壮秧,早施分蘖肥,早晒田,早控肥,促进水稻的正常生育进程,能够增加水稻的抗寒和耐冷能力。

农场大面积调查表明，钢骨架大棚比中小棚减少昼夜温差 2.4~4.4℃，平均温度大棚比中棚高 1.1℃，比小棚高 2.3℃，大棚育苗保暖性显著好于中小棚。大棚育苗中三膜覆盖要好于二膜覆盖，棚内扣小棚，可有效增加旱育期间积温，提高棚温、地温，昼夜温差缩小，增强防御早春霜冻的能力，利于早播，旱育壮苗。并且秧苗素质明显好于二膜覆盖，出苗期三层膜覆盖比常规育苗提前 10 天，带蘖率高 20%。大棚旱育壮秧以适时早播，降低播种量为核心，中苗秧田播量为手插播芽种 400g/m²，机插播芽种 125g/ 盘；大苗秧田播量为手插播芽种 400g/m²，钵育苗每钵播 3~4 粒。

### 3.3.3　测土配方施肥，控制氮肥施用，增施磷钾硅肥

施肥对冷害有很大影响。房玉军研究结果表明，在寒冷稻作区的低温年一般增加氮肥用量，抽穗期、成熟期都会延迟，产量构成因素中的颖花量会增加，结实率下降，更重要的是还会削弱低温敏感期对低温抵抗力。在寒冷稻作区的冷害年，切忌在水稻二次枝梗分化期施用氮肥。因为在寒冷稻作区水稻幼穗分化始期处于最高分蘖期之前，这时追施氮肥，会增加后期分蘖，延迟生长发育，使抽穗开花变晚且参差不齐，降低结实率和千粒重而减产。因此，在冷害年份要采取测土配方施肥，控制氮肥施用量及时期，增磷、钾肥，并合理配比，提高肥料利用率。

张矢等认为，在黑龙江省低温冷害年份施氮量应比正常年份减少 20%~30%，余量中的 70%~80% 做底肥和蘖肥，穗肥根据天气情况施用，如果天气晴好，气温高，可施用 10%~20% 穗肥；如果阴雨天气，则不施用。在施氮肥同时，配施磷、钾肥，能使稻株健壮，抗逆性增强，并能使稻株提前成熟。

磷能提高水稻体内可溶性糖的含量，从而提高水稻的抗寒能力，同时磷还有促进早熟的作用。低温冷害年，尤其是生育前期，由于温度低，土壤中的溶解性磷释放量少，阻碍水稻对磷的吸收，必须增施一定量的磷肥补充土壤中释放的不足，以提高稻体的抗寒能力。笔者研究组认为在移栽前 2~3 天，在苗床上施用磷酸二铵 150g/m²，施后浇水，插秧时带磷下地，秧苗耐寒能力增强，而且磷肥利用率高，能达到48.2%。

有人认为在生殖生长期间，高氮肥处理增施钾肥可以减轻低温的影响。所以，增加钾肥施用量，使氮钾比达到 2∶1.8，钾肥比磷肥移动性大，比氮肥移动性小，应将 60% 做为基肥，40% 为追肥。硅肥为水稻生长发育所必需的元素，可使植株硅质化，促进水稻的新陈代谢，增强水稻的抗冷能力。低温年尽量施一些硅肥，有利减轻冷害的发生。

### 3.4　增加灌溉水温

水稻生长在土壤和水中，不可避免地受水温影响，因此，不可避免的要采取增温措施。在增温措施中包括工程设施增温和技术增温措施。黑龙江省井灌区面积逐年增加，特别是垦区大部分水稻都是井水灌溉，抽出井水温度只有 8.0℃，因此，井水灌区必需有井水增温设备。井水增温以小白龙、晒水池、加宽浅式灌渠覆膜及滚水埂增温等，综合增温技术效果好，可把水温提高到 17℃以上，把井水冷凉对水稻生长的不利影响降到最低程度。

工程设施增温是保障，灌水管水技术则是核心。灌水时间尽量安排在天亮之前，此时水温和气温温差最小，对提高水温，减少冷害有明显效果。保证入田水温（6 月 15℃以上，7~8 月份 17℃以上），坚持浅水管理，缩小泥温水温差距。勤换灌排水口，加宽垫高水口，提高水温、地温。采用"浅湿干"间歇灌溉。插秧时灌花达水，插秧后及时灌水到苗高 2/3 水层，增加泥温促进扎根返青。当 50% 以上植株叶尖早晚吐水，发出新根时，进入返青，撤浅水层至 3cm，以浅水增温促蘖，早生快发至有效分蘖临界叶位（10 叶品种 6 叶；11 叶品种 7 叶；12 叶品种 8 叶），撤水晾田 3~5 天，控制无效晚生分蘖，及时转入生育转换期，为壮根及茎粗进一步打下基础。进入长穗期以后，实行间歇灌溉，即灌 3~4cm 浅水层后停灌，任其自然渗干，直至地表无水，脚窝尚有浅水时，再灌 3~4cm 水层，停灌，如此反复。当剑叶叶耳间距 ±5cm 时，为水稻花粉母细胞减数分裂期中的四分子形成小孢子初期，对 17℃以下低温最为敏感。为防御障碍型冷害，当前唯一有效的办法就是进行深水灌溉，冷害危险期幼穗所处位置一般距地表 15cm，灌水深 17~20cm 基本可防御障

碍型冷害。为了确保是否深灌，最重要的是掌握低温危害的指标，在孕穗期以连续 3 日平均气温 17℃作为可能发生障碍型冷害的临界期。根据气象预报在寒潮来临时深灌，气温回升时可继续间歇灌溉。出穗前 3~4 天晾田 1~2 天，进入出穗期保持浅水。齐穗后由浅水层转入间歇灌溉，到出穗后 30 天以上进入蜡熟末期停灌，到黄熟初期排干，避免过早停灌影响品质和产量。通过加强田间水管理，为水稻生长发育创造良好的环境条件，增强其抗御自然灾害的能力。

（作者：陈书强，杨丽敏，潘国君）

# 寒地水稻稻瘟病绿色防控技术

黑龙江省位于北纬 43° 25′~53° 33′，年平均气温 5~4℃，是全国气温最低的省份，属寒地稻作区。据黑龙江省种子管理局统计 2010 年水稻种植面积约 2.93 × 10⁶hm² 左右，是北方稻作区种植面积最大的早粳稻作区，已成为我国发展绿色稻米的重要基地。

稻瘟病是为害水稻最严重的病害之一，属世界性水稻病害。每年均有不同程度的发生，重病地区一般减产 10%~20%，重的达 40%~50%，局部田块甚至颗粒不收。90 年代以来，中国稻瘟病的年发生面积均在 $3.8 \times 10^6$hm² 以上，年损失稻谷达数亿千克。1993 年为中国稻瘟病大发生年，发生面积达 $5.43 \times 10^6$hm² 次，损失稻谷高达数十亿千克。1999 年、2002 年、2005 年、2006 年黑龙江省稻瘟病大发生，2005 年发病面积 $7.13 \times 10^5$hm²，绝产面积 $3.6 \times 10^4$hm²，导致水稻减产 $4.2 \times 10^8$kg。特别是佳木斯地区 2005 年稻瘟病发病面积达 $8.1 \times 10^4$hm²，占水稻种植总面积的 58.7%，其中，叶瘟发病面积 $2.86 \times 10^4$hm²，占水稻总面积的 35.3%，穗颈瘟发病面积 $5.24 \times 10^4$hm²，占水稻总面积的 64.7%，绝产面积 $0.72 \times 10^4$hm²，占水稻总面积的 5.2%。发生面积及发病程度是佳木斯地区发生水稻稻瘟病害有史以来最多、最严重的一次，造成减产 $0.7 \times 10^8$kg。2006 年发生面积仍达 $7.3 \times 10^5$hm²，其中，叶瘟 $5.8 \times 10^5$hm²，穗颈瘟 $1.5 \times 10^5$hm²，一般发病地块穗颈瘟率为 10%~25%，严重发病区穗颈瘟达 70% 以上。稻瘟病已成为水稻高产、稳产的一大障碍，是制约水稻产量水平进一步提高的主要限制因素之一。因此，解决寒地稻区稻瘟病大发生的问题势在必行。而稻瘟病防治方法多采用化学防治为主，化学农药的毒性对环境污染及绿色稻米生产的威胁成为急需解决的实际问题，面对新形势、新要求，必须树立"公共植保、绿色植保"的理念，因此，在水稻稻瘟病的防控上，应提倡以绿色防控为主，达到水稻生产安全、产品质量安全、农业生态安全和农业贸易安全。

稻瘟病防治仍应采取以消灭越冬菌源为前提，选用抗病丰产品种为中心，农业栽培技术为基础，药剂防治为辅助的综合防治策略，在药剂辅助防治上要采取生态控制、生物防治、物理防治、减少化学农药使用量和次数、延长安全收获期以达到安全生产的目的。

## 1 消灭越冬菌源

一是稻草处理。要及时销毁带病稻草，处理病稻谷，减少越冬菌源。二是种子消毒。在播种前要用 25% 咪鲜胺乳油 2 000 液倍浸泡 24~36h，以清除种子上的病原菌。

## 2 选用抗病丰产品种

长期的生产实践证明选用适于当地种植的水稻抗病品种是防治稻瘟病最经济有效的措施，也是综合防治的关键措施之一。要注意不同质源品种的合理搭配和布局，尽量避免品种的长期单一种植，多种品种集团当家，合理布局，在稻瘟病常发、重发区应注重品种的合理布局，以改变抗病品种长期单一化和同源品种多年连片种植的局面。另外，品种还需定期轮换，以延长品种的使用年限，不应盲目从外地引种。同时，密切监测稻瘟病菌生理小种的消长动态，控制新小种的增殖，及时淘汰感病品种。

选用抗病品种，目前，生产上种植的抗性和丰产性好的品种有龙粳 20、龙粳 21、龙粳 24、龙粳 25、龙粳 26、龙粳 27、龙粳 29、龙粳 31、龙粳 36、龙粳 40、龙粳 41、龙粳香 1 号、龙联 1 号、垦稻 12、绥粳 9 号、牡丹江 28、东农 428、三江 1 号等。

## 3　农业栽培技术

加强田间肥、水管理，提高水稻抗病性：在培育壮秧的前提下，要做到早插秧、多施基肥，并做到早追肥，不要过多、过迟施用氮肥，科学地施用氮、磷、钾肥。要在平整土地的前提下，实行合理浅灌，分蘖末期进行排水晒田，孕穗到抽穗期要做到浅灌，以满足水稻需水的要求，有条件的地区设置晒水池，以提高灌水温度，有助于水稻生育与提高抗病性。

## 4　确定最佳防治时期

鉴于稻瘟病具有流行性、暴发性、区域性的特点，为了准确及时用药，首先应进行病情调查，一般于水稻分蘖期前，到感病品种的高肥田、入水口以及粪堆底（生长茂密地段）等处进行调查，观察有无急性型病斑出现，或者利用孢子捕捉仪根据稻瘟病孢子在田间的活动数量确定叶瘟的防治时期，当每 18mm × 18mm 检测面积有孢子 1~2 个时（佳木斯地区），感病品种田就要配以药剂防治。

## 5　药剂防治为辅助

目前，黑龙江省农作物病虫草鼠害防治中，大多数农民"预防为主、综合防治"意识淡薄，防治时随意性强。防治不及时、用药次数增加以及防治时随意增加农药用量，防治过分依赖化学农药，2008 年黑龙江省防治农作物生物灾害施用农药已达 $2.5 \times 10^4$t（有效含量），并有进一步上升趋势，且化学农药比例达 98% 以上，使农田生态环境破坏和农产品农药残留超标问题日益突出。在选用药剂防治时首选生物农药，在使用化学农药时，除选择高效、低毒、低残留药剂外，要尽量做到以下 3 个限制：一是限制单位面积每次的最高用药量；二是限制用药次数；三是限制用药时间，以保证稻米中有害物质残留量不超标。

生物农药防治：芽孢杆菌（*Bacillussubtilis*）能够分泌抗菌物质来抑制病原菌生长，并诱导植物防御系统抵御病原菌入侵。芽孢杆菌还可以产生植物激素、植酸酶或嗜铁素等物质促进植物对营养的吸收，具有良好的防病和促生效果，芽孢杆菌在稻瘟病生防上的应用研究也有一些报道，1 000 亿芽孢 /g 枯草芽孢杆菌 WP 在菌丝抑制或田间防治效果上表现一致，是理想的生物防治药剂。叶瘟，每公顷用 1 000 亿芽孢 /g 枯草芽孢杆菌可湿性粉剂 90~180g 加水 600~900kg 喷雾，严重时再喷一次；在出穗率达 1/3 时，用同样方法喷施防治穗颈瘟。或者用 4% 春雷霉素可湿性粉剂 600~800 倍液喷雾。

化学药剂防治：每公顷用 40% 富士一号乳油 450~675g 加水 750~900kg 均匀喷雾。防治叶瘟应在田间出现发病中心或叶片有急性型病斑时打药；预防穗颈瘟应在孕穗始期打药。重病田需要喷药两次，间隔 7~10 天。或者选用 40% 稻瘟净乳油、40% 异稻瘟净乳油、20% 和 75% 三环唑可湿性粉剂等。

稻瘟病绿色防控是关系到寒地水稻、绿色稻米生产的关键技术，需要树立"公共植保、绿色植保"的理念，由部门行为上升到政府行为，建立防控的长效机制。

（作者：宋成艳）

# 寒地水稻稳健高产栽培技术

寒地稻区无霜期短、热量资源不足、低温冷害及稻瘟病发生频繁。目前，水稻大面积生产中农民施肥多采用"超量施 N 肥"、"大头肥"，导致水稻前期长势过旺，植株纤嫩，抗性减弱，后期早衰，成熟度下降，且易发生倒伏、感病而减产，达不到高产目的。

寒地水稻"稳健高产"栽培技术主要以提高稻谷成熟度为目的，通过协调当地气候条件、土壤肥力、栽培技术三者之间的平衡关系，依据该生态区优质高产水稻的生长规律、影响因子及调控措施等共性技术，"稳定产量构成因子、健壮植株群体素质"，以达到"高温年创高产甚至超高产、低温年稳产甚至创高产"的优质高产目标，为实现寒地水稻创超高产生产提供技术保障。

## 1 培肥地力

水稻"稳健高产"栽培是集气候、土壤、技术三者的统一，土壤肥沃是其重要条件之一。田地翻耢平整，具有保水、保肥及通透性好的功效，有机质含量在3.0%以上。为使水稻根系发达，吸收深层养分，达到健身栽培的目标，提倡实施秋翻春耙，深度达到15~20cm，有条件的地块增施腐熟有机肥，用量1 500~2 000kg/亩。

## 2 培育壮秧

### 2.1 播前准备

选择地势平坦，背风向阳，排水良好，水源方便，杂草少，土质肥沃疏松的中性、偏酸性园田地或旱田地做育苗田。秧田长期固定，连年培肥，消灭杂草。纯水田地区要采用高台育苗。

一般育苗是在4月中上旬当日平均气温稳定通过56℃时开始播种。钵体育苗每钵眼23粒，机插盘育苗每盘播芽种100~125g，育大苗落地籽不超过250g/m²，种子分布均匀一致。用过筛无草籽的沃土盖严种子，覆土厚度0.71cm。撒施拌有苗床除草剂的毒土后床面平铺保温地膜，出苗50%左右及时撤掉地膜防止烧苗。

### 2.2 秧田管理

主要就是调温控水，其基本原则：宁冷勿热，宁干勿湿。

#### 2.2.1 温度管理

一般苗床见绿就开始通风炼苗，棚内温度过高，秧苗容易徒长，叶片披散，抗性下降，容易发生青枯病、立枯病。在播种至出苗期应增加覆盖，密封保温。出苗至一叶一心期，注意开始通风炼苗，棚内温度不超过28℃。秧苗1.5~2.5叶期，逐步增加通风量，棚温控制在20~25℃，严防高温烧苗和秧苗徒长。夜间注意早春的"倒春寒"，遇到低温时要增加覆盖物、采取棚内增温等措施及时保温增温，防止秧苗冻害发生。秧苗在2.5~3.0叶期，做到昼揭夜盖，棚温控制在20℃。遇高温大风天气，采取遮阴通风。3叶期以后加大通风力度，逐步达到夜不盖棚的程度。

#### 2.2.2 水分管理

出苗前保湿不积水，如发现有积水或干裂及时揭布晾床或浇水。一叶一心期开始浇水，但避免浇水过勤。二叶一心期以后，防止苗床干裂（早晨叶尖不吐水珠及时补水）。要选择早晚浇水，一次性浇足浇透，避免中午高温时浇水。

#### 2.2.3 苗床灭草

苗床封闭效果差，稗草多时，于秧苗1.1叶期每100m²苗床用敌稗150g对水5kg喷雾或50mL杀草丹对水30kg喷100m²或10%千金乳油10mL对水5kg喷雾，打药后床温正常管理。

## 3 本田科学施肥

科学施肥是"稳健高产"栽培技术的主要环节。

### 3.1 施肥量的确定

据当前大面积生产调查，农民尿素施用量均在300~350kg/hm²，且多集中在分蘖期施入，一旦遇到低温年是造成大幅度减产的主要因素。因此，施肥量的多少一定要看天、看苗灵活掌握，高温年可多施，尿素量为275~325kg/hm²，低温年少施，尿素控制在250~275kg/hm²，产量可稳定在600kg/亩以上。若选用晚熟品种超常规育苗栽培，施肥量还可增加50kg/hm²，产量可达到700kg/亩，氮磷钾肥比例为1∶0.5∶0.5。

### 3.2 施肥方法

#### 3.2.1 基肥

基肥采用复合有机肥为宜（合全年N肥的30%），磷钾肥不足时采用磷酸二铵、硫酸钾进行补给。施肥方法：复合有机肥的 50%、K 肥的 50% 及 P 肥的 100% 其混拌均匀后于翻地前施入底层，剩余 50% 复合有机肥于水粑地后施入，力求基肥均匀一致，以达到全层施肥的目的。

### 3.2.2　分蘖肥

水稻秧苗插秧彻底返青后开始进入分蘖期，即在田间察看苗情，能分辨出黄绿感觉时，一般早插秧苗 5 月末、6 月初，晚插 6 月 5 日前后追施分蘖肥。施肥量为全年施氮量的 20%，第一次施肥过 10 天后天气晴好水稻叶色落黄时，可酌情再施入全年施氮量的 10% 作为分蘖接力肥（此肥施用与否要依天气、田间长势灵活掌握）。

### 3.2.3　穗肥

穗肥的施用技术是"稳健高产"栽培的核心内容。施穗肥时期的田间诊断：经多年的生产试验，结合日本有关的研究资料，我们总结出"一支烟穗肥诊断施用方法"。

穗肥施用时期和施入量，一定要通过田间诊断看天、看苗和分蘖数的多少进行，若天气温度高，水稻很快落黄和茎数不足时，穗肥要早施。否则气温低叶色浓绿一定待水稻落黄时施入，并把施肥量适当降下来。

诊断方法：首先在 7 月 5 日左右推算抽穗期，调查记载主茎幼穗长度、田间叶色变化及平方米分蘖茎数。拔取一主茎拔取幼穗观察其长度，当幼穗长度达到 1cm 时（烟嘴直径长度）约为抽穗前 18 天[1、2]；长度约 2cm 时（烟嘴长度）为抽穗前 15 天；长度为 8cm（整支烟的长度）为抽穗前 10 天（该标准有随不同品种和当时气象条件而略有变动，仅做参考）。

施肥原则是：在施肥前调查的平方米分蘖茎数若达到计划茎数的 70%~80% 时于主茎幼穗长 1cm（烟嘴直径长度）即抽穗前 18 天前后施入第一次穗肥（时间大致在 7 月 5~8 日期间）；当平方米茎数达到计划茎数的 90% 时于主茎幼穗长 2cm（烟嘴长度）即抽穗前 15 天前后施入第一次穗肥（时间大致在 7 月 8~10 日期间）；当平方米茎数已达到甚至于超过计划茎数时于主茎幼穗长 8cm（整支烟的长度）即抽穗前 10 天前后施第一次穗肥（时间在 7 月 10~13 日）。总之，当田间茎数越多时穗肥就越晚施，田间茎数越少时穗肥就要早施，使正处在穗首分化的分蘖达到穗大粒多的目标。施肥量为计划指标 N 肥的 20%、K 肥的 50%。施肥时做到"绿中有黄黄中补，高中有矮矮中施"，把叶色、高矮调匀。

无论在什么情况下施穗肥，过 10 天后若天气晴好，稻株叶片落黄时，可酌情施第二次穗肥，起到养根保叶的作用。施肥量为计划指标 N 肥的 20%，并做到哪儿黄哪儿施，以调节为主。如此施肥一直延续到水稻齐穗施完粒肥为止。若天气不好，稻株一直绿而不黄，需等待落黄时再施。若水稻一直绿而不黄，第二次穗肥及粒肥施不上可剩余不施。

### 3.2.4　粒肥

一般粒肥在见穗时施入为宜，施肥量为全年施氮量的 10%。水稻幼穗分化期以后的叶色变化主要与施氮肥量的多少、天气、密度都有一定关系。天气好、栽培密度大、水稻生理机能加快，叶片由绿转黄的速度快，为此一定要等到叶色落黄时施入，并做到哪黄哪施，以调节为主。

## 4　合理灌溉

本田水层管理是"稳健高产"栽培的重要组成部分。合理浅灌，在分蘖末期进行晒田，复水后实施间歇灌溉。

据试验调查得知：①长期保水栽培，能促进水稻对氮素的吸收，尤其对生育前期大量施肥的田块，是直接导致水稻倒伏、病虫害严重的主要因素。②长期保水灌溉使土壤中有害气体（$H_2S$、$CH_4$ 等）不能及时排除，导致水稻根系腐烂，褐斑病、胡麻斑、赤枯病（红叶病）、纹枯病发生重，也是促使水稻产生下部叶片枯死、早衰的主要原因。③长期保水栽培能推迟水稻成熟时间，助长延迟型冷害和稻瘟病的发生。为此，提出以下本田水层管理措施。

插秧后水层管理：插秧后天气晴好，保持水层 23cm，以提高水温、地温促进水稻扎根返青、早生快发，浅水层一直保持到分蘖高峰期。

晒田：对前期施肥量大，长势过旺的田块，于分蘖末期（大体时间是 6 月 20-25 日）排水晒田 5~7 天，达到龟裂程度，在控制无效分蘖的同时抑制 N 肥吸收，促进水稻进行生理转换，即由营养生长期转换到生殖生长，并把土壤中有害气体排除，养根保叶。对亩产超 700kg 地块，除分蘖末期晒田外，在齐穗期前还应晒田一次，主要在防止倒伏上下功夫。

间歇灌溉：晒田复水后实施间歇灌溉措施，即灌水 35cm，待水层达 0 水位脚窝无水时再灌下茬水，以利排毒、充氧，起到壮根保叶的作用。采用间歇灌溉除水稻花粉母细胞减数分裂期遇到 17℃ 以下温度时灌 10cm 以上水层外，一直反复进行到成熟期，8 月 25 日水稻黄熟后排干。

（作者：杨丽敏，赵海新，陈书强）

# 合丰系大豆品种复合诱变研究

合丰 25 是黑龙江省农业科学院合江农业科学研究所育成的优良大豆种质。目前，国内直接或间接利用合丰 25 作为亲本育成大豆品种 24 个，累计推广面积达到 2.0 亿亩，其中，绥农 14 获得国家科技进步二等奖，可见合丰 25 号是非常优秀的种质资源。目前，合丰 25 作为种质资源的利用以杂交育种为主，同时也开展了系选、辐射、航天等研究，黑龙江省农业科学院克山农业科学研究所利用合丰 25 诱变育成了早熟大豆丰收 22 号；郑伟等研究认为，合丰 25 航天搭载后代在株高、主茎节数、单株荚数、单株粒数等主要农艺性状存在着变异，目前，已经利用合丰 25 作为亲本，经航天搭载获得了 5 个稳定品系，可见除常规杂交育种外，利用辐射诱变与航天诱变改良大豆种质效果同样明显。为了更好地利用合丰 25 为资源创新大豆种质，在以往研究的基础上，尝试利用航天搭载与 $^{60}Co\gamma$ 辐射的复合诱变处理的方法来改良合丰 25，以期能够创造出优异大豆种质，同时为大豆种子资源创新提供新的理论与方法。

## 1 材料与方法

### 1.1 试验材料

供试材料为大豆合丰 25。

### 1.2 试验方法

2006 年将大豆合丰 25 种子 1 000 粒平均分为两组，一组进行航天搭载处理，另一组在常温下保存作为未搭载对照。试验搭载实践 8 号卫星，2006 年 9 月 9 日 15：00 在酒泉卫星发射中心发射，卫星在近地点 187km，远地点 463km 的近地轨道运行 15 天，在四川遂宁回收。2006 年 10 月南繁种植 SP1 代和未搭载对照，7cm 单粒点播，生育期间调查出苗率、存苗率、株高、开花期、成熟期、育性与不育株率、结实率、形态畸变率等性状，成熟后采用混合摘荚法进行选择；2007 年在黑龙江省农业科学院佳木斯分院种植 SP2 代和未搭载对照，7cm 单粒点播，生育期间对开花期、成熟期进行调查，室内对株高、底荚高度、主茎节数、单株荚数、单株粒数等性状进行调查记载，同时计算出变异率，选取变异明显的单株进入下一轮试验；2008 年春用 $^{60}Co\gamma$ 130Gy 辐射处理入选的 SP2 种子获得 M0，同年春季田间种植 M1 代，以未搭载材料为对照，秋季田间选取损伤明显的 4 个单株作为研究材料，分别编号为 M1、M2、M3、M4；2009 年种植 M2 代选择的 4 个株系，以地面保存的种子为对照。

试验地点东经 130° 21′，北纬 46° 49′ 海拔 90.5m，前茬为小麦，土质为黑钙土，肥力中等。试验于 2009 年 5 月 1 日播种，播种方式为机器开沟人工单粒点播，试验区行长 5m，行距 0.7m，株距 0.05m，不设重复；秋季将对照品种和辐射后代均进行全区考种。以大于标准差 2 倍为标准来确定变异株，计算变异率。

## 2 结果与分析

### 2.1 群体诱变效果分析

秋季对合丰 25 的 4 个诱变株系和对照品种的主要农艺性状进行测量和分析，农艺性状变异情况。M2

株高较对照品种增加达到极显著水平，M3和M4株高较对照品种降低达到极显著水平，M1株高与对照差异不显著，可见经过航天搭载与$^{60}$Co γ 130Gy辐射复合诱变后大豆合丰25在株高上发生了明显的变化，但变化的方向是不固定的，在选种过程中可以按照育种进行选择，M2和M3两个株系底荚高度与对照差异显著，M2底荚高度较对照增加显著，而M3底荚高度较对照降低显著，M1和M4底荚高度与对照差异不显著，本试验可能由于4个株系出苗率有差异，对结果有一定的影响；M1、M2、M4主茎节数对照比较减少达到极显著水平，M3的主茎节数虽然较对照有所增加，但差异没有达到显著水平，主要是由于辐射对主茎节数的影响方向也不固定，要选择主茎节数较多的大豆种质应该在M2代加大选择力度；单株荚数与单株粒数2个与产量性状关系最为密切，本试验可以看出，M1和M4单株荚数与粒数较对照减少，达到了极显著水平，M2和M3与对照差异不显著，主要是由于辐射对大豆整体产量性状产生了负面的影响，大豆育种是要在优良的株系中选择优良的单株，所以，群体产量的高低不是辐射育种早期世代考虑的主要性状，早期世代应该以选择优良单株为主，所以，尽管群体产量不是很高，但是可以通过田间选择，选择产量性状好的单株来实现育种目标。

## 2.2 单株诱变效果分析

本试验按照大于标准差2倍来确定变异株，计算出各个株系的农艺性状变异率，主要农艺性状变异率及正向变异占总变异的比例结果。M1、M2、M3、M4株高均存在着变异单株，虽然正向变异所占的比例不同，但是我们可以根据育种目标选择合适的单株，即株高在高于100.14cm的个体，也可以选择株高低于77.98的矮秆个体。关于底荚高度我们的育种目标也可以兼顾两个方面：一是降低大豆的底荚高度，提高大豆经济系数，从而提高大豆的产量，二是选择底荚高度较高适于机械化收割的个体。从试验结果看4个株系均存在符合育种目标的优良单株。经过航天搭载与$^{60}$Co γ 130Gy辐射复合诱变后大豆合丰25主茎节数变异率不高，只有M2存在变异，其他3个株系的变异率为0，且M2正向变异率也为0，这主要是由于大豆的主茎节数与生态环境密切相关，在现有的积温条件下主茎节数不可能无限度的增加。4个株系单株荚数均存在变异，除M1外其他3个株系均存在正向变异，可以为大豆种质资源创新提供基础材料。4个株系单株粒数同样存在变异，虽然只有M3存在正向变异，但是我们可以通过人工选择，来实现增加单株粒数的育种目标。

## 3 讨论

辐射诱变对创新大豆新品种具有明显的效果，我国大豆育种家辐射育成铁丰18、黑农26等大豆品种，分别获得国家发明一等奖和二等奖；航天诱变育种虽然起步较晚，但经过国内育种家的共同努力已育成了克山1号、合丰61号等优质高产大豆品种，目前，在黑龙江的推广面积不断扩大。大豆诱变育种在原有单一诱变的基础上逐渐发展为，辐射诱变与杂交育种相结合、辐射风干种子与活体植株辐射相结合、辐射诱变与化学诱变相结合、航天搭载与杂交育种相结合等复合手段进行研究。将航天育种与辐射育种相结合，前人只在水稻育种上做了少量的研究，本研究将大豆航天搭载与辐射诱变相结合，在育种方法上较前人有较大的突破，同时也为大豆后代群体的变异提供了更大的空间，创造了大量对育种有利的突变体，可见大豆航天育种与辐射育种相结合可以作为大豆种质创新的一种新的方法。

## 4 结论

4.1 经过复合诱变后大豆群体株高、底荚高度、主茎节数、单株荚数、单株粒数等主要农艺性状发生变化，存在着与对照达到显著或极显著的株系。

4.2 主要农艺性状中的主茎节数只有M2一个株系存在变异率，其他株系变化变异不明显；株高、底荚高度、单株荚数、单株粒数等农艺性状均有不同程度的变异，可以为大豆种质创新所利用。

4.3 本结论仅为1年试验结果，研究的群体数目较少，结论有待于今后进一步研究验证。

（作者：郑伟，郭泰，王志新）

# 半矮秆大豆窄行密植高产栽培技术

黑龙江省是我国大豆主产区，年播种面积及总产量均占全国 1/3 以上。由于缺少创新型技术，全省大豆平均亩产仅有 120kg，略高于全国平均水平，但与美国、巴西、阿根廷等大豆主产国单产差距较大，因此，提高单产水平是我国大豆生产亟待解决的关键问题。

"半矮秆大豆窄行密植高产栽培技术"打破了传统的"高秆品种、宽行种植"的思维定式，采用逆向思维方式。在选用半矮秆品种基础上，第一，缩小行距，将原来 65~70cm 垄距改为 45cm、30cm 或 18cm 更窄的行距；第二，扩大株距，将原来 5cm 株距增加到 9~12cm，构建成"密中有稀、稀中有密"的合理群体结构；第三，增加密度，密度由原来每公顷保苗 25 万 ~30 万株增加到 45 万 ~55 万株。同传统的 65~70cm 宽行相比，窄行密植栽培增加群体密度，实现植株在田间均匀分布，提高光能利用率，最终实现大幅度提高大豆单产的种植技术。半矮秆密植栽培技术的核心是发挥群体优势以达到增产的目的，其植株密度超过我国现有垄作技术的 30%，产量可提高 15% 以上，是一项全新的种植技术。

## 1  技术来源

"半矮秆大豆窄行密植高产栽培技术"源于美国，在国家及黑龙江省外国专家局的大力支持下，黑龙江省农业科学院佳木斯分院于 1993 年率先引进了美国大豆专家 R.L.Cooper 博士的半矮秆大豆窄行密植技术。

早在 20 世纪 90 年代 R.L.Cooper 博士半矮秆大豆窄行密植技术就在美国 10 个州开始大面积推广应用，推广面积占各州大豆面积的 20%~58%，增产 20% 以上。同时，培育出半矮秆、抗倒伏、耐密植的 Hobit、elf 等品种，在美国和澳大利亚小面积栽培获得了亩产 540kg 的高产纪录。目前，此项技术已在美国、巴西、阿根廷等大豆主产国大面积推广，使这些国家的大豆产量一跃达到了全国平均亩产 180kg 以上，显示了窄行密植栽培技术增产的巨大潜力。

## 2  技术的增产增收效果

半矮秆大豆窄行密植高产栽培技术大面积平均亩产可达到 200~260kg，平均比传统垄作栽培增产15.0%~20.0%，平均亩增产大豆 30~40kg，每千克大豆按 4.40 元计算，每亩地可获纯增产效益 132~176 元，由于窄行种植大豆生育期间采用免耕管理技术，每亩地节省生产成本 30 元以上。

佳木斯分院作物工程研究室利用半矮秆品种合农 60cm、43cm 窄行密植种植模式及地下亚表层灌溉技术于 2008 年实现了亩产 307.2kg，首次在高纬度寒地突破大豆亩产 300kg，实现了几代人的梦想，2011 年利用同样技术在同一地块获得 364.6kg，创造了黑龙江省高产纪录。

2008—2012 年佳木斯分院在黑龙江省累计示范半矮秆大豆窄行密植高产栽培技术 16.7 万亩，总增产大豆 $5.67 \times 10^5$ kg，获纯经济效益 2 353.0 万元。

## 3  与传统垄作栽培技术区别

黑龙江省传统的垄作栽培即选用植株高大的品种在 65cm 或 70cm 的大垄上播种 2 行，行距 10~15cm；窄行密植栽培选用半矮秆品种，在 130cm 大垄上播种 6 行，小行距 16cm 或在 45cm 小垄上播种 2 行，行距 12cm 或 18~30cm 单行平播。窄行密植栽培技术和传统垄作栽培技术主要区别在于选用品种类型不同和群体保苗密度不同，窄行密植选用半矮秆品种，保苗 45~55 株 /m²，单株发育略差，但以群体增产；传统垄作选用植株高大品种，保苗 25~35 株 /m²，单株发育较好，靠个体增产。

窄行密植栽培与垄三栽培技术区别。窄行密植栽培：半矮秆品种，株高 60~70cm；行距 18~45cm；平方米保苗 45~55 株；完善的一次性化学除草技术；免中耕，只在大垄和小垄栽培的大豆出苗时进行一次深松；专用窄行密植（或免耕）播种机械；比垄三栽培施肥量增加 30%；比垄三栽培亩节省成本 30 元；比垄三栽培增产 15%~20%。垄三栽培：高秆品种，株高 80~120cm；行距 65~70cm；平方米保苗 25~35 株；人工或化学除草；进行 3~4 次；中耕普通的垄三播种机械。

## 4 技术要点

### 4.1 选地与整地

示范地块前茬选择小麦、玉米茬，地势平整、肥沃，最好有灌溉条件。要求在上一年秋季将试验地翻、耙、耢完毕，达到播种状态。窄行密植种植要求整地后土壤平、碎，起垄作业要求垄直。

#### 4.1.1 暄

要求土壤疏松，土壤硬度和容重每立方厘米不能超过 2.1kg 和 1.3g。

#### 4.1.2 平

土地平整，要求 10m 幅宽高差不超过 3cm。

#### 4.1.3 碎

土壤细碎目的是为保证播种质量，提高封闭除草的效果。要求每平方米直径 45cm 的土块不超过 5 个。

#### 4.1.4 起垄

作业达到 50m，垄长直线误差 ±5cm，垄距误差 ±2cm，垄幅误差 ±3cm，垄高误差 ±3cm。

### 4.2 品种选择及种子处理

选择矮秆或半矮秆、抗倒伏，丰产性好的中早熟品种，例如，合丰 42、合农 60、垦丰 16、红丰 11、黑河 36 等品种。种子要人工粒选或用大豆选种机精选，并用大豆专用种衣剂或微肥、菌肥拌种。

### 4.3 平衡施肥

窄行密植种植方式由于群体密度较常规垄作增加 30% 以上，因此，施肥量也要增加，具体用量做到在测土基础上平衡施肥。肥料应符合 NY/T496 的要求。

做不到测土的地块，一般中等肥力地块每公顷施用商品量 300kg，其中，磷酸二氢铵 180kg，长效尿素 40kg，钾肥 80kg；或施复合肥 350kg，选用复合型专用肥氮磷钾含量应在 10%、20%、15% 比例为宜。

### 4.4 播种

播期：地温稳定通过 7~8℃即可播种。

播法：根据当地的生产力水平可选择：130cm 大垄、垄上播 46 行，小行距 16cm 或 45cm 小垄窄行密植等种植方式。

密度：半矮秆品种每公顷保苗为 40 万~45 万株；矮秆品种每公顷保苗为 50 万~55 万株。

### 4.5 除草

播后苗前土壤封闭灭草：在大豆播种后 3~5 天内进行，每公顷用 50% 乙草胺 3.0kg+ 赛克津 0.75kg+0.5% 植物油助剂。

茎叶处理：在杂草 2~3 叶期，大豆复叶展平期进行，禾本科草每公顷用拿扑净 1.5~2.0kg 或 15% 精稳杀得 0.75~1.0kg；阔叶杂草用 25% 虎威水剂或杂草焚水剂等，每公顷用量 1.0kg 对水喷雾或每公顷用黑虎 1.0kg+苯达松 1.5kg；两种杂草均有的用 15% 精稳杀得 0.75~1.0kg+ 氟磺胺草醚 1.5kg，效果较好。

### 4.6 田间管理

#### 4.6.1 深松

在大豆拱土到三片复叶展平期，根据天气及土壤状况针对 45cm 小垄和 130cm 大垄种植方式进行垄沟深松 1~2 次，深松深度要达到 25cm 以上，天气干旱或保水差的砂土地块不要进行深松，土壤黏重地块或白浆土地块要极早深松，大豆三片复叶后不要再进行中耕，以免伤根；平作窄行密植生育期间免中耕。

#### 4.6.2 喷施化控剂

大豆窄行密植由于群体大，植株生长旺盛，在大豆初花期至盛花期如生长过旺，可用多效唑、三碘苯甲酸等化控剂进行调控，控制大豆徒长，防止后期倒伏。

#### 4.6.3 灌溉

在大豆盛花至鼓粒期如天气干旱，采用喷灌、滴灌方式灌溉。

#### 4.6.4 叶面施肥

根据大豆生育期长势确定肥料种类，原则以大豆生长必需的中微量元素，植物生长调节剂及腐殖酸、黄腐酸类为主，在大豆生育期间通过叶面施肥的方式喷施 2~3 次，大面积地块可采用航化作业。

4.6.4.1 第一次在大豆分枝期，主要喷施钼酸铵，生根粉（或生根宝）等

4.6.4.2 第二次在大豆初花期，主要喷施磷酸二氢钾，喷施宝、硼肥等

4.6.4.3 第三次在大豆盛花到结荚期，主要喷施磷酸二氢钾，腐殖酸或黄腐酸类肥料

### 4.7 病虫防治

主要以预防为主，可采用抗病品种、合理轮作、药剂拌种、清除田间病株残体和病虫预测预报等措施防止病虫的发生和蔓延。当田间病虫达到防治指标时，应尽量采取生物防治的方法，化学防治尽量采用低毒低残留的药剂。

### 4.8 收获

收获时期在叶片全部落净，豆粒归圆时进行；收割质量要求割茬低，不留底荚，人工收割损失率小于2%，机械联合收割损失率小于3%。

（作者：张敬涛，王谦玉，申晓慧）

# 马铃薯地上垄体栽培技术模式

马铃薯是世界四大粮食作物之一，黑龙江省是中国马铃薯生产传统大省，也是中国马铃薯种薯和商品薯生产和供应基地，具有发展马铃薯生产得天独厚的土壤、气候等自然优势。马铃薯产业作为"朝阳产业"，已被黑龙江省确立为振兴经济的支柱产业。

黑龙江省马铃薯脱毒种薯产业起步早，普及程度高，为黑龙江省马铃薯生产作出了贡献，但是到目前为止，黑龙江省马铃薯单产水平和商品率仍然较低，与发达国家甚至中国其他省份之间仍有很大的差距，这充分体现了良种良法不配套的结果。

## 1 马铃薯地上垄体栽培技术内涵

马铃薯地上垄体栽培技术是从日本引进的马铃薯先进栽培技术，该项技术是以大垄为基础，在垄沟以上的垄体中生产马铃薯块茎，利于块茎膨大，提高产量和商品率，垄宽0.8m，采用日本引进的垄体整形犁，提高垄体高度，使垄体高0.5m。黑龙江省传统的马铃薯栽培习惯上作小垄，垄距一般为60~70cm，传统垄作马铃薯结薯时受到土壤的挤压，马铃薯块茎膨大受限，畸形薯较多，并且受生产空间限制，单产较低。而引进该项技术，马铃薯结薯在较为松软的垄体中，薯块生长空间较大，垄体中能容纳充足的水分和养分，马铃薯根系繁茂，块茎生长速度较快，由于不受土壤的挤压，畸形薯较少，商品率较高。同时该项技术还能解决如下两个问题：第一，马铃薯晚疫病发生减少，由于该项技术，行距较大，通风透光性好，田间小气候相对湿度小，马铃薯晚疫病要比传统垄作时发生减轻60%左右；第二，避免马铃薯徒长，由于该项技术行距较大，单株马铃薯受日照较传统垄作充分，马铃薯生长健壮，不徒长。以马铃薯地上垄体栽培技术为核心，实现肥、病虫、草多种技术组装配套，实现马铃薯栽培节本增效。成功引进该项技术后能使马铃薯单产水平从目前的平均15.0t/hm² 提高到20.0t/hm²，商品率达到80%以上。按全省600万亩马铃薯面积计算，年增加经济效益24亿元，节约成本2.5亿元。

## 2 马铃薯地上垄体栽培技术

### 2.1 选地整地技术

选择通透性良好易于排、灌的地块，pH值适宜范围为在 5.0~6.5，忌碱性地块，在碱性土壤中，块茎易

生疮痂病。马铃薯对土壤孔隙度有较高的要求，土质黏重地块不适合种植。因此，地上垄体栽培马铃薯应选择土壤比较松软、地势高燥、土层深厚的壤土或沙壤土，不要选择内涝地和低洼地。马铃薯不宜连作，较好的前茬是玉米、大豆、杂粮等，不宜与甜菜、烟草和茄果类作物连作，严禁选用前茬施用过莠去津、绿黄隆、豆黄隆、普施特等长残效除草剂的地块，否则减产严重。

马铃薯是浅根作物，用块茎播种后须根大多分布在30~40cm深的土层中，而整地是改善土壤条件最有效的措施。因此，整地需到位，秋天深翻地，深翻15~18cm，然后用重耙耙一遍，耙茬深松25cm，使土壤平整松软，上松下实，达到播种状态。

## 2.2　薯块处理

播种前20天将马铃薯从窖中取出，进行日光浴芽，种薯厚度3层以内，定期翻动，保证催芽均匀，达到最佳状态，催芽温度保持在13~15℃，不能低于10℃，空气相对湿度60%~70%，大约15~20天后芽眼开始萌动，幼芽微伸，人工播种要求幼芽长度1.0cm，机械播种芽长0.5cm即可。必须先困种而后进行种薯切块，否则会造成薯块未下田就腐烂。

播种前3天进行种薯切块，选用健康种薯竖切，薯块应尽量大些，多带薯肉，尽可能地减小薯块的创伤面积，每个薯块带有1~2个芽眼，重量不低于35g。薯块过小，养分、水分不足使幼苗生长不良，且不耐旱，容易造成缺苗。切刀用0.1%高锰酸钾和75%酒精进行消毒。切块后的3~5天内，把薯块置于温度17℃、相对湿度在80%、通风良好的环境下保存，使伤口木栓化，避免播后烂块缺苗，小的块茎可整薯利用。

为防治马铃薯生产上的常见病害及提高产量，切完薯块后要马上进行薯块消毒处理，生产上常规用药为：58%甲霜灵锰锌0.5kg+70%甲基托布津1kg+兽用链霉素30g+滑石粉50kg，此配方对防治马铃薯立枯病、早疫病及提高产量有明显效果。凯普克100mL+美派安100g+瑞毒清50mL+甲基硫菌灵悬浮剂400mL+兽用链霉素20g，能有效防治马铃薯细菌性和真菌性病害。凯普克含有多种植物生长素、细胞分裂素及各种微量元素，可促进作物根系和种子的萌芽，促使根系发达，提高植物对水分和养分的吸收，对提高作物产量效果明显。上述两种配方均是将药剂溶入15kg水中，边拌边喷，使薯块着药均匀，做到种薯全部湿润，可喷淋1 000kg种薯，消毒后摊开晾干待播。

## 2.3　播种技术

当10cm土层地温稳定通过7℃，土壤水分40%~50%时即可播种。在黑龙江省一般为4月下旬至5月上旬。播种时采用马铃薯全自动播种机，垄距80cm，株距17cm，每公顷播种株数7.35万株，每公顷保苗率达到6.5万株。播深6~10cm，播种过浅，容易受高温和干旱的影响，不利于植株的生长发育和块茎的形成膨大，影响产量和品质；播种过深，容易造成烂种或延长出苗期，影响全苗和壮苗。播种后及时镇压。

## 2.4　科学施肥

马铃薯是高产喜肥水作物，整个生育期需水、需肥量大。对肥料三要素的要求以吸收钾肥最多，氮肥次之，磷肥最少，因此，在生产上科学的施肥方法是钾肥的用量大约占总肥量的一半。但在实际生产中肥料的施用较为混乱，很多地区是按照大豆或玉米施肥方法对马铃薯田施肥，这也是造成我省马铃薯产量较低的原因之一。块茎膨大期是马铃薯一生需肥、需水最多的关键时期，为保证产量此时一定要满足马铃薯对肥、水的要求，因此，本项目采用如下施肥方案，每公顷施肥量：德国巴斯夫恩泰克（22：7：11）稳定性长效肥500kg、磷酸二铵100kg、50%罗布泊硫酸钾150kg。其中，2/3肥料作为种肥，与薯块一同播下。肥料在薯块侧下方5cm处。另外1/3肥料作为追肥使用，于花期分二次追施。

## 2.5　除草技术

播种后35天进行封闭除草剂喷施，以防除苗期杂草。传统的常规用药可选择乙草胺+嗪草酮混用或选用90%乙草胺1 000mL+12.5%草畏斯1 800mL进行封闭除草。为保证除草效果本项目选择了如下除草方案。封闭除草剂每公顷用量：1 000mL乙草胺+1 800mL草畏斯+2 800mL48%仲丁灵，喷施除草剂作业时间是7：30到10：00，14：30到16：00。本方案除草效果可以达到95.42%。在马铃薯生长后期如田间杂草较多可选用茎叶除草剂"砜嘧磺隆"，每公顷用量25%砜嘧磺隆7g。除草效果可达99.00%。

## 2.6 田间管理

### 2.6.1 中耕培土

为了使结薯层土壤疏松通气，利于根系生长和块茎膨大，当幼苗5cm左右时，使用日本引进的"TOY-ONOKI马铃薯培土犁"进行第一次培土；当幼苗10~15cm时，进行第二次培土；在植株开花期前即封垄前进行第三次培土，此次培土同时进行追肥，每次培土厚度为5cm。通过培土不仅能提高地温，还兼有灭草的作用。同时能保证薯块有一定的生长空间，防止薯块顶出地表，造成青头薯较多，使商品率降低，还可增加结薯数量，提高单产。

### 2.6.2 防治病虫害

马铃薯晚疫病是马铃薯生产中最主要的病害之一，感染该病后常引起田间大量烂薯，造成严重减产。黑龙江省7月中旬至8月上旬，正是高温、多雨季节，利于马铃薯晚疫病的发生及蔓延。适时用药是马铃薯晚疫病防治的关键，一般中心病株的出现是病害流行的先兆，也是开始喷药预防马铃薯晚疫病扩大蔓延的最佳时期。所以，在晚疫病发生前期喷施保护性杀菌剂是生产中防治马铃薯晚疫病的最有效手段。本项目选用的药剂为安泰生和银法利，结合天气情况，于现蕾期开始喷药预防马铃薯晚疫病，7~10天喷一次药，共喷药5次。在喷药防治晚疫病的同时，加入矮壮素、微肥、磷酸二氢钾等，以防止马铃薯徒长，影响产量及后期出现早衰脱肥现象。根据田间虫害发生情况酌情加入啶虫脒防治虫害。

## 2.7 收获

当植株大部分茎叶枯黄，块茎干物质含量达到最大值时，是马铃薯的最佳收获期。在收获前2~3天，先用刈秧机刈除马铃薯秧子，刈秧机应调到打下垄顶表土2~3cm，以不伤块茎为原则，尽量放低，把地表面的秧和表土层打碎，便于收获。在我省马铃薯的收获适期为9月上旬，收获时用马铃薯专用收获机收获。

（作者：丁俊杰，赵海红，顾鑫等）

# 解决乡镇农技推广工作断层的建议

近年来，我县大力推广农业新技术，依靠科技成果转化，创造了粮食生产九连增的奇迹，而我们在一些乡镇却看到：几年来就没推广啥农业新技术，或者推而不广停滞在试验状态。技术人员服务下不到村屯，盼望应用新技术又找不到人，农民遇到突发性灾害摸不着门，为什么农业增产增收新技术就差"最后一公里"就送不到农民手中呢，产生的原因就是乡镇农业技术推广中存在断层，这影响了农业科技成果的转化，也影响农民增产增收，更严重制约了我县的农业科技成果转化和现代化农业发展。

## 1 乡镇推广工作的现状

### 1.1 运行艰难

乡镇的农业技术推广站经过了乡镇改革和"三权下放"等反复调整后，被合并在乡镇综合服务中心，由于没有专用办公室和试验示范场所，缺少检验仪器等基本的技术指导条件，大部分乡镇站不能开展试验示范和正常的技术指导工作。由于没有管理关系，县农业局和县推广中心对乡镇站的指导失灵，以至全县的农业科技示范区建设，水稻浸种催芽基地建设，大棚育苗小区指导等重要工作，在乡镇落实的过程中出现了"三不管"现象，即县里管不过来，乡里不愿来管，站里没人来管。

### 1.2 人员短缺老化

非专业技术人员占编占岗，多年没有系统化专业技术培训，由于缺少专职技术人员的补充，部分乡镇退休一个少一个，出现一人站或无人站。常规的科技示范区建设，新技术推广等工作都没有人来管来抓。

### 1.3 服务职能弱化

由于没有基本的检测检验仪器和设备，缺少必要的科研与信息网络设施等现代化服务手段，嘴上喊技术，黑板上种地，书面上宣传典型等的原始推广方式还在沿用，推广效果越来越差。有的乡镇人员少又缺少交通工具，在农忙季节，连点上的工作都应接不暇，面上的常规技术指导工作更是照顾不过来。

## 2 乡镇推广机构出现断层

### 2.1 推广体系出现断层

县级农业局大多在行政上宏观指导，县级推广部门的技术力量有限，县乡又难以统一调配业务工作，主要就是全县农技推广体系不健全，乡镇一级要啥没啥出现断层。如果相关的技术工作乡镇站不去配合落实，那么，全县农业技术推广就势必受到影响，省市下达的工作任务就更谈不到贯彻落实到位了。

### 2.2 技术人员出现断层

由于只出不进等体制原因，随着老技术员渐退离岗，有岗缺少能人，有编进不了新人，近十年来，由于工作条件艰苦，基本没有院校毕业生加入推广队伍，而乡镇专业技术骨干多被抽调提拔从事行政工作，出现青黄不接的现象，即将无人愿意从事农业技术工作。

### 2.3 推广经费出现断层

近年来，国家对农业高度重视，加大了农业科技示范、病虫害预警体系、农产品质量检测等方面的资金投入。随着广大农民对科技需求的增加，推广部门的工作量也在不断增加，由于法定农业技术推广经费没有落实，县级除了每人每年几百元的行政经费外，没有其他经费来源，只养兵，不能打仗。既造成人才资源浪费，又制约了农业科技成果转化，新科技的增产增收作用自然发挥不出来。

## 3 解决断层问题的几点建议

### 3.1 加大体系建设力度，解决断层问题

要认识到大力推广先进实用技术，支持结构调整发展大农业，是当前农业科技工作的首要任务。县乡两级农业技术推广机构是农技推广的基本力量，要想解决体制不顺，工作不力，农民不满意的问题，就要按照中央"完善县区级、巩固乡级、发展村级"的思路，强化乡镇级农业技术推广机构改革和建设，统一将乡镇站"人、财、物"三权上划收归县农业主管部门管理，实行"以条为主、条块结合"即以县为主或县乡双重管理的管理体制，由县级统一调配人员编制，把部分骨干力量充实到基层，加强技术服务和指导能力。

### 3.2 建立试验示范基地，提高人员科技素质

在做好定性、定编、定员工作的基础上，通过招录农业院校毕业生，原有待岗人员继续教育等渠道补齐空余编制。由各级财政列出专项经费用于乡镇级农业技术干部知识更新培训，通过提高人员素质，充分发挥他们的作用。拨出专项经费作为启动资金，建立一批高标准农业科技示范区，使之成为农业新技术试验示范基地、优良种苗育秧（繁育）基地、实用技术培训基地，在结构调整中发挥示范带动作用。同时承担起公益事业所需关键性技术推广和示范责任，为农民和农业生产经营组织提供减灾防灾技术，如防治草地螟等方面的农业公益性技术服务。

### 3.3 依法增加推广经费，履行服务职能

农业技术推广是一项专业性较强、涉及面很广的工作，农业是弱势产业，农民是弱势群体，我国农业仍处在低水平阶段，农民收入仍然很低，只有通过新技术的推广和科技成果的转化，才能不断提高产量和增加效益。要通过政府加强农技推广体系建设，把强化农技队伍管理列入议事日程，建议财政部门按照《农技推广法》逐年增加农技推广经费投入，并逐年提高比例，以确保人员工资、推广项目经费、特别是基础设施建设经费。只有根据农业生产发展需要，保障农业技术推广机构的工作经费，改善工作条件，才能稳定和加强农业技术推广队伍，调动广大科技人员为农民服务的积极性，才能为现代化农业的发展提供技术支撑。

（作者：罗有志）

# 关于加快同江市农业发展的思考

  同江市是一个以农业为主的县级市，地处三江平原，是国家确定的 500 个产粮大县（市）之一、国家级生态农业示范区建设重点市（县）、首批国家级无公害农产品"一体化"推进示范县（市）和首批创建全国绿色食品原料标准化生产基地。同江市具有资源丰富、口岸开放、少数民族赫哲族聚居和生态环境良好的优势，耕地开发年限短，森林、草原、植被破坏较轻，远离大城市，污染较轻，天蓝、地净、水清，现有耕地 225 万亩，2012 年粮食总产量 $1.11 \times 10^9$ kg，2010 年和 2012 年先后两次荣获全国粮食生产先进县称号。近年来，虽然农业有了较快的发展，但与内地先进市县相比，农业发展仍然缓慢，农业大而不强、大而不优。因此，如何加快农业发展，推进农业由大向强转变，是需要研究和认真解决的问题。

## 1 调整和优化农业结构及布局

  农业结构是农业和农村经济发展的基本问题。目前，同江市农业结构是在传统农业和计划经济体制下形成的，突出问题是生产规模小，专业化水平低，产品初级，效益不高；二三产业不够发达，缺乏对第一产业的促进和推动作用；农村劳动力绝大多数从事第一产业，二三产业的就业比重低，这种现状很不适应发展现代农业的需要，严重制约农村经济的发展。因此，市委隋洪波书记在 2013 年 1 月 13 日召开的中共同江市七届二次全体委员（扩大）会议上提出要推进农业由大向强转变。要逐步解决农业大而不强、大而不优的问题，促进传统农业大市向现代农业强市的转型升级。加大科技示范和推广力度，继续加强场市共建，重点建设好标准化种植示范带和示范区，真正实现做给农民看，带着农民干，引领农民变。要优化农机装备结构，加大水田农机合作社建设力度，发挥好旱田农机合作社的作用。要提升农业合作化水平，打造一批有竞争力的专业合作社，培育一支优秀的农产品经纪人队伍，积极构建集约化、专业化、组织化、社会化相结合的新型农业经营体系。要继续加大种植结构调整力度，扩大水稻、玉米种植面积，努力实现我市粮食总产量的"十连增"。与此同时，市政府也提出了大力发展现代农业，促进农业增产农民增收的相关具体措施，以农民增收为核心，发挥资源优势，做优做强农业产业。

## 2 搞好农村资源的综合开发

  加快同江市农业发展的目的，就是使农村丰富的自然资源得到充分的开发和合理的利用，取得最佳的社会、经济和生态效益。同江市农业自然资源丰富，土地、水、植物、动物等都具有很大的开发潜力。因此，要搞好农村自然资源的综合开发和利用，变农业潜力为动力，变资源优势为商品优势和经济优势。在开发中要做到"五个结合"：即开发自然资源与发展主导产业相结合，开发自然资源与保护优化自然生态相结合，长远开发与近期开发相结合，开发自然资源要与处理好国家、集体和个人三者的关系相结合，开发与开放相结合。由于同江市人均耕地较多、粗放经营、广种薄收和经济基础薄弱、人才匮乏、资金紧张、投入不足等因素影响和制约了农业的发展，在资源开发上要借助口岸开放的机遇，动员全社会力量，拓宽各种渠道，多方吸引外埠资金、项目、技术和人才，通过招商引资，加快资源开发的步伐。

## 3 积极推进农业产业化经营

  农业生产化是市场经济条件下农业发展的必然选择，建设农业强市必须走产业化之路，要运用改革开路、试点探路、开发引路的办法，实施农业产业化，走出具有同江特色的农业发展之路。推进农业产业化经营，是农村奔小康和农村经济发展的重要增长点。首先要建强龙头，加快发展乡镇企业。要通过内引外联，建强龙头企业，提高产品的市场占有率，增强龙头企业对产业发展的牵动作用。其次要建强基地，形成规模化生产。要指导和扶持专业大户，围绕农副产品资源延伸、转化、增值，建大建强企业的第一车间，拉动商品粮、畜牧、养殖、果蔬、绿色食品基地建设，再以基地建设促进龙头企业的发展，形成良性循环，壮大农村经济实力。再次要抓住重点，培植同江市的主导产业。以利益为纽带，在企业—基地—农户之间建立相互依存，利润共沾、风险共担的利益机制，形成产加销、贸工农为一体的新型农村经济格局。

## 4　加大科技兴农力度

同江市农业发展的根本出路在于依靠科技进步，摆脱传统农业的束缚，实现由粗放型增长方式向集约型增长方式转变。根据同江市农业特点，要确立种植业、畜牧业、养殖业、加工业和外向型经济为主体经济的地位，积极发展知识型经济，转变观念，树立科技是第一生产力的观念，依靠科教兴农，加快科技成果向现实生产力转化，抓好农业生产适用技术的推广应用，把经济增长的支点转移到依靠科技进步上来，向科技要效益，发展高产、优质、低耗、高效的农业。

## 5　全面提高农民的科学文化素质

农业发展靠科技，科技发展靠人才，人才培养靠教育，如果说科技是农业和农村经济发展的动力，那么掌握科技的人，就是这个动力的基础，没有一定科学文化素质的人，科技是变不成生产力的。因此，提高农民的科学文化素质，是加快农业发展的关键，要不失时机地抓好对农民的科技培训，把农业开发、科技开发和智力开发有机结合起来。同时要加强农村基础教育、职业技术教育和科普工作，提高农村后备劳动力的素质，适应农业发展的需要。

## 6　增强农业综合生产能力

同江市要切实抓好国家立项实施的大型灌区和涝区治理等重要工程建设，充分发挥大机械的作用，发动农民群众搞好农田配套工程建设，改善农业生产条件，加快中低田改造，努力增加农业生产的基础条件投入，增强抗御自然灾害的能力，增强农业发展后劲，提高农业综合生产能力。

## 7　加强农业社会化服务

狠抓农村社会化服务体系建设，充分发挥农村基层各站、社和市直农口部门的服务功能，指导和帮助农民把握市场趋向，正确判断，及时做出生产与经营决策，为农民进入市场，参与流通，提供产前、产中、产后的技术、信息、购销等多方面的服务，解决农民一家一户分散经营，产品难以规模化、商品化、专业化，缺乏市场竞争力的问题。

## 8　培育和完善农村市场体系

坚持以市场引导生产，促使农副产品大量集散，物畅其流，增值增效，创造更高效益，建立以区域化生产基地为依托，以初级市场为基地，以批发市场为主体，以期货市场为补充的农副产品三级市场体系，全面大幅度地推动农业产业化进程。加速培育农村土地、劳动力、资金、科技信息等生产要素市场，逐步建立起统一开放，竞争有序，运转灵活的农村市场体系，在市场机制作用下，使生产要素合理流动，实现优化组合，取得最佳效益。

## 9　加强对农业工作的领导

认真贯彻落实科学发展观，始终把农业放在经济工作的首位，围绕强化农业基础地位，实施和推进农业产业化，推动农业由粗放经营向集约经营转变，加速完成从农业大市向农业强市的历史性跨越，保持农业的稳定增长；不断加强党对农业和农村工作的领导，切实加强党在农村的基层组织建设，为农业增产、农村稳定提供有力的组织保证；各级领导必须从思想上高度重视农业，把农业基础地位落到实处，把粮食增产和农民增收作为农村工作的主线，切实转变农业增长方式。要转变作风，为农民多办实事；要搞好服务，为农民排忧解难；要转变工作方式方法，引导农民进入市场；稳定农村政策，从根本上保护农民的积极性，遏制农民负担反弹，切实保护农民的利益。

（作者：赵志，刘东林，徐柏富）

# 公益性农业技术推广创新发展措施探讨

佳木斯市农业技术推广由全市 650 名国家农业技术推广人员辛勤耕耘奉献着，自 1993 年 7 月 2 日 "农业技术推广法" 实施以来，取得了显著成绩，尤其 "十五" 和 "十一五" 期间的这 10 年来更为突出。据初步统计，近十年来获得各类农业科技成果 513 项次，其中，有 15 项成果获得国家农业部丰收计划奖励。发表论文 640 篇，编辑出书 14 部，发表科普宣传文章 1 576 篇。争取国家、省、市的各级项目 36 项，资金 5 536 万元；仪器设备 1 038 台件，总价值 1 652 万元；工作车 14 台；建筑房屋 10 870m²。获得各种政治荣誉奖励 733 项次，其中，先进集体 201 次，先进个人 532 人次，市总站获得 "十一五" 省科技成果推广先进单位。获得市级以上优秀人才和专家 74 人次。由于农业技术推广工作突出，市总站 2010 年成为中国农业技术推广协会的理事单位。我市的农业技术推广工作已经跻身于国家行列，达到省内前列，真正地实现了有成果和项目；有论文和著作；有业绩和政绩；有资金和效益；出人才和专家的四有一出的目标，充分发挥了农业技术推广对实现农业现代化的技术支撑作用。我们主要采取八个结合的管理方法和手段。

## 1 结合项目引进促进农业技术推广

选择环境污染小、科技含量高、综合效益大的农业新技术进行引进、试验、示范，加快对资源和环境影响大的传统技术的替代，严格限制或禁止对农业产业副面作用大的项目的引进。重点项目有：植保工程、沃土工程、种子工程、高产创建等项目，争取获得财政部门的农业开发、发改委、科技局科技攻关等部门的项目支持。省对县乡农业技术推广部门，多年来已经不同程度地加以武装，配备了一些常规的仪器设备，项目资金也给予匹配。可是对于地市级的农业技术推广部门配备基本没有，但实践中我们已深深感到，这一级农业技术推广在一个地域里起到了不可估量的作用，也承受了在工作中难以忍受的困难，就工作的需要，又不能等以待之。例如，农业生产中，病、虫、草、鼠害的发生，绝不是以一个县为发生单位，多以跨县域、区域性的发生，为此地市农业技术推广总站必须在一个区域内，协调多个县和农场进行联合，统一步调地进行综合防治。建议加强对地市级农业技术推广部门的建设投入，以形成市、县、乡农业技术推广整体优势，在农业生产中发挥更大作用。就技术推广而言，农民利益和农业综合效益是第一位的，只有在这个立足点上，农技推广才有生机，才有活力、才能发展。

## 2 结合法制建设保障农业技术推广

加强法制观念依法治国，依法执政，是基层领导和执法工作人员必须具备的素质。我国制定的各项农业法律、法规是保护农业生产，促进农业发展的保护性措施，宣传贯彻执行各项法律、法规是全民的义务，因而要求各级领导和从事农业工作的人员先学习好，理解好，执行好。要深入贯彻落实《中华人民共和国农业法》《中华人民共和国农业技术推广法》《植物检疫条例》等农业法律法规。参与农村社会化服务的任何组织和个人都必须把遵守法律、法规作为行为准则。在集中整合的基础上，建立社会化服务的行规行约，建立协作指导、分类负责、协调动作的各种机制和办法。防止假冒、伪劣农业生产资料和假的技术进入农业生产过程，保证农业安全。这在多元化推广不断推进的形势下显得尤为重要。以法规和制度为统领，明确各自职责和义务，保障社会化服务沿着保护推广者、使用者、经营者多方利益的方向前进。

## 3 结合改革创新优化农业技术推广

创新推广方法：在服务方式上，要由单品种、单技术的服务，向为农民提供产前、产中、产后、技术、信息、市场等系列化服务迈进；在服务理念上，把推广组织的单兵种作战同培养新型农民，打造能人群体结合起来，通过服务带动农民参与推广，提高农业从业人员的综合素质。创新用人机制：实现聘用制度，由固定用人向合同用人，由身份管理向岗位管理转变；采用竞争机制进行公开招聘，竞争上岗，择优聘用，选拔人才。创新分配机制：实行绩效工资，按业绩按贡献分配，奖罚分明，建立目标责任制，把推广任务落实到人,激发农业技术推广人员的创造性和积极性,建立完善规章制度,约束、规范农业技术推广行为,使农业技术推广达到最优化。

## 4　结合技术宣传提升农业技术推广

要把科技宣传作为农村社会化服务的一个中心内容,增强农技推广的诚信度和知名度。近几年来,佳木斯市农业技术推广总站与市电视台、市电台开展了长期的业务协作,利用佳木斯电视台"金色田野"栏目进行技术讲座,佳木斯电台"农村路路通"栏目解答农民科学种田技术难题,与中国联通建立手机专家热线为农民服务,在中国网通佳木斯政务网上建立农业技术推广平台播发农业先进技术,各地农业技术推广部门的农技110热线电话已经成为农业技术推广人员为农户提供服务的重要平台,农业技术推广人员还利用办培训班、田间指导面对面向农民传授技术,深受农民欢迎。每年培训农民30多人次,技术宣传加快了农业技术推广速度。

## 5　结合体制管理塑造农业技术推广

加快建立专家智囊系统和灾情控制系统,提高指导能力;创新推广体制,进行区域站、行业站的试点,探讨新的推广体制;加强考评制度,将农业技术人员的工作量和进村入户推广技术的实绩作为主要考核指标,把农民对技术人员的评价作为重要的考核内容;改善分配制度,技术人员的收入与岗位职责和工作业绩挂钩,提高农业科技人员的待遇。完善管理,突出效率,增强活力,恢复并加强条条管理,由县中心直管乡镇站,强化县一级统的功能,改变目前网底破损的局面;建立公益性管理、市场化运作机制,实现效益最大化、技术产业化、人才集团化。乡(镇)的改革已结束,但在改革中,为了单纯压缩人员,而导致农业专业人员的离岗分流,科技人员流失严重。为充分发挥基层农业技术推广人员的作用,建议乡镇农业技术推广站"三权"(即人、财、物)上收到县农业技术推广中心统一管理,组建区域站。这样,一是规范全县的农业技术推广工作,使技术人员形成拳头,真正起到示范、推广农业技术的作用;二是便于推广技术人员的管理,能够形成能者上,庸者下的良好用人机制;三是稳定推广队伍,可以保证基层技术人员的工资、福利待遇;四是便于技术力量形成合力,真正形成紧密型网络,形成集团优势,合理布局专业优势;五是可以控制编制被挤占,提高技术人员的素质,增强战斗力;六是保证推广系统资产不被侵占、租赁、变卖。基层农业技术推广体系是农业社会化服务体系中组织化程度较高的体系之一,是农业部门工作的组织基础,在改革中,在县级以下建立跨乡镇的区域站,作为县农业技术推广中心的派出单位,承担农业技术推广行政性职能。全国10个省、市、区的试点工作已结束,归纳成立区域站的优点;第一,组建稳定的承担行政性职能的精干队伍;第二,有利于集中技术骨干,真正搞好农业技术推广工作;第三,有利于地方和上级财力的集中投入;第四,有利于基层农业技术推广队伍的管理,第五,有利于增强一线技术力量和全县专业技术人员的调配。

## 6　结合龙头建设做强农业技术推广

国家农业技术推广机构通过与涉农企业和种养殖大户的服务及合作关系的建立;通过加强与农垦科学院、省农业科学院等科研院所、省内外大专院校的交流与合作,增强龙头企业培植,拓宽服务领域,带动龙头企业、种植大户的快速发展,推进多组分融合,形成以国家农业技术推广为主导作用的多元化农业技术推广网络。市、县两级农业技术推广队伍是一个地区和县的技术推广龙头,特别是地市级农业技术推广部门是中央、省和基层农业技术推广部门的纽带和桥梁,也是该地区农业技术的权威部门,加强和武装地市级农业技术推广部门,对该地区的总体规划,统一部署,全面指导,集团性的技术推广起到了不可替代的作用,也是国家与省在一个地区执行业务工作的驿站。

## 7　结合基地创建夯实农业技术推广

积极争取各级政府的支持,落实好国家农业技术推广机构的试验用地,推进建立高标准农业科技园区和专家大院;探索和完善科技示范场建设,进一步研究和探索新形势下农业技术推广管理新机制;加快地方与科研、教育的融合，把它作为科研教育的基地和多元化推广的基地加以建设。建议有关部门，在共同的困境中，重点扶持农业种植业的科技发展。我国一般按农业总产值的 0.3% 提取农业技术推广费，我市应为 100 万元。因此，对种植业的扶持是发展佳木斯市经济的关键，特别是面临着粮食紧缺的现状，就显得尤为重要。农业技术推广部门是提高我市种植业生产水平的重要技术力量，据调查，每年仅对市农业技术推广总站扶持 30 万元的经费资助，农业技术指导面可达 90% 以上，粮食可提高产量 10%，即多投入 1 元钱的技术指导费，可增产粮食 1 041.5kg。由此可见科学技术的回报率高于任何产业。

## 8 结合社团组织拓展农业技术推广

明确推广体系的公益性职能，建立以国家农业技术推广部门为主导的多元化推广网络。通过学会、协会等社团组织的作用普及农业先进技术，解决农业生产中的问题，为农民提供优质服务。加强对村级农民协会的培训和指导，开辟贴近农民的新渠道，形成各专业学会、农民协会纵向联动，横向互动的新型农业技术推广体系，使农业技术推广社会化服务领域拓宽，在社会主义新农村建设中发挥更大的作用。

（作者：史占忠）